21世纪应用型本科院校规划教材

概率论与数理统计

第二版

高 峰 刘绪庆 姜红燕 嵇绍春 编

U0250619

南京大学出版社

图书在版编目(CIP)数据

概率论与数理统计 / 高峰等编. —2 版. —南京:
南京大学出版社,2019.1(2023.7 重印)
ISBN 978 - 7 - 305 - 21599 - 5

Ⅰ. ①概… Ⅱ. ①高… Ⅲ. ①概率论－高等学校－教
材 ②数理统计－高等学校－教材 Ⅳ. ①O21

中国版本图书馆 CIP 数据核字(2019)第 013464 号

出版发行 南京大学出版社
社 址 南京市汉口路 22 号 邮 编 210093
出 版 人 金鑫荣

书 名 概率论与数理统计(第二版)
编 者 高 峰 刘绪庆 姜红燕 嵇绍春
责任编辑 刘 飞 蔡文彬 编辑热线 025 - 83592146

照 排 南京开卷文化传媒有限公司
印 刷 江苏凤凰通达印刷有限公司
开 本 787×1 092 1/16 印张 18.25 字数 445 千
版 次 2019 年 1 月第 2 版 2023 年 7 月第 7 次印刷
ISBN 978 - 7 - 305 - 21599 - 5
定 价 45.00 元

网 址:http://www.njupco.com
官方微博:http://weibo.com/njupco
微信服务号:njuyuexue
销售咨询热线:(025)83594756

＊版权所有,侵权必究
＊凡购买南大版图书,如有印装质量问题,请与所购
图书销售部门联系调换

第二版前言

数学是人类与自然对话的一种语言,而数学公式可以看作为数学语言里的"诗经",它是质朴的,却含义丰富、晦涩难懂,所以学生往往不是理解公式,而是套用公式。为此,本书的第二版在每一章后增加了"公式解析"内容,希望能够帮助学生提高理解公式和分析公式的能力;好的习题是数学类教材的重要组成部分,我们在保留本书第一版分层次习题的基础上,在教材的每一节后面增加了练习题,使得学生更加方便地获得针对性的练习题目,我们还增加了二维码数字资源,内容主要是习题教学视频,有利于学生自主性学习。

感谢同行们对本教材第一版的肯定和鼓励,他们指出了本书的一些错误和不足之处,提出了一些很有价值的建议。在编写过程中,我们参考了国内外许多优秀教材和著作,引用了其中的一些例题和习题,这些文献附在书后。在此,我们谨向这些文献的著者表示崇高的敬意和衷心的感谢;南京大学出版社的刘飞编辑认真校对了书稿,提出了宝贵的意见,我们向他表示衷心的感谢。

本书的第一、三、四、五、七章由高峰老师负责修改,第二章由姜红燕老师负责修改,第六章由刘绪庆老师负责修改,全书由高峰老师统稿。由于编者水平有限,书中不当之处在所难免,恳请读者批评指正。

编　者
2019 年 1 月

第一版前言

为了适应本科应用型人才的培养需要,结合教育部高等学校数学与统计学教学指导委员会制定的工科类和经济管理类本科数学基础课程教学的基本要求,我们编写了这本教材。

经过多年的教学实践,我们深深体会到学生学习概率统计课程的困难:为什么要有概率密度和分布函数?指数分布的概率密度简直是从天而降,最大似然估计令人莫名其妙,假设检验更是雾里看花……这说明概率统计课程的教学困难之处主要在于概念和方法的理解上。编者虽然水平有限,但也想通过我们的努力,在一定程度上解决这种困难。具体来说,我们从以下几个方面做了努力:

1. 加强知识的应用背景

概率统计的应用性很强,对于它的许多概念,如果单纯从数学的角度来理解,往往既感到困难又不够透彻。因此本教材注意理论联系实际,注重从统计背景的角度对概念加以说明,注意选择一些应用性和时代气息比较强的例题来帮助学生理解概念。

2. 采用题解数理统计的模式

从数理统计的发展历史看,许多统计推断方法是由著名统计学家皮尔逊、费歇尔等在解决一些具体的实际问题时提出的。本教材在介绍最大似然估计和假设检验等一些统计方法时,采用了在问题解决背景下来阐释统计推断方法的思想,以期降低学生学习数理统计的难度。

3. 改革教材体系

本教材按照离散型随机变量和连续型随机变量两条线,几乎平行地介绍了一维随机变量的概率分布和数字特征、二维随机变量的概率分布和数字特征。这样做能够带来两个好处:第一,离散型随机变量比较直观从而容易被理解,学生能够比较容易地进入概率论的体系中,同时也为学生进一步学习比较抽象的连续型随机变量打下基础;第二,概率论中的主要概念在两种不同的场合下重复出现,有利于学生进行类比和巩固。

4. 分层次配备习题

每章之后安排 A、B、C 三套习题,A 套安排了填空题和选择题,用于检查学生对知识点的理解程度;B 套习题用于检查学生的基本应用能力;C 套习题是一些提高题。这样安排有利于不同层次的学生进行选择。

5. 配备著名概率统计学家的介绍材料

每章之后附一段阅读材料,分别介绍了贝叶斯、伯努利、高斯、切比雪夫、皮尔逊、费歇尔和奈曼七位概率统计学家的生平简况以及他们对概率统计的重要贡献,他们能够对学生的学习兴趣和人生价值观产生正面影响。

本书的第 1 章由嵇绍春老师编写,第 2 章和第 4 章由姜红燕老师编写,第 3 章、第 5 章和第 7 章由高峰老师编写,第 6 章由刘绪庆老师编写,全书由高峰老师统稿。

在编写过程中,我们参考了国内外许多优秀教材和著作,引用了其中的一些例题和习题,这些文献附在书后。在此,我们谨向这些文献的著者表示崇高的敬意和衷心的感谢;南京大学出版社的沈洁编辑认真校对了书稿,提出了宝贵的意见,我们向她表示衷心的感谢。

由于编者水平有限,书中不当之处在所难免,恳请读者批评指正,我们将做进一步修改。

编 者

2014 年 12 月

目 录

特配电子资源

概率论篇

对于一个理论而言,重要的是它的解释力量,以及它是否能经受住批判和检验。

——卡尔·波普尔

第1章
随机事件与概率

概率论与数理统计研究的对象是随机现象。所谓随机现象,是指在一定的条件下,并不总是出现相同结果的现象。如抛掷一枚硬币,结果可能是正面,也可能是反面,掷一粒骰子,结果可能是 1 点、2 点、…、6 点,每年国庆节到苏州旅游的人数,某个电视节目的收视率等,这些都是随机现象。随机现象具有两个特点:

(1) 结果不止一个;

(2) 哪一个结果出现,事先并不知道。

随机现象在自然界和人类社会中无处不在,研究随机现象中的数量规律性对于我们认识社会和自然界,有效地进行经济活动和社会活动是十分重要的。比如保险公司需要掌握人的寿命分布规律,医学需要探索基因的遗传和变异规律,企业需要研究市场需求的变化规律,等等。

概率论与数理统计是研究随机现象中的数量规律的一门学科,其中,概率论主要是研究随机现象的概率模型,数理统计是研究随机现象的数据收集与处理。

§1.1 随机事件及其运算

1.1.1 样本空间

为了研究随机现象的数量规律性,需要进行观察或者安排实验。例如,通过观察近 10 年来在国庆节期间到苏州的旅游人数,我们可以研究国庆节到苏州旅游人数的规律性;通过记录若干年来空调在一年中的春夏秋冬四个季节的销售量,我们可以了解季节对于空调销售数量的影响;而对于基因的遗传和变异规律、产品的寿命分布规律,则需要安排专业的实验来获得必要的数据。

在相同的条件下可以重复进行的关于随机现象的观察、记录、实验称为**随机试验**(random experiment)。不作特别说明时,本书所讲的试验都是指随机试验。

为了从数学上来表示试验的结果,我们引进样本空间和随机事件的概念。

把试验的每一个可能结果称为**样本点**,试验的全体样本点的集合称为该试验的**样本空间**(sample space),用符号 Ω 表示。

例 1.1 连续抛一枚硬币三次,观察正反面出现的情况,写出这个试验的样本空间。

解 为表示简洁,令 H 表示"正面向上",T 表示"反面向上",则该试验的样本空间为

$$\Omega_1 = \{HHH,\ HHT,\ HTH,\ THH,\ HTT,\ THT,\ TTH,\ TTT\}$$

例 1.2 掷一颗质地均匀的骰子,观察其点数,写出这个试验的样本空间。

解
$$\Omega_2 = \{1,\ 2,\ 3,\ 4,\ 5,\ 6\}$$

例 1.3 观察每年国庆节到苏州旅游的人数,其样本空间是

$$\Omega_3 = \{0,1,2,\cdots,100,\cdots,10^{10},\cdots\}$$

例 1.4 从一批灯泡中任意取出一只灯泡做试验,观察其使用寿命,写出这个试验的样本空间。

解 记灯泡的寿命为 t,则该试验的样本空间为

$$\Omega_4 = \{t \mid t \geqslant 0\}$$

 ### 1.1.2 随机事件

在研究随机现象时,我们除了关心样本点和样本空间,还要关心随机事件这个重要概念。直观上,若一个事件在每一次重复试验中既可能发生,也可能不发生,则称为随机事件。比如在例 1.1 中,记 A 表示"正面恰好出现一次",B 表示"正面至少出现一次",则事件 A 和事件 B 在每次试验中是否发生具有偶然性,所以它们是随机事件。请注意事件 A 和事件 B 可以和样本空间产生联系,事件 A 中包含 3 个样本点:HTT,THT,TTH;事件 B 包含 7 个样本点:HHH,HHT,HTH,THH,HTT,THT,TTH。所以事件 A 和事件 B 可表示为

$$A = \{HTT,\ THT,\ TTH\}$$
$$B = \{HHH,\ HHT,\ HTH,\ THH,\ HTT,\ THT,\ TTH\}$$

它们恰是样本空间的子集。这启发我们给予随机事件更有意义的定义。

定义 1.1 样本空间的某个子集称为**随机事件**(random event),简称**事件**。

在例 1.2 中,事件 $C_1 = $"掷出点数为奇数",事件 $C_2 = $"掷出点数为偶数",则 C_1 可表示为 $C_1 = \{1,3,5\}$,C_2 可表示为 $C_2 = \{2,4,6\}$。

对于事件,我们常常称"发生"或者"不发生",当事件 A 的某一个样本点在试验中出现了,则称事件 A 发生。

再回到例 1.1,它的样本空间包含 8 个样本点,所以它一共有

$$C_8^0 + C_8^1 + \cdots + C_8^8 = 2^8 = 256$$

个子集,表明该试验能够发生的事件一共有 256 个,这些全体事件再构成一集合,我们称之为**事件域**。

注意任何事件域都包含两个事件:$\varnothing$,Ω,分别称为**不可能事件**(impossible event)和**必然事件**(certain event)。

下面给事件之间建立两个方面的内容,即事件的关系和事件的运算,以便于我们进一步研究事件的概率。

 1.1.3　事件的关系

事件的基本关系有包含、相等、互不相容(互斥)、对立等。

1. 包含(inclusion)

若事件 A 的发生必然导致事件 B 发生,则称事件 A 包含于事件 B,或称事件 B 包含事件 A,记为 $A \subset B$。显然对任何事件 A, $\varnothing \subset A \subset \Omega$。

等价表述(集合的观点):属于 A 的样本点必然属于 B。

2. 相等(equal)

若事件 A 包含于事件 B,并且事件 B 又包含于事件 A,则称事件 A 与事件 B 相等。

3. 互不相容(互斥)(mutually exclusive)

若事件 A 与事件 B 不可能同时发生,则称事件 A 与事件 B 互不相容(互斥)。

等价表述:A 与 B 没有公共的样本点。

你能找到例 1.1 中与事件 A(正面恰好出现一次)互不相容的两个事件吗?

4. 对立(complementary)

若事件 A 与 B 互不相容,并且在一次试验中事件 A 与事件 B 必有一个发生,则称事件 A 与事件 B 为对立事件。

用集合的观点:A 与 B 互为补集,所以 A 的对立事件记为 $\overline{A}$。

由定义可知,两个互相对立的事件一定是互不相容事件,但反之不成立。

例 1.1 中事件 $A=$“正面恰好出现一次”的对立事件 $\overline{A}$ 是什么?

例 1.2 中事件 $C_1 =$ “掷出点数为奇数”与 $C_2 =$ “掷出点数为偶数”是对立事件吗?

用维恩(Venn)图可以直观地表示事件之间的关系(如图 1.1 所示)。

  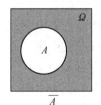

$A \subset B$　　　　A 与 B 互斥　　　　$\overline{A}$

图 1.1　事件的关系

 1.1.4　事件的运算

事件的基本运算有三种:和、积、差,它和集合的运算在形式上是相同的。

1. 事件的和(union)

事件 A 与事件 B 的和也称为 A 与 B 的并,记为 $A \cup B$(或 $A+B$),表示“A 与 B 至少有一个发生”这样的一个新事件。

集合的观点:$A \cup B$ 是由属于 A 的样本点或属于 B 的样本点所组成的集合。

2. 事件的积(intersection)

事件 A 与事件 B 的积也称为 A 与 B 的交,记为 $A \bigcap B$(或 AB),表示"A 与 B 都发生"这样的一个新事件。

集合的观点:AB 是由既属于 A 又属于 B 的样本点所组成的集合。

3. 事件的差(difference)

事件 A 与事件 B 的差记为 $A-B$(或 $A \backslash B$),表示"A 发生而 B 不发生"这样的一个新事件。

集合的观点:$A-B$ 是由属于 A 的样本点但是不属于 B 的样本点所组成的集合。

想一想,$A\overline{B}$ 表示什么事件,它与事件 $A-B$ 是什么关系?

用图 1.2 可以表示上述三种事件的运算,其中 $A\bigcup B, AB, A-B$ 分别为图中的阴影部分。

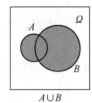 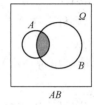 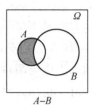

$A\bigcup B$ AB $A-B$

图 1.2 事件的运算

例 1.5 (1) $AB = \varnothing$,(2) $\begin{cases} AB = \varnothing \\ A\bigcup B = \Omega \end{cases}$ 分别表示事件 A 与事件 B 是什么关系?

解 (1) 表示 A 与 B 互不相容;(2) 表示 $B = \overline{A}$。

例 1.6 设甲、乙两人各射击一次,记 A 表示"甲中靶",B 表示"乙中靶",试用 A、B 的关系与运算来表示下列事件:

(1) 甲未中靶;

(2) 甲中靶而乙未中靶;

(3) 恰好有一人中靶;

(4) 至少有一人中靶;

(5) 至少有一人未中靶;

(6) 两人均中靶;

(7) 两人均未中靶。

解 (1) $\overline{A}$;(2) $A-B$;(3) $A\overline{B}\bigcup\overline{A}B$;(4) $A\bigcup B$;(5) $\overline{A}\bigcup\overline{B}$;(6) AB;(7) $\overline{A}\,\overline{B}$。

进一步地,注意到(4)和(7)、(5)和(6)互为对立事件,因此有 $\overline{A\bigcup B} = \overline{A}\,\overline{B}$,$\overline{AB} = \overline{A}\bigcup\overline{B}$,这正是集合运算中的对偶律(又称德·摩根律),事实上,集合的运算律对于事件的运算也是成立的,比如

(1) 交换律:$A\bigcup B = B\bigcup A$,$AB = BA$;

(2) 结合律:$(A\bigcup B)\bigcup C = A\bigcup(B\bigcup C)$,$(AB)C = A(BC)$;

(3) 分配律:$(A\bigcup B)\bigcap C = AC\bigcup BC$,$(AB)\bigcup C = (A\bigcup C)\bigcap(B\bigcup C)$;

等等。

例 1.7 化简(1) $AB \bigcup A\overline{B}$，(2) $A \bigcup \overline{A}B$。

解 (1) $AB \bigcup A\overline{B} = A \bigcap (B \bigcup \overline{B}) = A \bigcap \Omega = A$。

(2) $A \bigcup \overline{A}B = (A \bigcup \overline{A}) \bigcap (A \bigcup B) = A \bigcup B$。

小 结

● 样本空间是一个集合，它描述了试验全体可能的结果。

● 随机事件也是一个集合，它是样本空间的子集。

● 事件之间有四种关系：包含、相等、互不相容和对立关系。

● 事件之间有三种基本运算：和、积、差。

练习题 1.1

1. 口袋中有黑、白、红球各一个，从中依次取出两个球，

(1) 写出该试验的样本空间；

(2) 写出"没有取到白球"的随机事件；

(3) 写出"没有取到白球"的对立事件。

2. 设 A, B 为随机事件，用事件的关系和运算来表示下列事件：

(1) A 发生而 B 不发生；

(2) A 与 B 至少有一个发生；

(3) A 与 B 至少有一个未发生；

(4) A 与 B 全没发生。

§1.2 随机事件的概率

概率(probability)是事件发生可能性的一种度量，这个概念从其产生到完善经历了漫长的历史。18 世纪初，雅各布·伯努利(Jacob Bernoulli)的《猜度术》中就出现了现在称之为"古典概率"的概率定义，而后又产生了"几何概率"的概念，但是人们发现，古典概率和几何概率只具有局部解释力，实践中有很多情形的概率是古典概率和几何概率都无法适用的。直到 1933 年，苏联大数学家柯尔莫哥洛夫(Kolmogorov)才以公理化定义的方式给出了概率的严格定义，这个定义目前被认为具有普遍解释力。

本节中我们先介绍古典概率和几何概率，然后学习概率的公理化定义，并且应用概率的公理化定义演绎出概率的基本性质。

 1.2.1 古典概率(classical probability)

设试验的样本空间 Ω 含有 n 个样本点，每一个样本点的发生概率相同，$A \subset \Omega$，记

$P(A)$ 表示事件 A 的发生概率,则

$$P(A) = \frac{n(A)}{n} \tag{1.1}$$

其中 $n(A)$ 表示事件 A 中所含的样本点的数目。

古典概率虽然直观简单,却是计算概率的基础。

古典概率的计算经常涉及计数问题,为应用方便,我们列举计数理论中的三个基本公式。

(1) **排列模式** 从 n 个不同元素中任取 $r(r \leqslant n)$ 个元素排成一列(考虑元素之间的先后次序),称此为一个排列,此种排列的总数记为 P_n^r,

$$P_n^r = \frac{n!}{(n-r)!}$$

(2) **组合模式** 从 n 个不同元素中任取 $r(r \leqslant n)$ 个元素并成一组(不考虑元素之间的先后次序),称此为一个组合,此种组合的总数记为 C_n^r,

$$C_n^r = \frac{n!}{r!(n-r)!}$$

(3) **多组组合模式** 有 n 个不同元素,把它们分成 k 个不同的组,使得各组依次有 $n_1, \cdots, n_k$ 个元素,其中 $n_1 + \cdots + n_k = n$,则一共有 $\dfrac{n!}{n_1! \cdots n_k!}$ 种不同的分法。

例 1.8 一个袋子中有 10 个球,分别标有号码 1 到 10,从中任意取出 3 个球,求:

(1) 取出的 3 个球中最小号码为 5 的概率;

(2) 取出的 3 个球中最大号码为 5 的概率。

解 试验是从 10 个球中取出 3 个球,观察它们的号码情况,试验发生的全体结果数目等于 $C_{10}^3 = 120$,这就是式(1.1)中分母的值。

(1) 记 A 表示事件"取出的 3 个球中最小号码为 5",则 $n(A) = C_5^2 = 10$,于是

$$P(A) = \frac{C_5^2}{C_{10}^3} = \frac{1}{12}$$

(2) 记 B 表示事件"取出的 3 个球中最大号码为 5",则 $n(B) = C_4^2 = 6$,于是

$$P(B) = \frac{C_4^2}{C_{10}^3} = \frac{1}{20}$$

古典概率在有些情况中是不适用的,比如"一个信息交换台在一天中接收到的呼叫次数",其样本空间 $\Omega = (0, 1, 2, \cdots)$,古典概率公式(1.1)中的分母为无穷大,所以失效。

例 1.9 n 个球随机地放入 N $(N \geqslant n)$ 个盒子中,若盒子的容量无限制,求"每个盒子中至多有一球"的概率。

解 记事件 $A =$ "每个盒子中至多有一球"。因为每个球都可以放入 N 个盒子中的任何一个,故每个球有 N 种放法。由乘法原理,将 n 个球放入 N 个盒子中共有 N^n 种不

同的放法。

每个盒子中至多有一个球的放法(由乘法原理得):

$$N(N-1)\cdots(N-n+1) = \mathrm{P}_N^n$$

故

$$P(A) = \frac{\mathrm{P}_N^n}{N^n}$$

数学学习和研究中有一种重要的思想方法——模型迁移,它可以帮助我们解决一类问题。我们如果将 N 个房子比作 365 天,n 个球比作 n 个人的生日,于是例 1.9 可以解决有趣的"生日问题"。

例 1.10 某班级有 n 个人,问:他们中至少有两人生日相同的概率有多大?(一年按 365 天计算,$n \leqslant 365$)

解 记事件 $B =$ "班上至少两人生日相同"。这个事件较为复杂,我们不妨先考虑它的对立事件。他们生日各不相同的概率为 $\dfrac{\mathrm{P}_{365}^n}{365^n}$,则 n 个人中至少有两人生日相同的概率为

$$P(B) = 1 - \frac{\mathrm{P}_{365}^n}{365^n}$$

这个数值是多少呢?我们不妨看一些特殊的 n 值(如表 1.1 所示)。

表 1.1 不同人数下相同生日的概率

人数	20	23	30	40	50	60	70
概率	0.411	0.507	0.706	0.891	0.970	0.994	0.99916

从表 1.1 可以看出:在 40 人以上的班级里,十有八九会发生(两人或两人以上生日相同)这一事件。

1.2.2　几何概率

古典概率考虑了有限等可能结果的随机试验,在实际问题中还存在其他类型的概率模型,例如,样本空间是一线段、平面或者空间区域,此时样本空间中样本点数目就不是有限的,古典概率的公式无法使用。在这里,我们做进一步研究。

(1)设试验的样本空间 Ω 充满某个区域,其度量(长度、面积或体积)的大小用 S_Ω 表示;

(2)Ω 中的每一个样本点落在度量相同的子区域内是等可能的;

则事件 $A \subset \Omega$ 的发生概率为

$$P(A) = \frac{S_A}{S_\Omega} \tag{1.2}$$

其中 S_A 表示事件 A 充满的子区域的度量值。

例 1.11 某人午觉醒来,发现表停了,他打开收音机想听电台报时,求他等待的时间不多于 10 分钟的概率。(电台整点报时)

解 记事件 $A =$ "等待的时间不多于 10 分钟"。于是事件 A 表示打开收音机的时间位于 $[50, 60]$。因此,由几何概率的公式:

$$P(A) = \frac{60-50}{60} = \frac{1}{6}$$

即事件"等待的时间不多于 10 分钟"的概率为 $\frac{1}{6}$。

例 1.12 甲、乙两人约定在上午 8 点到 9 点之间在某处见面,并约定先到者应等待另一个人 15 分钟,过时即离去,求两人能够见面的概率。

解 记 x 和 y 表示甲、乙到达约会地点的时间(以分钟为单位),则两人的全部可能的到达时间点 (x, y) 充满边长为 60 的正方形(如图 1.3 所示):

$$\Omega = \{(x, y) \mid 0 \leqslant x \leqslant 60, 0 \leqslant y \leqslant 60\}$$

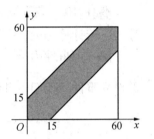

图 1.3 例 1.12 图解

记 A 表示事件"两人能够见面",则 A 表示为 $\{(x, y) \mid \mid x - y \mid \leqslant 15\}$,$A$ 中的 (x, y) 充满正方形中的阴影部分。应用几何概率得

$$P(A) = \frac{S_A}{S_\Omega} = \frac{60^2 - 2 \times \frac{1}{2} \times 45^2}{60^2} = \frac{7}{16}$$

于是,两人能会面的概率是 $\frac{7}{16}$。

1.2.3 概率的统计定义

从实用的角度来说,事件的概率就是衡量一个事件发生可能性的大小。拿"掷骰子,观察点数"这个试验来看,如果骰子不是质地均匀的,或者被人为处理过,则"出现 5 点"这个事件 E_1 的概率就不能简单地用古典概率进行计算,但我们可以做试验:将骰子反复投掷 n 次,若 5 点出现了 m 次,则称 $\frac{m}{n}$ 是事件 E_1 在这 n 次试验中出现的频率。当试验次数 n 充分大时,这个频率就可以用来近似估计事件 E_1 的概率。它的直观的解释就是:一个事件发生可能性的大小,可以用事件在多次重复试验中出现的频繁程度来刻画。

在历史上,一些数学家在这方面做了有趣的数学试验。英国的德·摩根(Augustus De Morgan,1806—1871)、法国的蒲丰(Georges Louis Leclerc de Buffon,1707—1788)和英国统计学家皮尔逊(Karl Pearson,1857—1936)做了大量的"掷硬币观察正面出现频率"的试验。表 1.2 是他们掷硬币试验的结果。

表 1.2 掷硬币试验

试验者	试验次数(n)	出现正面次数(m)	出现正面频率(m/n)
德·摩根	2 048	1 061	0.518 1
蒲丰	4 040	2 048	0.506 9
皮尔逊	12 000	6 019	0.501 6
皮尔逊	24 000	12 012	0.500 5

从试验结果发现,当试验次数相当大时,出现正面的频率在某一常数的附近摆动,即当试验次数充分大时,出现正面的频率趋于 0.5,这正是我们在古典概率中求出的结果。

概率的统计定义给我们提供了一种估计概率的方法,它的应用很多,比如在产品抽样中,可以通过抽取一些产品去估计全部产品的次品率。但是,在实际操作中我们不可能对每个事件都进行大量的重复试验,以求得概率。于是,为了理论研究和应用的需要,我们从频率的性质出发,给出概率的公理化定义。

1.2.4 概率的公理化定义

定义 1.2 设试验的样本空间为 Ω,A 为 Ω 的一个子集,对 A 赋值 $P(A)$,使之满足:

(1) $P(A) \geqslant 0$(非负性),

(2) $P(\Omega) = 1$(正则性),

(3) 若 A_1,A_2,$\cdots$,A_n,$\cdots$ 两两互不相容,

则有
$$P(\bigcup_{i=1}^{\infty} A_i) = \sum_{i=1}^{\infty} P(A_i) \quad (可列可加性)$$

则称数值 $P(A)$ 为事件 A 的概率。

注 1.1 定义 1.2 称为概率的公理化定义,是由苏联大数学家柯尔莫哥洛夫在 1933 年提出的,它和我们以前对于概念的定义方式不同。从表面看起来,它没有什么价值,但是,正如我国著名统计学家陈希孺院士所言,这个公理化定义确实是目前为止关于概率的最正确的定义,并且作为第一推动力(first principle),完美地演绎出我们已知的概率的那些基本性质。

例 1.13 验证古典概率满足概率的公理化定义。

解 显然 $P(A) \geqslant 0$,满足定义 1.2 的条件(1);

$P(\Omega) = \dfrac{n(\Omega)}{n} = \dfrac{n}{n} = 1$,所以满足定义 1.2 的条件(2);

又设 A_1,A_2,$\cdots$,A_k,$\cdots$ 两两互不相容,则

$$P(\bigcup_{i=1}^{\infty} A_i) = \frac{n(\bigcup_{i=1}^{\infty} A_i)}{n} = \frac{n(A_1) + \cdots + n(A_k) + \cdots}{n}$$

$$= \frac{n(A_1)}{n} + \cdots + \frac{n(A_k)}{n} + \cdots = \sum_{i=1}^{\infty} P(A_i)$$

所以也满足定义 1.2 的条件(3)。因此古典概率(1.1)确实定义了一类事件的概率。

下面我们应用概率的公理化定义,来证明概率的基本性质。

性质 1 不可能事件的概率为 0,即

$$P(\varnothing) = 0$$

证 设 $P(\varnothing) = a$,则 $a \geqslant 0$,于是

$$\Omega = \Omega \bigcup \varnothing \bigcup \varnothing \bigcup \cdots$$

$$\Rightarrow \qquad P(\Omega) = P(\Omega \bigcup \varnothing \bigcup \varnothing \bigcup \cdots)$$

$$= P(\Omega) + P(\varnothing) + P(\varnothing) + \cdots$$

$$\Rightarrow \qquad 1 = 1 + a + a + \cdots$$

$$\Rightarrow \qquad a = 0$$

性质得证。

性质 2(有限可加性) 若 $A_1, A_2, \cdots, A_n$ 两两互不相容,则有

$$P(\bigcup_{i=1}^{n} A_i) = \sum_{i=1}^{n} P(A_i)$$

证 令 $A_i = \varnothing$,$i = n+1, n+2, \cdots$,则 $\bigcup_{i=1}^{\infty} A_i = \bigcup_{i=1}^{n} A_i$,于是

$$P(\bigcup_{i=1}^{n} A_i) = P(\bigcup_{i=1}^{\infty} A_i) = \sum_{i=1}^{\infty} P(A_i)$$

$$= \sum_{i=1}^{n} P(A_i) + \sum_{i=n+1}^{\infty} P(A_i) = \sum_{i=1}^{n} P(A_i) + \sum_{i=n+1}^{\infty} P(\varnothing)$$

$$= \sum_{i=1}^{n} P(A_i)$$

性质得证。

性质 3(对立事件概率) $P(A) = 1 - P(\overline{A})$。

证 因为 $P(A \bigcup \overline{A}) = P(A) + P(\overline{A})$,$A \bigcup \overline{A} = \Omega$,所以

$$P(A) + P(\overline{A}) = 1$$

性质得证。

性质 4(概率的单调性) 若 $A \subset B$,则有 $P(A) \leqslant P(B)$。

证 因为 $B = A \bigcup (B-A)$,且 $A \bigcap (B-A) = \varnothing$,所以

$$P(B) = P[A \bigcup (B-A)] = P(A) + P(B-A) \geqslant P(A)$$

性质得证。

由概率的定义和性质 4 可以得到:$0 \leqslant P(A) \leqslant 1$。因此,若你在某个问题中计算出概率的值是 -0.1 或者 2,那一定是错误的。

性质 5(减法公式) $P(A-B) = P(A) - P(AB)$。

证 因为 $A = AB \bigcup (A-B)$,且 $AB \bigcap (A-B) = \varnothing$,所以

$$P(A) = P[AB \bigcup (A-B)] = P(AB) + P(A-B)$$
$$\Rightarrow \qquad P(A-B) = P(A) - P(AB)$$

性质得证。

特殊的，当 $B \subset A$ 时，$P(A-B) = P(A) - P(B)$。

性质 6（加法公式）　$P(A \bigcup B) = P(A) + P(B) - P(AB)$。

证　因为 $A \bigcup B = A \bigcup (B-A)$，且 $A \bigcap (B-A) = \varnothing$，所以

$$P(A \bigcup B) = P[A \bigcup (B-A)] = P(A) + P(B-A)$$
$$= P(A) + P(B) - P(AB)$$

性质得证。

特殊的，当 $A \bigcap B = \varnothing$，即 A, B 互不相容时，$P(A \bigcup B) = P(A) + P(B)$。

概率的加法公式可以推广到多个事件，比如三个事件的加法公式为

$$P(A \bigcup B \bigcup C) = P(A) + P(B) + P(C) - P(AB)$$
$$- P(AC) - P(BC) + P(ABC)$$

例 1.14　已知 $P(\overline{A}) = 0.5$，$P(\overline{A}B) = 0.2$，$P(B) = 0.4$，求：

（1）$P(AB)$；（2）$P(A-B)$；（3）$P(A \bigcup B)$；（4）$P(\overline{A}\,\overline{B})$；（5）$P(\overline{AB})$。

解　（1）注意到 $\overline{A}B = B - A$，应用概率的减法公式，得

$$P(\overline{A}B) = P(B-A) = P(B) - P(AB) \Rightarrow P(AB) = 0.2$$

（2）$P(A-B) = P(A) - P(AB) = 0.3$。

（3）应用概率的加法公式，得

$$P(A \bigcup B) = P(A) + P(B) - P(AB)$$
$$= 0.5 + 0.4 - 0.2 = 0.7$$

（4）应用对立事件的概率公式，有

$$P(\overline{A}\,\overline{B}) = P(\overline{A \bigcup B}) = 1 - P(A \bigcup B) = 0.3$$

（5）$P(\overline{AB}) = 1 - P(AB) = 0.8$。

注意区分 $\overline{A}\,\overline{B}$ 与 $\overline{AB}$ 是两个不同的事件。

例 1.15　某城市共发行三种报纸 A, B, C，在这个城市的居民中有 45% 订阅 A 报，有 35% 订阅 B 报，有 30% 订阅 C 报，有 10% 同时订阅 A 和 B 报，有 8% 同时订阅 A 和 C 报，有 5% 同时订阅 B 和 C 报，有 3% 同时订阅 A, B, C 报。求：

（1）只订 B 报的概率；

（2）至少订阅一种报纸的概率；

（3）不订阅任何一种报纸的概率。

解　（1）只订 B 报可表示为 $\overline{A}B\,\overline{C}$，进一步地化简，

$$\overline{A}B\,\overline{C} = B(\overline{A \bigcup C}) = B - A \bigcup C$$

应用概率的减法公式,有

$$P(\overline{A}B\overline{C}) = P(B) - P[B(A \cup C)] = P(B) - P(AB \cup BC)$$
$$= P(B) - [P(AB) + P(BC) - P(ABC)] = 0.23$$

(2) 至少订阅一种报纸可表示为 $A \cup B \cup C$,应用三事件的加法公式,有

$$P(A \cup B \cup C) = P(A) + P(B) + P(C) - P(AB)$$
$$- P(AC) - P(BC) + P(ABC)$$
$$= 0.45 + 0.35 + 0.30 - 0.10 - 0.08 - 0.05 + 0.03$$
$$= 0.9$$

(3) 不订阅任何一种报纸可表示为 $\overline{A \cup B \cup C}$,于是

$$P(\overline{A \cup B \cup C}) = 1 - P(A \cup B \cup C) = 1 - 0.9 = 0.1$$

思考 几何可以让问题更直观。例 1.14 中,如果从维恩图出发考察事件之间的关系,求解能否更方便一些呢?

小　结

- 公理化定义规定概率必须满足三个基本性质:非负性、正则性和可列可加性。
- 对立事件之间的概率关系是:$P(A) = 1 - P(\overline{A})$。
- 求事件的差的概率公式是:$P(A - B) = P(A) - P(AB)$。
- 概率的加法公式是:$P(A \cup B) = P(A) + P(B) - P(AB)$。

练习题 1.2

1. 从一副 52 张的扑克牌中任取 5 张,求
   (1) 5 张全是梅花的概率;
   (2) 5 张是同花的概率。
2. 100 件产品中有 4 件不合格品,从中任取 2 件,求至少取到一件不合格品的概率。
3. 设服务器 A 正常工作的概率为 0.93,服务器 B 正常工作的概率为 0.92,至少有一个服务器能正常工作的概率是 0.99,求两个服务器都正常工作的概率。
4. 已知 $P(A) = 0.4$,$P(B) = 0.3$,$P(A - B) = 0.1$,求 $P(A \cup B)$。

§1.3　条件概率

本节是第 1 章的重点,内容比较丰富,有四个内容:条件概率和三个概率计算公式——乘法公式、全概率公式、贝叶斯(Bayes)公式。

视频:条件概率

1.3.1　条件概率

考虑事件 B 在事件 A 已发生的前提下所发生的概率,称为 B 对 A 的条件概率,记为 $P(B \mid A)$。

引例　10 张票中只有一张球票,问在第一人没有抽到球票的情形下,第二人也没有抽到球票的概率?

分析　记 A 表示第一人没有抽到球票,B 表示第二人没有抽到球票,则

$$P(B \mid A) = \frac{8}{9} = \frac{\dfrac{9 \times 8}{10 \times 9}}{\dfrac{9}{10}} = \frac{P(AB)}{P(A)}$$

这启发了条件概率的定义。

定义 1.3　设 $P(A) > 0$,则称

$$P(B \mid A) = \frac{P(AB)}{P(A)}$$

为事件 A 发生的条件下事件 B 发生的**条件概率**(conditional probability)。

怎样来验证定义 1.3 的正确性呢? 只要验证它满足概率的公理化定义:

首先,我们有 $P(B \mid A) \geqslant 0$,满足非负性;

其次,$P(\Omega \mid A) = \dfrac{P(A \bigcap \Omega)}{P(A)} = \dfrac{P(A)}{P(A)} = 1$,满足正则性;

最后,若 B_1, B_2, $\cdots$, B_n, $\cdots$ 两两互不相容,则

$$P(\bigcup_{i=1}^{\infty} B_i \mid A) = \frac{P\left[(\bigcup_{i=1}^{\infty} B_i) \bigcap A\right]}{P(A)} = \frac{P\left[\bigcup_{i=1}^{\infty}(B_i A)\right]}{P(A)} = \frac{\sum_{i=1}^{\infty} P(AB_i)}{P(A)}$$

$$= \sum_{i=1}^{\infty} \frac{P(AB_i)}{P(A)} = \sum_{i=1}^{\infty} P(B_i \mid A)$$

即满足可列可加性。

条件概率作为一种特殊的概率,也具有与一般概率相应的性质,比如,

对立事件的条件概率: $P(\overline{B} \mid A) = 1 - P(B \mid A)$;

条件概率的减法公式: $P((B-C) \mid A) = P(B \mid A) - P(BC \mid A)$;

条件概率的加法公式: $P(B_1 \bigcup B_2 \mid A) = P(B_1 \mid A) + P(B_2 \mid A) - P(B_1 B_2 \mid A)$。

例 1.16　设某种动物从出生活到 10 岁的概率为 0.9,活到 15 岁的概率为 0.5,问现在 10 岁的这种动物能够活到 15 岁的概率是多少?

解　这是一个条件概率问题。设 $A =$ "这种动物活到 10 岁",$B =$ "这种动物活到 15 岁",注意 $B = AB$,于是所求的概率为

$$P(B \mid A) = \frac{P(AB)}{P(A)} = \frac{5}{9} \approx 0.555\,6$$

例 1.17 已知 $P(A) = 0.7$，$P(B) = 0.4$，$P(A\overline{B}) = 0.5$，求 $P(B \mid A \bigcup B)$。

解
$$P(B \mid A \bigcup B) = \frac{P[B \bigcap (A \bigcup B)]}{P(A \bigcup B)}$$
$$= \frac{P[(AB) \bigcup B]}{P(A \bigcup B)}$$
$$= \frac{P(B)}{P(A) + P(B) - P(AB)}$$

而
$$0.5 = P(A\overline{B}) = P(A - B) = P(A) - P(AB)$$

可得 $P(AB) = 0.2$，于是

$$P(B \mid A \bigcup B) = \frac{4}{9}$$

1.3.2 乘法公式

概率的乘法公式用于计算若干个事件乘积的概率。把条件概率的定义式变形，便得到两个事件的乘法公式：

$$P(AB) = P(A)P(B \mid A)$$

多个事件的乘法公式为

$$P(A_1 A_2 A_3 \cdots A_n) = P(A_1)P(A_2 \mid A_1)P(A_3 \mid A_1 A_2) \cdots P(A_n \mid A_1 \cdots A_{n-1})$$

例 1.18 一批产品共有 100 个，其中有 10 个不合格品，从中不放回地取产品，每次取一个，求下列事件的概率：

(1) 取 2 次，2 次都取到合格品；

(2) 取 3 次，至少取到一件不合格品；

(3) 取 3 次，第 3 次才取到不合格品。

解 记 $A_i = $ "第 i 次取到的是合格品"，$i = 1, 2, 3\cdots$，则

(1) $P(A_1 A_2) = P(A_1)P(A_2 \mid A_1) = \frac{90}{100} \times \frac{89}{99} \approx 0.809\,1$

(2) $P(\overline{A_1} \bigcup \overline{A_2} \bigcup \overline{A_3}) = 1 - P(A_1 A_2 A_3) = 1 - \frac{90}{100} \times \frac{89}{99} \times \frac{88}{98} \approx 0.273\,5$

(3) $P(A_1 A_2 \overline{A_3}) = P(A_1)P(A_2 \mid A_1)P(\overline{A_3} \mid A_1 A_2)$
$$= \frac{90}{100} \times \frac{89}{99} \times \frac{10}{98} \approx 0.082\,6$$

1.3.3 全概率公式

假设在样本空间 Ω 中存在一组事件 $B_1, \cdots, B_n$，它满足：

视频：全概率公式

(1) $B_1, \cdots, B_n$ 两两互不相容,

(2) $\bigcup\limits_{i=1}^{n} B_i = \Omega$,

则称 $B_1, \cdots, B_n$ 为样本空间 Ω 的一个划分。

例 1.19　对于例 1.18,如果考虑的是只取 3 件产品,则样本空间为 $\Omega = \{A_1 A_2 A_3, \overline{A}_1 A_2 A_3, A_1 \overline{A}_2 A_3, A_1 A_2 \overline{A}_3, \overline{A}_1 \overline{A}_2 A_3, \overline{A}_1 A_2 \overline{A}_3, A_1 \overline{A}_2 \overline{A}_3, \overline{A}_1 \overline{A}_2 \overline{A}_3\}$,则 8 个样本点是样本空间 Ω 的一个划分。

$A_1 A_2, \overline{A}_1 A_2, A_1 \overline{A}_2, \overline{A}_1 \overline{A}_2$ 是样本空间 Ω 的一个划分,因为

$$A_1 A_2 = \{A_1 A_2 A_3, A_1 A_2 \overline{A}_3\}, \quad \overline{A}_1 A_2 = \{\overline{A}_1 A_2 A_3, \overline{A}_1 A_2 \overline{A}_3\}$$
$$A_1 \overline{A}_2 = \{A_1 \overline{A}_2 A_3, A_1 \overline{A}_2 \overline{A}_3\}, \quad \overline{A}_1 \overline{A}_2 = \{\overline{A}_1 \overline{A}_2 A_3, \overline{A}_1 \overline{A}_2 \overline{A}_3\}$$

$A_1, \overline{A}_1$ 也是样本空间 Ω 的一个划分。

划分事件组在概率计算中能起到什么作用呢?

设要计算 $A \subset \Omega$ 的概率,因为 $B_1, \cdots, B_n$ 是样本空间 Ω 的一个划分,所以有

$$A = \Omega \bigcap A = \left(\bigcup\limits_{i=1}^{n} B_i\right) \bigcap A = A B_1 \bigcup A B_2 \bigcup \cdots \bigcup A B_n$$

且 $A B_1, \cdots, A B_n$ 两两互不相容,应用概率的可加性得

$$P(A) = P(A B_1) + P(A B_2) + \cdots + P(A B_n)$$

再应用乘法公式得

$$P(A B_i) = P(B_i) P(A \mid B_i)$$

代入得到

$$P(A) = P(A \mid B_1) P(B_1) + P(A \mid B_2) P(B_2) + \cdots + P(A \mid B_n) P(B_n)$$

这个公式被称为全概率公式(formula of total probability)。

定理 1.1(全概率公式)　设 $B_1, \cdots, B_n$ 是样本空间 Ω 的一个划分,$A \subset \Omega$,则有

$$P(A) = \sum\limits_{i=1}^{n} P(A \mid B_i) P(B_i)$$

例 1.20　对于例 1.18,求第 3 次取到的是不合格品的概率。

解　沿用例 1.18 的记号,我们要求的概率是 $P(\overline{A}_3)$,它显然与前两次取样的情况有联系,全概率公式能够把前两次取样的各种情况对 $P(\overline{A}_3)$ 的影响表达出来。

前两次取样的各种情况表示为 $A_1 A_2, \overline{A}_1 A_2, A_1 \overline{A}_2, \overline{A}_1 \overline{A}_2$,它们构成了样本空间的一个划分,这样,它们就以全概率公式的形式决定 $P(\overline{A}_3)$,即

$$P(\overline{A}_3) = P(\overline{A}_3 \mid A_1 A_2) P(A_1 A_2) + P(\overline{A}_3 \mid \overline{A}_1 A_2) P(\overline{A}_1 A_2)$$
$$+ P(\overline{A}_3 \mid A_1 \overline{A}_2) P(A_1 \overline{A}_2) + P(\overline{A}_3 \mid \overline{A}_1 \overline{A}_2) P(\overline{A}_1 \overline{A}_2)$$

其中:

$$P(\overline{A}_3 \mid A_1 A_2) = \frac{10}{98}, \quad P(A_1 A_2) = P(A_1)P(A_2 \mid A_1) = \frac{89}{110}$$

$$P(\overline{A}_3 \mid \overline{A}_1 A_2) = \frac{9}{98}, \quad P(\overline{A}_1 A_2) = P(\overline{A}_1)P(A_2 \mid \overline{A}_1) = \frac{1}{11}$$

$$P(\overline{A}_3 \mid A_1 \overline{A}_2) = \frac{9}{98}, \quad P(A_1 \overline{A}_2) = P(A_1)P(\overline{A}_2 \mid A_1) = \frac{1}{11}$$

$$P(\overline{A}_3 \mid \overline{A}_1 \overline{A}_2) = \frac{8}{98}, \quad P(\overline{A}_1 \overline{A}_2) = P(\overline{A}_1)P(\overline{A}_2 \mid \overline{A}_1) = \frac{1}{110}$$

代入上式得到 $P(\overline{A}_3) = 0.1$。

注 1.2 （1）可以这样解释全概率公式：

$$P(A) = \sum_{i=1}^{n} \lambda_i P(B_i)$$

其中 $\lambda_i = P(A \mid B_i)$，所以样本空间 Ω 的划分 $B_1, \cdots, B_n$ 以 $P(B_1), \cdots, P(B_n)$ 的加权平均的方式决定了 $P(A)$，权重系数恰是 A 的 n 个条件概率。

（2）样本空间 Ω 的划分可以有若干种，特别地，对于 Ω 中任意一个事件 $B \neq \varnothing$，$B, \overline{B}$ 都构成了样本空间 Ω 的一个划分，对应的全概率公式是最简单的：

$$P(A) = P(A \mid B)P(B) + P(A \mid \overline{B})P(\overline{B})$$

例 1.21 高老师在本学期每星期一上午第一、二节课都有数学课。他总是早晨 7 点钟从家出发，骑自行车上班，如果自行车坏了，他就选择坐出租车。根据经验，他骑自行车迟到的概率为 0.02，坐出租车迟到的概率为 0.1，而自行车坏了的概率为 0.05，求高老师星期一上课迟到的概率。

解 记 $A = $"高老师星期一上课迟到"，$B = $"高老师骑自行车上班"，则

$$P(\overline{B}) = 0.05, \quad P(B) = 1 - 0.05 = 0.95$$
$$P(A \mid B) = 0.02, \quad P(A \mid \overline{B}) = 0.1$$

于是

$$P(A) = P(A \mid B)P(B) + P(A \mid \overline{B})P(\overline{B})$$
$$= 0.02 \times 0.95 + 0.1 \times 0.05 = 0.024$$

 ### 1.3.4 贝叶斯公式

把条件概率和全概率公式结合，便得到贝叶斯公式。

定理 1.2 设 $B_1, \cdots, B_n$ 是样本空间 Ω 的一个划分，$A \subset \Omega$，则有

$$P(B_k \mid A) = \frac{P(A \mid B_k)P(B_k)}{\sum_{i=1}^{n} P(A \mid B_i)P(B_i)} \quad (k = 1, 2, \cdots, n)$$

证　因为 $P(B_k \mid A) = \dfrac{P(AB_k)}{P(A)} = \dfrac{P(A \mid B_k)P(B_k)}{P(A)}$，由全概率公式

$$P(A) = \sum_{i=1}^{n} P(A \mid B_i)P(B_i)$$

代入得

$$P(B_k \mid A) = \frac{P(A \mid B_k)P(B_k)}{\sum_{i=1}^{n} P(A \mid B_i)P(B_i)}$$

定理得证。

例 1.22　甲胎蛋白法是检验肝癌的一种化验方法，医学研究表明，这种化验方法是存在误判的。已知患肝癌的人其化验结果为 99% 呈现阳性（代表有病），而没有患肝癌的人其化验结果为 99.9% 呈现阴性（代表无病）。现在用甲胎蛋白法对 C 市的居民进行普查，C 市居民的肝癌发病率为 0.000 4，那么一个化验结果是阳性的人，他真的患肝癌的概率有多大呢？

解　记 $A =$ "被检查者的检查结果呈现阳性"，$B =$ "被检查者患肝癌"，则我们要求的概率是 $P(B \mid A)$，条件中的数据的概率含意是

$$P(B) = 0.000\,4, \quad P(\overline{B}) = 1 - 0.000\,4 = 0.999\,6$$
$$P(A \mid B) = 0.99, \quad P(A \mid \overline{B}) = 1 - 0.999 = 0.001$$

于是应用贝叶斯公式得到

$$
\begin{aligned}
P(B \mid A) &= \frac{P(B)P(A \mid B)}{P(B)P(A \mid B) + P(\overline{B})P(A \mid \overline{B})} \\
&= \frac{0.000\,4 \times 0.99}{0.000\,4 \times 0.99 + 0.999\,6 \times 0.001} \approx 0.284
\end{aligned}
$$

怎样来解释这个结果的统计意义呢？第一点，0.284 表明，化验结果为阳性的人只有大约 29% 是真正患肝癌的，这个比例并不很大，所以拿到这个结果的人不要绝望，应该做进一步的检查；第二点，0.284 不能广泛使用，它只能用来解释 C 城（更准确地说，是发病率 0.000 4 的群体），假设发病率为 0.04，则化验结果是阳性的人，真正患肝癌的概率就为

$$\frac{0.04 \times 0.99}{0.04 \times 0.99 + 0.96 \times 0.001} \approx 0.976$$

这种情形下，化验结果是阳性的人，基本上就可以认定是真的患肝癌了。

注 1.3　在本节的全概率公式和贝叶斯公式中，如果将事件 A 看成一个结果，划分 $B_1, \cdots, B_n$ 看成导致这一结果的所有可能原因，则：全概率公式求出的就是在多个原因之下结果 A 发生的概率；贝叶斯公式求出的是当结果 A 发生时，这一结果是由原因 B_i 引起的概率。

小　结

● 在事件 A 发生下事件 B 发生的条件概率定义为 $P(B \mid A) = \dfrac{P(AB)}{P(A)}$。

● 求事件 A 和 B 同时发生的概率是：$P(AB) = P(A)P(B \mid A)$。

● 全概率公式和 Bayes 公式密切相关,注意理解公式的条件。

练习题 1.3

1. 一个袋中有 10 个球,分别标上号码 $1,2,\cdots,10$,从中任取一球,已知所取球的号码不小于 3,求此球的号码为偶数的概率。

2. 一盒晶体管中有 8 只合格品,2 只不合格品,从中不放回地一只一只取出,
(1) 取两次,至少取到一只不合格品的概率;
(2) 取两次,第二次取到的是不合格品的概率。

3. 有三只箱子,第一只箱子中有 4 个红球和 1 个白球,第二只箱子中有 5 个红球和 1 个白球,第三只箱子中有 3 个红球和 4 个白球,现随机地取一只箱子,再从此箱子中随机地取出一个球,求取出的是白球的概率。

4. 一袋中有 10 个红球和 10 个白球,从中任取一球,观察颜色后发回,并放进去 10 个同颜色的球,再从袋中任取一球发现是红球,求第一次取出的球是红球的概率。

5. 已知 $P(A) = \dfrac{1}{4}$, $P(B \mid A) = \dfrac{1}{3}$, $P(A \mid B) = \dfrac{1}{2}$, 求 $P(A \bigcup B)$。

§1.4　事件的独立性

1.4.1　两个事件的独立性

如果事件 A 的发生对于事件 B 发生的可能性不产生影响[即 $P(B \mid A) = P(B)$],并且事件 B 的发生对于事件 A 发生的可能性也不产生影响[即 $P(A \mid B) = P(A)$],则称事件 A 和事件 B 是相互独立的,这等价于 $P(AB) = P(A)P(B)$,因此我们得到事件独立性的定义如下：

定义 1.4　若事件 A 与事件 B 满足

$$P(AB) = P(A)P(B)$$

则称事件 A 与事件 B 是相互独立的(mutually independent),简称 A 与 B 独立。若 A 与 B 不相互独立,则称 A 与 B 是相依的。

性质 1　必然事件 Ω 和不可能事件 $\varnothing$ 与任一事件独立。

性质 2　若 A 与 B 独立,则有 A 与 $\overline{B}$ 独立,$\overline{A}$ 与 B 独立,$\overline{A}$ 与 $\overline{B}$ 独立。

证　实际上只要证明 A 与 $\overline{B}$ 独立即可。因为

第 1 章　随机事件与概率

$$P(A\overline{B}) = P(A) - P(AB) = P(A) - P(A)P(B)$$
$$= P(A)P(\overline{B})$$

所以 A 与 $\overline{B}$ 独立。

例 1.23　有甲、乙两批种子,发芽率分别为 0.8 和 0.9,在两批种子中各任取一粒,求:

(1) 两粒种子都能发芽的概率;

(2) 恰好有一粒种子能发芽的概率;

(3) 至少有一粒种子能发芽的概率。

解　记 A＝"取自甲的那粒种子发芽", B＝"取自乙的那粒种子发芽",直观上 A 与 B 是独立的。

(1) $P(AB) = P(A)P(B) = 0.8 \times 0.9 = 0.72$。

(2) $P(\overline{A}B \bigcup A\overline{B}) = P(\overline{A}B) + P(A\overline{B})$
$$= (1-0.8) \times 0.9 + 0.8 \times (1-0.9) = 0.26。$$

(3) $P(A \bigcup B) = 1 - P(\overline{A}\overline{B}) = 1 - 0.2 \times 0.1 = 0.98$。

事件之间相互独立给概率的计算带来很大的方便。许多事件的独立性是直观的,但我们最好保持一点批判的态度,特别是面临似是而非的情况时,应该用独立性的定义来检验一下。

例 1.24　(1) 对有两个孩子的家庭进行观察,样本空间是

$$\Omega = \{bb, gg, bg, gb\}$$

其中 b 代表男孩, g 代表女孩, bg 表示大的是男孩,小的是女孩。

现在我们来考虑下面两个事件的独立性: A＝"家中至多有一个男孩", B＝"家中既有男孩又有女孩"。直观上我们不能确定这两个事件的独立性,但是倾向于不独立,这时应该由定义来说话了。

利用古典概率计算,得到 $P(A) = \dfrac{3}{4}$, $P(B) = \dfrac{1}{2}$, $P(AB) = \dfrac{1}{2}$,显然

$$P(AB) \neq P(A)P(B)$$

所以 A 与 B 是相依的。

(2) 对有三个孩子的家庭进行观察,样本空间是

$$\Omega = \{bbb, bbg, bgb, gbb, bgg, gbg, ggb, ggg\}$$

则对于上面的两个事件 A 与 B,情况是否还是如此呢?

$$P(A) = \frac{4}{8}, P(B) = \frac{6}{8}, P(AB) = \frac{3}{8}$$

$\Rightarrow$
$$P(AB) = P(A)P(B)$$

所以 A 与 B 是独立的。

· 21 ·

1.4.2 多个事件的独立性

我们以三个事件的独立性为代表来说明多个事件的独立性问题。

定义 1.5 若事件 A, B, C,满足：

$$\begin{cases} P(AB) = P(A)P(B) \\ P(BC) = P(B)P(C) \\ P(AC) = P(A)P(C) \end{cases}$$

则称事件 A, B, C 是两两相互独立的;进一步的,若还有

$$P(ABC) = P(A)P(B)P(C)$$

则称事件 A, B, C 是相互独立的。

例 1.25 证明:若事件 A, B, C 是相互独立的,则 $A, \overline{B}, C$ 相互独立。

证 首先,因为 A, B, C 是两两相互独立的,根据两事件独立性的性质,则 $A, \overline{B}, C$ 是两两相互独立;

其次, $\begin{aligned}[t] P(A\overline{B}C) &= P(AC - B) = P(AC) - P(ABC) \\ &= P(A)P(C) - P(A)P(B)P(C) \\ &= P(A)P(C)[1 - P(B)] = P(A)P(\overline{B})P(C) \end{aligned}$

所以 $A, \overline{B}, C$ 相互独立。

多个事件的独立对于概率计算的简化更加显著,特别是对于事件和的概率,有

$$P(\bigcup_{i=1}^{n} A_i) = 1 - \prod_{i=1}^{n} P(\overline{A_i}) = 1 - \prod_{i=1}^{n} [1 - P(A_i)]$$

例 1.26 春节燃放烟花爆竹是延续了两千多年的中华民族传统,但是燃放烟花爆竹常常引发意外,酿成惨剧。假设每次燃放烟花爆竹引发火警的概率是十万分之一,如果春节期间北京有 100 万人次燃放烟花爆竹,求发生火警的概率。

解 记 $A_i =$ "第 i 次燃放烟花爆竹引发了火警",则

$$P(\bigcup_{i=1}^{10^6} A_i) = 1 - \prod_{i=1}^{10^6} (1 - 10^{-5}) \approx 0.999\,95$$

可见,不发生火警几乎是不可能的。

据报道,2005 年春节期间,从大年三十下午 5 时到正月初五下午 3 时,北京市共接到报火警 818 起,其中燃放烟花爆竹引发的火灾 282 起,除夕夜接到报火警 444 起,因为燃放烟花爆竹引发的火灾 172 起。北京市卫生局统计,因为燃放烟花爆竹致伤到 28 家重点医院救治的有 307 人,4 人死亡。(引自参考文献【4】)

例 1.27 刘备帐中有两个谋士团队,能人诸葛亮单列为甲团队,另外三个普通谋士列为乙团队。假定对某事进行决策时,乙团队中每名谋士贡献正确意见的概率为 0.5,且每名谋士做决策时是相互独立的;诸葛亮贡献正确意见的概率为 0.85。刘备现为某事

可行与否而征求两个团队的意见,问哪个团队做出正确决策的概率高一些?

解　将乙团队三人分别编号为 $1,2,3$,记 $A_i=\{$第 i 个人意见正确$\}$,$i=1,2,3$,于是乙团队意见正确的概率为 $P(A_1\bigcup A_2\bigcup A_3)$。

已知 $P(A_1)=P(A_2)=P(A_3)=0.5$,且 A_1,A_2,A_3 相互独立,则有

$$
\begin{aligned}
P(A_1\bigcup A_2\bigcup A_3)&=1-P(\overline{A_1\bigcup A_2\bigcup A_3})\\
&=1-P(\overline{A_1}\,\overline{A_2}\,\overline{A_3})\\
&=1-P(\overline{A_1})P(\overline{A_2})P(\overline{A_3})\\
&=1-0.5\times0.5\times0.5\\
&=0.875>0.85
\end{aligned}
$$

说明,乙团队做出正确决策的概率高些,这正应了俗语“三个臭皮匠顶一个诸葛亮”。

问题:这一结果的得到是有特定的适用条件的 $[P(A_i)=0.5]$,如果三个普通谋士贡献正确意见的概率是 0.4,此时结果又如何呢?

例 1.28　求下列系统能正常工作的概率(即系统的可靠性),其中,框图中的字母代表元件。字母相同、下标不同的是同一类元件,只是装配在不同位置,A,B,C 类元件正常工作的概率分别为 p_A,p_B,p_C。

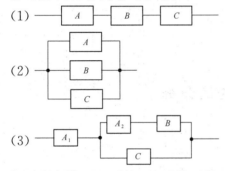

解　令事件 $E_i=$“第 i 个系统正常工作”,$i=1,2,3$,用 A,B,C 默认表示相应的元件正常工作。

(1) 单一串联方式系统的可靠性为

$$
P(E_1)=P(A\bigcap B\bigcap C)=P(A)P(B)P(C)=p_A p_B p_C
$$

(2) 单一并联方式系统的可靠性为

$$
\begin{aligned}
P(E_2)&=P(A\bigcup B\bigcup C)=1-P(\overline{A\bigcup B\bigcup C})\\
&=1-P(\overline{A}\,\overline{B}\,\overline{C})=1-P(\overline{A})P(\overline{B})P(\overline{C})\\
&=1-(1-p_A)(1-p_B)(1-p_C)
\end{aligned}
$$

(3) 串并联混合方式系统的可靠性为

$$
\begin{aligned}
P(E_3)&=P[A_1\bigcap(A_2 B\bigcup C)]=P(A_1 A_2 B\bigcup A_1 C)\\
&=P(A_1 A_2 B)+P(A_1 C)-P(A_1 A_2 B C)\\
&=p_A^2 p_B+p_A p_C-p_A^2 p_B p_C
\end{aligned}
$$

小　结

● 事件 A 与事件 B 相互独立的定义是：$P(AB) = P(A)P(B)$。

● 如果 $P(AB) = P(A)P(B)$，则有

$$P(\bar{A}B) = P(\bar{A})P(B), P(A\bar{B}) = P(A)P(\bar{B}), P(\bar{A}\bar{B}) = P(\bar{A})P(\bar{B})$$

练习题 1.4

1. 设事件 A 与事件 B 独立，A 发生而 B 不发生的概率等于 0.25，B 发生而 A 不发生的概率也等于 0.25，求 $P(A)$ 和 $P(B)$。

2. 在一小时内，甲乙两台机床需维修的概率分别是 0.9 和 0.8，求一小时内：
   (1) 没有一台机床需要维修的概率；
   (2) 最多只有一台机床需要维修的概率。

3. 无线电监测站负责监测 n 个目标，在监测过程中第 i 个目标消失的概率是 p_i，$(0 < p_i < 1)$，各目标是否消失是相互独立的，求下列事件的概率：
   (1) 监测过程中没有目标消失；
   (2) 监测过程中至少有一个目标消失；
   (3) 监测过程中最多有一个目标消失。

公式解析与例题分析

一、公式解析

1. $P(A-B) = P(A) - P(AB)$ (1)

解析　公式中的 $P(A-B)$ 表示事件"A 发生而 B 不发生"的概率，$P(AB)$ 是事件"A 与 B 都发生"的概率。

当 $A \supset B$ 时，公式(1)简化为 $P(A-B) = P(A) - P(B)$。

若取 $A = \Omega$，则得对立事件的概率公式：$P(\bar{B}) = 1 - P(B)$。

推广公式(1)，可得三事件的减法公式

$$P(A-B-C) = P(A) - P(AB) - P(AC) + P(ABC)$$

推导过程如下：

令 $D = A-B$，则 $DC = A\bar{B}C = AC\bar{B} = AC-B$，于是

$$P(A-B-C) = P(D-C) = P(D) - P(DC)$$
$$= P(A) - P(AB) - P(AC) + P(ABC)$$

2. $P(A \bigcup B) = P(A) + P(B) - P(AB)$ (2)

解析　这是概率的加法公式,用来计算两个事件和的概率。当事件 A 与 B 不独立时,计算 A 与 B 都不发生的概率往往也借助于这个公式,即

$$P(\bar{A}\,\bar{B}) = 1 - P(A) - P(B) + P(AB)$$

当 A 与 B 互不相容时, $AB = \varnothing$,所以 $P(A \bigcup B) = P(A) + P(B)$;

当 A 与 B 相互独立时, $P(A \bigcup B) = P(A) + P(B) - P(A)P(B)$,由于此时 $\bar{A}$ 与 $\bar{B}$ 也独立,所以 $P(A \bigcup B) = 1 - [1 - P(A)][1 - P(B)]$ 。显然,独立性给概率的计算带来一定的简化,并且这种简化在事件数目很大时更加显著:

$$P\Big(\bigcup_{i=1}^{n} A_i\Big) = 1 - \prod_{i=1}^{n} \big[1 - P(A_i)\big]$$

例 1.26 很好地说明了这一点。

3. $P(B \mid A) = \dfrac{P(AB)}{P(A)}$

解析　这是条件概率的定义式, $P(B \mid A)$ 表示在事件 A 发生之下事件 B 发生的条件概率,右式的分子是 A 与 B 同时发生的概率,分母是条件事件 A 的概率。

条件概率反映了事件 A 的发生对于事件 B 发生可能性的影响,那么如何来量化这种影响呢? 我们来考察比值 $r(A,B) = \dfrac{P(B \mid A)}{P(B)}$,显然

$$r(A,B) = \frac{P(B \mid A)}{P(B)} = \frac{P(AB)}{P(A)P(B)}$$

首先,当 A 与 B 独立时, $P(AB) = P(A)P(B)$,所以 $r(A,B) = 1$,表明事件 A 的发生对于事件 B 的发生没有影响;

其次,当 A 与 B 互不相容时, $P(AB) = 0$,所以 $r(A,B) = 0$,表明事件 A 的发生对于事件 B 的发生有极端的影响;

一般的,当 $r(A,B) > 1$ 时,意味着事件 A 的发生增大了事件 B 发生的可能性,比如 $r(A,B) = 2$,表明事件 A 的发生使得事件 B 发生的可能性放大了两倍;当 $0 < r(A,B) < 1$ 时,意味着事件 A 的发生增大了事件 B 不发生的可能性。

4. $P(A) = \sum\limits_{i=1}^{n} P(B_i)P(A \mid B_i)$

解析　这是著名的全概率公式,其中事件组 $B_1, B_2, \cdots, B_n$ 是该公式的关键,它必须要满足(1) $B_1, B_2, \cdots, B_n$ 两两互不相容;(2) $\bigcup\limits_{i=1}^{n} B_i = \Omega$,这样的一组事件称为样本空间的一个划分。

全概率公式来源于对 $P(A)$ 的分解:

$$P(A) = \sum_{i=1}^{n} P(AB_i)$$

把 $P(AB_i) = P(B_i)P(A \mid B_i)$ 代入上式,即得全概率公式。

二、例题分析

例 1.29　设事件 A 与 B 独立，A 与 C 独立，$BC = \varnothing$，若 $P(A) = P(B) = \dfrac{1}{2}$，$P(AC \mid AB \bigcup C) = \dfrac{1}{4}$，求 $P(C)$。

解　$P(AC \mid AB \bigcup C) = \dfrac{P[(AC) \bigcap (AB \bigcup C)]}{P(AB \bigcup C)} = \dfrac{P(ABC \bigcup AC)}{P(AB) + P(C) - P(ABC)}$

$\qquad\qquad\qquad\qquad = \dfrac{P(AC)}{P(AB) + P(C) - P(ABC)}$

因为 A 与 B 独立，A 与 C 独立，所以 $P(AB) = P(A)P(B) = \dfrac{1}{4}$，$P(AC) = \dfrac{P(C)}{2}$，

又因为 $BC = \varnothing$，所以 $P(ABC) = P(\varnothing) = 0$，代入上式，得到 $\dfrac{\dfrac{1}{2}P(C)}{\dfrac{1}{4} + P(C)} = \dfrac{1}{4}$，解出

$P(C) = \dfrac{1}{4}$。

例 1.30　从一副洗匀的扑克牌(52 张)中，自上而下发四张牌，求

(1) 四张牌全是 A 的概率是多少？

(2) 求在已发 k 张牌全是 $A(k = 1, 2, 3)$ 的情形下，四张牌全是 A 的概率是多少？

解　记 B 表示"四张牌全是 A"，B_k 表示"已发 k 张牌全是 $A(k = 1, 2, 3)$"，则

(1) $P(B) = \dfrac{1}{C_{54}^4} = \dfrac{1}{270\ 725}$；

(2) $P(B \mid B_1) = \dfrac{P(BB_1)}{P(B_1)} = \dfrac{P(B)}{\dfrac{C_4^1}{C_{54}^1}} = 0.000\ 05$，同理可得

$\qquad P(B \mid B_2) = \dfrac{P(B)}{\dfrac{C_4^2}{C_{54}^2}} = 0.000\ 82, P(B \mid B_3) = \dfrac{P(B)}{\dfrac{C_4^3}{C_{54}^3}} = 0.020\ 41$，

现在来看事件 $B_k, (k = 1, 2, 3)$ 对于事件 B 概率的影响，因为

$\dfrac{P(B \mid B_1)}{P(B)} = 14.077\ 7, \dfrac{P(B \mid B_2)}{P(B)} = 221.994\ 5 \qquad \dfrac{P(B \mid B_3)}{P(B)} = 5\ 525.497\ 25$

所以事件 B_1 的发生使得事件 B 发生的可能性增大了大约 14 倍，事件 B_2 的发生使得事件 B 发生的可能性增大了大约 222 倍，事件 B_3 的发生使得事件 B 发生的可能性增大了大约 5 525 倍。

例 1.31　一学生接连参加同一课程的两次考试，第一次及格的概率为 p，若第一次及格则第二次及格的概率也为 p，若第一次不及格则第二次及格的概率为 $\dfrac{p}{2}$，求

(1) 若至少有一次及格则他能取得某种资格，求他取得资格的概率；

(2) 若已知第二次及格，求他第一次及格的概率。

解　设 $A_i(i=1,2)$ 表示事件"第 i 次考试及格",则有 $P(A_1)=p$,$P(A_2\mid A_1)=p$,$P(A_2\mid \bar{A_1})=p/2$。

（1）至少有一次及格的概率是

$$P(A_1\bigcup A_2)=P(A_1)+P(A_2)-P(A_1A_2)=p-p^2+P(A_2),$$

由全概率公式,得

$$P(A_2)=P(A_1)P(A_2\mid A_1)+P(\bar{A_1})P(A_2\mid \bar{A_1})=p^2+\frac{p(1-p)}{2}$$

于是 $P(A_1\bigcup A_2)=p+\frac{p(1-p)}{2}=\frac{3p-p^2}{2}$;

（2）$P(A_1\mid A_2)=\dfrac{P(A_1A_2)}{P(A_2)}=\dfrac{2p}{1+p}$。

例 1.32　甲乙两人轮流抛掷一枚均匀的骰子。甲先掷,一直到掷出了 1 点,交给乙掷,而到乙掷出了 1 点,再交给甲掷,如此一直进行下去,求第 100 次抛掷时由甲掷的概率。

解　令 A_n 表示事件"第 n 次抛掷时由甲掷",$p_n=P(A_n)$,于是 A_{n-1} 表示事件"第 $n-1$ 次抛掷时由甲掷",$\bar{A}_{n-1}$ 表示事件"第 $n-1$ 次抛掷时由乙掷",并且 $\bar{A}_{n-1}$ 与 A_{n-1} 互不相容,$A_{n-1}\bigcup \bar{A}_{n-1}=\Omega$,应用全概率公式得

$$\begin{aligned}P(A_n)&=P(A_{n-1})P(A_n\mid A_{n-1})+P(\bar{A}_{n-1})P(A_n\mid \bar{A}_{n-1})\\&=\frac{5}{6}P(A_{n-1})+\frac{1}{6}\big(1-P(A_{n-1})\big)\end{aligned}$$

即 $p_n=\dfrac{5}{6}p_{n-1}+\dfrac{1}{6}(1-p_{n-1})=\dfrac{2}{3}p_{n-1}+\dfrac{1}{6}$,得递推公式

$$p_n-\frac{1}{2}=\frac{2}{3}\Big(p_{n-1}-\frac{1}{2}\Big),n=2,3,\cdots$$

递推可得,$p_n-\dfrac{1}{2}=\Big(\dfrac{2}{3}\Big)^{n-1}\Big(p_1-\dfrac{1}{2}\Big)$

显然 $p_1=P(A_1)=1$,于是 $p_n=\dfrac{1}{2}\Big(\dfrac{2}{3}\Big)^{n-1}+\dfrac{1}{2}$,所以第 100 次抛掷时由甲掷的概率是 $p_{100}=\dfrac{1}{2}\Big(\dfrac{2}{3}\Big)^{99}+\dfrac{1}{2}$

【阅读材料】

科学怪才贝叶斯

托马斯·贝叶斯(Thomas Bayes,1701—1761,英国)给我们的感觉是神秘的。一方面,他在生前没有发表只言片语的科学论著,就连与其他学者通信交流的信件也很少见。要知道,在 18 世纪上半叶的欧洲学术界,学者之间的通信是进行科学研究的交流与合作

的重要方式。贝叶斯除了在 1755 年给一位名叫约翰·康顿的学者写过一封信,讨论了辛普森的误差理论的工作以外,他与当时的学术界就没有重要的学术交往的记录。但他曾于 1742 年当选为英国皇家学会会员,可以想见,他必定曾以某种方式表现出其学术造诣,并为当时的学术界所承认。另一方面,使他流芳后世的论文 *An Essay Towards Solving a Problem in the Doctrine of Chances*(《机遇理论中一个问题的解》)也有着与众不同的遭遇。据文献记载,在他逝世之前的 4 个月,他将此文和 100 英镑托付给一位名叫普莱斯的学者,而贝叶斯当时对此人身在何处都不知道。所幸的是,后来普莱斯在贝叶斯的文件中发现了这篇文章,并且于 1763 年 12 月在皇家学会上宣读了此文,此文于 1764 年在英国皇家学会的刊物 *Philosophical Transactions* 发表。此文在发表后的很长一段时间内都没有引起什么反响,直到 20 世纪以来突然受到重视。在杰弗里斯(H. Jeffeys)、萨凡奇(L. J. Savage)等人的工作下,形成了贝叶斯学派,并在 20 世纪下半叶进入了全盛时期,成为数理统计学的两大学派之一。而令人诧异的是,现代数理统计的奠基人物皮尔逊(K. Pearson)和费歇尔(Fisher)一直对贝叶斯理论持不认可态度。

【以上内容摘自陈希孺院士的《数理统计学简史》】

贝叶斯理论在哲学上吻合于人类的认知过程。假设我们对于一个事件已经有了一定的认识:它以概率 $P(B_i)$ 处于状态 $B_i (i=1, \cdots, n)$,满足 $\sum_{i=1}^{n} P(B_i) = 1$,我们称之为先验分布,现在我们又观察到一个结果 A,它会加深我们对于这个事件的认识,即调整了处于状态 $B_i (i=1, \cdots, n)$ 的概率:

$$P(B_k \mid A) = \frac{P(A \mid B_k) P(B_k)}{\sum_{i=1}^{n} P(A \mid B_i) P(B_i)}$$

这个过程可以概括为

先验分布＋当前样本＝后验分布

下面我们以一个有趣的问题来体验一下贝叶斯理论。

《伊索寓言》有一个故事《孩子与狼》,讲的是一个小孩每天到山上放羊,山中有狼出没。有一天,小孩因为无聊而起了恶作剧的念头,他在山上大叫:"狼来了,狼来了!"山下的村民听到后都急忙跑上山来打狼,结果发现上当受骗了。第二天还是如此。第三天,狼真的来了,孩子撕心裂肺地大声呼救,可是没有一个村民上来救他了。原因大家都知道,现在我们用贝叶斯理论来分析。

记事件 A 为"小孩说谎了",事件 B 为"小孩可信",假设村民过去对这个小孩的印象为

$$P(B) = 0.8, \quad P(\overline{B}) = 0.2$$

说明有 80% 的村民是信任这个小孩的,而 20% 的村民是不信任这个小孩的。

再假设诚实的小孩说谎的可能性是 0.1,不诚实的小孩说谎的可能性是 0.5,即

$$P(A \mid B) = 0.1, \quad P(A \mid \overline{B}) = 0.5$$

小孩第一次说谎后(A_1 发生了),有

$$P(B \mid A_1) = \frac{P(B)P(A_1 \mid B)}{P(B)P(A_1 \mid B) + P(\overline{B})P(A_1 \mid \overline{B})}$$
$$= \frac{0.8 \times 0.1}{0.8 \times 0.1 + 0.2 \times 0.5}$$
$$= 0.444$$

得到后验分布:

状态	B	$\overline{B}$
概率	0.444	0.556

这个数值意味着什么呢?小孩第一次说谎后,他在村民中的诚信度由之前的 0.8 下降到了 0.444。

小孩第二次说谎后(A_2 发生了),有

$$P(B \mid A_2) = \frac{0.444 \times 0.1}{0.444 \times 0.1 + 0.556 \times 0.5} = 0.138$$

得到后验分布:

状态	B	$\overline{B}$
概率	0.138	0.862

这个数值意味着:小孩第二次说谎后,他的诚信度已经只有 0.138,难怪没有人来救他。

一个原来诚信度还算比较好的人,连续说谎两次后,就几乎无人相信他了。切记! 要像爱护自己的眼睛一样来爱护我们的诚信啊。

 习 题 A

一、填空题

1. 已知事件 A,B 互不相容,则 $A \bigcup \overline{B} = $ _____,$A - \overline{B} = $ _____,$A\overline{B} = $ _____。

2. 设随机事件 A,B 及其和事件发生的概率分别为 0.4,0.3 和 0.6,则 $P(A\overline{B}) = $ _____。

3. 设事件 $A \subset B$,$P(A) = 0.2$,$P(B) = 0.3$,则 $P(A \bigcup B) = $ _____,$P(A - B)$ _____。

4. 设事件 A, B 及 $A \cup B$ 的概率分别为 p, q, r, 则 $P(AB) = $ _____, $P(A\overline{B}) = $ _____, $P(\overline{A}B) = $ _____, $P(\overline{A}\overline{B}) = $ _____。

5. 一批灯泡有 40 个, 其中 3 只是坏的, 从中任取 5 只检查, 则 5 只中恰有 2 只坏灯泡的概率为 _____。

6. 设 $P(A) = \dfrac{1}{4}$, $P(B \mid A) = \dfrac{1}{3}$, $P(A \mid B) = \dfrac{1}{2}$, 则 $P(B) = $ _____。

7. 三人独立破译一密码的概率分别为 $\dfrac{1}{5}$, $\dfrac{1}{3}$, $\dfrac{1}{4}$, 则此密码被破译的概率为 _____。

8. 设两个相互独立的事件 A, B 都不发生的概率为 $\dfrac{1}{9}$, A 发生 B 不发生的概率与 B 发生 A 不发生的概率相等, 则 $P(A) = $ _____。

9. 设事件 A, B 相互独立, $P(B) = 0.5$, $P(A - B) = 0.3$, 则 $P(B - A) = $ _____。

10. 设事件 A, B, C 两两独立, 其概率分别为 0.2, 0.4, 0.6, $P(A \cup B \cup C) = 0.76$, 则概率 $P(\overline{A} \cup \overline{B} \cup \overline{C}) = $ _____。

二、选择题

1. 设 A, B, C 是三个事件, 则"A, B, C 中至多发生一个"的事件为（　　）。
A. $\Omega - (A \cup B \cup C)$
B. $\Omega - (AB \cup BC \cup AC)$
C. $\overline{ABC} \cup \overline{AB}\,\overline{C} \cup \overline{A}\overline{BC}$
D. $A\overline{B}\,\overline{C} \cup \overline{A}\,\overline{B}\,\overline{C}$

2. 将 3 个不同的球随机放入 4 个杯子, 则杯子中球的最大个数为 1 的概率为（　　）。
A. $\dfrac{P_4^3}{4^3}$
B. $\dfrac{C_4^3}{4^3}$
C. $\dfrac{P_4^3}{3^4}$
D. $\dfrac{C_4^3}{3^4}$

3. 设两个事件 A, B, 满足 $B \subset A$, 则下面结论正确的是（　　）。
A. $P(B - A) = P(B) - P(A)$
B. $P(B \mid A) = P(B)$
C. $P(A \cup B) = P(A)$
D. $P(AB) = P(A)$

4. 设事件 A, B 互不相容, 则（　　）。
A. $P(\overline{A}\overline{B}) = 0$
B. $P(AB) = P(A)P(B)$
C. $P(A) = 1 - P(B)$
D. $P(\overline{A} \cup \overline{B}) = 1$

5. 设三个事件 A, B, C 两两相互独立, 则 A, B, C 相互独立的充分必要条件是（　　）。
A. A 与 BC 独立
B. AB 与 $A \cup C$ 独立
C. AB 与 AC 独立
D. $A \cup B$ 与 $A \cup C$ 独立

6. 对任意两个事件 A, B, 下面叙述正确的是（　　）。
A. 如果 $AB \neq \varnothing$, 则 A, B 一定独立
B. 如果 $AB \neq \varnothing$, 则 A, B 有可能独立
C. 如果 $AB = \varnothing$, 则 A, B 一定独立
D. 如果 $AB = \varnothing$, 则 A 与 B 一定不独立

7. 设事件满足 $P(B \mid A) = 1$, 则（　　）。
A. $P(A\overline{B}) = 0$
B. A 为必然事件
C. $P(B \mid \overline{A}) = 0$
D. $B \subset A$

8. 甲、乙、丙三人依次从装有 7 个白球、3 个红球的袋中随机地摸 1 个球。已知丙摸到了红球,则甲、乙摸到不同颜色球的概率为( )。

A. $\dfrac{7}{16}$ B. $\dfrac{7}{18}$ C. $\dfrac{7}{19}$ D. $\dfrac{7}{20}$

9. 5 个人以摸彩方式决定谁得一张电影票,今令 A_i 表示"第 i 个人摸到", $i = 1, 2, 3, 4,$ 5,则下列结论中不正确的是( )。

A. $P(\overline{A}_1 A_2) = \dfrac{1}{4}$ B. $P(\overline{A}_1 A_2) = \dfrac{1}{5}$

C. $P(A_5) = \dfrac{1}{5}$ D. $P(\overline{A}_1 \overline{A}_2) = \dfrac{3}{5}$

习 题 B

1. 写出下列随机试验的样本空间:
   (1) 记录一个班级所有学生的身高(假设所有学生身高均位于 100～200 cm);
   (2) 生产产品直到有 10 件正品为止,记录生产产品的总件数;
   (3) 同时掷 3 个骰子,记录 3 个骰子点数之和。

2. 设 A, B, C 为三个随机事件,用事件的关系与运算表示下列事件:
   (1) A 发生, B 与 C 都不发生;
   (2) A 与 B 都发生, C 不发生;
   (3) A, B, C 至少有一个发生;
   (4) A, B, C 不多于一个发生;
   (5) A, B, C 不多于两个发生;
   (6) A, B, C 至少有两个发生。

3. 在全校学生中任选一名学生,令事件 A 表示被选学生是男生,事件 B 表示该生为大三学生,事件 C 表示该生是运动员。
   (1) 描述事件 $AB\overline{C}$ 的意义;
   (2) 在什么条件下 $ABC = C$ 成立?
   (3) 什么条件下 $C \subset B$?
   (4) 什么条件下 $\overline{A} = B$?

4. 指出下列各式中哪些成立,哪些不成立。
   (1) $A \cup B = A\overline{B} \cup B$;   (2) $\overline{AB} = A \cup B$;   (3) $(AB)(\overline{A}B) = \varnothing$;   (4) $(AB) \cup (A\overline{B}) = \Omega$。

5. 设 $\Omega = \{1, 2, \cdots, 10\}$, $A = \{2, 3, 4\}$, $B = \{3, 4, 5\}$, $C = \{5, 6, 7\}$,具体写出下列各式表示的集合。
   (1) $\overline{A} \cup B$;   (2) $\overline{AB}$;   (3) $\overline{\overline{A}\overline{B}}$;   (4) $\overline{A(B \cup C)}$。

6. 某人从网上买了 10 件产品,其中 6 件合格品,4 件次品,从中任取 3 件,求下列事件的概率:

(1) 没有次品;

(2) 只有 1 件次品;

(3) 最多有 1 件次品;

(4) 至少有 1 件次品。

7. 有 5 条线段,长度分别为 1,3,5,7,9。从中任取 3 条,求所取 3 条线段能构成三角形的概率。

8. 一个小孩用 13 个字母 A,A,A,C,E,H,I,I,M,M,N,T,T 做组字游戏。如随机地排列字母,他能组成"MATHEMATICIAN"的概率是多少?

9. 某城市的公共自行车共 1 000 辆,编号从 0001 到 1000。问事件"偶然遇到的一辆公共自行车,其编号中有数字 8"的概率是多大?

10. 设甲袋中有 a 只白球、b 只黑球,乙袋中有 c 只白球、d 只黑球。从两袋中各取一球,求所得两球颜色不同的概率。

11. 某油漆公司发出 17 桶油漆,其中白漆 10 桶、黑漆 4 桶、红漆 3 桶,在搬运中所有标签脱落,交货人随意将这些油漆发给顾客。问一个订货为 4 桶白漆、3 桶黑漆和 2 桶红漆的顾客,能按所订颜色得到订货的概率是多少?

12. 设一个人的生日在星期几是等可能的。求 6 个人的生日集中在一星期中的某两天但不是都在同一天的概率。

13. 罐中有 12 颗围棋棋子,其中 8 颗白子,4 颗黑子。若从中任取 3 颗,求:

(1) 取到的都是白子的概率;

(2) 取到 2 颗白子、1 颗黑子的概率;

(3) 取到的 3 颗中至少有一颗黑子的概率;

(4) 取到 3 颗棋子颜色相同的概率。

14. 有 5 副不同尺寸的手套,甲先任取一只,乙也接着任取一只,然后甲又任取一只,最后乙也任取一只,求:

(1) 甲正好取到两只配对的手套的概率;

(2) 乙正好取到两只配对的手套的概率;

(3) 甲、乙两个人取到的手套都配对的概率。

15. 甲、乙两艘船要停靠在同一码头,它们可能在一个昼夜的任何时刻到达,但是这个码头不能同时停泊两艘船。设甲、乙两艘船停靠的时间分别是 1 小时和 2 小时,求它们中任何一艘都不需要等待的概率。

16. 现有两个网络服务器,服务器 A 正常工作的概率为 0.93,服务器 B 正常工作的概率为 0.92,两个服务器同时正常工作的概率为 0.898,求至少有一个服务器以及只有一个服务器正常工作的概率。

17. 设事件 A 与 B 满足 $P(AB) = P(\overline{A}\overline{B})$,且 $P(A) = p$,求 $P(B)$ 的值。

18. 设事件 A,B 是两个随机事件,证明 $P(AB) = 1 - P(\overline{A}) - P(\overline{B}) + P(\overline{A}\overline{B})$。

19. 设 A,B 是两个事件,且 $P(A) = 0.6$,$P(B) = 0.7$。问:

(1) 在什么条件下,$P(AB)$ 取到最大值,最大值是多少?

(2) 在什么条件下,$P(AB)$ 取到最小值,最小值是多少?

20. 为了防止意外,在矿内同时设两种预警系统 A 与 B。每种系统单独使用时,系统 A 有效的概率为 0.92,系统 B 有效的概率为 0.93;在系统 A 失灵的条件下,系统 B 有效的概率为 0.85。求:

(1) 发生意外时,两种报警系统至少有一个有效的概率;

(2) 系统 B 失灵的条件下,系统 A 有效的概率。

21. 袋子中有 10 个球,8 红 2 白,现从袋中任取两次,每次取一球做不放回抽样,求下列事件的概率:

(1) 两次都是红球;

(2) 两次中一次取得红球,另一次取得白球;

(3) 至少有一次取得白球;

(4) 第二次取得白球。

22. 已知 $P(\overline{A}) = 0.3$,$P(B) = 0.4$,$P(A\overline{B}) = 0.5$,求 $P(B \mid A \cup \overline{B})$。

23. 已知 $P(A) = 0.7$,$P(B) = 0.4$,$P(AB) = 0.2$,求 $P(A \mid \overline{A} \cup B)$。

24. 某射击小组共有 20 名射手,其中一级射手 4 人,二级射手 8 人,三级射手 7 人,四级射手 1 人。一、二、三、四级射手能通过选拔进入比赛的概率分别是 0.9,0.7,0.5,0.2。求任选一名射手能通过选拔进入比赛的概率。

25. 有两只口袋,甲袋中装有 3 只白球、2 只黑球,乙袋中装有 2 只白球、5 只黑球。任选一袋,并从中任取一球,求此球为白球的概率。

26. 某商店销售 10 台电冰箱,其中 7 台一级品,3 台二级品。某人到商店时,电冰箱已被卖出 2 台,求此人能买到一级品的概率。

27. 设有来自三个地区的各 10 名、15 名和 25 名考生的报名表,其中女生的报名表分别为 3 份、7 份和 5 份。随机地取一个地区的报名表,从中先后任意抽出两份。

(1) 求先抽到的一份是女生表的概率;

(2) 已知后抽到的一份是男生表,求先抽到的一份是女生表的概率。

28. 在某工厂中有甲、乙、丙三台机器生产螺丝钉,它们的产量各占 25％,35％,40％,并且在各自的产品里,废品各占 5％,4％,2％,从产品中任取一个恰是废品,问此废品是甲、乙、丙生产的概率分别是多少?

29. 已知男子有 5％ 是色盲患者,女子有 0.25％ 是色盲患者。今从男女人数相等的人群中随机地挑选一人,恰好是色盲患者,问此人是男性的概率是多少?

30. 某种产品以 50 件装 1 箱,如果每箱产品中没有次品的概率为 0.37,有 1,2,3,4 件次品的概率分别为 0.37,0.18,0.06,0.02。今从某箱中任取产品 10 件,经检验有 1 件次品,求该箱产品中次品超过 2 件的概率。

31. 某地区一个人的血型为 O,A,B,AB 型的概率分别为 0.41,0.40,0.11,0.08。独立地任选五人,求下列事件的概率:

(1) 两人为 O 型,其他三人分别为其他三种血型;

(2) 三人为 O 型,两人为 A 型;

(3) 没有一人为 AB 型。

32. 设四次独立试验中,事件 A 出现的概率相等。若已知事件 A 至少出现一次的概率等

于 $\dfrac{65}{81}$，求事件 A 在一次试验中出现的概率。

33. 试证明：若 A, B, C 三个事件独立，则 (1) $A \bigcup B$，(2) AB，(3) $A\overline{B}$ 都与 C 相互独立。

34. 已知 $P(A) = a$，$P(B) = 0.3$，$P(\overline{A} \bigcup B) = 0.7$。
    (1) 若事件 A 与 B 互不相容，求 a 的值；
    (2) 若事件 A 与 B 相互独立，求 a 的值。

35. 假设随机事件 A 与 B 相互独立，$P(A) = P(\overline{B}) = a - 1$，$P(A \bigcup B) = \dfrac{7}{9}$，求 a 的值。

36. 某高射炮发射一发炮弹击中飞机的概率为 0.6，现用此种炮若干门同时各发射一发炮弹，问至少需配置多少门高射炮，才能以不小于 99% 的概率击中来犯的一架敌机？

习 题 C

1. 设 A, B 是两个随机事件，$P(B \mid A) = P(B \mid \overline{A})$，$P(A) > 0$，$P(B) > 0$。证明：$A, B$ 独立。

2. n 张彩票中有 k（$0 < k < n$）张有奖，三人按次序抽签，甲先，乙次，丙最后。证明：三人中奖的概率相等。

3. 装有 m（$m \geqslant 3$）个白球和 n 个黑球的罐子中失去一球，但不知是什么颜色。为了猜测它是什么颜色，随机地从罐中摸出两个球，结果都是白球，问失去的球是白球的概率是多少？

4. 有 100 个球，其中一个是黑球，一个是白球，其他的都是红球。把这 100 个球任意放入 10 个袋中，每袋中放 10 个球。求黑球与白球恰在同一袋中的概率。

5. 从 n 双尺码不同的鞋子中任取 $2r$（$2r < n$）只，求下列事件的概率：
    (1) 所取 $2r$ 只鞋子中没有两只成对；
    (2) 只有 2 只成对；
    (3) 恰好配成 r 对。

6. 袋中装有 5 个白球和 5 个黑球，从中任取 5 个球放入一个空袋中，再从此 5 个球中任取 3 个放入另一个空袋中，最后从第三个袋中任取 1 球为白球，求第一次取出的 5 个球全是白球的概率。

7. 设存在三个两两独立且不可能同时发生的事件 A, B, C，使得 $P(A) = P(B) = P(C) = x$，证明：当 x 取 0.5 时，$P(A \bigcup B \bigcup C)$ 达到最大值。

8. 抛掷均匀硬币直至第一次出现接连两个正面为止，求这时共掷了 n 次的概率。

第2章
离散型随机变量

本章的重点在于建立两个函数:概率分布列和概率分布函数。它们对于一个试验的全体随机事件的概率具有完全解释力,即每一个事件的概率都可以从这两个函数出发来计算;进一步地,我们还要研究数学期望和方差等数字特征,它们仍然取决于这两个函数。建立概率分布列和概率分布函数的一个前提是,必须在随机试验中引入随机变量的概念。

§2.1　随机变量

样本空间是随机试验的所有可能结果构成的集合。比如,随机试验:观察某果园里产出的苹果的重量,苹果所有可能的重量构成的集合就是样本空间;如果关心的是该果园产出的苹果的直径,那么苹果所有可能的直径构成的集合就是样本空间。再比如说,随机试验:观察某班学生的身高,该班所有学生的身高构成的集合就是样本空间;如果观察的是该班学生是否有兄弟姐妹,那么对于每个学生而言,观察结果只有两种可能(有或没有),此时的样本空间中只有两个样本点(有或没有)。苹果、学生本身具备很多特征,上面列举出来的特征都是可以通过一些测量手段得到的,因而称为可测特征,如苹果的酸甜度,学生的体重、智商等。

现以待研究的班级为例,假设这个班有 n 个学生,记这些学生的集合为 $\Omega = \{\omega_1, \omega_2, \cdots, \omega_n\}$。观察该班学生的身高状况,就需要对每个学生的身高进行测量,这样每个学生都会得到一个身高的数字,即对于 Ω 中的任意一个 ω,都会有一个数字 $X(\omega)$ 与之对应,即

$$\omega \to X(\omega),$$

这种对应关系是以 Ω 为定义域的一个函数。由于 ω 是随机地抽取自 Ω,因此 $X(\omega)$ 是具有随机性的函数,称之为随机变量(random variable, $r.v.$)。定义随机变量的目的是为了更好地描述随机事件,现通过例题来引入随机变量的概念。

例 2.1　连续抛掷一枚硬币三次,观察出现的正反面情况,则样本空间为

$$\Omega = \{HHH, HHT, HTH, THH, HTT, THT, TTH, TTT\}$$

$$= \{\omega_1, \cdots, \omega_8\}$$

现令 $X = \{$出现正面的次数$\}$，则有 $X(\omega_1) = 3$，$X(\omega_2) = 2$，$\cdots$，这样 $X(\omega)$ 就建立了一个函数，定义域是样本空间，值域是实数集的一个子集：$\{0, 1, 2, 3\}$，并且 $X(\omega)$ 取哪一个值具有随机性，这样的变量我们称为随机变量。

定义 2.1 定义在样本空间 $\Omega = \{\omega\}$ 上的实值单值函数 $X = X(\omega)$ 称为随机变量，简记为 $r.v. X$。

随机变量通常用大写字母 $X, Y, Z, \cdots$ 或希腊字母 $\xi, \eta, \cdots$ 表示，其取值用小写字母 $x, y, z, \cdots$ 表示。

有了随机变量以后，我们可以用它的取值范围方式来表示事件。如 $A =$ "正面至少出现一次"，则 A 可以表示为 $\{\omega \mid X(\omega) \geqslant 1\}$，后面一般简记为 $\{X \geqslant 1\}$，这样的表示给我们的分析带来很大的方便。

我们以后学习的随机变量有两类：离散型随机变量（discrete random variable），连续型随机变量（continuous random variable）。

如果一个随机变量的所有可能取值为有限多个或可数多个，则称其为离散型随机变量；如果一个随机变量的所有可能取值充满数轴上的一个区间 (a, b)，则称其为连续型随机变量，其中 a 可以是 $-\infty$，b 可以是 ∞。比如：

（1）例 2.1 中的 $r.v. X$ 是离散型随机变量；

（2）令 $Y = \{$一年中到苏州旅游的人数$\}$，则 Y 的所有可能取值为 $0, 1, 2, \cdots$，所以 $r.v. Y$ 是离散型随机变量；

（3）令 $Z = \{$联想品牌电脑的使用寿命$\}$，则 Z 的所有可能取值为区间 $[0, \infty)$，所以 $r.v. Z$ 是连续型随机变量。

本章研究离散型随机变量，下一章我们将研究连续型随机变量。

练习题 2.1

1. 用随机变量表示下列随机试验的结果：

（1）20 秒内，通过某十字路口的汽车的数量；

（2）在某段时间内，火车站内的旅客人数；

（3）某同学中午在食堂买饭的排队等候时间；

（4）新生婴儿的性别；

（5）某种洗衣机的使用寿命。

2. 下列随机变量哪些为离散型随机变量？

（1）某寻呼台一小时内收到的寻呼次数 X；

（2）某同学手机的首次报修时间 X；

（3）某超市一天的顾客数量 X。

§2.2　概率分布列及其性质

 2.2.1　概率分布列（probability mass function）

在例 2.1 中，由于 $P(w_i) = \dfrac{1}{8}$，$i = 1, \cdots, 8$，于是

$$P(X=0) = \frac{1}{8},\ P(X=1) = \frac{3}{8},\ P(X=2) = \frac{3}{8},\ P(X=3) = \frac{1}{8} \quad (2.1)$$

进一步地观察，

$$P(A) = P(X \geqslant 1) = P(X=1) + P(X=2) + P(X=3) = \frac{7}{8}$$

实际上，我们可以利用式 (2.1) 通过简单的加法运算，计算 $P(X \in C)$。这是十分有意义的事情，为此我们引入概率分布列的概念。

定义 2.2　设离散型随机变量 X 的所有可能取值为 x_k，$k = 1, 2, \cdots$ 称

$$P(X=x) = \begin{cases} p_k & x = x_k \\ 0 & \text{其他} \end{cases} \quad (k=1, 2, \cdots) \quad (2.2)$$

为随机变量 X 的概率分布列（律）。

概率分布列也常用另外两种方式来表示。

（1）列表：

X	x_1	x_2	$\cdots$	x_k	$\cdots$
p_k	p_1	p_2	$\cdots$	p_k	$\cdots$

（2）矩阵：

$$\begin{pmatrix} x_1 & \cdots & x_k & \cdots \\ p_1 & \cdots & p_k & \cdots \end{pmatrix}$$

例 2.1 的概率分布列就是式 (2.1)，可以用列表表示：

X	0	1	2	3
p_k	$\dfrac{1}{8}$	$\dfrac{3}{8}$	$\dfrac{3}{8}$	$\dfrac{1}{8}$

也可以用矩阵表示：

$$\begin{pmatrix} 0 & 1 & 2 & 3 \\ \dfrac{1}{8} & \dfrac{3}{8} & \dfrac{3}{8} & \dfrac{1}{8} \end{pmatrix}$$

2.2.2 概率分布列的性质

概率分布列具有如下性质：

性质 1 $p_k \geqslant 0$, $k = 1, 2, \cdots$（非负性）；

性质 2 $\sum p_k = 1$（正则性）；

性质 3 $P(X \in C) = \sum\limits_{x_k \in C} p_k$，其中 C 为实数轴上的点集。

性质 1 和性质 2 通常用来验证概率分布列的正确性，性质 3 揭示了概率分布列的一个重要功能：关于离散型随机变量 X 的各种事件的概率，都可以使用 X 的概率分布列，仅利用加法运算就能够求得。这反映了概率分布列对于离散型随机变量的概率具有强大的解释力量。

例 2.2 10 件产品中有 3 件次品，从中任取 3 件，令 X 表示取得的次品个数，求：

(1) X 的概率分布列；

(2) 至少取得一件次品的概率。

解 (1) $P(X = 0) = \dfrac{C_7^3}{C_{10}^3} = \dfrac{35}{120}$, $P(X = 1) = \dfrac{C_3^1 C_7^2}{C_{10}^3} = \dfrac{63}{120}$

$$P(X = 2) = \dfrac{C_3^2 C_7^1}{C_{10}^3} = \dfrac{21}{120}, \quad P(X = 3) = \dfrac{C_3^3}{C_{10}^3} = \dfrac{1}{120}$$

所以 X 的概率分布列为

$$\begin{bmatrix} 0 & 1 & 2 & 3 \\ \dfrac{35}{120} & \dfrac{63}{120} & \dfrac{21}{120} & \dfrac{1}{120} \end{bmatrix}$$

我们来验证概率分布列的正确性：显然每一个 $P_k > 0$，并且

$$\frac{35}{120} + \frac{63}{120} + \frac{21}{120} + \frac{1}{120} = 1$$

因此所求的概率分布列是正确的。

(2) $P(X \geqslant 1) = \sum\limits_{x_k \geqslant 1} p_k = P(X = 1) + P(X = 2) + P(X = 3) = \dfrac{85}{120}$,

因此至少取得一件次品的概率为 $\dfrac{85}{120}$。

例 2.3 设 $X \sim \begin{pmatrix} -1 & 2 & 3 \\ 0.25 & a & 0.25 \end{pmatrix}$，求：(1)$a$ 的值；(2) $P(X \leqslant 0.5)$；

(3) $P(-1.5 \leqslant X < 2.5)$。

解 (1)根据性质 2，有 $0.25 + a + 0.25 = 1$，得 $a = 0.5$。

(2) $P(X \leqslant 0.5) = P(X = -1) = 0.25$。

(3) $P(-1.5 \leqslant X < 2.5) = P(X = -1) + P(X = 2) = 0.75$。

- 概率分别列 $p_k = P(X = x_k)$ 描述了离散型随机变量 X 的所有可能取值以及取每一个值的概率,并且满足 $\sum p_k = 1$。

- 利用概率分布列来计算概率的公式是 $P(X \in C) = \sum\limits_{x_k \in C} p_k$。

练习题 2.2

1. 设离散型随机变量 X 的概率分布律为

X	1	2	3	4
p_k	$\dfrac{1}{6}$	$\dfrac{1}{3}$	$\dfrac{1}{6}$	a

则 a 的值是多少?

2. 一袋中装有 5 只大小相同的球,编号分别为 $1,2,3,4,5$,现从中随机摸出三只球,记 X 表示摸出的球的最大编号,试写出 X 的概率分布律。

§2.3　分布函数及其性质

2.3.1　随机变量的分布函数及其性质

定义 2.3　设 X 是随机变量,x 为实数,称函数

$$F(x) = P(X \leqslant x) \tag{2.3}$$

为随机变量 X 的分布函数(distribution function)。

易知 $P(a < X \leqslant b) = F(b) - F(a)$,即可以用分布函数的增量来表示随机变量落入某个区间内的概率。

分布函数具有如下性质:

性质 1　$F(x)$ 关于 x 单调不减;

性质 2　$F(x)$ 是有界函数,即 $0 \leqslant F(x) \leqslant 1$,且

$$F(+\infty) = \lim_{x \to +\infty} F(x) = 1, \quad F(-\infty) = \lim_{x \to -\infty} F(x) = 0$$

性质 3　$F(x)$ 是右连续函数。

反之,若某一元函数满足上述三个性质,则它一定可以作为某个随机变量的分布函数。

2.3.2　离散型随机变量的分布函数

设离散型随机变量 X 的概率分布列为

$$P(X = x_k) = p_k \quad (k = 1, 2, \cdots)$$

则 X 的分布函数为

$$F(x) = \sum_{x_k \leqslant x} p_k = \begin{cases} 0 & x < x_1 \\ p_1 & x_1 \leqslant x < x_2 \\ p_1 + p_2 & x_2 \leqslant x < x_3 \\ \cdots & \cdots \\ p_1 + p_2 + \cdots + p_k & x_k \leqslant x < x_{k+1} \\ \cdots & \cdots \end{cases} \quad (2.4)$$

离散型随机变量的分布函数的表达式(2.4)揭示了分布函数的本质:分布函数是一种概率累积函数。

例 2.4 设随机变量 X 的概率分布列为

X	-1	2	3
p_k	0.25	0.5	0.25

求:(1) X 的分布函数;(2) $P(X \leqslant 2)$,$P(|X| < 3)$。

解 (1) 由式(2.4),可得

$$F(x) = P(X \leqslant x) = \sum_{x_k \leqslant x} p_k$$

$$= \begin{cases} 0 & x < -1 \\ 0.25 & -1 \leqslant x < 2 \\ 0.25 + 0.5 & 2 \leqslant x < 3 \\ 0.25 + 0.5 + 0.25 & x \geqslant 3 \end{cases} = \begin{cases} 0 & x < -1 \\ 0.25 & -1 \leqslant x < 2 \\ 0.75 & 2 \leqslant x < 3 \\ 1 & x \geqslant 3 \end{cases}$$

其图像如图 2.1 所示。

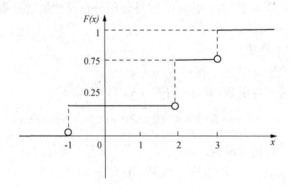

图 2.1 例 2.4 中 X 的分布函数

(2) $$P(X \leqslant 2) = F(2) = 0.75$$

$$P(\mid X \mid < 3) = P(-3 < X < 3) = \lim_{\varepsilon \to 0^+} P(-3 < x \leqslant 3 - \varepsilon)$$

$$= \lim_{\varepsilon \to 0^+} [F(3 - \varepsilon) - F(-3)] = 0.75 - 0 = 0.75$$

由此例可以看出:离散型随机变量的分布函数是一条跳跃的阶梯形曲线,在随机变量的可能取值点发生跳跃,跳跃的高度是相应点处的概率值,且可以验证,它满足分布函数的所有性质。

上例中,由离散型随机变量 X 的概率分布列确定了它的分布函数,实际上,由分布函数也可以唯一确定 X 的概率分布列。

例 2.5　设随机变量 X 的分布函数为

$$F(x) = \begin{cases} 0 & x < -2 \\ 0.2 & -2 \leqslant x < -1 \\ 0.4 & -1 \leqslant x < 1 \\ 0.6 & 1 \leqslant x < 2 \\ 0.8 & 2 \leqslant x < 3 \\ 1 & x \geqslant 3 \end{cases}$$

求 X 的概率分布列。

解　$F(x)$ 的分段点为 X 的概率分布列的取值点,$F(x)$ 相邻两段上的函数值之差是 X 的概率分布列中的 p_k,所以 X 的概率分布列为

$$\begin{pmatrix} -2 & -1 & 1 & 2 & 3 \\ 0.2 & 0.2 & 0.2 & 0.2 & 0.2 \end{pmatrix}$$

这个概率分布列称为离散型均匀分布。

小　　结

- 随机变量 X 的分布函数 $F(x) = P(X \leqslant x)$。

- 利用分布函数来计算概率的公式是 $P(a < X \leqslant b) = F(b) - F(a)$。

- 概率分布列与分布函数的关系是 $F(x) = \sum_{x_k \leqslant x} P(X = x_k)$。

练习题 2.3

1. 设随机变量 X 的分布律为 $P(X = k) = 0.2, k = 1,2,3,4,5$。求(1) $P(X=1$ 或 $X=2)$;(2) $P(0.5 < X < 2.5)$;(3) $P(1 \leqslant X \leqslant 2)$;(4) X 的分布函数 $F(x)$。

2. 设随机变量 X 的分布律为 $P(X = k) = \lambda^k, k = 1,2,\cdots$ 求(1) λ 的值($0 \leqslant \lambda \leqslant 1$);(2) $P(X = 1), P(X = 3.2)$;(3) $P(1.2 < X \leqslant 4.5)$;(4) $P(X \leqslant 3), P(X < 3)$。

3. 已知某离散型随机变量 X 的概率分布函数为

$$F(x) = \begin{cases} 0, & x < -1 \\ 0.25, & -1 \leqslant x < 3 \\ 0.75, & 3 \leqslant x < 6 \\ 1, & x \geqslant 6 \end{cases}$$

求(1) $P(-0.5 < X < 3.5)$;(2) 随机变量 X 的概率分布律。

§2.4 常用的离散型概率分布

下面的概率分布在实践中经常遇到,我们对它进行细致的讨论。

 2.4.1 伯努利分布(Bernoulli distribution)

如果做一项试验,只观察其中的某个特定的现象(记为 A)是否出现,则称这样的试验为伯努利试验。如果试验的结果为 A,也称这次试验是成功,所以伯努利试验又称为成败试验。

伯努利试验是最简单的随机试验。比如:

(1) 抛一枚硬币一次,可能结果是正面向上、反面向上;

(2) 一袋中有白色和黑色两种球,从中任取一个球,可能结果是抽到一个白球、抽到一个黑球;

(3) 对于一件产品进行验收,可能结果是合格、不合格。

为了解释伯努利试验的概率模型,我们定义随机变量

$$X = \begin{cases} 1 & A \text{ 发生} \\ 0 & A \text{ 不发生} \end{cases}$$

则随机变量 X 的概率分布列为

X	0	1
p_k	$1-p$	p

称之为伯努利分布,又称为 $0-1$ 分布,记为 $B(1, p)$。

 2.4.2 二项分布(binomial distribution)

如果我们独立重复做上 n 次伯努利试验,则称这种试验为 n 重伯努利试验。

视频:二项分布

假设在每一次的伯努利试验中,事件 A 出现的概率都是 p,$0 < p < 1$,令 X 表示在 n 重伯努利试验中事件 A 发生的次数,则 X 是随机变量,全体可能取值为 0,$1, \cdots, n$,并且 $P(X = k) = C_n^k p^k (1-p)^{n-k}$,根据二项式公式,我们有 $\sum\limits_{k=0}^{n} C_n^k p^k (1-q)^{n-k} = [p + (1-p)]^n = 1$,因此,$P(X = k) = C_n^k p^k (1-p)^{n-k}$,$k = 0, 1, \cdots, n$ 满足概率分布列的条件,称这个概率分布列为二项分布。

定义 2.4　如果随机变量 X 的取值集合为 $\{0.1,\cdots,n\}$，并且

$$P(X=k)=C_n^k p^k (1-p)^{n-k}, k=0,1,2,\cdots,n \qquad (2.5)$$

称随机变量 X 服从参数为 n,p 的二项分布，记为 $X \sim B(n,p)$。

　　概率为 p 的独立试验最早由瑞士数学家雅各布·伯努利研究成功。在《猜度术》一书中，雅各布·伯努利证明了当试验的次数很大时，试验成功的频率以近似 1 的概率接近于 p，这个结论就是著名的伯努利大数定律，我们将在第 4 章研究它。

　　例 2.6　某种疾病(非传染病)的发病率为 0.02，某小区共有 400 位居民，试求至少两位居民患有这种疾病的概率。

　　解　设该小区患有这种疾病的人数为 X，由题意知 $X \sim B(400, 0.02)$，即

$$P(X=k)=C_{400}^k (0.02)^k (1-0.02)^{400-k} \quad (k=0,1,2,\cdots,400)$$

则

$$
\begin{aligned}
P(X \geqslant 2) &= 1-P(X=0)-P(X=1) \\
&= 1-C_{400}^0 (0.98)^{400}-C_{400}^1 (0.98)^{399} \times 0.02 \approx 0.997\,2
\end{aligned}
$$

　　由上例可以看出，利用对立事件求概率有时可以大大减少计算量。还有，本例中一个人患有这种疾病的概率是很低的，但观察 400 人，几乎可以肯定其中一定有人患有这种疾病。也就是说，不可轻视小概率事件。

　　二项分布是一种重要的概率模型，有许多随机问题都遵循二项分布，比如：

　　(1) 重复射击 10 次，10 次中的命中次数 X 服从二项分布 $B(10,p)$，其中 p 是射手的命中率；

　　(2) 抽查 10 件产品，10 件产品中不合格品的个数 X 服从二项分布 $B(10,p)$，其中 p 是产品的不合格品率；

　　(3) 调查 100 个人，100 个人中色盲的人数 X 服从二项分布 $B(100,p)$，其中 p 是色盲率。

　　例 2.7　设一种远程火炮的命中率为 0.7，为了保证一个炮群以不低于 99% 的把握一次命中目标，这个炮群至少应该配备多少门这种远程火炮？

　　解　设至少应该配备 n 门，则炮群命中目标的火炮门数 $X \sim B(n, 0.7)$，要使

$$P(X \geqslant 1) \geqslant 0.99$$

等同于

$$1-P(X=0)=1-0.3^n \geqslant 0.99$$

得到 $n \geqslant 3.825$，即至少应该配备 4 门。

　　例 2.8　(电力供应问题)设有 10 个工人间断性用电，他们之间的工作是相互独立的，每个工人平均每小时有 12 分钟需要用电并且用电量为 1 个单位，考虑应该给他们供应多少总电量。

　　解　设同时用电的工人数目为 X，则 $X \sim B\left(10, \dfrac{12}{60}\right)=B(10, 0.2)$，尾概率 $P(X >$

$k) = \sum_{j=k+1}^{10} C_{10}^i (0.2)^i \times 0.8^{10-i}$ 的值列于下表:

k	0	1	2	3	4	5	6	7	8	9
尾概率	0.892 6	0.624 2	0.322 2	0.120 9	0.032 8	0.006 4	0.000 9	0.000 1	0.000 0	0.000 0

可见,若供应的总电量为 5 个单位,则超负荷的可能性是 0.006 4,若供应的总电量为 6 个单位,则超负荷的可能性是 0.000 9,若供应的总电量为 7 个单位,则超负荷的可能性是 0.000 1,用电部门可结合自己的实际情况进行选择。

例 2.9 (抗病毒血清的有效性检验)假设某种疾病在猪中的传染率为 30%,为了检验一种新型血清对于这种病毒的有效性,我们给 20 头健康的小猪注射了这种血清,然后把它们放入这种疾病的感染环境中,结果有两头小猪感染了病毒,问此结果能否证明新型血清对于这种病毒是有效的?

解 这是一个两方案决策问题:方案 A 是新型血清对于这种病毒是无效的,方案 B 是新型血清对于这种病毒是有效的,否定其中一个就是对另一个的肯定。

假设方案 A 是正确的,那么在 20 头小猪中感染了病毒的个数 $X \sim B(20, 0.3)$,于是发生了当前的试验结果的概率为

$$P(X \leqslant 2) = \sum_{i=0}^{2} C_{20}^i \times 0.3^i \times 0.7^{20-i} = 0.035 5$$

这是一个小概率,说明在方案 A 是正确的前提下,我们是不大可能得到当前的试验结果的,因此否定方案 A 的正确性,从而肯定了方案 B 的正确性,即试验结果支持了新型血清对于这种病毒有效的结论。

本题中的分析方法就是假设检验的基本思想。假设检验是数理统计的重要方法,我们将在第 7 章学习它。

2.4.3 泊松分布(Poisson distribution)

定义 2.5 如果随机变量 X 的分布列为

视频:泊松分布

$$P(X = k) = \frac{\lambda^k}{k!} e^{-\lambda} \quad (k = 0, 1, 2, \cdots) \tag{2.6}$$

其中参数 $\lambda > 0$,则称随机变量 X 服从参数为 λ 的泊松分布,记为 $X \sim P(\lambda)$。

显然,泊松分布满足概率分布列的两条性质:

(1) $P(X = k) \geqslant 0 \quad (k = 0, 1, 2, \cdots)$;

(2) $\sum_{k=0}^{\infty} P(X = k) = \sum_{k=0}^{\infty} \frac{\lambda^k}{k!} e^{-\lambda} = e^{-\lambda} \sum_{k=0}^{\infty} \frac{\lambda^k}{k!} = e^{-\lambda} e^{\lambda} = 1$。

泊松分布通常用来描述商场的顾客数、保险理赔的次数、一本书上的错误数,等等。1837 年,法国数学家泊松在他所著的关于概率论在诉讼、刑事审讯等方面的应用的书中引入了泊松分布。泊松随机变量在各种领域中有极为广泛的应用,原因是当 n 充分大,p

充分小,而 np 保持适当大小时,泊松分布可以逼近二项分布 $B(n,\ p)$。

泊松定理　在 n 重伯努利试验中,事件 A 在一次试验中发生的概率为 p_n (与试验总数有关),如果当 $n \to \infty$ 时, $np_n \to \lambda\ (\lambda > 0)$,则对任意给定的 $k = 0,\ 1,\ 2,\cdots$,有

$$\lim_{n\to\infty}p_n(k) = \lim_{n\to\infty}C_n^k p_n^k (1 - p_n)^{n-k} = \frac{\lambda^k}{k!}e^{-\lambda}$$

例 2.10　我们利用泊松定理来计算例 2.6 的问题。

解　因为 $\lambda = np = 400 \times 0.02 = 8$,所以 $P(X = k) \approx \dfrac{8^k}{k!}e^{-8}$,于是

$$P(X \geqslant 2) = 1 - P(X = 0) - P(X = 1)$$
$$\approx 1 - \frac{8^0}{0!}e^{-8} - \frac{8^1}{1!}e^{-8} \approx 0.997$$

从结果上看,近似程度是比较高的。

例 2.11　某一条高速公路上每天发生交通事故的次数 X 服从参数 $\lambda = 0.9$ 的泊松分布,求这条高速公路上一天内发生交通事故的次数超过 2 次的概率。

解　因为 $P(X = k) = \dfrac{0.9^k}{k!}e^{-0.9}$, $k = 0,\ 1,\ 2,\cdots$,所以

$$P(X > 2) = 1 - P(X = 0) - P(X = 1) - P(X = 2)$$
$$= 1 - \left(e^{-0.9} + 0.9e^{-0.9} + \frac{0.9^2}{2}e^{-0.9}\right) \approx 0.062\ 9$$

 ### 2.4.4　几何分布(geometric distribution)

伯努利试验常常称为成败试验。现在考虑将伯努利试验重复进行,直到试验成功为止,令 X 表示等待首次成功所需要的试验次数,则有

视频:几何分布

$$P(X = k) = pq^{k-1} \quad (k = 1,\ 2,\ \cdots) \tag{2.7}$$

定义 2.6　如果随机变量 X 的概率分布列为(2.7),则称 X 服从参数为 p 的几何分布,记为 $X \sim G(p)$。

例 2.12　设对一批量很大、不合格率为 0.02 的产品进行验收,验收方法是从中随机地逐个抽取产品进行检验,若接连抽取的 10 个产品都是合格品,则接收这批产品,否则拒收,求这批产品被拒收的概率。

解　令 X 表示"首次抽到不合格品时已抽取的产品个数",则 $X \sim G(0.02)$,这批产品被拒收的概率为

$$P(X \leqslant 10) = \sum_{k=1}^{10}0.98^{k-1} \times 0.02 = 0.199\ 3$$

小　　结

- 二项分布的概率分布列是 $P(X=k)=C_n^k p^k (1-p)^{n-k}, k=0,1,2,\cdots,n$，其中分布参数 $0<p<1$。

- 泊松分布的概率分布列是 $P(X=k)=\dfrac{\lambda^k}{k!}e^{-\lambda}, k=0,1,2,\cdots$，其中分布参数 $\lambda>0$。

- 几何分布概率分布列是 $P(X=k)=pq^{k-1}, k=1,2,\cdots$，其中分布参数 $0<p<1$。

练习题 2.4

1. 袋子中有 5 个白球，5 个黑球，现从中随机摸出两只，若两球颜色相同，记 X 为"1"；若颜色不同，则记 X 为"0"，求 X 的概率分布律。

2. 已知某种产品的一等品率为 20%，现从中随机抽查 20 只，记其中一等品有 X 只，试写出 X 的概率分布律。

3. 某人播下 100 粒种子，每粒种子发芽的概率为 0.8，则这 100 粒种子中恰好有 80 粒发芽的概率是多少？ 至少有 98 粒发芽的概率是多少？

4. 某人每天上班路过 6 个路口，在每个路口遇到红灯的概率均为 $\dfrac{1}{3}$。假设他在各个路口遇到红灯是相互独立的，若记 X 表示他上班途中遇到红灯的次数，则 X 的概率分布律是什么？ 他在途中至少遇到 2 次红灯的概率有多大？

5. 某便利店某种商品的月销售量服从参数为 5 的泊松分布，则某月恰好售出 4 件该商品的概率是多少？ 该商品在某月的销量不低于 2 件的概率有多大？

6. 设每分钟通过十字路口的汽车流量服从参数为 λ 的泊松分布，且已知一分钟内无汽车通过与有一辆汽车通过的概率相同，求一分钟内至少有两辆车通过的概率，

7. 某人抛掷一枚骰子，直至骰子出现点数 6 停止。记 X 表示停止抛掷时已经抛掷的次数，试写出 X 的概率分布律，并计算此人至少抛掷 5 次才停止抛掷的概率。

§2.5　随机变量函数的分布

本节我们要研究这样的问题：已知离散型随机变量 X 的概率分布列，求 $Y=g(X)$（$g(x)$ 为某一给定的函数）的概率分布列。

设离散型随机变量 X 的概率分布列为

X	x_1	x_2	$\cdots$	x_i	$\cdots$
p_k	p_1	p_2	$\cdots$	p_i	$\cdots$

假设 Y 的全体可能取值为 $y_1,\cdots,y_j,\cdots$，则由 $P(Y\in A)=P\big(g(X)\in A\big)=P(X\in C \mid C=\{x:g(x)\in A\})$，可得

$$P(Y = y_j) = P\big(g(X) = y_j\big) = P\big(X \in C_j \mid C_j = \{x_k : g(x_k) = y_j\}\big)$$

$$= \sum_{x_k : g(x_k) = y_j} P(X = x_k)$$

所以 $Y = g(X)$ 的概率分布列可由下表求得

$Y = g(X)$	$g(x_1)$	$g(x_2)$	$\cdots$	$g(x_i)$	$\cdots$
p_k	p_1	p_2	$\cdots$	p_i	$\cdots$

若 $g(x_i)$, $i = 1, 2, \cdots$ 中有相同的,则要将对应的 p_i 相加,合并处理。

例 2.13　设离散型随机变量 X 的概率分布列为

X	-2	-1	0	1
p_k	0.2	0.3	0.1	0.4

求:(1) $Y = X - 1$ 的概率分布列;(2) $Z = X^2$ 的概率分布列。

解　(1) 根据定理,可以写出下表:

$Y = X - 1$	-3	-2	-1	0
p_k	0.2	0.3	0.1	0.4

此即 Y 的概率分布列。

(2) 根据定理,引出下表:

$Z = X^2$	4	1	0	1
p_k	0.2	0.3	0.1	0.4

整理得 $Z = X^2$ 的概率分布列为

$Z = X^2$	1	0	4
p_k	0.7	0.1	0.2

练习题 2.5

1. 已知离散型随机变量 X 的概率分布列为

X	-1	0	1
p_k	0.25	0.5	0.25

求 $Y = X^2$ 的概率分布列。

2. 已知某圆的半径 X 的概率分布列为

X	1	2	3	4	5
p_k	$\frac{1}{15}$	$\frac{1}{5}$	$\frac{11}{30}$	$\frac{1}{6}$	$\frac{1}{5}$

求该圆的面积的概率分布列。

§2.6 数学期望

概率分布列或者分布函数全面地解释了离散型随机变量的统计规律性,但在实际问题中,我们可能对于随机变量在某个特定方面的信息更感兴趣。例如,在测评某班同学的身高发育水平时,有时只要知道该班同学的平均身高;在评定某地经济发展水平时,需要调查该地区的人均收入;在检查某班同学的期末考试成绩时,既要关注该班同学的平均成绩,又要注意同学们的成绩与平均成绩的偏离程度,平均成绩高,偏离程度小,该班同学的期末考试成绩就好。这些数值虽然不能完全表示出随机变量的所有特征,但能从某个方面描述随机变量,我们称之为随机变量的数字特征。其中,数学期望是刻画随机变量的"平均水平"这种信息的数值,方差是刻画随机变量的"偏离程度"这种信息的数值,它们是应用概率统计中最重要的两个概念。本节介绍数学期望的概念及运算性质,下一节介绍方差。

2.6.1 数学期望(expectation)的概念

实际中,我们经常使用"平均值"这个概念。比如说,为考察一批灯泡的寿命,从中抽取 10 只灯泡,测得寿命(单位:小时)为

$$1\ 100,\ 1\ 200,\ 1\ 200,\ 1\ 250,\ 1\ 250,\ 1\ 250,\ 1\ 300,\ 1\ 300,\ 1\ 350,\ 1\ 400$$

则灯泡的平均寿命 $\bar{x}$ 为

$$
\begin{aligned}
\bar{x} &= \frac{1}{10} \times (1\ 100 + 1\ 200 + 1\ 200 + 1\ 250 + 1\ 250 + 1\ 250 + 1\ 300 + \\
&\quad 1\ 300 + 1\ 350 + 1\ 400) \\
&= \frac{1}{10} \times 1\ 100 + \frac{2}{10} \times 1\ 200 + \frac{3}{10} \times 1\ 250 + \frac{2}{10} \times 1\ 300 + \\
&\quad \frac{1}{10} \times 1\ 350 + \frac{1}{10} \times 1\ 400 \\
&= 1\ 260
\end{aligned}
$$

此处,平均寿命不是 6 个寿命值的简单平均,而是以频率为权的加权平均。若再取 10 只灯泡,就会得到另一个平均寿命。那么灯泡的平均寿命到底是多少呢?由概率与频率的关系,理论上可以用概率去替换上式中的频率,这样得到的平均值称为数学期望,简称为期望或者均值。随机变量的数学期望是概率论中最重要的概念之一。

定义 2.7 　 设 X 为离散型随机变量,其概率分布列为 $P(X=x_i)=p_i$,$i=1,2,\cdots$,若级数 $\sum\limits_{i=1}^{\infty} x_i p_i$ 绝对收敛,则定义 X 的数学期望为

$$E(X) = \sum_{i=1}^{\infty} x_i p_i$$

即 X 的期望值就是 X 所能取到的各个可能值的概率加权平均,它描述了随机变量取值的平均大小。

例 2.14 　 设 $X \sim B(1,p)$,求 $E(X)$。

解 　 $\qquad\qquad E(X) = 0 \times (1-p) + 1 \times p = p$

例 2.15 　 设 $X \sim B(n,p)$,求 $E(X)$。

解

$$\begin{aligned}
E(X) &= \sum_{k=0}^{n} k \cdot C_n^k p^k (1-p)^{n-k} \\
&= \sum_{k=1}^{n} k \cdot \frac{n!}{k!(n-k)!} p^k (1-p)^{n-k} \\
&= np \sum_{k=1}^{n} \frac{(n-1)!}{(k-1)!(n-k)!} p^{k-1} (1-p)^{n-k} \\
&= np \left[p + (1-p) \right]^{n-1} = np
\end{aligned}$$

二项分布描述了 n 重伯努利试验中成功次数的分布,上式说明,若每次试验成功的概率都为 p,则 n 重伯努利试验中成功的平均发生次数为 np。

例 2.16 　 设 $X \sim P(\lambda)$,求 $E(X)$。

解

$$\begin{aligned}
E(X) &= \sum_{k=0}^{\infty} k \cdot \frac{\lambda^k}{k!} e^{-\lambda} \\
&= e^{-\lambda} \sum_{k=1}^{\infty} \frac{\lambda^k}{(k-1)!} = \lambda e^{-\lambda} \sum_{k=1}^{\infty} \frac{\lambda^{k-1}}{(k-1)!} \\
&= \lambda e^{-\lambda} e^{\lambda} = \lambda
\end{aligned}$$

注 2.1

(1) $E(X)$ 是一个数值,完全由 X 的概率分布决定。

(2) 当 X 的所有可能取值是有限多个时,$E(X) = \sum\limits_{i=1}^{\infty} x_i p_i$ 一定存在;当 X 的所有可能取值是无限多个时,$\sum\limits_{i=1}^{\infty} x_i p_i$ 是无穷级数的和,有可能不存在,定义中的条件“级数 $\sum\limits_{i=1}^{\infty} x_i p_i$ 绝对收敛”不仅保证了 $\sum\limits_{i=1}^{\infty} x_i p_i$ 是收敛的,而且保证了不论按照什么样的次序写出 X 的概率分布列,所计算出来的 $\sum\limits_{i=1}^{\infty} x_i p_i$ 都是相同的数值。

(3) 观察上面的三个例题,可以看出,$E(X)$ 是 X 的概率分布参数的函数,这个特征

在后面要学习的统计推断中起到十分重要的作用。

 2.6.2 随机变量函数的数学期望

对于离散型随机变量 X，已经知道如何求其函数 $Y = g(X)$ 的概率分布列，接下来就可以用期望的定义来求 Y 的期望。那么，能不能避开求 Y 的概率分布列，而直接通过 X 的概率分布列来求 Y 的期望呢？下面不加证明地给出 $Y = g(X)$ 的期望计算公式。

定理 2.2 设 X 是一个离散型随机变量，其概率分布列为

$$P(X = x_i) = p_i \quad (i = 1, 2, \cdots)$$

$Y = g(X)$ [$g(x)$ 是连续函数]，若级数 $\sum\limits_{i=1}^{\infty} | g(x_i) | \, p_i$ 绝对收敛，则 Y 的数学期望为

$$E(Y) = \sum\limits_{i=1}^{\infty} g(x_i) p_i$$

有了该定理，就可以不计算 $Y = g(X)$ 的概率分布列，而直接利用 X 的概率分布列计算出 Y 的期望，从而简化了计算。

例 2.17 设随机变量 X 的分布函数为

$$F(x) = \begin{cases} 0 & x < 0 \\ 0.5 & 0 \leqslant x < 1 \\ 0.7 & 1 \leqslant x < 2 \\ 1 & x \geqslant 2 \end{cases}$$

求 $E(X)$, $E(X^2)$, $E[X - E(X)]$, $E[X - E(X)]^2$。

解 由 X 的分布函数可得 X 的概率分布列为

X	0	1	2
p_k	0.5	0.2	0.3

于是

$E(X) = 0 \times 0.5 + 1 \times 0.2 + 2 \times 0.3 = 0.8$

$E(X^2) = 0^2 \times 0.5 + 1^2 \times 0.2 + 2^2 \times 0.3 = 1.4$

$E[X - E(X)] = (0 - 0.8) \times 0.5 + (1 - 0.8) \times 0.2 + (2 - 0.8) \times 0.3 = 0$

$E[(X - E(X))^2] = (0 - 0.8)^2 \times 0.5 + (1 - 0.8)^2 \times 0.2 + (2 - 0.8)^2 \times 0.3$
$\qquad\qquad = 0.76$

例 2.18 证明：$E(aX + b) = a \cdot E(X) + b$，$a, b$ 为常数。

证 由定理 2.2 得到

$$E(aX + b) = \sum_{i=1}^{\infty} (ax_i + b)p_i$$

$$= a \sum_{i=1}^{\infty} x_i p_i + b \sum_{i=1}^{\infty} p_i = aE(X) + b$$

这个结果揭示了数学期望的一个良好的性质:随机变量的线性式的期望等于期望的线性式。我们将它总结如下,以示强调。

 ### 2.6.3　数学期望的性质

性质　数学期望的运算具有线性不变性,即

$$E(aX + b) = aE(X) + b \quad (a, b \text{ 为常数})$$

推论 1　$E(c) = c$　(c 为常数)

推论 2　$E(aX) = a \cdot E(X)$

注 2.2

(1) 数学期望的概念产生于概率论历史上一个著名的"分赌本问题":甲、乙两位赌徒,各出注金 50 元,每局各人获胜的概率都是 $\frac{1}{2}$,约定谁先赢三局,即赢得全部注金 100 元。当进行到甲赢了两局、乙赢了一局时,赌博因故必须停止,问此时全部注金 100 元应如何分配给甲、乙才算公平?

这种问题最早见于 1494 年帕西奥利的一本著作,引起了不少人的兴趣,其中包括一些数学家,如卡丹诺(G. Cardano,1501—1576,他发现了一般的三次代数方程的解法)、帕斯卡(B. Pascal,1623—1662)、费尔马(P. de Fermat,1601—1665)等。首先大家都认识到,平均分配对于甲不公平,全部给甲对于乙不公平,合理的分法是按照一定的比例,甲多分一些,乙少分一些,帕西奥利提出按照 2∶1 来分配,这是基于已赌局数来考虑的。1654 年,帕斯卡提出了如下的分法:设想再赌下去,则最多再赌两局即能分出胜负,两局的全部可能结果是

甲甲、甲乙、乙甲、乙乙

其中"甲乙"表示前一局甲胜后一局乙胜,在这四种情况中有三种都是使得甲胜,于是甲最终所得 X 具有如下的概率分布:

X	0	100
p_k	$\frac{1}{4}$	$\frac{3}{4}$

从而甲的期望所得应该为

$$0 \times \frac{1}{4} + 100 \times \frac{3}{4} = 75 (\text{元})$$

帕斯卡的分法不仅考虑了已赌局数,而且还包括了对再赌下去的一种期望,这就是数

学期望这个名称的由来。

（2）数学期望与预测：对于随机变量 X 做点预测，就是找一个常数 c，使得 $E(X-c)^2$ 达到最小值。可以证明，随机变量 X 在这个意义下的预测值就是 $\mu = E(X)$，事实上，

$$\begin{aligned} E(X-c)^2 &= E[X - E(X) + E(X) - c]^2 \\ &= E(X-\mu)^2 + E(\mu-c)^2 + 2E[(X-\mu)(\mu-c)] \\ &= E(X-\mu)^2 + (\mu-c)^2 \geqslant E(X-\mu)^2 \end{aligned}$$

显然，当且仅当 $c = \mu$ 时，最后一个不等式的等号成立。

例 2.19 某人现有一笔资金 100 万元，想进行为期一年的投资。理财顾问给出两个方案，A 是投资证券，B 是投资实体制造业，投资收益依赖于未来的经济状况。假设未来的经济状况如下表所示：

经济状况	好	正常	比较差	恶劣
概率	0.25	0.6	0.1	0.05

A 方案在 4 种经济状况下的收益分别为 30 万元、20 万元、-10 万元、-30 万元，B 方案在 4 种经济状况下的收益分别为 20 万元、15 万元、5 万元、-5 万元，问他应该选择哪一个方案，未来才能够获得比较好的收益？

解 设 X，Y 分别表示 A 方案和 B 方案的投资收益，它们的概率分布列分别为

X	30	20	-10	-30
p_k	0.25	0.6	0.1	0.05

Y	20	15	5	-5
p_k	0.25	0.6	0.1	0.05

X 的预测值是 $E(X) = 17$ 万元，Y 的预测值是 $E(Y) = 14.25$ 万元，所以从收益角度看，应该选择 A 方案。

小　结

● 随机变量的数学期望 $E(X) = \sum x_k p_k$，它是由概率分布列决定的一个数。

● $Y = g(X)$ 的数学期望 $E(Y) = \sum g(x_i) p_i$。

● $E(aX + b) = aE(X) + b$。

练习题 2.6

1. 已知随机变量 X 的概率分布列为

X	0	1	2
p_k	$\dfrac{7}{15}$	$\dfrac{7}{15}$	$\dfrac{1}{15}$

且 $Y = 2X + 3$，求 Y 的期望。

2. 已知随机变量 X 的概率分布列为

X	-1	1	2
p_k	0.5	a	0.3

求 $E(X), E(X^2)$。

3. 已知随机变量 X 的概率分布列为

X	0	1	2	3
p_k	0.1	a	b	0.1

已知 X 的期望为 1.6，求 $a - b$ 的值。

4. 袋中有 6 个红球，4 个蓝球，从中任取一只，记下颜色后放回，连续摸四次。记 X 为取到红球的次数，则 X 的数学期望是多少？

5. 已知某种产品的一等品率为 20%，现从中随机抽查 20 只。记其中一等品有 X 只，则 X 的数学期望是多少？

§2.7　方差

数学期望描述了随机变量取值的平均大小，是随机变量很重要的一个数字特征。但有的时候，仅仅知道平均值是不够的。

例如，有甲、乙两门炮同时向同一目标发射 10 发炮弹，其落点距目标的位置如图 2.2 所示：

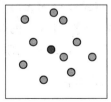
甲炮射击结果

乙炮射击结果

图 2.2　两门炮的射击结果

你认为哪门炮的射击效果好一些呢?

为此需要引进另一个数字特征,来刻画随机变量的取值与其中心位置的偏离程度。

那么,什么样的量能够具有这种功能呢?

在上一节的例 2.17 中,我们遇到了这样的一个量:$E(X-EX)^2$,这里为了方便,用 EX 来表示 $E(X)$,切比雪夫(Chebyshev, 1821—1894)提出了关于这个量的一个重要结果,这就是著名的切比雪夫不等式。

 2.7.1　切比雪夫不等式

定理 2.3　设随机变量 X 的 $E(X)$,$E(X^2)$ 存在,则对于任意 $\varepsilon > 0$,有

$$P(\,|\,X-E(X)\,|\geqslant\varepsilon\,)\leqslant\frac{E(X-EX)^2}{\varepsilon^2}$$

或者等价的,

$$P(\,|\,X-E(X)\,|<\varepsilon\,)\geqslant 1-\frac{E(X-EX)^2}{\varepsilon^2}$$

证　我们仅以 X 为离散型随机变量的情形来证明,设 X 的概率分布列为 $P(X=x_k)=p_k$, $k=1,2,\cdots$,则

$$P(\,|\,X-E(X)\,|\geqslant\varepsilon\,)=\sum_{|x_k-E(X)|\geqslant\varepsilon}p_k\leqslant\sum\frac{[x_k-E(X)]^2}{\varepsilon^2}p_k=\frac{E(X-EX)^2}{\varepsilon^2}$$

切比雪夫不等式告诉我们随机变量 X 的观察值分布的大致情况:在 ε 给定时,$E(X-EX)^2$ 的值越小,则 X 的观察值落在远离中心 $E(X)$ 的距离超过 ε 的概率就越小,从而落在 $E(X)$ 附近的概率就越大。直观上,就是 X 的观察值比较多地落在 $E(X)$ 附近,而比较少地远离 $E(X)$,因此,我们就用 $E(X-EX)^2$ 来度量随机变量 X 取值的偏差程度,命名为方差。

 2.7.2　方差(variance)的概念

定义 2.8　设 X 是一个随机变量,若 $E(X-EX)^2$ 存在,则称之为 X 的方差,记为 $D(X)$ 或 $\mathrm{Var}(X)$,即

$$D(X)=E(X-EX)^2$$

而方差的算术平方根 $\sqrt{D(X)}$,称为标准差,记为 $\sigma(X)$,即 $\sigma(X)=\sqrt{D(X)}$。

由定义,方差其实就是随机变量的函数 $g(X)=(X-EX)^2$ 的期望,因而若 X 是离散型随机变量,其概率分布列为 $P(X=x_k)=p_k$, $k=1,2,\cdots$,则 X 的方差为

$$D(X)=\sum_k(x_k-EX)^2p_k$$

例 2.20　设 $X\sim B(1,p)$,求 $D(X)$。

解　在例 2.15 中我们已经计算出 $E(X)=p$,所以

$$D(X) = \sum_i (x_i - p)^2 p_k$$
$$= (0 - p)^2 \times (1 - p) + (1 - p)^2 \times p = p(1 - p)$$

计算方差常用的公式：$D(X) = E(X^2) - (EX)^2$。

事实上，$\quad D(X) = E(X - EX)^2 = E[X^2 - 2X \cdot EX + (EX)^2]$
$$= E(X^2) - 2EX \cdot EX + (EX)^2 = E(X^2) - (EX)^2$$

例 2.21　设 $X \sim B(n, p)$，求 $D(X)$。

解　$E(X^2) = \sum_{k=0}^{n} k^2 \cdot C_n^k p^k (1-p)^{n-k} = \sum_{k=1}^{n} k^2 \cdot \frac{n!}{k!(n-k)!} p^k (1-p)^{n-k}$

$$= \sum_{k=1}^{n} k(k-1) \cdot \frac{n!}{k!(n-k)!} p^k (1-p)^{n-k} +$$

$$\sum_{k=1}^{n} k \cdot \frac{n!}{k!(n-k)!} p^k (1-p)^{n-k}$$

$$= n(n-1)p^2 \sum_{k=2}^{n} \frac{(n-2)!}{(k-2)!(n-k)!} p^{k-2} (1-p)^{n-k} + np$$

$$= n(n-1)p^2 [p + (1-p)]^{n-2} + np = n(n-1)p^2 + np$$

所以

$$D(X) = n(n-1)p^2 + np - (np)^2 = np(1-p)$$

例 2.22　设 $X \sim P(\lambda)$，求 $D(X)$。

解　在例 2.16 中我们已经计算出 $E(X) = \lambda$，而

$$E(X^2) = \sum_{k=0}^{\infty} k^2 \cdot \frac{\lambda^k}{k!} e^{-\lambda} = e^{-\lambda} \sum_{k=1}^{\infty} k(k-1) \frac{\lambda^k}{k!} + \sum_{k=1}^{\infty} k \frac{\lambda^k}{k!} e^{-\lambda}$$

$$= \lambda^2 e^{-\lambda} \sum_{k=2}^{\infty} \frac{\lambda^{k-2}}{(k-2)!} + \lambda = \lambda^2 e^{-\lambda} e^{\lambda} + \lambda = \lambda^2 + \lambda$$

所以

$$D(X) = \lambda^2 + \lambda - \lambda^2 = \lambda$$

 2.7.3　方差的性质

性质 1　$D(c) = 0$，c 为常数。

性质 2　$D(aX) = a^2 \cdot D(X)$，a 为常数。

性质 3　$D(aX + b) = a^2 \cdot D(X)$，$a, b$ 为常数。

证　由定义 2.8，可得

$$D(aX + b) = E[aX + b - E(aX + b)]^2$$
$$= E[aX - aE(X)]^2 = a^2 E[X - E(X)]^2$$
$$= a^2 \cdot D(X)$$

性质 4 $D(X) = 0$ 当且仅当存在常数 c，使得 $P(X = c) = 1$。

 2.7.4 标准化随机变量

定义 2.9   设 X 是一个随机变量，且期望 $E(X)$、方差 $D(X)$ 均存在，则称

$$X^* = \frac{X - E(X)}{\sqrt{D(X)}}$$

为标准化的随机变量。

    由期望和方差的性质，不难看出 X^* 是一个期望为 0，方差为 1 的随机变量。标准化后的随机变量是没有量纲的，这为人们分析不同量纲的随机变量提供了一种可行的方法。

小 结

- 随机变量的方差 $D(X) = E(X - EX)^2$，标准差是 $\sqrt{D(X)}$。

- 通常用 $D(X) = E(X^2) - (EX)^2$ 来计算方差。

- $D(aX + b) = a^2 D(X)$。

练习题 2.7

1. 设随机变量 X 的概率分布列为 $P(X = k) = \dfrac{1}{5}, k = 1, 2, 3, 4, 5$，求 DX。

2. 已知随机变量 X 的期望 $E(X) = -2, E(X^2) = 6$，求 $D(2X + 1), D(1 - 2X)$。

3. 某一离散型随机变量 X 的分布列为

X	-1	0	1
p	0.75	$1 - 2q$	q^2

试求 X 的期望和方差。

4. 已知一个二项分布的随机变量 $X \sim b\left(n, \dfrac{2}{3}\right)$，且 X 的期望 $E(X) = 24$，则 X 的方差是多少？

5. 设随机变量 X 服从泊松分布，且 $P(X = 1) = P(X = 2)$，求 $E(X), D(X)$。

6. 一次数学测验由 25 题选择题构成，每题 4 个选项，有且只有一个是正确的。每选对一题给 4 分，不选或错选不得分。满分为 100 分，某学生每题选对的概率为 0.8，则该学生在此次测验中得分的期望和方差各是多少？

7. 设 $EX = 1, DX = 1.44$，用切比雪夫不等式估计不等式 $P(-1 < X < 3)$。

§2.8   二维离散型随机变量及其分布

    在实际应用中，有些随机现象需要同时用两个或两个以上的随机变量来描述，比如：

（1）学龄前儿童的身体发育状况由他们的身高和体重进行评价；

（2）炮弹在空中的位置需要由其横坐标、纵坐标和高度共同确定。

这些随机现象都依赖于不止一个随机变量，因此，需要引入多维随机变量来描述这类随机现象。又因为由二维推广至多维随机变量并无实质性的困难，所以这里只介绍二维随机变量。

定义 2.10　设 Ω 为样本空间，X 与 Y 是定义在 Ω 上的随机变量，则由它们构成的一个二维向量 (X, Y) 称为二维随机变量或二维随机向量。

二维随机变量的性质不仅与 X，Y 有关，而且与这两个随机变量的相互关系有关，因而讨论的时候要把它们看作一个整体。

 2.8.1　二维离散型随机变量及其联合概率分布列

接下来具体介绍二维离散型随机变量。和一维离散型随机变量类似，二维离散型随机变量是指取值为有限对或无限可列对的随机向量。

定义 2.11　设 (X, Y) 是二维离散型随机变量，其所有可能取值为 (x_i, y_j)，$i, j = 1, 2, \cdots$，则称

$$p_{ij} = P((X, Y) = (x_i, y_j)) = P(X = x_i, Y = y_j) \quad (i, j = 1, 2, \cdots)$$

为二维随机变量 (X, Y) 的联合概率分布列，简称为联合分布列。

注意，p_{ij} 表示的是两个事件同时发生的概率：若令 $A = (X = x_i)$，$B = (Y = y_j)$，则 $p_{ij} = P(AB)$。

易知，联合概率分布列满足：

（1）非负性，即 $p_{ij} \geqslant 0$，$i, j = 1, 2, \cdots$；

（2）正则性，即 $\sum\limits_{i} \sum\limits_{j} p_{ij} = 1$。

联合概率分布列对于二维离散型随机变量的概率具有完全解释力，具体表现为如下的公式：

$$P((X, Y) \in G) = \sum_{(x_i, y_j) \in G} p_{ij}$$

其中 G 为一个二维点集。

例 2.23　10 件产品中有 7 件合格品，3 件次品，从中无放回地接连取 2 件，令 X 表示第一次取的次品数，Y 表示第二次取的次品数。求：

（1）(X, Y) 的联合分布列；

（2）$P(X + Y \leqslant 1)$。

解　（1）首先确定 (X, Y) 的全体可能取值点是 $(0, 0)$，$(0, 1)$，$(1, 0)$，$(1, 1)$，然后用乘法公式计算对应的概率：

$$P\{(X, Y) = (0, 0)\} = P(X = 0)P(Y = 0 \mid X = 0) = \frac{7}{10} \times \frac{6}{9} = \frac{7}{15}$$

$$P\{(X, Y) = (0, 1)\} = P(X = 0)P(Y = 1 \mid X = 0) = \frac{7}{10} \times \frac{3}{9} = \frac{7}{30}$$

$$P\{(X, Y) = (1, 0)\} = P(X = 1)P(Y = 0 \mid X = 1) = \frac{3}{10} \times \frac{7}{9} = \frac{7}{30}$$

$$P\{(X, Y) = (1, 1)\} = P(X = 1)P(Y = 1 \mid X = 1) = \frac{3}{10} \times \frac{2}{9} = \frac{1}{15}$$

于是 (X, Y) 的联合分布列为

X \ Y	0	1
0	$\frac{7}{15}$	$\frac{7}{30}$
1	$\frac{7}{30}$	$\frac{1}{15}$

(2) $P(X + Y \leqslant 1) = P(X = 0, Y = 0) + P(X = 0, Y = 1) + P(X = 1, Y = 0)$

$= \dfrac{14}{15}$。

 2.8.2　边缘分布列

对于二维离散型随机变量 (X, Y)，联合概率分布列完全解释了 X 和 Y 共同遵守的概率分布规律，同时，X 和 Y 各自有自己的概率分布，我们把 X 的概率分布列和 Y 的概率分布列称为 (X, Y) 的边缘概率分布列，简称为边缘分布列。

现在讨论联合分布列与边缘分布列的关系。

X 的概率分布列为

$$P(X = x_i) = P(X = x_i, Y < +\infty) = \sum_j P(X = x_i, Y = y_j)$$

$$= \sum_j p_{ij} \quad (i = 1, 2, \cdots)$$

Y 的概率分布列为

$$P(Y = y_j) = P(X < +\infty, Y = y_j) = \sum_i P(X = x_i, Y = y_j)$$

$$= \sum_i p_{ij} \quad (j = 1, 2, \cdots)$$

由此可见，(X, Y) 的联合概率分布列完全决定了它的两个边缘分布列。

通常用表格的形式来表示 (X, Y) 的联合分布列和边缘分布列：

X \ Y	y_1	y_2	$\cdots$	y_j	$\cdots$	$p_{i\cdot}$
x_1	p_{11}	p_{12}	$\cdots$	p_{1j}	$\cdots$	$p_{1\cdot}$
x_2	p_{21}	p_{22}	$\cdots$	p_{2j}	$\cdots$	$p_{2\cdot}$
$\vdots$	$\vdots$	$\vdots$				

X \ Y	y_1	y_2	$\cdots$	y_j	$\cdots$	$p_{i\cdot}$
x_i	p_{i1}	p_{i2}	$\cdots$	p_{ij}	$\cdots$	$p_{i\cdot}$
$\vdots$	$\vdots$	$\vdots$				
$p_{\cdot j}$	$p_{\cdot 1}$	$p_{\cdot 2}$	$\cdots$	$p_{\cdot j}$	$\cdots$	1

其中，$p_{i\cdot} = \sum_j p_{ij}$，$i = 1, 2, \cdots$；$p_{\cdot j} = \sum_i p_{ij}$，$j = 1, 2, \cdots$。

例 2.24　把三个相同的球放入编号分别为 1，2，3 的三个盒子里去，记落入第一个盒子里的球的个数为 X，落入第二个盒子里的球的个数为 Y。试求 (X, Y) 的联合概率分布列和边缘分布列。

解　按题意，X，Y 的可能取值均为 0，1，2，3。

$$P(X = i, Y = j) = P(X = i)P(Y = j \mid X = i) \quad (0 \leqslant i + j \leqslant 3)$$

$$P(X = i) = C_3^i \left(\frac{1}{3}\right)^i \left(\frac{2}{3}\right)^{3-i} \quad (0 \leqslant i \leqslant 3)$$

$$P(Y = j \mid X = i) = C_{3-i}^j \left(\frac{1}{2}\right)^j \left(\frac{1}{2}\right)^{3-i-j} = C_{3-i}^j \left(\frac{1}{2}\right)^{3-i} \quad (0 \leqslant j \leqslant 3 - i)$$

可得联合概率分布列，从而可得边缘概率分布列：

X \ Y	0	1	2	3	$p_{i\cdot}$
0	$\dfrac{1}{27}$	$\dfrac{1}{9}$	$\dfrac{1}{9}$	$\dfrac{1}{27}$	$\dfrac{8}{27}$
1	$\dfrac{1}{9}$	$\dfrac{2}{9}$	$\dfrac{1}{9}$	0	$\dfrac{4}{9}$
2	$\dfrac{1}{9}$	$\dfrac{1}{9}$	0	0	$\dfrac{2}{9}$
3	$\dfrac{1}{27}$	0	0	0	$\dfrac{1}{27}$
$p_{\cdot j}$	$\dfrac{8}{27}$	$\dfrac{4}{9}$	$\dfrac{2}{9}$	$\dfrac{1}{27}$	1

例 2.25　已知 X，Y 的分布列和它们的联合分布列的资料如下表：

X \ Y	0	1	$p_{i\cdot}$
0	0.5	0.2	0.7
1	a	b	0.3
$p_{\cdot j}$	0.7	0.3	1

求 a，b。

解 根据联合分布列和边缘分布列的关系,有

$$0.5 + a = 0.7, 0.2 + b = 0.3 \quad \Rightarrow \quad a = 0.2, b = 0.1$$

对比例 2.23 与例 2.25,它们的边缘分布列相同,但是联合分布列却是不同的,所以由边缘分布列一般不能确定联合分布列。不过,当 X 与 Y 相互独立时,由两个边缘分布列是可以确定联合分布列的。

接下来我们就讨论随机变量的独立性的概念。

 ### 2.8.3 随机变量的独立性

视频:随机变量的
独立性

我们知道,两个事件 A 与 B 相互独立定义为 $P(AB) = P(A)P(B)$,受此启发,我们给出两个随机变量相互独立的定义。

定义 2.12 若对于任意的 $x, y \in \mathbf{R}$,都有

$$P(X \leqslant x, Y \leqslant y) = P(X \leqslant x)P(Y \leqslant y)$$

则称随机变量 X, Y 相互独立,反之则称随机变量 X, Y 是相依的。

这个定义比较抽象,在具体应用中,常使用下面的定理。

定理 2.4 设 (X, Y) 是二维离散型随机变量,其联合分布列和边缘分布列分别为 $p_{ij} = P(X = x_i, Y = y_j)$,$p_{i\cdot} = P(X = x_i)$,$p_{\cdot j} = P(Y = y_j)$,$i, j = 1, 2, \cdots$,则随机变量 X 与 Y 相互独立的充要条件为

$$P(X = x_i, Y = y_j) = P(X = x_i) \cdot P(Y = y_j)$$

即

$$p_{ij} = p_{i\cdot} \cdot p_{\cdot j} \quad (i, j = 1, 2, \cdots)$$

例 2.26 已知 $X \sim \begin{pmatrix} -1 & 0 & 1 \\ 0.25 & 0.5 & 0.25 \end{pmatrix}$,$Y \sim \begin{pmatrix} 0 & 1 \\ 0.5 & 0.5 \end{pmatrix}$,$P(XY = 0) = 1$。

(1) 求 (X, Y) 的联合概率分布列;

(2) 判别 X, Y 是否相互独立。

解 (1) 由 $P(XY = 0) = 1$,可得 $P(XY \neq 0) = 0$,所以点 $(-1, 1)$,$(1, 1)$ 处的概率都等于 0,根据边缘分布列与联合分布列的关系,得到下表:

X ＼ Y	0	1	$p_{i\cdot}$
-1	0.25	0	0.25
0	0	0.5	0.5
1	0.25	0	0.25
$p_{\cdot j}$	0.5	0.5	1

(2) 因为 $P(X=-1, Y=0)=0.25 \neq P(X=-1)P(Y=0)$，故 X, Y 不独立。

例 2.27 设随机变量 X 与 Y 相互独立，试求联合概率分布列中的未知参数。

X \ Y	1	2	4	$p_i.$
-1	a	$\dfrac{1}{8}$	b	
2	$\dfrac{1}{8}$	c	d	
$p_{\cdot j}$	$\dfrac{1}{6}$			1

解 根据边缘分布列与联合分布列的关系，有

$$a + \frac{1}{8} = \frac{1}{6}$$

由此得 $a = \dfrac{1}{24}$。再根据 X 与 Y 相互独立，可得

$$\frac{1}{6} \cdot \left(a + \frac{1}{8} + b\right) = a$$

于是 $b = \dfrac{1}{12}$，从而 $p_1. = \dfrac{1}{4}$，$p_2. = 1 - \dfrac{1}{4} = \dfrac{3}{4}$，由独立性可得

$$\frac{1}{4} \cdot \left(\frac{1}{8} + c\right) = \frac{1}{8} \Rightarrow c = \frac{3}{8}$$

$$\frac{1}{4} \cdot \left(\frac{1}{12} + d\right) = \frac{1}{12} \Rightarrow d = \frac{1}{4}$$

 2.8.4 条件分布列和条件数学期望

二维随机变量 X 与 Y 之间的关系主要表现为两种：或者是相互独立的，或者是相依的。那么如何来描述随机变量之间的相依关系呢？我们是用条件分布列来实现的。

1. 条件分布列

设二维离散型随机变量 (X, Y) 的联合概率分布列为

$$p_{ij} = P(X = x_i, Y = y_j) \quad (i, j = 1, 2, \cdots)$$

根据条件概率的定义，我们可以给出条件分布列的定义。

定义 2.13 对一切满足 $P(Y = y_j) > 0$ 的 y_j，称

$$p_{i|j} = P(X = x_i \mid Y = y_j) = \frac{P(X = x_i, Y = y_j)}{P(Y = y_j)} = \frac{p_{ij}}{p_{\cdot j}} \quad (i = 1, 2, \cdots)$$

为给定 $Y = y_j$ 条件下 X 的条件分布列。

同理,对一切满足 $P(X = x_i) > 0$ 的 x_i,称

$$p_{j|i} = P(Y = y_j \mid X = x_i) = \frac{P(X = x_i, Y = y_j)}{P(X = x_i)} = \frac{p_{ij}}{p_{i\cdot}} \quad (j = 1, 2, \cdots)$$

为给定 $X = x_i$ 条件下 Y 的条件分布列。

由条件分布列的定义可见,联合分布列完全确定了条件分布列。反过来,由 Y 的分布列和 X 的条件分布列,也能够完全确定联合分布列:

$$P_{ij} = p_{\cdot j} p_{i|j}$$

或者,由 X 的分布列和 Y 的条件分布列,也能够完全确定联合分布列:

$$p_{ij} = p_{i\cdot} p_{j|i}$$

上述的用边缘分布列和条件分布列确定联合分布列的思想,在应用概率统计中有重要的作用,这是一种降维方法:我们可以用若干个一维概率分布(条件分布实际上是一维概率分布)来确定二维联合概率分布。

例 2.28 从 $1,2,3,4$ 中任意取一个整数,记为 X,再从 $1, \cdots, X$ 中任意取一个整数,记为 Y,求 (X, Y) 的联合分布列。

解 X 的概率分布列为

X	1	2	3	4
P	$\frac{1}{4}$	$\frac{1}{4}$	$\frac{1}{4}$	$\frac{1}{4}$

Y 的 4 个条件分布列为

Y	1
$P(Y = j \mid X = 1)$	1

Y	1	2
$P(Y = j \mid X = 2)$	$\frac{1}{2}$	$\frac{1}{2}$

Y	1	2	3
$P(Y = j \mid X = 3)$	$\frac{1}{3}$	$\frac{1}{3}$	$\frac{1}{3}$

Y	1	2	3	4
$P(Y = j \mid X = 4)$	$\frac{1}{4}$	$\frac{1}{4}$	$\frac{1}{4}$	$\frac{1}{4}$

于是,(X, Y) 的联合分布列为

X \ Y	1	2	3	4
1	$\frac{1}{4}$	0	0	0
2	$\frac{1}{8}$	$\frac{1}{8}$	0	0
3	$\frac{1}{12}$	$\frac{1}{12}$	$\frac{1}{12}$	0
4	$\frac{1}{16}$	$\frac{1}{16}$	$\frac{1}{16}$	$\frac{1}{16}$

例 2.29　在某个汽车制造厂,有两道工序是由机器人做的,其一是紧固 3 只螺栓,其二是焊接 2 处焊点。以 X 表示机器人紧固的螺栓不合格的个数,以 Y 表示机器人焊接的焊点不合格的个数。根据长期生产积累的资料,得到 (X,Y) 具有联合分布列为

X \ Y	0	1	2	$p_{i\cdot}$
0	0.840	0.060	0.010	0.910
1	0.030	0.010	0.005	0.045
2	0.020	0.008	0.004	0.032
3	0.010	0.002	0.001	0.013
$p_{\cdot j}$	0.900	0.080	0.020	1.000

试求 Y 关于 X 的 4 个条件分布列。

解　我们只需要依据带有边缘分布列的联合分布列的表进行简单的表上作业,就可以求出每一个条件分布列。比如,为了求给定 $X=0$ 条件下 Y 的条件分布列,只需要利用表中的第一行的 4 个数据,即用 0.910 分别去除前 3 个数据,即得

Y	0	1	2
$P(Y=j \mid X=0)$	0.923	0.066	0.011

同理可得另外的三个条件分布列:

Y	0	1	2
$P(Y=j \mid X=1)$	0.667	0.222	0.111

Y	0	1	2
$P(Y=j \mid X=2)$	0.625	0.250	0.125

Y	0	1	2
$P(Y=j \mid X=3)$	0.769	0.154	0.077

根据上面的 4 个条件分布列,我们可以知道,当紧固螺栓这道工序处于某一状态时,焊接工序发生各个状态的概率,反映了两道工序之间的相依信息。比如,当紧固螺栓这道工序完全合格时,焊接工序完全合格的概率达到 0.923,而存在不合格情况的概率是 0.077。

2. 条件期望

在例 2.29 中,我们可以按照数学期望的定义来求给定 $X=0$ 条件下 Y 的条件分布列的期望:

$$E(Y \mid X=0) = 0 \times 0.923 + 1 \times 0.066 + 2 \times 0.011 = 0.088$$

这个数学期望称为给定 $X=0$ 条件下 Y 的条件期望。

同理求出例 2.29 中的另外 3 个条件期望:

$$E(Y \mid X=1) = 0.444, \quad E(Y \mid X=2) = 0.500, \quad E(Y \mid X=3) = 0.308$$

所以利用条件期望也可以刻画随机变量之间的相依关系。

我们发现,Y 的条件期望具有如下的概率分布:

Y 的条件期望	0.088	0.444	0.500	0.308
p_k	0.910	0.045	0.032	0.013

求这个概率分布列的期望:

$$\begin{aligned} E[E(Y \mid X)] &= 0.088 \times 0.910 + 0.444 \times 0.045 + \\ &\quad 0.500 \times 0.032 + 0.308 \times 0.013 \\ &= 0.12 \end{aligned}$$

而 $$E(Y) = 0 \times 0.910 + 1 \times 0.080 + 2 \times 0.020 = 0.12$$

即 $$E(Y) = E[E(Y \mid X)]$$

成立,该等式称为重期望公式。

 ### 2.8.5 多维随机变量函数的分布

前面讨论了一维随机变量函数的分布问题,类似的,这里将介绍二维离散型随机变量函数 $Z = g(X, Y)$ 的分布,主要思想是利用公式 $P((X, Y) \in G) = \sum\limits_{(x_i, y_j) \in G} p_{ij}$ 将 Z 的取值转化为相应的 (X, Y) 的取值。

设 (X, Y) 是二维离散型随机变量,其联合概率分布 $p_{ij} = P(X = x_i, Y = y_j)$,$i$,$j = 1, 2, \cdots$,则函数 $Z = g(X, Y)$ 是一维离散型随机变量,其概率分布列为

$$P(Z = z_k) = \sum_{g(x_i, y_j) = z_k} P(X = x_i, Y = y_j) \quad (k = 1, 2, \cdots)$$

例 2.30　设随机变量 (X, Y) 的联合概率分布列为

Y \ X	1	2	3
0	0.1	0.3	0.2
1	0	0.1	0.3

试求下列随机变量的概率分布列：(1) $Z_1 = X + Y$；(2) $Z_2 = X \cdot Y$；(3) $Z_3 = \max(X, Y)$。

解　先列出下列表格：

p_{ij}	0.1	0	0.3	0.1	0.2	0.3
(X, Y)	$(1, 0)$	$(1, 1)$	$(2, 0)$	$(2, 1)$	$(3, 0)$	$(3, 1)$
$X + Y$	1	2	2	3	3	4
XY	0	1	0	2	0	3
$\max(X, Y)$	1	1	2	2	3	3

合并整理可得

$Z_1 = X + Y$	1	2	3	4
p_k	0.1	0.3	0.3	0.3

$Z_2 = X \cdot Y$	0	2	3
p_k	0.6	0.1	0.3

$Z_3 = \max(X, Y)$	1	2	3
p_k	0.1	0.4	0.5

例 2.31　设随机变量 X 与 Y 相互独立，且分别服从二项分布 $X \sim B(n, p)$，$Y \sim B(m, p)$，求 $Z = X + Y$ 的概率分布列。

解　Z 的可能取值为 $0, 1, 2, \cdots, m+n$，且

$$P(Z = k) = P(X + Y = k) = \sum_{s=0}^{k} P(X = s, Y = k - s)$$

$$= \sum_{s=0}^{k} P(X = s) P(Y = k - s)$$

$$= \sum_{s=0}^{k} C_n^s p^s (1-p)^{n-s} C_m^{k-s} p^{k-s} (1-p)^{m-(k-s)}$$

$$= p^k (1-p)^{m+n-k} \sum_{s=0}^{k} C_n^s C_m^{k-s} = C_{n+m}^k p^k (1-p)^{m+n-k}$$

最后一个等式 $\sum_{s=0}^{k} C_n^s C_m^{k-s} = C_{n+m}^k$ 可理解为从装有 n 个合格品、m 个次品的盒子中取出 k 个产品的所有可能取法。

上述结果说明两个相互独立且参数 p 相同的二项分布的和也是二项分布,简称为二项分布的独立可加性。同样可以证明,泊松分布也是满足独立可加性的。

小　结

- 联合分布律 $p_{ij} = P(X = x_i$ 并且 $Y = y_j)$。
- 由联合分布律可以计算边缘分布列和条件分布列。
- 两个离散型随机变量独立的充要条件是 $p_{ij} = p_i \cdot p_{\cdot j}$。

练习题 2.8

1. 10 件产品中有 2 件一等品,7 件二等品和 1 件次品,现从中任取 3 件,令 X 表示取到的一等品的件数,Y 表示取到的二等品的件数。(1) 求 (X, Y) 的联合概率分布列;(2) 求 X, Y 各自的边缘概率分布列;(3)判断 X, Y 是否相互独立。

2. 设二维随机变量 (X, Y) 的联合概率分布律为

X \ Y	0	1
0	0.1	0.2
1	0.3	0.4

求(1) $P(X + Y \geqslant 1)$;(2) X, Y 各自的边缘概率分布列。

3. 设二维随机变量 (X, Y) 的联合概率分布律为

X \ Y	−1	0	1
0	α	0.2	0.1
1	0.2	0.1	0.1

(1) 求 α 的值;(2) 求 X, Y 各自的边缘概率分布列;(3)判断 X, Y 是否相互独立。

4. 已知随机变量 (X, Y) 的联合概率分布列为

Y \ X	0	1	2	3	4	5
0	0	0.01	0.03	0.05	0.07	0.09
1	0.01	0.02	0.04	0.05	0.06	0.08
2	0.01	0.03	0.05	0.05	0.05	0.06
3	0.01	0.02	0.04	0.06	0.06	0.05

(1) 求 $V = \max(X, Y)$ 的概率分布列；(2) 求 $U = \min(X, Y)$ 的概率分布列。

5. 已知随机变量 (X, Y) 的联合概率分布列为

Y \ X	1	2	3
-1	$\frac{1}{6}$	$\frac{1}{9}$	$\frac{1}{18}$
1	$\frac{1}{3}$	α	β

且 X, Y 相互独立，求参数 α, β 的值。

6. 设随机变量 (X, Y) 的联合概率分布列为

X \ Y	-1	1	2
0	$\frac{1}{12}$	0	$\frac{1}{4}$
1	$\frac{1}{6}$	$\frac{1}{12}$	$\frac{1}{12}$
2	$\frac{1}{4}$	$\frac{1}{12}$	0

(1) 求在 $X = 1$ 的条件下，Y 的条件概率分布列；(2) 求在 $Y = 2$ 的条件下，X 的条件概率分布列；(3) 求在 $X = 1$ 的条件下，Y 的条件期望。

§2.9　二维随机变量的数字特征

数学期望和方差分别描述了随机变量取值的平均大小和波动水平。对于二维随机变量 (X, Y) 来说，仅知道 X, Y 各自的期望、方差是不够的，因为从随机变量 (X, Y) 的条件分布列来看，X, Y 之间还存在着一定的关系。接下来，就要讨论这种描述 X, Y 之间相互联系的数字特征——协方差、相关系数。

 2.9.1　数学期望与方差的运算性质

定理 2.5　已知二维离散型随机变量 (X, Y) 的联合概率分布

$$p_{ij} = P(X = x_i, Y = y_j) \quad (i, j = 1, 2, \cdots)$$

则随机变量函数 $Z = g(X, Y)$ 的期望为

$$E(Z) = \sum_i \sum_j g(x_i, y_j) p_{ij}$$

根据定理 2.5，我们不难得到数学期望与方差的运算性质：

性质 1　$E(X \pm Y) = E(X) \pm E(Y)$。

性质2 当 X，Y 独立时，有 $E(X \cdot Y) = E(X) \cdot E(Y)$。

性质3 $D(X \pm Y) = D(X) + D(Y) \pm 2E[(X-EX)(Y-EY)]$

特别地，当 X，Y 独立时，有

$$D(X \pm Y) = D(X) + D(Y)$$

证 仅证明 $Z = X + Y$ 的情形。

$$\begin{aligned} D(X+Y) &= E[(X+Y) - E(X+Y)]^2 = E(X-EX+Y-EY)^2 \\ &= E(X-EX)^2 + E(Y-EY)^2 + 2E[(X-EX)(Y-EY)] \\ &= D(X) + D(Y) + 2E[(X-EX)(Y-EY)] \end{aligned}$$

其次，

$$\begin{aligned} E[(X-EX)(Y-EY)] &= E[XY - X \cdot EY - Y \cdot EX + EX \cdot EY] \\ &= E(XY) - E(X) \cdot E(Y) \end{aligned}$$

当 X，Y 独立时，有 $E(XY) = E(X) \cdot E(Y)$，即 $E[(X-EX)(Y-EY)] = 0$，因此有

$$D(X+Y) = D(X) + D(Y)$$

2.9.2 协方差（covariance）、相关系数（correlation）

性质3说明，当 X，Y 独立时，X 与 Y 和的方差恰好等于 X 的方差与 Y 的方差的和；而当 X，Y 不独立时，X 与 Y 和的方差由两部分构成，一部分是 X 的方差与 Y 的方差的和，即 $D(X) + D(Y)$，另一部分是 $E[(X-EX)(Y-EY)]$ 的2倍，对比来看，这一部分应该反映的是 X 与 Y 协同变化时所产生的波动水平，我们把它称为协方差。

视频：协方差及相关系数

定义 2.14 设 (X, Y) 为二维随机变量，若 $E[(X-EX)(Y-EY)]$ 存在，则称之为随机变量 X 与 Y 的协方差，记为 $\mathrm{Cov}(X, Y)$，即

$$\mathrm{Cov}(X, Y) = E[(X-EX)(Y-EY)]$$

显然，当随机变量 X 与 Y 相互独立时，有 $\mathrm{Cov}(X, Y) = 0$。

特别地，当 $X = Y$ 时，$\mathrm{Cov}(X, Y) = D(X)$。

由协方差的定义，易得如下性质：

性质1 $\mathrm{Cov}(X, c) = 0$，c 为常数。

性质2 $\mathrm{Cov}(X, Y) = \mathrm{Cov}(Y, X)$。

性质3 $\mathrm{Cov}(aX, bY) = ab\mathrm{Cov}(X, Y)$，$a$，$b$ 为常数。

性质4 $\mathrm{Cov}(X_1 + X_2, Y) = \mathrm{Cov}(X_1, Y) + \mathrm{Cov}(X_2, Y)$。

性质5 $D(X \pm Y) = D(X) + D(Y) \pm 2\mathrm{Cov}(X, Y)$。

性质6 $\mathrm{Cov}(X, Y) = E(XY) - E(X) \cdot E(Y)$。

性质6常常被用来计算协方差，称为协方差的常用计算公式。

例 2.32   已知 (X, Y) 的联合分布列为

X＼Y	0	1	2	$p_i.$
0	$\frac{1}{9}$	$\frac{2}{9}$	$\frac{1}{9}$	$\frac{4}{9}$
1	$\frac{2}{9}$	$\frac{2}{9}$	0	$\frac{4}{9}$
2	$\frac{1}{9}$	0	0	$\frac{1}{9}$
$p_{.j}$	$\frac{4}{9}$	$\frac{4}{9}$	$\frac{1}{9}$	1

求：(1) $E(XY)$；(2) $\mathrm{Cov}(X, Y)$；(3) $\mathrm{Cov}(2X, X+Y)$；(4) 定义 $\rho = \dfrac{\mathrm{Cov}(X, Y)}{\sqrt{D(X)} \, \sqrt{D(Y)}}$，求 ρ。

解　(1) 应用定理 2.5，有

$$E(XY) = 0 \times 0 \times \frac{1}{9} + 0 \times 1 \times \frac{2}{9} + 0 \times 2 \times \frac{1}{9} +$$

$$1 \times 0 \times \frac{2}{9} + 1 \times 1 \times \frac{2}{9} + 2 \times 0 \times \frac{1}{9} = \frac{2}{9}$$

(2) 应用边缘分布列来计算 $E(X) = E(Y) = \dfrac{2}{3}$，然后根据性质 6，得

$$\mathrm{Cov}(X, Y) = \frac{2}{9} - \frac{2}{3} \times \frac{2}{3} = -\frac{2}{9}$$

(3) $\mathrm{Cov}(2X, X+Y) = 2D(X) + 2\mathrm{Cov}(X, Y) = 2 \times \dfrac{4}{9} + 2 \times \left(-\dfrac{2}{9}\right) = \dfrac{4}{9}$

(4)
$$\rho = \frac{-\dfrac{2}{9}}{\sqrt{\dfrac{4}{9}} \times \sqrt{\dfrac{4}{9}}} = -0.5$$

例 2.32 中的 ρ 称为随机变量 X 与 Y 的相关系数，能够刻画 X 与 Y 的线性相关程度，我们将在下一章对此进行讨论。

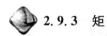 **2.9.3   矩**

除了数学期望、方差和协方差这些重要的数字特征外，还有许多其他形式的数字特征，其中一类称为矩(moment)，我们只做简单的介绍。

定义 2.15   设 X, Y 是随机变量，若 $E(X^k)(k = 1, 2, \cdots)$ 存在，则称它为 X 的 k 阶原点矩；若 $E(X-EX)^k(k = 2, 3, \cdots)$ 存在，则称它为 X 的 k 阶中心矩；若 $E(X^k Y^l)$ $(k, l = 1, 2, \cdots)$ 存在，则称它为 X 和 Y 的 $k+l$ 阶混合矩；若 $E\big[(X-EX)^k(Y-EY)^l\big]$ $(k,$

$l = 1, 2, \cdots$) 存在,则称它为 X 和 Y 的 $k + l$ 阶混合中心矩。

显然,X 的数学期望 $E(X)$ 是 X 的 1 阶原点矩,方差 $D(X)$ 是 X 的 2 阶中心矩,协方差 $\mathrm{Cov}(X, Y)$ 是 X 和 Y 的 $1 + 1$ 阶混合中心矩。

小　　结

- 随机变量的协方差定义为 $\mathrm{Cov}(X,Y) = E[(X - EX)(Y - EY)]$。

- 通常用 $\mathrm{Cov}(X,Y) = E(XY) - E(X)E(Y)$ 来计算协方差。

- $D(X + Y) = D(X) + D(Y) + 2\mathrm{Cov}(X,Y)$。

- 随机变量的相关系数定义为 $\rho = \dfrac{\mathrm{Cov}(X,Y)}{\sqrt{D(X)}\ \sqrt{D(Y)}}$

练习题 2.9

1. 设随机变量 (X,Y) 的联合概率分布列为

Y＼X	1	2	3
0	0.1	0.15	0.25
1	0.25	0.1	0.15

求(1) $\mathrm{Cov}(X,Y)$,(2) 随机变量 X 与 Y 的相关系数 ρ。

2. 已知随机变量 (X,Y) 的联合概率分布列为

Y＼X	0	1	2
0	0.1	0.2	0
1	0.3	0.05	0.1
2	0.15	0	0.1

求(1) $\mathrm{Cov}(X,Y)$;(2) $\mathrm{Cov}(2X,Y)$,$\mathrm{Cov}(X, X + Y)$。

3. 随机变量 X, Y 的方差分别为 $D(X) = 1, D(Y) = 4$,协方差 $\mathrm{Cov}(X,Y) = 1$,记 $\xi = X - 2Y, \eta = 2X - Y$,试求 ξ, η 的协方差与相关系数。

公式解析与例题分析

一、公式解析

1. $P(X = x_k) = p_k, k = 1, 2, \cdots$ (1)

解析　这是离散随机变量 X 概率分布列的定义。一个数列 p_k 当且仅当其满足：非负性 $p_k \geqslant 0$；归一性 $\sum\limits_k p_k = 1$ 时，可以作为某个离散随机变量的概率分布列。通过公式(1) 也可以人为构造一些概率分布列。

概率分布列可以完全描述离散随机变量的统计规律性，随机变量 X 落入某个区间 I 的概率可以表示为 $P(X \in I) = \sum\limits_{x_k \in I} p_k$。

2. $F(x) = P(X \leqslant x)$ (2)

解析　这是随机变量(累积)分布函数的定义式。分布函数 $F(x)$ 就是一个关于 x 的函数，其满足三条性质：① $F(x)$ 关于 x 单调不减；② $F(x)$ 有界，$0 \leqslant F(x) \leqslant 1$，且 $F(+\infty) = 1, F(-\infty) = 0$；③ $F(x)$ 右连续。这三条性质也是充分必要的，即如果某个函数满足上述三条性质，则其一定可以作为某个随机变量的分布函数。

对于离散随机变量 X，可以用概率分布列来表示其分布函数，即

$$F(x) = \sum_{x_k \leqslant x} P(X = x_k) \tag{3}$$

反过来，由分布函数也可以唯一确定该离散随机变量的概率分布列。

有了分布函数的定义之后，离散随机变量落入某个区间 $(a, b]$ 的概率也可以通过分布函数来表示：

$$P(a < X \leqslant b) = F(b) - F(a)$$

3. $E(X) = \sum\limits_k x_k p_k$ (4)

$$E(g(X)) = \sum_k g(x_k) p_k \tag{5}$$

解析　公式(4)是离散随机变量 X 的数学期望的定义，也是 X 的数学期望的计算公式。公式(5)是求离散随机变量 X 的某个函数 $Y = g(X)$ 的数学期望的计算公式，利用公式(5)，可以求 $E(2X + 1)$、$E(X^2)$、$E(|X|)$、$E\left(\dfrac{1}{X}\right)$、$E(\mathrm{e}^X)$，等等。

利用公式(5)，还可以求离散随机变量 X 的方差，即

$$D(X) = E(X - E(X))^2 = E(X^2) - [E(X)]^2 = \sum_k x_k^2 p_k - \left(\sum_k x_k p_k\right)^2$$

现在把(1)的性质，(4)，(5)列在一起：

$$\sum 1 \cdot p_k = 1 = E(1)$$

$$\sum_k x_k p_k = E(X)$$

$$\sum_k g(x_k) p_k = E(g(X))$$

即会发现公式左边的求和表达式中 p_k 前面的"占位者"对应右边数学期望中的"占位者"，这有助于记住这些公式。

4. $p_{ij} = P\big((X,Y) = (x_i, y_j)\big) = P(X = x_i, Y = y_j), i, j = 1, 2, \cdots$ (6)

解析 这是二维离散随机变量 (X,Y) 联合概率分布列的定义，一般会用表格来更清晰地表示出来。p_{ij} 同样满足：非负性 $p_{ij} \geqslant 0$；归一性 $\sum_{i,j} p_{ij} = 1$，这也是一个充分必要条件。类似地，联合概率分布列可以完全描述随机变量 (X,Y) 的统计规律性，随机变量 (X,Y) 落入某个区域 G 的概率可以表示为 $P((X,Y) \in G) = \sum_{(x_i, y_j) \in G} p_{ij}$。

5. $p_{i\cdot} = P(X = x_i) = \sum_j p_{ij}, i = 1, 2, \cdots, p_{\cdot j} = P(Y = y_j) = \sum_i p_{ij}, j = 1, 2, \cdots$

     (7)

解析 这是 X, Y 各自边缘概率分布列的计算公式。由公式(7)可以看出，(X,Y) 的联合概率分布列可以唯一确定 X, Y 各自的边缘概率分布列，但是由 X, Y 各自的边缘概率分布列却不能确定 (X,Y) 的联合概率分布列，除非已知 X, Y 相互独立，此时有

$$p_{ij} = p_{i\cdot} p_{\cdot j}$$

6. $E(g(X,Y)) = \sum_i \sum_j g(x_i, y_j) p_{ij}$ (8)

解析 该公式用来计算二维离散随机变量 (X,Y) 的函数 $g(X,Y)$ 的数学期望。根据公式(8)可以得到一些具体的计算公式：

$$E(X) = \sum_i \sum_j x_i p_{ij}, E(Y) = \sum_i \sum_j y_j p_{ij}, E(XY) = \sum_i \sum_j x_i y_j p_{ij}, E(X^2) = \sum_i \sum_j x_i^2 p_{ij}, E(Y^2) = \sum_i \sum_j y_j^2 p_{ij}$$

利用这些公式，能够计算二维离散随机变量 (X,Y) 的协方差和相关系数。

7. $P(X = k) = C_n^k p^k (1-p)^{n-k}, k = 0, 1, 2, \cdots, n$ (9)

$$P(X = k) = \frac{\lambda^k}{k!} e^{-\lambda}, k = 0, 1, 2, \cdots$$ (10)

$$P(X = k) = pq^{k-1}, k = 1, 2, \cdots$$ (11)

解析 公式(9)是二项分布 $B(n,p)$ 的概率分布列的表达式，该随机变量描述了 n 重伯努利试验中随机事件发生的次数，数学期望为 np，方差为 $np(1-p)$。$n = 1$ 时，该随机变量退化为两点分布 $B(1,p)$。

公式(10)是泊松分布 $P(\lambda)$ 的概率分布列的表达式，此处的 λ 有鲜明的统计意义，它既是泊松分布随机变量的数学期望，又是其方差。历史上泊松分布是作为二项分布的近似，于 1837 年由法国数学家泊松(Poisson, 1761—1840 年)引入的。泊松分布是以他的名字

命名的,他在 1838 年时将之发表。它通常用来描述稀有事件发生次数 X,在大量试验中,此事件可能发生,但每次试验中发生的概率非常小。泊松分布后来成功地用于描绘随机质点在时间或空间上的分布,它在质量控制、排队论、可靠性理论等许多领域都有重要应用。

公式(11)是几何分布 $G(p)$ 的概率分布列的表达式,该随机变量的期望为 $1/p$,方差为 $(1-p)/p^2$。

我们需要熟练掌握这三个离散随机变量的概率分布列及数字特征。

二、例题分析

例 2.33 某射击运动员每次射击击中目标的概率为 0.8,他有十发子弹,现对一目标进行连续射击,每次打出一发子弹,直至打中目标,或者子弹耗尽。求他射击次数的数学期望。

分析 该射击运动员射击的次数可能为 $1,2,3,\cdots,10$,如果射击的次数 $X \leqslant 9$,则他一定是前 $X-1$ 次都没有射中,而第 X 次击中目标;若 $X=10$,则有可能第 10 次击中,也有可能直至十发子弹耗尽也没有击中。唯一可以肯定的是,此时运动员的前 9 枪一定都没有击中目标,且运动员的心理素质都比较过硬,可以认为每枪均是独立射击。

解 记射击的次数为 X,则 X 的概率分布列为

$$P(X=k) = \begin{cases} (1-0.8)^{k-1} \times 0.8, & k \leqslant 9 \\ (1-0.8)^9, & k=10 \end{cases}$$

于是 X 的数学期望 $E(X) = \sum_{k=1}^{9} (1-0.8)^{k-1} \times 0.8k + 10 \times (1-0.8)^9 = 1.25$。

本例中试验的次数有限,且 $X=10$ 的概率也不符合几何分布的概率表达式,但是在计算期望时仍可以借鉴几何分布推导数学期望的过程,利用错位相减方法得到结果。

例 2.34 已知随机变量 X,Y 的分布列分别为

X	0	1
p	0.5	0.5

Y	0	1
p	0.25	0.75

且 $P(XY=1)=0.5$,求 $P(X=Y)$。

分析 $P(X=Y) = P(\{X=Y=1\} \bigcup \{X=Y=0\}) = P(X=Y=1) + P(X=Y=0)$,为表达更清晰,我们可以列出二维随机变量 (X,Y) 的联合概率分布。

解 由已知条件 $P(XY=1)=0.5$,可知 $P(XY=1) = P(X=1,Y=1) = 0.5$。可得联合概率分布列

X \ Y	0	1	$P(X=i)$
0			0.5
1		0.5	0.5
$P(Y=j)$	0.25	0.75	

再根据联合概率分布列与边缘概率分布列的关系,可以确定表中其余的空白位置,可得 $P(X=0,Y=0)=0.25$,于是 $P(X=Y)=0.25+0.5=0.75$。

例 2.35 设有随机变量 U,V,分别都只取两个值 $-1,1$。已知 $P(U=1)=\dfrac{1}{2}$,$P(V=-1|U=-1)=\dfrac{1}{3}$,$P(V=1|U=1)=\dfrac{1}{3}$,求

(1) U,V 的联合概率分布列;

(2) 关于 x 的方程 $x^2+Ux+V=0$ 至少有一个实根的概率。

解 (1) 由 $P(U=1)=\dfrac{1}{2}$,$P(V=1|U=1)=\dfrac{1}{3}$,可知

$$P(V=1,U=1)=P(V=1|U=1)\cdot P(U=1)=\frac{1}{3}\times\frac{1}{2}=\frac{1}{6},$$

类似地,由 $P(U=1)=\dfrac{1}{2}$,可得 $P(U=-1)=\dfrac{1}{2}$,从而有 $P(V=-1,U=-1)=\dfrac{1}{6}$。于是联合概率分布列表为

U＼V	-1	1	
-1	$\dfrac{1}{6}$		$\dfrac{1}{2}$
1		$\dfrac{1}{6}$	$\dfrac{1}{2}$

由边缘分布与联合分布的关系,可知 $P(V=1,U=-1)=\dfrac{1}{2}-\dfrac{1}{6}=\dfrac{1}{3}$,$P(V=-1,U=1)=\dfrac{1}{2}-\dfrac{1}{6}=\dfrac{1}{3}$,从而有

U＼V	-1	1	
-1	$\dfrac{1}{6}$	$\dfrac{1}{3}$	$\dfrac{1}{2}$
1	$\dfrac{1}{3}$	$\dfrac{1}{6}$	$\dfrac{1}{2}$
	$\dfrac{1}{2}$	$\dfrac{1}{2}$	

(2) 方程有实根,当且仅当 $\Delta=U^2-4V\geqslant 0$,接下来就是要计算 $P(U^2-4V\geqslant 0)$,由上表,

$$P(U^2-4V\geqslant 0)=P(U=1,V=-1)+P(U=-1,V=-1)=\frac{1}{3}+\frac{1}{6}=\frac{1}{2}。$$

例 2.36 设随机变量 X_1, X_2 相互独立,且分别服从参数为 λ_1, λ_2 的泊松分布,已知

$$P(X_1 + X_2 > 0) = 1 - e^{-1}, \text{求 } E(X_1 + X_2)^2。$$

分析 本例用到泊松分布的独立可加性。

解 X_1, X_2 是相互独立的泊松分布,所以有 $X_1 + X_2 \sim P(\lambda), \lambda = \lambda_1 + \lambda_2$,于是 $P(X_1 + X_2 > 0) = 1 - P(X_1 + X_2 = 0) = 1 - \dfrac{\lambda^0}{0!} e^{-\lambda} = 1 - e^{-1}$,从而有 $\lambda = 1$,即 $X_1 + X_2 \sim P(1)$ 又因为 $E(X_1 + X_2)^2 = D(X_1 + X_2) + (E(X_1 + X_2))^2$,泊松分布的数学期望与方差都是其参数 λ,从而有 $E(X_1 + X_2)^2 = 1 + 1^2 = 2$。

例 2.37 已知随机变量 (X, Y) 的联合概率分布律见下表,并且 $P(X = 1) = 0.5$,X, Y 不相关,

X \ Y	−1	0	1	$p_{i\cdot}$
−1	0.1	a	0.1	
1	b	0.1	c	0.5
$p_{\cdot j}$				

(1) 求未知参数 a, b, c;

(2) 随机变量 $X + Y$ 与 $X - Y$ 是否相关,是否相互独立?

解 (1) 由联合概率分布律的归一性,可得 $a + b + c = 0.7$,再根据 $P(X = 1) = b + 0.1 + c$,得到 $b + c = 0.4$,于是 $a = 0.3$。

由 X, Y 不相关可知,$\text{Cov}(X, Y) = 0$,即 $E(XY) = E(X)E(Y)$。根据已知条件,$E(XY) = c - b$,而 $E(X) = -1 \times 0.5 + 1 \times 0.5 = 0$,从而 $E(X) \cdot E(Y) = 0$,于是 $E(XY) = c - b = 0$。

故 $b = c = 0.2$。

(2) $\text{Cov}(X + Y, X - Y) = \text{Cov}(X, X) - \text{Cov}(X, Y) + \text{Cov}(Y, X) - \text{Cov}(Y, Y)$
$$= \text{Cov}(X, X) - \text{Cov}(Y, Y)$$
$$= DX - DY$$

边缘概率分布列是

X	−1	1
$p_{i\cdot}$	0.5	0.5

Y	−1	0	1
$p_{\cdot j}$	0.3	0.4	0.3

计算可得 $DX = 1, DY = 0.6$,从而 $\text{Cov}(X + Y, X - Y) = 0.4$,所以 $X + Y$ 与 $X - Y$ 相关,于是它们一定不独立。

【阅读材料】

伯努利与伯努利试验

伯努利家族在数学史上是赫赫有名的,在这个家族的成员中,程度不同地对数学各方面做出贡献的,至少有12人,其中杰出的,除了雅各布·伯努利本人以外,还有其弟弟约翰·伯努利与侄儿尼古拉斯·伯努利。

雅各布·伯努利(Jocob Bernoulli,1654—1705,瑞士),其父为他规划的人生道路是神职人员,伯努利遵照父亲的愿望,在1676年取得神学硕士学位。但他的爱好是数学,他对数学的贡献除了概率论外,还包括微积分、微分方程和变分法等,包括著名的悬链线问题。他是牛顿和莱布尼茨的同时代人并且与后者保持密切的通信联系,因此他熟悉当时新兴的微积分的进展,学者们认为他在这方面的贡献仅次于牛顿和莱布尼茨,他对物理学和力学也有杰出的贡献。

《猜度术》是雅各布·伯努利在他生命的最后两年写的,全书共四个部分,前三个部分是古典概率的系统化与深化,明确了伯努利试验概型,在此基础上严格证明了二项概率公式 $C_n^k p^k (1-p)^{n-k}$,第四部分是该书的精华,伯努利从数学上证明了"事件出现的频率逼近事件发生的概率"的事实,后人称之为伯努利大数定律(具体见第4章)。

【以上内容摘自陈希孺院士的《数理统计学简史》】

在重复的独立试验中,如果每次试验仅有两个可能结果,而且其相应的概率在每次试验中都是相同的,则称这一串重复的独立试验为伯努利试验序列。在 n 次伯努利试验序列中,我们往往只关心成功的次数而不计较成功的排列次序,则我们就得到了二项分布模型。若考虑伯努利试验序列一直进行下去,直到第 r 次成功出现为止,则第 r 次成功发生在第 n 次试验的概率为

$$p C_{n-1}^{r-1} p^{r-1} (1-p)^{n-1-(r-1)} = p^r C_{n-1}^{r-1} (1-p)^{n-r} \quad (n = r, r+1, \cdots)$$

该分布称为负二项分布,或帕斯卡分布。当 $r=1$ 时,负二项分布简化为几何分布:

$$p(1-p)^{n-1} \quad (n = 1, 2, \cdots)$$

下面看一个几何分布的应用。

小概率事件原理告诉我们:概率很小(不大于0.05)的事件在一次观察中不大可能发生。后面我们将看到,它是假设检验的基础。但是在现实生活里,我们经常听到空难、地震等小概率事件的发生,如何解释呢?

注意,小概率事件原理是针对一次观察而言的,但是,只要观察的次数足够多,小概率事件总是会发生的。下面我们利用几何分布来证明这个事实。

小概率事件首次发生的观察次数 X 服从几何分布,于是

$$P(X < \infty) = p \sum_{n=1}^{\infty} (1-p)^{n-1} = 1$$

即小概率事件总会发生的概率等于1。

一、填空题

1. 设离散型随机变量 X 的概率分布律为

X	-1	2	π
p_k	a^2	$-a$	a^2

则 $a =$ _____。

2. 进行一系列独立重复试验,若每次试验成功的概率为 p,则在成功 n 次之前已经失败了 m 次的概率为_____。

3. 袋中有 8 个球,其中有 3 个白球,5 个黑球。现从中任意取出 4 个球,如果 4 个球中有 2 个白球 2 个黑球,试验停止,否则将 4 个球放回重新抽取,直至取到 2 个白球 2 个黑球为止。用 X 表示抽取的次数,则 $P(X=k) =$ _____,其中 $k = 1, 2, \cdots$。

4. 设随机变量 X 服从参数为 1 的泊松分布,则 $P(X = E(X^2)) =$ _____。

5. 已知随机变量 X 的概率分布律为 $P(X=k) = \dfrac{c}{k!}$,$k = 0, 1, 2, 3, \cdots$,则 $E(X^2) =$ _____。

6. 随机变量 X 服从参数为 1 的泊松分布,随机变量 Y 服从参数为 2 的泊松分布,且 X 与 Y 相互独立,则 $P(\max(X, Y) \neq 0) =$ _____,$P(\min(X, Y) \neq 0) =$ _____。

7. 已知随机变量 (X, Y) 的概率分布律为

X \ Y	-1	0	1
0	0.1	0.2	α
1	β	0.1	0.2

又 $P(X+Y=1)=0.4$,则 $\alpha=$ _____,$\beta=$ _____,$P(X+Y<1) =$ _____,$P(X^2Y^2=1) =$ _____。

8. 已知随机变量 X 服从二项分布 $B(n, p)$,且 $E(X) = 2.4$,$D(X) = 1.44$,则二项分布的参数 n, p 的值分别为_____。

9. 随机变量 X 服从参数为 λ 的泊松分布,则 $Y = 3X^2 + 2X - 1$ 的数学期望为_____。

10. 已知随机变量 X 的期望 $E(X) = 1$,方差 $D(X) = 9$,随机变量 Y 的期望 $E(Y) = 0$,方差 $D(Y) = 16$,相关系数 $\rho_{XY} = -0.5$,则 $Z = \dfrac{1}{3}X + \dfrac{1}{2}Y$ 的期望 $E(Z) =$ _____,方差 $D(Z) =$ _____。

11. 从数 1, 2, 3, 4 中任取一个数,记为 X,再从 1, 2, $\cdots$, X 中任取一个数,记为 Y,则 $P(Y = 2) =$ _____。

12. 设随机变量 X, Y 独立,下表列出了其联合概率分布律及边缘分布律中的部分数值,

试将其余数值填入表中空白处：

X\Y	y_1	y_2	y_3	$p_i.$
x_1		$\frac{1}{8}$		
x_2	$\frac{1}{8}$			
$p._j$	$\frac{1}{6}$			1

13. 已知随机变量 X，Y 的概率分布律分别为

X	0	1
p_k	0.5	0.5

Y	0	1
p_k	0.25	0.75

且 $P(XY=1)=0.5$，则 $P(X=Y)=$ _____。

14. 已知 $D(X)=0.5$，则 $D(1-X)=$ _____。

15. 已知 $E(X)=10$，$E(X^2)=110$，则 $D(1-2X)=$ _____。

二、选择题

1. 设 $F_1(x)$ 和 $F_2(x)$ 分别为随机变量 X_1 和 X_2 的分布函数，为使 $F(x)=aF_1(x)-bF_2(x)$ 是某一随机变量的分布函数，则下列给定的各组值中应取（   ）。

   A. $a=\frac{3}{5}$，$b=-\frac{2}{5}$ 　　　　　 B. $a=\frac{2}{3}$，$b=\frac{2}{3}$

   C. $a=-\frac{1}{2}$，$b=\frac{3}{2}$ 　　　　　 D. $a=\frac{1}{2}$，$b=-\frac{3}{2}$

2. 设随机变量 X 与 Y 相互独立，其概率分布律为

X	0	1
p_k	0.5	0.5

Y	0	1
p_k	0.5	0.5

   则（   ）。

   A. $P(X=Y)=0$ 　　　　　　　 B. $P(X=Y)=1$

   C. $P(X=Y)=\frac{1}{2}$ 　　　　　 D. $P(X\neq Y)=\frac{1}{3}$

3. 设随机变量 X 与 Y 有相同的概率分布律：

$X(Y)$	-1	0	1
p_k	0.25	0.5	0.25

并且 $P(XY = 0) = 1$，则 $P(X \neq Y)$ 为（　　）。

A. 0　　　　　　B. $\dfrac{1}{4}$　　　　　　C. $\dfrac{1}{2}$　　　　　　D. 1

4. 设离散型随机变量 X 的所有可能取值为 $x_1 = 1$，$x_2 = 2$，$x_3 = 3$，且 $E(X) = 2.3$，$D(X) = 0.61$，则 x_1，x_2，x_3 所对应的概率为（　　）。

A. $p_1 = 0.1$，$p_2 = 0.2$，$p_3 = 0.7$　　　　B. $p_1 = 0.3$，$p_2 = 0.5$，$p_3 = 0.2$

C. $p_1 = 0.2$，$p_2 = 0.3$，$p_3 = 0.5$　　　　D. $p_1 = 0.2$，$p_2 = 0.5$，$p_3 = 0.3$

5. 对于任意两个随机变量 X 与 Y，若 $D(X + Y) = D(X) + D(Y)$，则（　　）。

A. X 与 Y 相互独立　　　　　　　　B. X 与 Y 不相互独立

C. $D(XY) = D(X) \cdot D(Y)$　　　　　　D. $E(XY) = E(X) \cdot E(Y)$

习 题 B

1. 下表列出的数列是否可作为某随机变量的分布律？

(1)

X	1	3	5
p_k	0.5	0.3	0.2

(2)

X	1	2	3
p_k	0.7	0.1	0.1

(3)

X	0	1	2	$\cdots$	n	$\cdots$
p_k	$\dfrac{1}{2}$	$\dfrac{1}{2} \cdot \dfrac{1}{3}$	$\dfrac{1}{2} \cdot \left(\dfrac{1}{3}\right)^2$	$\cdots$	$\dfrac{1}{2} \cdot \left(\dfrac{1}{3}\right)^n$	$\cdots$

(4)

X	1	2	$\cdots$	n	$\cdots$
p_k	$\dfrac{1}{2}$	$\left(\dfrac{1}{2}\right)^2$	$\cdots$	$\left(\dfrac{1}{2}\right)^n$	$\cdots$

2. 设随机变量 X 的分布律为 $P(X = k) = \dfrac{k}{15}$，$k = 1, 2, 3, 4, 5$，求：

(1) $P(X = 1 \text{ 或 } X = 2)$；(2) $P(0.5 < X < 2.5)$；(3) $P(1 \leqslant X \leqslant 2)$；(4) X 的分布函数 $F(x)$。

3. 一袋中装有 m 个白球，$n - m$ 个黑球，现连续不放回地从袋中取球，直至取到黑球为止，设此时取出了 X 个白球，求 X 的分布律。

4. 设某批电子管合格率为 0.75，次品率为 0.25，现对该批电子管进行测试，设 X 为首次取到合格品时,已测试的电子管的个数,求 X 的分布律。

5. 设随机变量 $X \sim B(2, p)$,随机变量 $Y \sim B(4, p)$,且 $P(X \geqslant 1) = \dfrac{5}{9}$,求 $P(Y \geqslant 1)$。

6. 设随机变量 X 服从泊松分布,且 $P(X = 1) = P(X = 2)$,求 $P(X = 4)$。

7. 设某商店中每月销售某种商品的数量服从参数为 7 的泊松分布,问月初要进多少货,才能保证当月该商品不脱销的概率为 0.999?

8. 已知离散型随机变量 X 的概率分布律为

X	0	$\dfrac{\pi}{2}$	π
p_k	$\dfrac{1}{4}$	$\dfrac{1}{2}$	$\dfrac{1}{4}$

求 $Y = \dfrac{2}{3}X + 2$ 与 $Y = \cos X$ 的概率分布律。

9. 已知离散型随机变量 X 的概率分布律为

X	-2	-1	0	1	3
p_k	$\dfrac{1}{5}$	$\dfrac{1}{6}$	$\dfrac{1}{5}$	$\dfrac{1}{15}$	$\dfrac{11}{30}$

求 $Y = X^2$ 的概率分布律。

10. 在一批产品中,合格品占 80%,次品占 20%,从中任取 4 件,其中合格品、次品的个数分别记为 X, Y,求 (X, Y) 的联合概率分布律及各自的边缘概率分布律。

11. 抛均匀硬币三次,记 X 为正面出现的次数,Y 为正面出现次数与反面出现次数之差的绝对值,求 (X, Y) 的联合概率分布律及各自的边缘概率分布律。

12. 设随机变量 X 与 Y 相互独立,且 $P(X = 1) = P(Y = 1) = p > 0$,$P(X = 0) = P(Y = 0) = 1 - p > 0$,定义 $Z = \begin{cases} 1 & X+Y \text{ 为偶数} \\ 0 & X+Y \text{ 为奇数} \end{cases}$,问:$p$ 取何值时,X 与 Z 相互独立?

13. 在整数 0 至 9 中先后按下列情况任取两数 X 与 Y,(1) 第一个数抽取后放回再抽第二个数;(2) 第一个数抽取后不放回就抽第二个数。求在 $Y = k$ ($0 \leqslant k \leqslant 9$) 条件下 X 的条件概率分布律。

14. 设随机变量 (X, Y) 的联合概率分布律为

Y \ X	0	1	2	3	4	5
0	0	0.01	0.03	0.05	0.07	0.09
1	0.01	0.02	0.04	0.05	0.06	0.08
2	0.01	0.03	0.05	0.05	0.05	0.05
3	0.01	0.02	0.04	0.06	0.06	0.05

(1) 求在 $X = 0$ 的条件下 Y 的条件概率分布律;

(2) 求在 $Y = 2$ 的条件下 X 的条件概率分布律。

15. 设离散型随机变量 X 与 Y 的概率分布律分别为

X	0	1	2
p_k	$\dfrac{1}{2}$	$\dfrac{3}{8}$	$\dfrac{1}{8}$

Y	0	1
p_k	$\dfrac{1}{3}$	$\dfrac{2}{3}$

且 X 与 Y 独立,求 $Z = X + Y$ 的概率分布律。

16. 设独立随机变量 X 与 Y 分别服从参数为 λ 和 μ 的泊松分布,证明: $Z = X + Y$ 服从参数为 $\lambda + \mu$ 的泊松分布。

17. 设随机变量 X 的分布律为 $P(X = k) = \dfrac{1}{5}$, $k = 1, 2, 3, 4, 5$,求 $E(X)$, $E(X^2)$, $E(X + 2)^2$。

18. 设随机变量 X 的分布律为 $P(X = k) = \dfrac{1}{2^k}$, $k = 1, 2, \cdots$,求 $E(X)$, $D(X)$。

19. 设 15 000 件产品中有 1 000 件废品,从中抽取 150 件进行检查,求查得废品数的数学期望。

20. 求掷 n 颗骰子出现点数之和的数学期望和方差。

21. 从一个装有 m 个白球、n 个黑球的袋中不放回地摸球直至摸到白球为止。求已取出黑球数的数学期望。

22. 设随机变量 (X, Y) 的联合概率分布律为

X＼Y	0	1	2
0	0.25	0.15	0.2
1	0.1	0.2	0.1

求协方差 $\mathrm{Cov}(X, Y)$,相关系数 ρ_{XY}。

23. 设 X 与 Y 是两个随机变量,已知 $E(X) = 2$, $E(X^2) = 20$, $E(Y) = 3$, $E(Y^2) = 34$, $\rho_{XY} = 0.5$,试求:(1) $E(X + Y)$, $E(X - Y)$;(2) $D(X + Y)$, $D(X - Y)$。

24. 设 X 与 Y 是两个独立的随机变量,已知 $E(X) = E(Y) = 0$, $D(X) = D(Y) = 1$,求 $E(X + Y)^2$。

25. 一个民航机场的送客班车载有 20 位旅客,自机场开出,沿途旅客有 10 个车站可以下车。如到达一个车站没有旅客下车班车就不停。设每位旅客在各个车站下车是等可能的,且各旅客是否下车相互独立,以 X 表示停车的次数,求 $E(X)$。

26. 设随机变量 X 与 Y 独立同分布,且 X 的概率分布为

X	1	2
P	$\dfrac{2}{3}$	$\dfrac{1}{3}$

记 $U = \max(X, Y)$，$V = \min(X, Y)$，求：(1) (U, V) 的概率分布；(2) (U, V) 的协方差 $\mathrm{Cov}(U, V)$。

27. 箱中有 6 个球，其中红、白、黑球的个数分别为 1，2，3 个，现从箱中随机地取出 2 个球，记 X 为取出红球的个数，Y 为取出白球的个数。求：(1) 随机变量 (X, Y) 的概率分布；(2) $\mathrm{Cov}(X, Y)$。

28. 袋中有 1 个红球、2 个黑球与 3 个白球，现有放回地从袋中取两次，每次取一球，以 X，Y，Z 分别表示两次取球所得的红球、黑球与白球的个数。求：(1) $P\{X = 1 \mid Z = 0\}$；(2) 二维随机变量 (X, Y) 的概率分布；(3) $\mathrm{Cov}(X, Y)$。

29. 甲、乙两人的命中率分别为 0.8，0.7，两人各射击 3 次，求两人命中次数相同的概率。

30. 一批产品中有 5% 的次品：(1) 随机取一件产品进行检验，以 X 表示次品数，求 X 的概率分布列；(2) 随机取 5 件产品进行检验，以 Y 表示次品数，求 Y 的概率分布列，并求至少检查出一件次品的概率。

31. 有三个盒子，第一个盒子内有 2 个白球和 2 个黑球，第二个盒子内有 1 个白球和 3 个黑球，第三个盒子内有 3 个白球和 1 个黑球。现在任取一个盒子，从中取 2 个球，以 X 表示取到的黑球个数，求：

（1）X 的概率分布列；

（2）取到的黑球个数不多于 1 个的概率。

32. 已知 X 的概率分布列如下，求 X 的分布函数。

X	0	$\dfrac{\pi}{2}$	π
p_k	$\dfrac{1}{4}$	$\dfrac{1}{2}$	$\dfrac{1}{4}$

33. 已知 X 的概率分布列为

X	1	3	5
p_k	0.5	0.3	0.2

（1）求 $E(X)$，$D(X)$；

（2）令 $Y = \dfrac{X - E(X)}{\sqrt{D(X)}}$，求 Y 的期望与方差。

34. 设随机变量 (X, Y) 的联合概率分布律为

X \ Y	0	1	2
0	0.25	0.15	0.2
1	0.1	0.2	0.1

（1）求 (X, Y) 的两个边缘分布列；

（2）判别 X 与 Y 是否相互独立。

35. 假设性别的分布是等可能的,求有 3 个小孩的家庭中男孩多于女孩的概率。

36. 假设左撇子的平均百分数是 1‰,求 200 人中至少有 2 个左撇子的概率。

37. 两名篮球队员轮流投篮,直到某人投中为止。如果第一名队员投中的概率为 0.4,第二名投中的概率为 0.6,求两名队员投篮次数的分布律。

38. 设随机变量 (X, Y) 的联合概率分布律为

X \ Y	0	1	2
0	0.2	0.1	0.2
1	0.15	0.2	0.15

令 $Z_1 = X - Y$, $Z_2 = \text{Max}(X, Y)$, $Z_3 = \text{Min}(X, Y)$,求 Z_1, Z_2, Z_3 的概率分布列。

39. 已知 $P(X = 0) = 1 - P(X = 1)$, $E(X) = 3D(X)$,求 $E(X)$, $D(X)$。

40. 假设 $X_1, \cdots, X_{100}$ 相互独立,并且都服从 $B(1, 0.5)$,令 $\overline{X} = \dfrac{\sum\limits_{i=1}^{100} X_i}{100}$,求 $E(\overline{X})$, $D(\overline{X})$。

习 题 C

1. 一个射手射击了 n 次,每次射中的概率为 p,设第 n 次射击是射中的,且为第 X 次射中,求 X 的分布律。

2. 在二项分布中记 $P(X = k) = C_n^k p^k (1 - p)^{n-k}$, $k = 0, 1, 2, \cdots, n$,求 k 使 $P(X = k)$ 达到最大值时的值。

3. 在一个袋中装有 n 个球,其中有 n_1 个红球, n_2 个白球,且 $n_1 + n_2 \leqslant n$,现从中任意取出 r 个球 $[r \leqslant \min(n_1, n_2)]$,设取出的红球数为 X,取出的白球数为 Y,求 (X, Y) 的联合分布律及它们各自的边缘分布律。

4. 抛五次均匀硬币,以 X 表示正面出现的次数。称在抛掷过程中一串连续出现的正面为一个正面游程,以 Y 表示正面游程的个数, Z 表示最长的一个正面游程中正面出现的次数。试求:(1) (X, Y, Z) 的联合分布律及各自的边缘分布律;(2) (X, Y) 的联合分布律;(3) $W = X + Y$ 的分布律。

5. 某人的一串钥匙有 n 把,其中只有一把能打开自己的门,他随意地试用这些钥匙。求试用次数的数学期望和方差。假定:(1) 把每次试用过的钥匙分开;(2) 把每次试用过的钥匙又混杂进去。

6. 对 N 个人进行验血,如逐个化验必须做 N 次。现把每 k 个人的血样合在一起化验(设 N 很大,可作为 k 的倍数),如为阴性即知这 k 个人的结果为阴性,如为阳性,那么再把 k 个人的血样逐个化验。假设一个人的化验结果为阳性的概率为 p (p 很小),且各人化验结果相互独立,求化验次数的数学期望,如何选取 k 可使这个期望值最小?

7. 设 X 为只取非负整数值的随机变量,证明:(1) $E(X) = \sum\limits_{n=1}^{\infty} P(X \geqslant n)$;(2) $D(X) =$

$$2\sum_{n=1}^{\infty} nP(X \geqslant n) - E(X)[E(X) + 1]。$$

8. 设袋中装有 m 只颜色各不相同的球。有返回地摸取 n 次,摸到 X 种颜色的球,求证:

$$E(X) = m\left[1 - \left(1 - \frac{1}{m}\right)^n\right]$$

9. 设袋中有 n 只球,其中 3 只是白球,不返回地取球直至取到两个白球时停止。试证:所取球的个数的平均值是 $\dfrac{n+1}{2}$。

10. 设 A,B 是两个随机事件,随机变量 $X = \begin{cases} 1 & \text{若} A \text{出现} \\ -1 & \text{若} A \text{不出现} \end{cases}$,$Y = \begin{cases} 1 & \text{若} B \text{出现} \\ -1 & \text{若} B \text{不出现} \end{cases}$,试证明随机变量 X,Y 不相关的充分必要条件是 A 与 B 相互独立。

第3章
连续型随机变量

本章研究连续型随机变量,包括一维和多维情形。

对于一维连续型随机变量,我们要重点讨论两个概率函数——分布函数和概率密度函数,两个分布特征数——数学期望和方差,另外,还要讨论几个重要的连续型概率模型。

对于多维连续型随机变量,我们要讨论三个函数——联合概率密度函数、边缘密度函数、条件密度函数,还要讨论协方差、相关系数等一些分布特征数。

我们从研究一维连续型随机变量的概率分布开始。

§3.1 连续型随机变量的概率密度函数

我们所希望的概率密度函数,它在连续型随机变量中所扮演的角色,类似于概率分布列在离散型随机变量中的作用。

离散型随机变量的概率分布列与它的分布函数具有关系

$$F(x) = \sum_{x_k \leqslant x} p_k$$

即 x 点的分布函数值本质上就是位于 x 左边那些点(包括 x 点)上的概率累积,而连续量的累积是积分运算,这启发我们给出连续型随机变量的概率密度函数的定义。

定义 3.1 设随机变量 X 的分布函数为 $F(x)$,若存在非负可积函数 $f(x)$,使得对于任意实数 x,有

$$F(x) = \int_{-\infty}^{x} f(t)\,\mathrm{d}t$$

则称 X 为连续型随机变量,并称 $f(x)$ 为 X 的概率密度函数(probability density function),简称为密度函数。

例 3.1 从几何概率到均匀分布:甲被要求在时刻 a 到时刻 b 之间到达某处。令 X 表示甲到达的时刻点,求 X 的密度函数。

解 根据几何概率,当 $[c, d] \subseteq [a, b]$,则 $P(c \leqslant X \leqslant d) = \dfrac{d-c}{b-a}$,于是当 $x \in [a,$

$b]$ 时,$P(X \leqslant x) = \dfrac{x-a}{b-a}$,所以 X 的分布函数为

$$F(x) = P(X \leqslant x) = \begin{cases} 0 & x < a \\ \dfrac{x-a}{b-a} & a \leqslant x < b \\ 1 & x \geqslant b \end{cases}$$

显然,满足 $F(x) = \displaystyle\int_{-\infty}^{x} f(t)\mathrm{d}t$ 的 $f(x)$ 为

$$f(x) = \begin{cases} \dfrac{1}{b-a} & a < x < b \\ 0 & \text{其他} \end{cases}$$

$f(x)$ 即所求的密度函数,称为**均匀分布**,用 $U(a,b)$ 表示。

对比:离散型均匀分布是

$$\begin{pmatrix} x_1 & x_2 & \cdots & x_n \\ \dfrac{1}{n} & \dfrac{1}{n} & \cdots & \dfrac{1}{n} \end{pmatrix}$$

性质 1　$f(x) \geqslant 0$(非负性);

性质 2　$\displaystyle\int_{-\infty}^{+\infty} f(x)\mathrm{d}x = 1$(正则性);

性质 3　$P(a < X \leqslant b) = \displaystyle\int_{a}^{b} f(x)\mathrm{d}x \quad (a \leqslant b)$。

性质 1 和性质 2 通常用来验证密度函数的正确性,性质 3 揭示了密度函数的一个重要功能:关于连续型随机变量 X 的各种事件的概率,都可以使用 X 的密度函数,利用定积分运算求得。注意,性质 3 中的 a,b 可以取 ∞,例如

$$P(X > a) = \int_{a}^{+\infty} f(x)\mathrm{d}x$$

性质 4　连续型随机变量 X 的分布函数 $F(x)$ 处处连续,并且在密度函数 $f(x)$ 的连续点处,有 $F'(x) = f(x)$。

性质 5　连续型随机变量 X 取一点处的概率恒等于 0,即

$$P(X = x_0) \equiv 0$$

说明:

(1) 性质 2 的成立是显然的,因为 $F(+\infty) = 1$,而

$$\int_{-\infty}^{+\infty} f(x)\mathrm{d}x = F(+\infty) = 1$$

(2) 由于

$$P(a < X \leqslant b) = F(b) - F(a)$$

根据定义 3.1,有

$$F(b) = \int_{-\infty}^{b} f(x)\mathrm{d}x, \quad F(a) = \int_{-\infty}^{a} f(x)\mathrm{d}x$$

代入上式,就证明了性质 3。

（3）性质 4 是根据微积分中的变上限积分的性质得到的。为了证明性质 5,我们取

$$P(X = x_0) = \lim_{\varepsilon \to 0^+} P(x_0 - \varepsilon < X \leqslant x_0)$$

而

$$P(x_0 - \varepsilon < X \leqslant x_0) = F(x_0) - F(x_0 - \varepsilon)$$

由于 $F(x)$ 处处连续,所以

$$\lim_{\varepsilon \to 0^+} F(x_0 - \varepsilon) = F(x_0)$$

于是 $P(X = x_0) = 0$。

（4）根据性质 5,连续型随机变量 $X \sim f(x)$ 满足

$$P(a < X \leqslant b) = P(a \leqslant X \leqslant b) = P(a \leqslant X < b)$$
$$= P(a < X < b) = \int_{a}^{b} f(x)\mathrm{d}x \quad (a \leqslant b)$$

例 3.2　设 X 具有密度函数：

$$f(x) = \begin{cases} cx & 0 \leqslant x \leqslant 1 \\ 2 - x & 1 < x < 2 \\ 0 & \text{其他} \end{cases}$$

（1）确定常数 c；（2）计算 $P(0.5 < X < 1.5)$, $P(X > 1.5)$；（3）求 X 的分布函数。

解　（1）因为密度函数必须满足 $\int_{-\infty}^{+\infty} f(x)\mathrm{d}x = 1$,而

$$\int_{-\infty}^{+\infty} f(x)\mathrm{d}x = \int_{-\infty}^{0} 0\mathrm{d}x + \int_{0}^{1} cx\mathrm{d}x + \int_{1}^{2} (2-x)\mathrm{d}x + \int_{2}^{+\infty} 0\mathrm{d}x$$
$$= \frac{c}{2} + \frac{1}{2}$$

所以 $c = 1$。

（2）$P(0.5 < X < 1.5) = \int_{0.5}^{1.5} f(x)\mathrm{d}x$
$$= \int_{0.5}^{1} x\mathrm{d}x + \int_{1}^{1.5} (2-x)\mathrm{d}x$$
$$= 0.75$$

$$P(X > 1.5) = \int_{1.5}^{+\infty} f(x)\mathrm{d}x$$

$$= \int_{1.5}^{2} (2-x)\mathrm{d}x = 0.125$$

$$(3)\ F(x) = \begin{cases} \displaystyle\int_{-\infty}^{x} 0\mathrm{d}t & x < 0 \\[3mm] \displaystyle\int_{-\infty}^{0} 0\mathrm{d}t + \int_{0}^{x} t\mathrm{d}t & 0 \leqslant x < 1 \\[3mm] \displaystyle\int_{-\infty}^{0} 0\mathrm{d}t + \int_{0}^{1} t\mathrm{d}t + \int_{1}^{x} (2-t)\mathrm{d}t & 1 \leqslant x < 2 \\[3mm] \displaystyle\int_{-\infty}^{0} 0\mathrm{d}t + \int_{0}^{1} t\mathrm{d}t + \int_{1}^{2} (2-t)\mathrm{d}t + \int_{2}^{x} 0\mathrm{d}t & x \geqslant 2 \end{cases}$$

$$= \begin{cases} 0 & x < 0 \\[3mm] \dfrac{x^2}{2} & 0 \leqslant x < 1 \\[3mm] -\dfrac{x^2}{2} + 2x - 1 & 1 \leqslant x < 2 \\[3mm] 1 & x \geqslant 2 \end{cases}$$

小　结

- 概率密度的基本性质是 $f(x) \geqslant 0, \displaystyle\int_{-\infty}^{+\infty} f(x)\mathrm{d}x = 1$。

- 概率密度与分布函数的关系是 $F(x) = \displaystyle\int_{-\infty}^{x} f(t)\mathrm{d}t$。

- 利用概率密度计算概率的公式是 $P(a < X \leqslant b) = \displaystyle\int_{a}^{b} f(x)\mathrm{d}x$。

练习题 3.1

1. 验证函数

$$f(x) = \begin{cases} \dfrac{2}{x^2} & 1 < x < 2 \\[3mm] 0 & \text{其他} \end{cases}$$

能否作为某个随机变量的概率密度?

2. 设随机变量 X 的概率密度为

$$f(x) = \begin{cases} c & -1 < x < 1 \\ 0 & \text{其他} \end{cases}$$

(1) 求常数 c;(2) 计算 $P(X > 0)$;(3)求 X 的分布函数。

3. 设随机变量 X 的分布函数为

$$F(x) = \begin{cases} 1 - \mathrm{e}^{-\lambda x} & x > 0 \\ 0 & x \leqslant 0 \end{cases}$$

其中参数 $\lambda > 0$，求 (1) $P(X > a)$，a 为任意实数；(2) X 的概率密度。

4. 某城市每天用电量不超过一百万度，以 X 表示每天的耗电率（用电量除以百万度），它具有概率密度函数：

$$f(x) = \begin{cases} 4x(1 - x^2) & 0 < x < 1 \\ 0 & \text{其他} \end{cases}$$

若该城市每天的供电量仅 80 万度，求供电量不够需要的概率是多少？

5. 设随机变量 X 的概率密度为

$$f(x) = \begin{cases} 1 - |x| & -1 < x < 1 \\ 0 & \text{其他} \end{cases}$$

求 $P(X \leqslant 0.5)$ 和 $P(-2 \leqslant X \leqslant 1)$。

6. 设随机变量 X 的概率密度为

$$f(x) = \begin{cases} 2x & 0 < x < 1 \\ 0 & \text{其他} \end{cases}$$

Y 表示对 X 的 4 次独立重复观察中事件 $\{X \geqslant 0.5\}$ 出现的次数，求 $P(Y \geqslant 1)$。

§3.2 连续型随机变量的数学期望和方差

 3.2.1 连续型随机变量的数学期望

定义 3.2 设 X 具有概率密度函数 $f(x)$，且 $\displaystyle\int_{-\infty}^{+\infty} |x| f(x) \mathrm{d}x$ 存在，则

$$E(X) = \int_{-\infty}^{+\infty} x f(x) \mathrm{d}x$$

例 3.3 设 X 具有密度函数

$$f(x) = \begin{cases} x & 0 \leqslant x \leqslant 1 \\ 2 - x & 1 < x < 2 \\ 0 & \text{其他} \end{cases}$$

求 $E(X)$，$E(X^2)$。

解 $E(X) = \displaystyle\int_{-\infty}^{0} x \cdot 0 \mathrm{d}x + \int_{0}^{1} x \cdot x \mathrm{d}x + \int_{1}^{2} x(2 - x) \mathrm{d}x + \int_{2}^{+\infty} x \cdot 0 \mathrm{d}x$

$\qquad\qquad = \dfrac{x^3}{3} \Big|_{0}^{1} + \left(x^2 - \dfrac{x^3}{3} \right) \Big|_{1}^{2} = 1$

为了计算二阶矩 $E(X^2)$，需要下面的定理。

定理 3.1 若 X 为连续型随机变量，概率密度为 $f(x)$，且 $\int_{-\infty}^{+\infty}|g(x)|f(x)\mathrm{d}x$ 存在，则

$$E[g(X)] = \int_{-\infty}^{+\infty} g(x)f(x)\mathrm{d}x$$

续例 3.3
$$E(X^2) = \int_{-\infty}^{0} x^2 \cdot 0\mathrm{d}x + \int_{0}^{1} x^2 \cdot x\mathrm{d}x + \int_{1}^{2} x^2(2-x)\mathrm{d}x + \int_{2}^{+\infty} x^2 \cdot 0\mathrm{d}x$$
$$= \frac{x^4}{4}\Big|_0^1 + \left(\frac{2x^3}{3} - \frac{x^4}{4}\right)\Big|_1^2 = \frac{7}{6}$$

在 2.6 节，我们讨论了离散型随机变量数学期望的性质，同样地，连续型随机变量数学期望也具有这些性质，列举如下：

性质 1 $E(c) = c$，c 为常数；

性质 2 $E(cX) = c \cdot E(X)$，c 为常数；

性质 3 $E(aX+b) = aE(X)+b$，a，b 为常数。

 3.2.2 连续型随机变量的方差

根据方差的一般定义：

$$D(X) = E(X-\mu)^2$$

其中 $\mu = E(X)$，则具有密度函数 $f(x)$ 的连续型随机变量 X 的方差可以表示为

$$D(X) = \int_{-\infty}^{+\infty} (x-\mu)^2 f(x)\mathrm{d}x$$

续例 3.3 求 $D(X)$。

解 由于 $\mu = 1$，所以

$$D(X) = \int_{-\infty}^{+\infty} (x-1)^2 f(x)\mathrm{d}x$$
$$= \int_{-\infty}^{0} (x-1)^2 \cdot 0\mathrm{d}x + \int_{0}^{1} (x-1)^2 \cdot x\mathrm{d}x$$
$$\quad + \int_{1}^{2} (x-1)^2(2-x)\mathrm{d}x + \int_{2}^{+\infty} (x-1)^2 \cdot 0\mathrm{d}x$$
$$= \left(\frac{x^4}{4} - \frac{2x^3}{3} + \frac{x^2}{2}\right)\Big|_0^1 + \left[\frac{2(x-1)^2}{3} - \left(\frac{x^4}{4} - \frac{2x^3}{3} + \frac{x^2}{2}\right)\right]\Big|_1^2$$
$$= \frac{1}{6}$$

实际上，我们有一个更好的方法：

$$D(X) = E(X^2) - \mu^2 = \frac{7}{6} - 1^2 = \frac{1}{6}$$

小　　结

● 连续型随机变量的数学期望是 $E(X) = \int_{-\infty}^{+\infty} x f(x) \mathrm{d}x$。

● 计算 $g(X)$ 的数学期望用 $E\big(g(X)\big) = \int_{-\infty}^{+\infty} g(x) f(x) \mathrm{d}x$。

● 连续型随机变量的方差 $D(X) = \int_{-\infty}^{+\infty} (x - EX)^2 f(x) \mathrm{d}x = \int_{-\infty}^{+\infty} x^2 f(x) \mathrm{d}x - \left[\int_{-\infty}^{+\infty} x f(x) \mathrm{d}x \right]^2$

练习题 3.2

1. 设随机变量 X 的概率密度为

$$f(x) = \begin{cases} \dfrac{2}{x^2} & 1 < x < 2 \\ 0 & \text{其他} \end{cases}$$

求 $E(X)$ 和 $E(3X + 5)$。

2. 设随机变量 X 的概率密度为

$$f(x) = \begin{cases} \dfrac{1}{b-a} & a < x < b \\ 0 & \text{其他} \end{cases}$$

其中 a, b 为常数，$a < b$，求 X 的数学期望 $E(X)$ 和方差 $D(X)$。

3. 设随机变量 X 的概率密度为

$$f(x) = \begin{cases} 1 - |x| & -1 < x < 1 \\ 0 & \text{其他} \end{cases}$$

求 X 的数学期望 $E(X)$ 和方差 $D(X)$。

4. 设随机变量 X 的概率密度为

$$f(x) = \begin{cases} a + bx^2 & 0 < x < 1 \\ 0 & \text{其他} \end{cases}$$

且 $E(X) = \dfrac{2}{3}$，求 a, b。

5. 设随机变量 X 的概率密度为

$$f(x) = \frac{1}{2\lambda} \mathrm{e}^{-\frac{|x|}{\lambda}}, \quad -\infty < x < +\infty$$

其中分布参数 $\lambda > 0$，求数学期望 $E(2|X| + 1)$。

§3.3　连续型随机变量函数的分布

本节我们要解决的问题是已知连续型随机变量 X 的密度函数，求 $Y = g(X)$ 的密度函数,其中函数 $g(x)$ 是连续函数。

这个问题的解法有三种:(1) 分布函数法;(2) 变上(下)限积分求导法,(3) 变换公式法,其中变换公式法适用于函数 $g(x)$ 是严格单调的情形,而分布函数法和变上(下)限积分求导法可适用于一般情况。

为了区别,以后把 X 的密度函数记为 $f_X(x)$, Y 的密度函数记为 $f_Y(y)$。

1. $g(x)$ 是严格单调函数

定理 3.2 若 $y = g(x)$ 单调可导,并且其反函数 $x = h(y)$ 连续可导,令 $a = \min\{g(-\infty), g(+\infty)\}$, $b = \max\{g(-\infty), g(+\infty)\}$,则 $Y = g(X)$ 的概率密度为

$$f_Y(y) = \begin{cases} f_X(h(y)) |h'(y)| & a < y < b \\ 0 & \text{其他} \end{cases}$$

证 不妨设 $y = g(x)$ 为严格单调减少函数,因为 $Y = g(X)$ 的取值范围为 $[a, b]$,所以 $f_Y(y) = 0$,当 $y \leqslant a$ 和 $y \geqslant b$,当 $a < y < b$ 时, $Y = g(X)$ 的分布函数

$$F_Y(y) = P\big(g(X) \leqslant y\big) = P\big(X \geqslant h(y)\big) = \int_{h(y)}^{+\infty} f_X(x)\mathrm{d}x$$

而分布函数的导数为概率密度,所以 $Y = g(X)$ 的概率密度为

$$f_Y(y) = F_Y'(y) = \frac{\mathrm{d}}{\mathrm{d}y} \int_{h(y)}^{+\infty} f_X(x)\mathrm{d}x = -f_X\big(h(y)\big)h'(y)$$

注意此时反函数 $x = h(y)$ 也是严格单调减少,故 $h'(y) < 0$,于是

$$f_Y(y) = f_X\big(h(y)\big)|h'(y)|$$

同理可证, $y = g(x)$ 为严格单调增加函数时,结论成立。

例 3.4 设 X 具有密度函数

$$f_X(x) = \begin{cases} \dfrac{x}{8} & 0 < x < 4 \\ 0 & \text{其他} \end{cases}$$

$Y = 4 - 2X$,求 Y 的密度函数 $f_Y(y)$。

解 显然 $g(x) = 4 - 2x$ 是单调减少函数并且可导, $x = \dfrac{4-y}{2} \triangleq h(y)$, $h'(y) = -\dfrac{1}{2}$,应用变换公式得到

$$f_Y(y) = \left|-\frac{1}{2}\right| f_X\left(\frac{4-y}{2}\right) = \begin{cases} \dfrac{4-y}{32} & -4 < y < 4 \\ 0 & \text{其他} \end{cases}$$

2. $g(x)$ 不是严格单调函数

此时定理 3.2 不能使用,可以应用分布函数法和变上(下)限积分求导法,下面通过例题来说明分布函数法和变上(下)限积分求导法的思想方法。

例 3.5　设 $X \sim U(-1, 1)$，密度函数为

$$f_X(x) = \begin{cases} \dfrac{1}{2} & -1 < x < 1 \\ 0 & \text{其他} \end{cases}$$

$Y = X^2$，求 Y 的密度函数 $f_Y(y)$。

解　(1) 分布函数法

$F_Y(y) = P(X^2 \leqslant y)$，

当 $y \leqslant 0$ 时，$F_Y(y) = 0 \Rightarrow f_Y(y) = 0$

当 $y > 0$ 时，$F_Y(y) = P(-\sqrt{y} \leqslant X \leqslant \sqrt{y}) = \displaystyle\int_{-\sqrt{y}}^{\sqrt{y}} f_X(x)\,\mathrm{d}x$

$$= \begin{cases} \displaystyle\int_{-\sqrt{y}}^{\sqrt{y}} \dfrac{1}{2}\,\mathrm{d}x & \sqrt{y} < 1 \\ \displaystyle\int_{-1}^{1} \dfrac{1}{2}\,\mathrm{d}x & \sqrt{y} \geqslant 1 \end{cases} = \begin{cases} \sqrt{y} & 0 < y < 1 \\ 1 & y \geqslant 1 \end{cases}$$

因为分布函数的导数为概率密度，所以，

$$f_Y(y) = F_Y'(y) = \begin{cases} \dfrac{1}{2\sqrt{y}} & 0 < y < 1 \\ 0 & \text{其他} \end{cases}$$

解　(2) 变上(下)限积分求导法

因为 $Y = X^2$ 的取值范围是 $y \geqslant 0$，所以当 $y \leqslant 0$ 时，$f_Y(y) = 0$

当 $y > 0$ 时，$F_Y(y) = P(-\sqrt{y} \leqslant X \leqslant \sqrt{y}) = \displaystyle\int_{-\sqrt{y}}^{\sqrt{y}} f_X(x)\,\mathrm{d}x$，于是

$$f_Y(y) = \frac{\mathrm{d}}{\mathrm{d}y} \int_{-\sqrt{y}}^{\sqrt{y}} f_X(x)\,\mathrm{d}x = f_X(\sqrt{y})\,(\sqrt{y})' - f_X(-\sqrt{y})\,(-\sqrt{y})'$$

$$= \frac{1}{2\sqrt{y}}\left[f_X(\sqrt{y}) + f_X(-\sqrt{y})\right] = \begin{cases} \dfrac{1}{2\sqrt{y}}\left[\dfrac{1}{2} + \dfrac{1}{2}\right] & 0 < y < 1 \\ \dfrac{1}{2\sqrt{y}}[0 + 0] & y \geqslant 1 \end{cases}$$

综合得到

$$f_Y(y) = F_Y'(y) = \begin{cases} \dfrac{1}{2\sqrt{y}} & 0 < y < 1 \\ 0 & \text{其他} \end{cases}$$

当函数 $g(x)$ 不是连续函数时，$Y = g(X)$ 可能是离散型随机变量。

例 3.6　设 $X \sim U(-1, 1)$，$V = \begin{cases} 1 & X \geqslant 0 \\ -1 & X < 0 \end{cases}$，求 V 的概率分布列。

解　显然 V 是两点分布，$P(V = 1) = P(X \geqslant 0) = \displaystyle\int_0^1 \dfrac{1}{2}\,\mathrm{d}x = 0.5$，所以 V 的概率

分布列为

$$\begin{pmatrix} -1 & 1 \\ 0.5 & 0.5 \end{pmatrix}$$

练习题 3.3

1. 设随机变量 X 服从 $(-\pi,\pi)$ 上的均匀分布，求 $Y=1-X$ 的概率密度。
2. 设随机变量 X 的概率密度为

$$f_X(x) = \begin{cases} \dfrac{1}{3} + 2x^2 & 0 < x < 1 \\ 0 & 其他 \end{cases}$$

   求 $Y=1+2X$ 的概率密度。

3. 设随机变量 X 的概率密度为

$$f_X(x) = \frac{1}{\sqrt{2\pi}\sigma} e^{-\frac{(x-\mu)^2}{2\sigma^2}}, \quad -\infty < x < +\infty$$

   其中分布参数 $-\infty < \mu < +\infty, \sigma > 0$，求 $Z = \dfrac{X-\mu}{\sigma}$ 的概率密度。

4. 设随机变量 X 的概率密度为

$$f_X(x) = \begin{cases} 2x & 0 < x < 1 \\ 0 & 其他 \end{cases}$$

   求 $Y = X^2$ 的概率密度。

§3.4 正态分布

 3.4.1 标准正态分布

1. 概念

定义 3.3 若 Z 具有密度函数

视频：正态分布

$$\phi(x) = \frac{1}{\sqrt{2\pi}} e^{-\frac{x^2}{2}} \quad (-\infty < x < +\infty)$$

则称 Z 服从标准正态分布(standard normal distribution)，记为 $Z \sim N(0,1)$。

标准正态分布的概率密度曲线如图 3.1 所示。

2. 性质

服从标准正态分布的变量 Z 具有性质：$P(Z \geqslant x) = P(Z \leqslant -x)$。特别地，$P(Z \geqslant 0) = P(Z \leqslant 0) = 0.5$。

3. 标准正态分布函数值

标准正态分布函数的值是

$$\Phi(x) = \int_{-\infty}^{x} \frac{1}{\sqrt{2\pi}} e^{-\frac{t^2}{2}} \mathrm{d}t$$

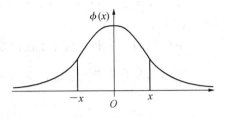

图 3.1　标准正态分布

一般它不能通过积分计算出精确值，而需要使用数值计算方法计算其近似值，为了实际应用中的方便，这些近似值被列在附表 1 的标准正态分布函数值表中。

由性质不难得到，标准正态分布函数具有关系：

$$\Phi(x) = 1 - \Phi(-x)$$

这个关系可以帮助我们从附表 1 查出当 x 为负数时的分布函数值。另外，因为 $\Phi(x)$ 是单调增加并且上限为 1，而 $\Phi(3.9) \approx 0.99995$，所以在应用中，当 $x > 3.9$ 时，一般取 $\Phi(x) \approx 1$，若需要精度更高的数值，可以使用统计软件，如 Excel。

例 3.7　设 $X \sim N(0, 1)$，求 $P(|X| \leqslant 1)$，$P(|X| \leqslant 2)$，$P(|X| \leqslant 3)$。

解　$P(|X| \leqslant 1) = \Phi(1) - \Phi(-1) = \Phi(1) - [1 - \Phi(1)]$
$$= 2\Phi(1) - 1$$

查表，得 $\Phi(1) = 0.8413$（实际上是近似值，但是我们一般仍然写为"＝"），于是

$$P(|X| \leqslant 1) = 0.6826$$

同理可得

$$P(|X| \leqslant 2) = 2\Phi(2) - 1 = 0.9544$$
$$P(|X| \leqslant 3) = 2\Phi(3) - 1 = 0.9974$$

4. 期望与方差

标准正态分布 $Z \sim N(0, 1)$，则期望与方差分别为 $E(Z) = 0$，$D(Z) = 1$。计算如下：

$$E(Z) = \int_{-\infty}^{+\infty} x \frac{1}{\sqrt{2\pi}} e^{-\frac{x^2}{2}} \mathrm{d}x = -\frac{1}{\sqrt{2\pi}} e^{-\frac{x^2}{2}} \Big|_{-\infty}^{+\infty} = 0$$

$$D(Z) = \int_{-\infty}^{+\infty} x^2 \frac{1}{\sqrt{2\pi}} e^{-\frac{x^2}{2}} \mathrm{d}x - 0^2 = -\frac{1}{\sqrt{2\pi}} x e^{-\frac{x^2}{2}} \Big|_{-\infty}^{+\infty} + \int_{-\infty}^{+\infty} \frac{1}{\sqrt{2\pi}} e^{-\frac{x^2}{2}} \mathrm{d}x = 1$$

最后的等式利用的是密度函数的正则性。

 3.4.2　位置-刻度变换

我们可以应用位置-刻度变换，根据标准正态分布产生正态分布族。

线性变换 $Y = X + \mu$ 称为对 X 的位置变换，此时 $E(Y) = E(X) + \mu$，$\sigma_Y = \sigma_X$。

线性变换 $Y = \sigma X$，$\sigma > 0$，称为对 X 的刻度变换，此时 $\sigma_Y = \sigma \cdot \sigma_X$。

线性变换 $Y = \sigma X + \mu$, $\sigma > 0$, 称为对 X 的位置-刻度变换, 此时 $\sigma_Y = \sigma \cdot \sigma_X$, $E(Y) = \sigma E(X) + \mu$。

下面我们求标准正态分布在位置-刻度变换 $Y = \sigma X + \mu$ 下的密度函数。

利用 3.3 节的变换公式, $x = \dfrac{y - \mu}{\sigma} \triangleq h(y)$, $h'(y) = \dfrac{1}{\sigma}$, 于是

$$f_Y(y) = \frac{1}{\sqrt{2\pi}} e^{-\frac{(y-\mu)^2}{2\sigma^2}} \left| \frac{1}{\sigma} \right| = \frac{1}{\sqrt{2\pi}\sigma} e^{-\frac{(y-\mu)^2}{2\sigma^2}}$$

这个分布称为参数为 (μ, σ^2) 的一般正态分布, 或者称为正态分布族。

3.4.3 正态分布族

1. 概念

定义 3.4 若 X 具有密度函数

$$f(x) = \frac{1}{\sqrt{2\pi}\sigma} e^{-\frac{(x-\mu)^2}{2\sigma^2}} \quad (-\infty < x < +\infty)$$

则称 X 服从参数为 (μ, σ^2) 的正态分布, 记为 $X \sim N(\mu, \sigma^2)$。

也可以等价定义为: 若 $Z \sim N(0, 1)$, 则称 $X = \sigma Z + \mu$, $\sigma > 0$ 的分布为参数为 (μ, σ^2) 的正态分布。

$N(\mu, \sigma^2)$ 代表了无数个正态分布, 比如:

(1) 当 $\mu = 1$, $\sigma = 2$ 时, 对应的正态分布是 $f(x) = \dfrac{1}{2\sqrt{2\pi}} e^{-\frac{(x-1)^2}{8}}$;

(2) 当 $\mu = 0$, $\sigma = 2$ 时, 对应的正态分布是 $f(x) = \dfrac{1}{2\sqrt{2\pi}} e^{-\frac{x^2}{8}}$;

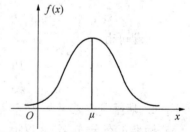

(3) 特别地, 当 $\mu = 0$, $\sigma = 1$ 时, 对应的正态分布是标准正态分布。

图 3.2 $X \sim N(\mu, \sigma^2)$ 的密度曲线

当 $X \sim N(\mu, \sigma^2)$ 时, 正态分布的概率密度曲线如图 3.2 所示。

2. 期望与方差

设 $X \sim N(\mu, \sigma^2)$, 则 $E(X) = \mu$, $D(X) = \sigma^2$。

利用标准正态分布的期望和方差, 以及正态分布的等价定义, 我们有

$$E(X) = E(\sigma Z + \mu) = \sigma E(Z) + \mu = \mu$$

$$D(X) = D(\sigma Z + \mu) = \sigma^2 D(Z) = \sigma^2$$

所以正态分布的第一个参数正是它的期望, 第二个参数正是它的方差。

3. 计算正态分布的概率

根据上面的讨论, 容易得到下面的结果:

定理 3.3　设 $X \sim N(\mu, \sigma^2)$，则 $Z = \dfrac{X - \mu}{\sigma} \sim N(0, 1)$，从而有 $F(x) = \Phi\left(\dfrac{x - \mu}{\sigma}\right)$。

证　利用 3.3 节的变换公式，$x = \sigma z + \mu \triangleq h(z)$，$h'(z) = \sigma$，于是

$$f_Z(z) = \frac{1}{\sqrt{2\pi}\sigma} e^{-\frac{(\sigma z + \mu - \mu)^2}{2\sigma^2}} \mid \sigma \mid = \frac{1}{\sqrt{2\pi}} e^{-\frac{z^2}{2}}$$

因此 $Z \sim N(0, 1)$。于是

$$F(x) = P(X \leqslant x) = P\left(\frac{X - \mu}{\sigma} \leqslant \frac{x - \mu}{\sigma}\right) = \Phi\left(\frac{x - \mu}{\sigma}\right)$$

定理得证。

$Z = \dfrac{X - \mu}{\sigma}$ 称为正态分布 $N(\mu, \sigma^2)$ 的标准化变换。

一般地，我们有这样的结论：服从正态分布的变量的线性变换仍然服从正态分布。具体而言，设 $X \sim N(\mu, \sigma^2)$，则

$$Y = aX + b \sim N(a\mu + b, a^2\sigma^2)$$

例 3.8　设 $X \sim N(100, 3^2)$，求：(1) $F(94)$，(2) $P(94 < X < 109)$。

解　$\mu = 100$，$\sigma = 3$，可得 $F(x) = \Phi\left(\dfrac{x - 100}{3}\right)$，于是：

(1) $F(94) = \Phi(-2) = 1 - 0.9772 = 0.0228$；

(2) $P(94 < X < 109) = \Phi(3) - \Phi(-2) = 0.9759$。

4. 正态分布的分位数和上侧分位数

首先我们明确连续型随机变量分位数以及上侧分位数的概念：

(1) p - 分位数：满足 $P(X \leqslant x) = p$ 的数值 x。

(2) 上侧 α 分位数：满足 $P(X > \lambda) = \alpha$ 的数值 λ。

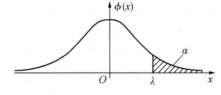

图 3.3　标准正态分布的上侧 α 分位数

图 3.3 描述了标准正态分布的上侧 α 分位数。

例 3.9　设 $X \sim N(100, 3^2)$，求 X 的 0.95 分位数以及上侧 0.05 分位数。

解　令 $x_{0.95}$ 为 X 的 0.95 分位数，则

$$F(x_{0.95}) = 0.95 \quad \Rightarrow \quad \Phi\left(\frac{x_{0.95} - 100}{3}\right) = 0.95$$

使用 Excel，查得 $\dfrac{x_{0.95} - 100}{3} = 1.645$，计算得 $x_{0.95} = 104.935$。

令 λ 为 X 的上侧 0.05 分位数，则（如图 3.4 所示）

$$P(X > \lambda) = 0.05 \quad \Rightarrow \quad F(\lambda) = 0.95 \quad \Rightarrow \quad \lambda = 104.935$$

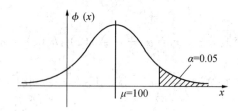

图 3.4　例 3.9 的上侧 0.05 分位数

例 3.10　设 $X \sim N(\mu, \sigma^2)$，求 $P(|X-\mu| \leqslant \sigma)$，$P(|X-\mu| \leqslant 2\sigma)$，$P(|X-\mu| \leqslant 3\sigma)$。

解　由于 $Z = \dfrac{X-\mu}{\sigma} \sim N(0, 1)$，所以

$$P(|X-\mu| \leqslant k\sigma) = P(|Z| \leqslant k) \quad k = 1, 2, 3$$

利用例 3.7 的结果，得到

$$P(|X-\mu| \leqslant \sigma) = 0.682\,6$$
$$P(|X-\mu| \leqslant 2\sigma) = 0.954\,4$$
$$P(|X-\mu| \leqslant 3\sigma) = 0.997\,4$$

注 3.1　虽然服从正态分布的变量的取值范围是 $(-\infty, +\infty)$，但是在不同的区间上分配的比例是不一样的，例 3.10 表明，有 68. 26% 的取值点被分配在一个比较小的中心区间 $[\mu-\sigma, \mu+\sigma]$，有 95.44% 的取值点被分配在区间 $[\mu-2\sigma, \mu+2\sigma]$，有 99.74% 的取值点被分配在区间 $[\mu-3\sigma, \mu+3\sigma]$，而落在广大的区间 $(-\infty, \mu-3\sigma) \bigcup (\mu+3\sigma, +\infty)$ 中的点尚不足 3‰（如图 3.5所示），因此在实际应用中，可以把正态变量的取值范围看作有限区间 $[\mu-3\sigma, \mu+3\sigma]$，这个做法在质量控制中被称为"$3\sigma$ 法则"。

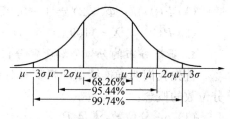

图 3.5　正态分布中取值点的分布

小　结

- 正态分布的概率密度为 $f(x) = \dfrac{1}{\sqrt{2\pi}\sigma} \mathrm{e}^{-\frac{(x-\mu)^2}{2\sigma^2}}$，数学期望为 μ，方差是 σ^2。

- 如果 $X \sim N(\mu, \sigma^2)$，则 $\dfrac{X-\mu}{\sigma} \sim N(0,1)$。

- 计算正态分布概率的公式是 $P(a < X \leqslant b) = \Phi\left(\dfrac{b-\mu}{\sigma}\right) - \Phi\left(\dfrac{a-\mu}{\sigma}\right)$。

练习题 3.4

1. 设随机变量 $Z \sim N(0,1)$，求 $P(Z > 1.96)$。

2. 设随机变量 $X \sim N(10,16)$，求 (1) $F(2)$；(2) $P(6 < X < 14)$。

3. 设随机变量 X 的概率密度为

$$f_X(x) = \frac{1}{2\sqrt{2\pi}} \mathrm{e}^{-\frac{x^2}{8}}, \quad -\infty < x < +\infty$$

(1) 求 $P(X > 0)$；(2) 求 $E(X)$ 和 $D(X)$。

4. 设随机变量 $X \sim N(1,\sigma^2)$，且 $P(X \leqslant 4) = 0.8413$，求 $P(X \leqslant 5.935)$。

5. 设某地区考生的数学成绩（百分制）服从正态分布，平均成绩为 75 分，90 分以上的人数占总数的 3.04%，求考生的成绩在 60 分到 85 分之间的概率。

§3.5 指数分布

3.5.1 标准指数分布

定义 3.5 若 X 具有密度函数：

视频：指数分布

$$f(x) = \begin{cases} \mathrm{e}^{-x} & x > 0 \\ 0 & x \leqslant 0 \end{cases}$$

则称 X 服从标准指数分布（standard exponential distribution），记为 $X \sim \mathrm{Exp}(1)$。

标准指数分布的分布函数为

$$F(x) = \begin{cases} 1 - \mathrm{e}^{-x} & x > 0 \\ 0 & x \leqslant 0 \end{cases}$$

标准指数分布的期望为 $E(X) = 1$，方差为 $D(X) = 1$。

例 3.11 设 $X \sim \mathrm{Exp}(1)$，证明 X 的 p 分位数为 $\log \dfrac{1}{1-p}$。

证 令 x_p 为 X 的 p 分位数，则

$$F(x_p) = p \implies 1 - \mathrm{e}^{-x_p} = p \implies x_p = \log \frac{1}{1-p}$$

3.5.2 指数分布族

对标准指数分布进行刻度变换，得到指数分布族。

设 $U \sim \mathrm{Exp}(1)$，$X = \dfrac{U}{\lambda}$，$\lambda > 0$，则 X 的密度函数为

$$f_X(x) = f_U(\lambda x) \cdot |\lambda| = \begin{cases} \lambda e^{-\lambda x} & x > 0 \\ 0 & x \leqslant 0 \end{cases}$$

这个分布称为参数为 λ 的指数分布，记为 $X \sim \text{Exp}(\lambda)$。图 3.6 画出了 $\lambda = 3$，$\lambda = 1$，$\lambda = 1/2$ 时 $f_X(x)$ 概率密度曲线。

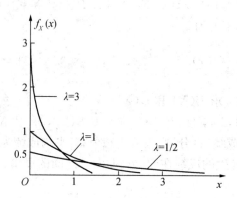

图 3.6　不同 λ 值的 $f_X(x)$ 概率密度曲线

指数分布的分布函数为

$$F(x) = \begin{cases} 1 - e^{-\lambda x} & x > 0 \\ 0 & x \leqslant 0 \end{cases}$$

指数分布的期望为 $E(X) = \dfrac{1}{\lambda}$，方差为 $D(X) = \dfrac{1}{\lambda^2}$。

注意指数分布只可能取非负数值，在实践中，指数分布可以被用来描述电子元件的使用寿命、动物的寿命、服务系统的等待时间、手术后的康复时间等。

例 3.12　设某品牌空调的寿命 X（单位：年）服从指数分布，其平均使用寿命为 10 年。求：

(1) 空调能够使用 10 年的概率；

(2) 一台已经正常使用了 10 年的空调，还能再使用 10 年的概率。

解　(1) 因为 $E(X) = 10$，可得 $\lambda = 0.1$，所以

$$P(X \geqslant 10) = 1 - F(10) = e^{-1} \approx 0.37$$

(2) 题目要求的就是条件概率 $P(X \geqslant 10 + 10 \mid X \geqslant 10)$：

$$P(X \geqslant 10 + 10 \mid X \geqslant 10) = \frac{P\{(X \geqslant 10 + 10) \bigcap (X \geqslant 10)\}}{P(X \geqslant 10)}$$

$$= \frac{P(X \geqslant 20)}{P(X \geqslant 10)} = \frac{e^{-2}}{e^{-1}} = e^{-1} \approx 0.37$$

计算结果令人惊讶：如果空调已经使用了 10 年而又没有坏的话，那么它再继续正常工作 10 年的可能性，与这种品牌的新空调是一样的。这个性质称为指数分布的**无记忆性**：

设 $X \sim \text{Exp}(\lambda)$，则 $P(X \geqslant S + T \mid X \geqslant S) = P(X \geqslant T)$。

续例 3.12　参考例 3.12，假设一个单位安装了 20 台这样的空调，求 10 年后至少还有 5 台空调能够正常工作的概率。

解　令 Y 表示 20 台这样的空调在 10 年后还能正常工作的台数，则利用例 3.12(1) 的结果，有 $Y \sim B(20, 0.37)$，所以

$$P(Y = k) = \text{C}_{20}^{k} \times 0.37^{k} \times 0.63^{20-k} \quad (k = 0, 1, \cdots, 20)$$

于是 10 年后至少还有 5 台空调能够正常工作的概率是

$$P(Y \geqslant 5) = \sum_{k=5}^{20} \text{C}_{20}^{k} \times 0.37^{k} \times 0.63^{20-k} \approx 0.914\ 1$$

例 3.13　指数分布的分位数：令 x_p 为 $\text{Exp}(\lambda)$ 的 p 分位数，u_p 为 $\text{Exp}(1)$ 的 p 分位数，证明 $x_p = \dfrac{1}{\lambda} u_p$。

证　根据指数分布与标准指数分布的关系，我们有

$$F_X(x_p) = p \quad \Rightarrow \quad F_U(\lambda x_p) = p \quad \Rightarrow \quad \lambda x_p = u_p$$

例 3.13 表明，指数分布的分位数与标准指数分布的分位数存在线性关系，斜率等于 $\dfrac{1}{\lambda}$，这个性质被用来构造指数分布的 $Q\text{-}Q$ 图。

例 3.14　指数分布的参数 λ 的意义：实际应用中，指数分布常常被用来描述电子元件的寿命分布，在这个背景下，参数 λ 被称为产品的**失效率**，为什么呢？

解　失效率的定义是

$$\lim_{\Delta t \to 0^+} \frac{P(t \leqslant T \leqslant t + \Delta t \mid T \geqslant t)}{\Delta t}$$

当 $T \sim \text{Exp}(\lambda)$ 时，$P(t \leqslant T \leqslant t + \Delta t \mid T \geqslant t) = 1 - e^{-\lambda(\Delta t)} = \lambda(\Delta t) + o(\Delta t)$，于是失效率为

$$\lim_{\Delta t \to 0^+} \frac{\lambda(\Delta t) + o(\Delta t)}{\Delta t} = \lambda$$

例 3.15　指数分布的生存函数：概率 $P(T > t)$ 可以表示一个元件能够正常工作时长 t 的可能性，因此它在可靠性分析中被称为**可靠度**；它也可以解释为一个个体存活 t 时长的概率，因此它在金融和保险中被称为**生存函数**，记为 $\overline{F}(t)$。显然，指数分布的生存函数为

$$\overline{F}(t) = 1 - F(t) = \begin{cases} e^{-\lambda t} & t > 0 \\ 1 & t \leqslant 0 \end{cases}$$

注 3.2　离散随机变量的概率分布一般具有明显的直观背景，但是连续随机变量的概率分布给我们"从天而降"的感觉：为什么正态分布是这样的密度函数？为什么指数分

布又是那样的密度函数？我们似乎都不得而知，事实上每一个常用的概率密度都有其"出生"的故事。20世纪最伟大的概率论学者威廉·费勒(William Feller)在他的名著《概率论及其应用》中论述了指数分布的密度函数的来历：

把时间用 δ 进行分割，并且假定变换仅发生在时刻 δ, 2δ, $\cdots$, $n\delta$, $\cdots$, 于是具有成功概率 p_δ 的伯努利试验序列中首次成功的等待时间 $T \sim G(p_\delta)$, 则有

$$P(T > n\delta) = \sum_{k=n+1}^{\infty} (1-p_\delta)^{k-1} p_\delta = (1-p_\delta)^n$$

等待时间的期望是 $E(T) = \dfrac{\delta}{p_\delta}$, 现在让等待时间的期望 $\dfrac{\delta}{p_\delta} \triangleq \lambda^{-1}$ 保持不变，而让 $\delta \to 0$, 则在长度为 t 的时间内，近似有 $n \approx \dfrac{t}{\delta}$ 次试验，于是

$$P(T > t) \approx P(T > n\delta) = (1-p_\delta)^n \approx (1-\lambda\delta)^{\frac{t}{\delta}} \to e^{-\lambda t}$$

所以等待时间的分布函数为

$$F(t) = 1 - e^{-\lambda t}$$

从而等待时间的密度函数为

$$f(t) = \lambda e^{-\lambda t} \quad (t > 0)$$

在这个意义下，指数分布的应用背景就清晰了，比如，由于寿命可以看作第一次故障出现的等待时间，所以指数分布可以作为寿命分布。

小　结

- 指数分布的概率密度为 $f(x) = \lambda e^{-\lambda x}$, $(x > 0)$, 数学期望为 λ^{-1}, 方差是 λ^{-2}。
- 指数分布的分布函数为 $F(x) = 1 - e^{-\lambda x}$, $\quad (x > 0)$。
- 指数分布具有无记忆性：$P(X \geqslant S + T \mid X \geqslant S) = P(X \geqslant T)$。

练习题 3.5

1. 设随机变量 $X \sim \text{Exp}(0.1)$, 求 $E(X^2)$。

2. 设随机变量 $X \sim \text{Exp}(0.1)$, 求 $P(X > \sqrt{D(X)})$。

3. 设随机变量 X 的概率密度为

$$f(x) = \begin{cases} \dfrac{e^{-\frac{x}{2}}}{2} & x > 0 \\ 0 & x \leqslant 0 \end{cases}$$

(1) 求 X 的分布函数；(2) 计算 $P(X < 2)$。

4. 已知某工厂的包装机的检修时间 T(单位:小时)服从 $\lambda = \dfrac{1}{2}$ 的指数分布,

(1) 求检修时间超过 2 小时的概率;

(2) 若已经修理了 1 小时,求总共需要 3 小时才能修理好的概率。

§3.6 二维连续型随机变量的有关分布

视频:条件密度
和独立性

二维连续型随机变量 (X, Y) 的取值范围是平面上的一个区域,研究它的统计规律需要三类概率分布:联合分布、边缘分布、条件分布。其中:

(1) 联合分布全面描述了 (X, Y) 共同的统计规律;

(2) 边缘分布仅仅描述 (X, Y) 的其中一个变量的统计规律;

(3) 条件分布描述的是 X 与 Y 相依变化的统计规律。

下面我们分别研究联合分布、边缘分布和条件分布。

 3.6.1　二维连续型随机变量的联合分布

定义 3.6　设 (X, Y) 为二维随机变量,若 $\exists f(x, y) \geqslant 0$,使得 $\forall x, y \in \mathbf{R}$,满足

$$P(X \leqslant x, Y \leqslant y) = \int_{-\infty}^{x} \int_{-\infty}^{y} f(u, v) \mathrm{d}u \mathrm{d}v$$

则称 $f(x, y)$ 为二维连续型随机变量 (X, Y) 的联合密度。

性质 1　$f(x, y) \geqslant 0$;

性质 2　$\displaystyle\int_{-\infty}^{+\infty} \int_{-\infty}^{+\infty} f(x, y) \mathrm{d}x \mathrm{d}y = 1$;

性质 3　$P((X, Y) \in G) = \displaystyle\iint_{G} f(x, y) \mathrm{d}x \mathrm{d}y$。

性质 1 和性质 2 通常被用来鉴别一个二元函数是否具有作为联合密度函数的资格,而性质 3 是计算二维连续型随机变量概率问题的主要工具。

例 3.16　二维均匀分布:设 (X, Y) 在区域 $D = \{(x, y) \mid 0 \leqslant x \leqslant 2, 0 \leqslant y \leqslant 2\}$ 服从均匀分布,即

$$f(x, y) = \begin{cases} c & (x, y) \in D \\ 0 & \text{其他} \end{cases}$$

(1) 确定 c;(2) 求 $P\left(X \leqslant 1, -\dfrac{1}{2} \leqslant Y \leqslant \dfrac{1}{2}\right)$, $P(-1 \leqslant Y \leqslant 1)$;(3) 求 $P(Y \geqslant X^2)$。

解　(1) $\displaystyle\int_{-\infty}^{+\infty} \int_{-\infty}^{+\infty} f(x, y) \mathrm{d}x \mathrm{d}y = \iint_{D} c \mathrm{d}x \mathrm{d}y = c \iint_{D} \mathrm{d}x \mathrm{d}y = c S_D = 4c$

根据性质 2, $c = \dfrac{1}{4}$。

（2）令

$$G_1 = \left\{ (x, y) \,\middle|\, x \leqslant 1, -\frac{1}{2} \leqslant y \leqslant \frac{1}{2} \right\}$$

$$G_2 = \{ (x, y) \mid -1 \leqslant y \leqslant 1 \}$$

则

$$P\left(X \leqslant 1, -\frac{1}{2} \leqslant Y \leqslant \frac{1}{2} \right) = \iint\limits_{G_1} f(x, y) \mathrm{d}x\mathrm{d}y$$

$$P(-1 \leqslant Y \leqslant 1) = \iint\limits_{G_2} f(x, y) \mathrm{d}x\mathrm{d}y$$

事实上，$\iint\limits_{G_1} f(x, y)\mathrm{d}x\mathrm{d}y = \iint\limits_{G_1 \cap D} f(x, y)\mathrm{d}x\mathrm{d}y$，于是

$$P\left(X \leqslant 1, -\frac{1}{2} \leqslant Y \leqslant \frac{1}{2} \right) = \iint\limits_{G_1 \cap D} \frac{1}{4}\mathrm{d}x\mathrm{d}y = \frac{1}{4} S_{G_1 \cap D}$$

$$= \frac{1}{4} \times \frac{1}{2} = \frac{1}{8}$$

同理计算可得 $P(-1 \leqslant Y \leqslant 1) = \frac{1}{4} S_{G_2 \cap D} = \frac{1}{4} \times 2 = \frac{1}{2}$。

（3）令 $G_3 = \{ (x, y) \mid y \geqslant x^2 \}$，则

$$P(Y \geqslant X^2) = \iint\limits_{G_3 \cap D} \frac{1}{4}\mathrm{d}x\mathrm{d}y = \frac{1}{4} \int_0^{\sqrt{2}} \mathrm{d}x \int_{x^2}^2 \mathrm{d}y = \frac{\sqrt{2}}{3}$$

注 3.3　（1）一般地，称 (X, Y) 在有界平面区域 D 上服从均匀分布，指的是 (X, Y) 的联合密度为

$$f(x, y) = \begin{cases} \dfrac{1}{S_D} & (x, y) \in D \\ 0 & 其他 \end{cases}$$

其中 D 称为 $f(x, y)$ 的支撑（support set）。

（2）下面的结论在计算中很有用：若 D 为 $f(x, y)$ 的支撑，则

$$P\{ (X, Y) \in G \} = \iint\limits_{G} f(x, y)\mathrm{d}x\mathrm{d}y = \iint\limits_{G \cap D} f(x, y)\mathrm{d}x\mathrm{d}y$$

 ### 3.6.2　边缘分布

对于二维连续随机变量 (X, Y)，称 X 的概率密度 $f_X(x)$ 与 Y 的概率密度 $f_Y(y)$ 为边缘密度。

基于下面的概率关系：

$$P(X \leqslant x) = P(X \leqslant x, -\infty < Y < +\infty)$$

$$P(Y \leqslant y) = P(-\infty < x < +\infty, Y \leqslant y)$$

并且 $P(X \leqslant x, Y \leqslant y) = \int_{-\infty}^{x} \int_{-\infty}^{y} f(u, v) \mathrm{d}u \mathrm{d}v$，我们有

$$F_X(x) = P(X \leqslant x, -\infty < Y < +\infty) = \int_{-\infty}^{x} \int_{-\infty}^{+\infty} f(u, v) \mathrm{d}u \mathrm{d}v$$

$$= \int_{-\infty}^{x} \left[\int_{-\infty}^{+\infty} f(u, y) \mathrm{d}y \right] \mathrm{d}u$$

根据密度函数的定义,上式意味着 $\int_{-\infty}^{+\infty} f(x, y) \mathrm{d}y$ 即 X 的密度函数,总结为下面的定理。

定理 3.4 设 (X, Y) 的联合密度为 $f(x, y)$,则有

$$f_X(x) = \int_{-\infty}^{+\infty} f(x, y) \mathrm{d}y, \quad f_Y(y) = \int_{-\infty}^{+\infty} f(x, y) \mathrm{d}x$$

例 3.17 设 (X, Y) 在区域 $D = \{(x, y) \mid x^2 \leqslant y \leqslant x\}$ 服从均匀分布,求边缘密度。

解 首先计算联合密度:

$$f(x, y) = \begin{cases} c & x^2 \leqslant y \leqslant x \\ 0 & \text{其他} \end{cases} = \begin{cases} \dfrac{1}{\iint\limits_{D} \mathrm{d}x \mathrm{d}y} \\ 0 \end{cases} = \begin{cases} 6 & x^2 \leqslant y \leqslant x \\ 0 & \text{其他} \end{cases}$$

于是

$$f_X(x) = \int_{-\infty}^{+\infty} f(x, y) \mathrm{d}y = \begin{cases} 0 & x < 0 \\ \int_{-\infty}^{x^2} 0 \mathrm{d}y + \int_{x^2}^{x} 6 \mathrm{d}y + \int_{x}^{+\infty} 0 \mathrm{d}y & 0 \leqslant x \leqslant 1 \\ 0 & x > 1 \end{cases}$$

$$= \begin{cases} 6(x - x^2) & 0 \leqslant x \leqslant 1 \\ 0 & \text{其他} \end{cases}$$

$$f_Y(y) = \int_{-\infty}^{+\infty} f(x, y) \mathrm{d}x = \begin{cases} 0 & y \leqslant 0 \\ \int_{y}^{\sqrt{y}} 6 \mathrm{d}x & 0 < y < 1 \\ 0 & y \geqslant 1 \end{cases}$$

$$= \begin{cases} 6(\sqrt{y} - y) & 0 \leqslant y \leqslant 1 \\ 0 & \text{其他} \end{cases}$$

例 3.18 **二维正态分布的边缘密度**:若 (X, Y) 具有联合密度

$$f(x, y) = \frac{1}{2\pi\sigma_1\sigma_2 \sqrt{1-\rho^2}} \exp\left\{-\frac{1}{2(1-\rho^2)} \left[\frac{(x-\mu_1)^2}{\sigma_1^2} \right. \right.$$

$$- 2\rho \frac{(x-\mu_1)(y-\mu_2)}{\sigma_1\sigma_2} + \frac{(y-\mu_2)^2}{\sigma_2^2}\Bigg]\Bigg\}$$

则称 (X, Y) 服从二维正态分布,记为 $(X, Y) \sim N(\mu_1, \mu_2; \sigma_1^2, \sigma_2^2; \rho)$,其中参数 $\mu_i \in \mathbf{R}$, $\sigma_i > 0$, $-1 < \rho < 1$。求二维正态分布的两个边缘密度。

解 二维正态分布的联合密度 $f(x, y)$ 具有分解式:

$$f(x, y) = \frac{1}{\sqrt{2\pi}\sigma_2 \sqrt{1-\rho^2}} \exp\left\{ - \frac{\left[y - \mu_2 - \rho\dfrac{\sigma_2}{\sigma_1}(x-\mu_1) \right]^2}{2(1-\rho^2)\sigma_2^2} \right\} \times$$

$$\frac{1}{\sqrt{2\pi}\sigma_1} \exp\left\{ - \frac{(x-\mu_1)^2}{\sigma_1^2} \right\}$$

于是

$$f_X(x) = \int_{-\infty}^{+\infty} f(x, y)\mathrm{d}y$$

$$= \frac{1}{\sqrt{2\pi}\sigma_1} \exp\left\{ - \frac{(x-\mu_1)^2}{\sigma_1^2} \right\} \times \int_{-\infty}^{+\infty} \frac{1}{\sqrt{2\pi}\sigma_2 \sqrt{1-\rho^2}} \times$$

$$\exp\left\{ - \frac{\left[y - \mu_2 - \rho\dfrac{\sigma_2}{\sigma_1}(x-\mu_1) \right]^2}{2(1-\rho^2)\sigma_2^2} \right\}\mathrm{d}y$$

$$= \frac{1}{\sqrt{2\pi}\sigma_1} \exp\left\{ - \frac{(x-\mu_1)^2}{\sigma_1^2} \right\}$$

由对称性,$f_Y(y) = \dfrac{1}{\sqrt{2\pi}\sigma_2} \exp\left\{ - \dfrac{(y-\mu_2)^2}{\sigma_2^2} \right\}$。

上述二维正态分布 (X, Y) 概率密度函数如图 3.7 所示。

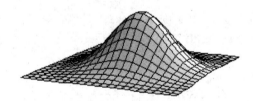

图 3.7 二维正态分布

例 3.18 告诉我们:

(1) $(X, Y) \sim N(0, 0; 1, 1; \rho)$ 的两个边缘分布是 $X \sim N(0, 1)$,$Y \sim N(0, 1)$;

(2) $(X, Y) \sim N(0, 1; 2, 10; -0.2)$ 的两个边缘分布是 $X \sim N(0, 2)$,$Y \sim N(1, 10)$;

(3) $(X, Y) \sim N(0, 1; 2, 10; 0.99)$ 的两个边缘分布也是 $X \sim N(0, 2)$,$Y \sim N(1, 10)$。

发现什么了吗? 两个不同的二维正态分布可以具有相同的边缘密度。所以,联合密度能够确定两个边缘密度,但是,仅仅由两个边缘密度是不能确定联合密度的。为什么呢? 因为 X 的边缘密度反映且只能反映 X 的概率规律, Y 的边缘密度反映且只能反映 Y 的概率规律,它们不能反映 X 与 Y 相依方面的概率规律。

条件分布正是描述 X 与 Y 相依方面的概率规律。

 3.6.3　条件密度和独立性

1. 条件密度

定义 3.7　对任一满足 $f_X(x) > 0$ 的 x,给定 $X = x$ 条件下 Y 的条件密度为

$$f(y \mid x) = \frac{f(x, y)}{f_X(x)}$$

同理,对任一满足 $f_Y(y) > 0$ 的 y,给定 $Y = y$ 条件下 X 的条件密度为

$$f(x \mid y) = \frac{f(x, y)}{f_Y(y)}$$

例 3.19　二维正态分布的条件密度:设 $(X, Y) \sim N(\mu_1, \mu_2; \sigma_1^2, \sigma_2^2; \rho)$,求条件密度 $f(y \mid x)$,$f(x \mid y)$。

解　利用例 3.18 中 $f(x, y)$ 的分解式,我们有

$$\frac{1}{\sqrt{2\pi}\sigma_2 \sqrt{1-\rho^2}} \exp\left\{-\frac{\left[y - \mu_2 - \rho\frac{\sigma_2}{\sigma_1}(x - \mu_1)\right]^2}{2(1-\rho^2)\sigma_2^2}\right\} = \frac{f(x, y)}{\frac{1}{\sqrt{2\pi}\sigma_1} \exp\left\{-\frac{(x - \mu_1)^2}{\sigma_1^2}\right\}}$$

而 $f_X(x) = \dfrac{1}{\sqrt{2\pi}\sigma_1} \exp\left\{-\dfrac{(x - \mu_1)^2}{\sigma_1^2}\right\}$,所以

$$f(y \mid x) = \frac{1}{\sqrt{2\pi}\sigma_2 \sqrt{1-\rho^2}} \exp\left\{-\frac{\left[y - \mu_2 - \rho\frac{\sigma_2}{\sigma_1}(x - \mu_1)\right]^2}{2(1-\rho^2)\sigma_2^2}\right\}$$

即　　　　　　　$Y \mid (X = x) \sim N\left(\mu_2 + \rho\frac{\sigma_2}{\sigma_1}(x - \mu_1), (1-\rho^2)\sigma_2^2\right)$

同理可得

$$f(x \mid y) = \frac{1}{\sqrt{2\pi}\sigma_1 \sqrt{1-\rho^2}} \exp\left\{-\frac{\left[x - \mu_1 - \rho\frac{\sigma_1}{\sigma_2}(y - \mu_2)\right]^2}{2(1-\rho^2)\sigma_1^2}\right\}$$

即　　　　　　　$X \mid (Y = y) \sim N\left(\mu_1 + \rho\frac{\sigma_1}{\sigma_2}(y - \mu_2), (1-\rho^2)\sigma_1^2\right)$

2. 随机变量的独立性

X,Y 相互独立定义为 $P(X \leqslant x, Y \leqslant y) = P(X \leqslant x)P(Y \leqslant y)$（参见定义 2.12），而

$$P(X \leqslant x) = \int_{-\infty}^{x} f_X(u)\mathrm{d}u, \quad P(Y \leqslant y) = \int_{-\infty}^{y} f_Y(v)\mathrm{d}v$$

于是

$$P(X \leqslant x, Y \leqslant y) = \int_{-\infty}^{x} f_X(u)\mathrm{d}u \cdot \int_{-\infty}^{y} f_Y(v)\mathrm{d}v$$
$$= \int_{-\infty}^{x} \int_{-\infty}^{y} f_X(u)f_Y(y)\mathrm{d}u\mathrm{d}v$$

这意味着：

$$f(x, y) = f_X(x)f_Y(y)$$

定理 3.5 二维连续型 X,Y 相互独立 $\Leftrightarrow f(x, y) = f_X(x)f_Y(y)$。

例 3.20 设 (X,Y) 的联合密度为

$$f(x, y) = \begin{cases} 4xy & 0 \leqslant x \leqslant 1, 0 \leqslant y \leqslant 1 \\ 0 & \text{其他} \end{cases}$$

判别 X,Y 是否相互独立。

解
$$f_X(x) = \begin{cases} \int_0^1 4xy\mathrm{d}y & 0 \leqslant x \leqslant 1 \\ 0 & \text{其他} \end{cases} = \begin{cases} 2x & 0 \leqslant x \leqslant 1 \\ 0 & \text{其他} \end{cases}$$

$$f_Y(y) = \begin{cases} \int_0^1 4xy\mathrm{d}x & 0 \leqslant y \leqslant 1 \\ 0 & \text{其他} \end{cases} = \begin{cases} 2y & 0 \leqslant y \leqslant 1 \\ 0 & \text{其他} \end{cases}$$

显然 $f(x, y) = f_X(x)f_Y(y)$，所以 X,Y 相互独立。

例 3.21 设 $(X,Y) \sim N(\mu_1, \mu_2; \sigma_1^2, \sigma_2^2; \rho)$，试证 X,Y 相互独立 $\Leftrightarrow \rho = 0$。

证 利用例 3.18 中 $f(x, y)$ 的分解式，立即可证。

小 结

- 联合密度满足 $f(x,y) \geqslant 0$，并且 $\int_{-\infty}^{+\infty} \int_{-\infty}^{+\infty} f(x,y)\mathrm{d}x\mathrm{d}y = 1$。

- 利用联合密度来计算概率的公式：$P\big((X,Y) \in G\big) = \iint\limits_G f(x,y)\mathrm{d}x\mathrm{d}y$。

- 联合密度与边缘密度的关系：$f_X(x) = \int_{-\infty}^{+\infty} f(x,y)\mathrm{d}y, f_Y(y) = \int_{-\infty}^{+\infty} f(x,y)\mathrm{d}x$。

- 两个连续随机变量独立的充要条件：$f(x,y) = f_X(x)f_Y(y)$。

练习题 3.6

1. 设二维随机变量 (X,Y) 的联合密度为

$$f(x,y) = \begin{cases} c & 0 < x < 1, 0 < y < x \\ 0 & \text{其他} \end{cases}$$

求 c。

2. 设二维随机变量 (X,Y) 的联合密度为

$$f(x,y) = \begin{cases} \dfrac{4}{9}(x+1)(y+1) & 0 < x < 1, 0 < y < 1 \\ 0 & \text{其他} \end{cases}$$

求：

(1) $P(X \leqslant 0.5, Y \leqslant 0.5)$；(2) $P(Y < 0.5)$；(3) $P(X+Y < 1)$。

3. 设二维随机变量 (X,Y) 的联合密度为

$$f(x,y) = \begin{cases} \dfrac{4}{9}(x+1)(y+1) & 0 < x < 1, 0 < y < 1 \\ 0 & \text{其他} \end{cases}$$

(1) 求边缘密度函数 $f_X(x)$ 和 $f_Y(y)$；
(2) 判别 X 与 Y 是否相互独立。

4. 设二维随机变量 (X,Y) 的联合密度为

$$f(x,y) = \begin{cases} 2e^{-x-y} & 0 < x < y \\ 0 & \text{其他} \end{cases}$$

(1) 求边缘密度函数 $f_X(x)$ 和 $f_Y(y)$；
(2) 判别 X 与 Y 是否相互独立。

5. 设二维随机变量 (X,Y) 的联合密度为

$$f(x,y) = \begin{cases} 2e^{-x-y} & 0 < x < y \\ 0 & \text{其他} \end{cases}$$

(1) 求条件密度函数 $f(x \mid y)$ 和 $f(y \mid x)$；
(2) 计算条件概率 $P(Y > 2 \mid X = 1)$。

6. 已知 $X \sim \text{Exp}(0.1), Y \sim \text{Exp}(0.2)$，并且 X 与 Y 相互独立，试求：
(1) X 与 Y 的联合密度；
(2) $P(Y > X)$。

§3.7 二维连续型随机变量函数的分布

视频：二维连续型随机
变量函数的分布

本节的内容分为两部分，第一部分研究独立场合下随机变量和的分布和极值分布，第二部分给出一般场合下求 $g(X, Y)$ 的概率分布的方法。

 3.7.1 卷积公式与极值分布

1. 卷积公式

定理 3.6 设 X, Y 相互独立，则 $Z = X + Y$ 的概率密度为

$$f_Z(z) = \int_{-\infty}^{+\infty} f_X(x) f_Y(z-x) \mathrm{d}x$$

上式称为卷积公式。

例 3.22 设 X, Y 都服从 $N(0, 1)$，并且相互独立，证明 $X + Y \sim N(0, 2)$。

证 利用卷积公式，有

$$
\begin{aligned}
f_Z(z) &= \int_{-\infty}^{+\infty} \frac{1}{\sqrt{2\pi}} \mathrm{e}^{-\frac{x^2}{2}} \frac{1}{\sqrt{2\pi}} \mathrm{e}^{-\frac{(z-x)^2}{2}} \mathrm{d}x \\
&= \mathrm{e}^{-\frac{z^2}{4}} \int_{-\infty}^{+\infty} \frac{1}{2\pi} \mathrm{e}^{-\frac{\left(x-\frac{z}{2}\right)^2}{2 \times \frac{1}{2}}} \mathrm{d}x \\
&= \frac{1}{\sqrt{2\pi} \times \sqrt{2}} \mathrm{e}^{-\frac{z^2}{4}} \int_{-\infty}^{+\infty} \frac{1}{\sqrt{2\pi} \times \frac{1}{\sqrt{2}}} \mathrm{e}^{-\frac{\left(x-\frac{z}{2}\right)^2}{2 \times \frac{1}{2}}} \mathrm{d}x = \frac{1}{\sqrt{2\pi} \times \sqrt{2}} \mathrm{e}^{-\frac{z^2}{4}}
\end{aligned}
$$

即 $X + Y \sim N(0, 2)$。

一般地，若 X, Y 相互独立，$X \sim N(\mu_1, \sigma_1^2)$，$Y \sim N(\mu_2, \sigma_2^2)$，则

$$X + Y \sim N(\mu_1 + \mu_2, \sigma_1^2 + \sigma_2^2)$$

$$c_1 X_1 + c_2 Y \sim N(c_1\mu_1 + c_2\mu_2, c_1^2\sigma_1^2 + c_2^2\sigma_2^2)$$

该结论称为正态分布的独立可加性。

2. 极值分布

设 X, Y 相互独立，求 $M = \max(X, Y)$，$N = \min(X, Y)$ 的分布。

结论 (1) $F_M(z) = F_X(z) F_Y(z)$；

(2) $F_N(z) = 1 - (1 - F_X(z))(1 - F_Y(z))$。

推证 (1) $F_M(z) = P(M \leqslant z) = P\{\max(X, Y) \leqslant z\}$
$= P(X \leqslant z, Y \leqslant z)$

因为 X, Y 相互独立，所以 $P(X \leqslant z, Y \leqslant z) = P(X \leqslant z)P(Y \leqslant z)$，于是

$$F_M(z) = F_X(z)F_Y(z)$$

(2)
$$\begin{aligned}F_N(z) &= P\{\min(X, Y) \leqslant z\} = 1 - P\{\min(X, Y) > z\}\\ &= 1 - P\{X > z, Y > z\} = 1 - P(X > z)P(Y > z)\\ &= 1 - (1 - F_X(z))(1 - F_Y(z))\end{aligned}$$

更多个独立随机变量的极值分布在实践中更为常用,它们是两个独立随机变量的极值分布的自然推广。

推论　设 $X_1, \cdots, X_n$ 相互独立,则 $M = \max(X_1, \cdots, X_n)$, $N = \min(X_1, \cdots, X_n)$ 的分布函数为

$$F_M(z) = \prod_{i=1}^{n} F_{X_i}(z)$$

$$F_N(z) = 1 - \prod_{i=1}^{n} (1 - F_{X_i}(z))$$

例 3.23　设某设备装有 4 个同类的电子元件,元件工作相互独立,元件的寿命服从 $\lambda = \dfrac{1}{1\,000}$ 的指数分布,当 4 个元件都正常工作时,设备才能正常工作。求:(1) 设备的寿命 T 的分布;(2) 设备的平均寿命。

解　(1) 令 T_i 表示第 i 个电子元件的使用寿命,则 T_i, $i = 1, 2, 3, 4$ 相互独立,$T_i \sim \mathrm{Exp}\left\{\dfrac{1}{1\,000}\right\}$,其分布函数为

$$F_i(t) = \begin{cases} 1 - \mathrm{e}^{-\frac{t}{1\,000}} & t > 0 \\ 0 & t \leqslant 0 \end{cases}$$

根据题意,$T = \min(T_1, T_2, T_3, T_4)$,于是

$$F(t) = 1 - \prod_{i=1}^{4}[1 - F_i(t)] = \begin{cases} 1 - \mathrm{e}^{-\frac{4t}{1\,000}} & t > 0 \\ 0 & t \leqslant 0 \end{cases}$$

所以 T 的密度函数为

$$f(t) = \begin{cases} 0.004\mathrm{e}^{-0.004t} & t > 0 \\ 0 & t \leqslant 0 \end{cases}$$

即 $T \sim \mathrm{Exp}(0.004)$。

(2) 根据指数分布的期望,立即知道平均寿命 $E(T) = \dfrac{1}{0.004} = 250$。

3.7.2　一般场合下 $g(X, Y)$ 的概率分布

在 X, Y 不必相互独立,$g(X, Y)$ 为一般的二元函数时,求 $g(X, Y)$ 的分布的一般方法是以下面的定理作为基础的。

定理 3.7 设 (X, Y) 的联合密度为 $f(x, y)$，如果函数：

$$\begin{cases} u = g_1(x, y) \\ v = g_2(x, y) \end{cases}$$

具有连续偏导数，并且存在唯一的反函数：

$$\begin{cases} x = h_1(u, v) \\ y = h_2(u, v) \end{cases}$$

其变换的雅可比行列式：

$$J = \begin{vmatrix} \dfrac{\partial x}{\partial u} & \dfrac{\partial y}{\partial u} \\ \dfrac{\partial x}{\partial v} & \dfrac{\partial y}{\partial v} \end{vmatrix} \neq 0$$

令 $U = g_1(X, Y)$，$V = g_2(X, Y)$，则 (U, V) 的联合密度为

$$f_{U, V}(u, v) = f[h_1(u, v), h_2(u, v)] \mid J \mid$$

例 3.24 设 X, Y 独立同分布于均匀分布 $U(0, 2)$，求边长为 X 和 Y 的矩形面积 $S = XY$ 的密度函数。

分析 为了使用定理 3.7，形式逻辑上需要再设置第二个变量 V，这样就能够得到 (S, V) 的联合密度，这个联合密度的第一个边缘密度就是 $S = XY$ 的密度函数。该方法称为**增补变量法**。

解 令 $V = X$，则 $\begin{cases} s = xy \\ v = x \end{cases}$ 的反函数为 $\begin{cases} x = v \\ y = \dfrac{s}{v} \end{cases}$，雅可比行列式为

$$J = \begin{vmatrix} 0 & \dfrac{1}{v} \\ 1 & -\dfrac{s}{v^2} \end{vmatrix} = -\dfrac{1}{v} \neq 0$$

于是 (S, V) 的联合密度为

$$f_{S, V}(s, v) = f\left(v, \dfrac{s}{v}\right) \left| -\dfrac{1}{v} \right|$$

因为 X, Y 相互独立，所以

$$f\left(v, \dfrac{s}{v}\right) = f_X(v) f_Y\left(\dfrac{s}{v}\right) = \begin{cases} \dfrac{1}{2} \times \dfrac{1}{2} & 0 < v < 2, \ 0 < \dfrac{s}{v} < 2 \\ 0 & 其他 \end{cases}$$

于是有

$$f_{S,V}(s,v) = \begin{cases} \dfrac{1}{4v} & 0 < v < 2, \ 0 < s < 2v \\ 0 & \text{其他} \end{cases}$$

则 $S = XY$ 的密度函数为

$$f_S(s) = \int_{-\infty}^{+\infty} f_{S,V}(s,v)\mathrm{d}v = \begin{cases} \displaystyle\int_{\frac{s}{2}}^{2} \dfrac{1}{4v}\mathrm{d}v & 0 < s < 4 \\ 0 & \text{其他} \end{cases}$$

$$= \begin{cases} \dfrac{2\ln 2 - \ln s}{4} & 0 < s < 4 \\ 0 & \text{其他} \end{cases}$$

小　结

- 卷积公式 $f_Z(z) = \displaystyle\int_{-\infty}^{+\infty} f_X(x) f_Y(z-x)\mathrm{d}x$ 用来求两个相互独立的随机变量和的分布。

- 两个相互独立的随机变量的最大值的分布是 $F_M = F_X(x)F_Y(y)$；

- 两个相互独立的随机变量的最小值的分布是 $F_N = 1 - \big(1 - F_X(x)\big)\big(1 - F_Y(y)\big)$。

- 正态分布的随机变量具有独立可加性。

练习题 3.7

1. 已知 X 与 Y 相互独立，并且都服从 $\lambda = 1$ 的指数分布，求 $Z = \min(X,Y)$ 的概率密度。

2. 已知 X 与 Y 相互独立，并且都服从

$$f(x) = \begin{cases} \dfrac{3x^2}{\theta^3} & 0 < x < \theta \\ 0 & \text{其他} \end{cases}$$

其中分布参数 $\theta > 0$，求 $Z = \max(X,Y)$ 的概率密度。

3. 已知 X 与 Y 相互独立，$X \sim N(0,1)$，$Y \sim N(1,4)$，
(1) $Z = X - Y$ 服从什么分布；
(2) 求 $P(X > Y - 1)$。

4. 已知 X 与 Y 相互独立，$X \sim N(0,1)$，$Y \sim \text{Exp}(1)$，求 $P\big(\max(X,Y) \leqslant 1\big)$。

§3.8　协方差和相关系数

视频：协方差和相关
系数（连续型）

在 2.9 节中，我们已经给出了两个随机变量的协方差和相关系数的

定义和性质,并且讨论了离散型场合下协方差和相关系数的计算。本节我们来讨论连续型场合下协方差和相关系数的计算问题,为此,我们不加证明地给出下面的定理。

定理 3.8 设 (X, Y) 为二维连续型随机变量,联合概率密度为 $f(x, y)$,则

$$E(g(X, Y)) = \int_{-\infty}^{+\infty} \int_{-\infty}^{+\infty} g(x, y) f(x, y) \mathrm{d}x \mathrm{d}y$$

例 3.25 设 (X, Y) 具有联合密度

$$f(x, y) = \begin{cases} 12x^2 & 0 < x \leqslant y \leqslant 1 \\ 0 & \text{其他} \end{cases}$$

求 $E(X)$,$E(Y)$,$\mathrm{Cov}(X, Y)$,ρ_{XY}。

解 视 $X = X + 0 \cdot Y$,而利用上面的定理,得

$$E(X) = \int_{-\infty}^{+\infty} \int_{-\infty}^{+\infty} xf(x, y) \mathrm{d}x \mathrm{d}y = \int_0^1 \mathrm{d}y \int_0^y 12x^3 \mathrm{d}x = \frac{3}{5}$$

同理有

$$E(Y) = \int_{-\infty}^{+\infty} \int_{-\infty}^{+\infty} yf(x, y) \mathrm{d}x \mathrm{d}y = \int_0^1 y\mathrm{d}y \int_0^y 12x^2 \mathrm{d}x = \frac{4}{5}$$

因为 $\mathrm{Cov}(X, Y) = E(XY) - E(X)E(Y)$,而

$$E(XY) = \int_{-\infty}^{+\infty} \int_{-\infty}^{+\infty} xyf(x, y) \mathrm{d}x \mathrm{d}y = \int_0^1 y\mathrm{d}y \int_0^y 12x^3 \mathrm{d}x = \frac{1}{2}$$

所以

$$\mathrm{Cov}(X, Y) = \frac{1}{2} - \frac{3}{5} \times \frac{4}{5} = \frac{1}{50}$$

因为 $\rho_{XY} = \dfrac{\mathrm{Cov}(X, Y)}{\sqrt{D(X)} \sqrt{D(Y)}}$,而

$$D(X) = \int_{-\infty}^{+\infty} \int_{-\infty}^{+\infty} x^2 f(x, y) \mathrm{d}x \mathrm{d}y - \left(\frac{3}{5}\right)^2 = \frac{2}{5} - \frac{9}{25} = \frac{1}{25}$$

$$D(Y) = \int_{-\infty}^{+\infty} \int_{-\infty}^{+\infty} y^2 f(x, y) \mathrm{d}x \mathrm{d}y - \left(\frac{4}{5}\right)^2 = \frac{2}{3} - \frac{16}{25} = \frac{2}{75}$$

于是 $\rho_{XY} = \dfrac{\sqrt{6}}{4}$。

例 3.26 设随机变量 X,Y 相互独立,概率密度分别为

$$f_X(x) = \sqrt{\frac{2}{\pi}} \mathrm{e}^{-2x^2}, \quad f_Y(y) = \frac{1}{\sqrt{\pi}} \mathrm{e}^{-y^2}$$

求 $2X - Y + 1$ 的方差。

解 注意到：

$$f_X(x) = \frac{1}{\sqrt{2\pi} \times \frac{1}{2}} \mathrm{e}^{-\frac{x^2}{2 \times \frac{1}{4}}} \sim N\left(0, \frac{1}{4}\right)$$

$$f_Y(y) = \frac{1}{\sqrt{2\pi} \times \frac{1}{\sqrt{2}}} \mathrm{e}^{-\frac{y^2}{2 \times \frac{1}{2}}} \sim N\left(0, \frac{1}{2}\right)$$

所以 $D(X) = \dfrac{1}{4}$，$D(Y) = \dfrac{1}{2}$，并且 $\mathrm{Cov}(X, Y) = 0$，于是

$$D(2X - Y + 1) = D(2X - Y) = 4D(X) + D(Y) - 4\mathrm{Cov}(X, Y)$$
$$= 4 \times \frac{1}{4} + \frac{1}{2} = \frac{3}{2}$$

例 3.27 设随机变量 X 和 Y 相互独立，并且都服从标准指数分布，令

$$U = 2X + Y, \quad V = 2X - Y$$

求相关系数 ρ_{UV}。

解 因为 $D(X) = D(Y) = 1$，$\mathrm{Cov}(X, Y) = 0$，所以

$$D(U) = 4D(X) + D(Y) = 5$$
$$D(V) = 4D(X) + D(Y) = 5$$
$$\mathrm{Cov}(U, V) = 4D(X) - \mathrm{Cov}(2X, Y) + \mathrm{Cov}(Y, 2X) - D(Y)$$
$$= 4D(X) - D(Y) = 3$$

从而

$$\rho_{UV} = \frac{\mathrm{Cov}(U, V)}{\sqrt{D(U)} \sqrt{D(V)}} = \frac{3}{5}$$

例 3.28 **相关系数探究**：相关系数是统计学家特别重视的一个概念，因为它具有明确的实际意义，相关系数的绝对值反映了两个随机变量线性相关程度的强弱，相关系数的符号代表了线性相关的方向。

我们用量 $E\left[\dfrac{Y - (a + bX)}{\sqrt{D(Y)}}\right]^2$ 来度量 Y 与直线 $Y = a + bX$ 的差距，则称

$$1 - \min\left\{E\left[\frac{Y - (a + bX)}{\sqrt{D(Y)}}\right]^2\right\}$$

为 Y 与 X 线性相关的强度。

为了符号上的简洁,记 $\mu_X = E(X)$,$\mu_Y = E(Y)$,$\sigma_X^2 = D(X)$,$\sigma_Y^2 = D(Y)$,$\sigma_{XY} = \text{Cov}(X, Y)$,$Q(a, b) = E\left[\dfrac{Y - (a + bX)}{\sqrt{D(Y)}}\right]^2$,则

$$Q(a, b) = \frac{D(Y - a - bX) + \left[E(Y - a - bX)\right]^2}{\sigma_Y^2}$$

$$= \frac{\sigma_Y^2 + b^2\sigma_X^2 - 2b\sigma_{XY} + (\mu_Y - a - b\mu_X)^2}{\sigma_Y^2}$$

利用二元函数的极值理论,有

$$\begin{cases} \dfrac{\partial Q(a, b)}{\partial a} = \dfrac{-2 \times (\mu_Y - a - b\mu_X)}{\sigma_Y^2} = 0 \\ \dfrac{\partial Q(a, b)}{\partial b} = \dfrac{2b\sigma_X^2 - 2\sigma_{XY} - 2 \times (\mu_Y - a - b\mu_X)\mu_X}{\sigma_Y^2} = 0 \end{cases}$$

可以化简为

$$\begin{cases} \mu_Y - a - b\mu_X = 0 \\ b = \dfrac{\sigma_{XY}}{\sigma_X^2} \end{cases}$$

代入 $Q(a, b)$ 的表达式,得到

$$\min\left\{E\left[\frac{Y - (a + bX)}{\sqrt{D(Y)}}\right]^2\right\} = 1 - \left(\frac{\sigma_{XY}}{\sigma_X\sigma_Y}\right)^2 = 1 - \rho^2$$

因为 $E\left[\dfrac{Y - (a + bX)}{\sqrt{D(Y)}}\right]^2 \geqslant 0$,所以 $|\rho| \leqslant 1$,显然 $\min\left\{E\left[\dfrac{Y - (a + bX)}{\sqrt{D(Y)}}\right]^2\right\}$ 是 $|\rho|$ 的减函数,所以 $|\rho|$ 越大,Y 与 X 线性相关的程度越强,$|\rho|$ 越小,Y 与 X 线性相关的程度越弱。

一般地,若 $|\rho_{XY}| > 0.8$ 时,称为高度相关;当 $0.5 < |\rho_{XY}| < 0.8$ 时,称为显著相关;当 $0.3 < |\rho_{XY}| < 0.5$ 时,称为低度相关;当 $\rho_{XY} = 0$ 时,称不相关。

小　结

● 若 (X,Y) 具有联合密度 $f(x,y)$,则 $E[g(X,Y)] = \displaystyle\int_{-\infty}^{+\infty}\int_{-\infty}^{+\infty} g(x,y)f(x,y)\mathrm{d}x\mathrm{d}y$。

● $\text{Cov}(X,Y) = \displaystyle\int_{-\infty}^{+\infty}\int_{-\infty}^{+\infty} xyf(x,y)\mathrm{d}x\mathrm{d}y - \int_{-\infty}^{+\infty}\int_{-\infty}^{+\infty} xf(x,y)\mathrm{d}x\mathrm{d}y \cdot \int_{-\infty}^{+\infty}\int_{-\infty}^{+\infty} yf(x,y)\mathrm{d}x\mathrm{d}y$。

练习题 3.8

1. 设二维随机变量 (X,Y) 的联合密度为

$$f(x,y) = \begin{cases} \dfrac{4}{9}(x+1)(y+1) & 0 < x < 1, 0 < y < 1 \\ 0 & 其他 \end{cases}$$

求 $\mathrm{Cov}(X,Y)$。

2. 设二维随机变量 (X,Y) 的联合密度为

$$f(x,y) = \begin{cases} \dfrac{x+y}{8} & 0 < x < 2, 0 < y < 2 \\ 0 & 其他 \end{cases}$$

求：(1) $E(X), E(Y)$；(2) $\mathrm{Cov}(X,Y)$；(3) 相关系数 ρ_{XY}。

3. 设二维随机变量 (X,Y) 的联合密度为

$$f(x,y) = \begin{cases} 2 & 0 < x < 1, 0 < y < x \\ 0 & 其他 \end{cases}$$

求：(1) $E(X+Y)$；(2) $E(XY)$；(3) $\mathrm{Cov}(X,Y)$。

4. 设 $X \sim \mathrm{Exp}(0.1)$，$Y \sim N(0,2)$，X 与 Y 相互独立，令

$$U = X+Y, V = X-Y$$

求相关系数 ρ_{XY}。

5. 设 $X \sim \mathrm{Exp}(0.1)$，$Y = 1-2X$，$Z = 1+2X$，求：(1) ρ_{XY}；(2) ρ_{XZ}。

6. 设 $X \sim \mathrm{Exp}(0.1)$，$Y \sim N(0,1)$，$\rho_{XY} = 0.5$，求 $D(X+2Y)$。

7. 设二维随机变量 (X,Y) 的联合密度为

$$f(x,y) = \begin{cases} \dfrac{1}{\pi} & x^2 + y^2 \leqslant 1 \\ 0 & x^2 + y^2 > 1 \end{cases}$$

验证 X 和 Y 是不相关的，但是 X 和 Y 是不独立的。

8. 在长度为 1 的线段上任意取两个点 X 和 Y，求此两点间的平均长度。

公式解析与例题分析

一、公式解析

$$1.\ F(x) = \int_{-\infty}^{x} f(t)\mathrm{d}t \tag{1}$$

解析　这是连续随机变量概率密度函数的定义式。左边 $F(x)$ 是 X 的分布函数，

$F(x) = P(X \leqslant x)$，右边是一个变上限积分，被积函数 $f(x)$ 是一个非负可积函数，满足这样条件的 $f(x)$ 称为连续随机变量 X 的概率密度。

根据定义，概率密度的表达式可能是不唯一的。例如 $U(a,b)$ 的分布函数是

$$F(x) = \begin{cases} 0 & x < a \\ \dfrac{x-a}{b-a} & a \leqslant x < b \\ 1 & x \geqslant b \end{cases}$$

令

$$f_1(x) = \begin{cases} \dfrac{1}{b-a} & a < x < b \\ 0 & \text{其他} \end{cases}, \quad f_2(x) = \begin{cases} \dfrac{1}{b-a} & a \leqslant x \leqslant b \\ 0 & \text{其他} \end{cases}$$

则 $f_1(x)$ 和 $f_2(x)$ 都满足公式(1)，即 $F(x) = \int_{-\infty}^{x} f_1(t)\mathrm{d}t, F(x) = \int_{-\infty}^{x} f_2(t)\mathrm{d}t$，因此它们都可以作为 $U(a,b)$ 的概率密度，尽管从函数表达式来看是不同的，但是由它们推导的概率结果是一致的。

利用公式(1)，可以从概率密度来求分布函数，这是一种重要的计算，必须熟练掌握，另外由变上限积分的性质可知：

$$f(x) = \frac{\mathrm{d}F(x)}{\mathrm{d}x}$$

此公式可以在已知分布函数的前提下确定概率密度。

2. $\displaystyle\int_{-\infty}^{+\infty} f(x)\mathrm{d}x = 1, f(x) \geqslant 0$ (2)

解析 这是概率密度函数的充分必要条件。一个函数 $f(x)$ 当且仅当满足其函数值非负并且在 **R** 上的积分恒等于 1 时，则为概率密度。公式(2)可以人为构造一些概率密度，比如基于积分 $\displaystyle\int_{-\infty}^{+\infty} \mathrm{e}^{-\alpha|x|}\mathrm{d}x = \frac{2}{\alpha}$，其中 $\alpha > 0$，就有 $\displaystyle\int_{-\infty}^{+\infty} \frac{\alpha}{2}\mathrm{e}^{-\alpha|x|}\mathrm{d}x = 1$ 成立，从而得到一个概率密度 $f(x) = \dfrac{\alpha}{2}\mathrm{e}^{-\alpha|x|}$，称之为双侧指数分布。

公式(2)等价于 $\displaystyle\int_{-\infty}^{+\infty} f(x)\mathrm{d}x = P(-\infty < X < +\infty)$，若积分区间取为 $[a,b]$ 时，则有

$$\int_a^b f(x)\mathrm{d}x = P(a \leqslant X \leqslant b) \tag{3}$$

要求 X 与 $f(x)$ 的关系：X 是一个连续随机变量，它的概率密度是 $f(x)$。利用公式(3)，可以计算连续随机变量的概率。

3. $E(X) = \displaystyle\int_{-\infty}^{+\infty} xf(x)\mathrm{d}x$ (4)

$E[g(X)] = \displaystyle\int_{-\infty}^{+\infty} g(x)f(x)\mathrm{d}x$ (5)

解析 公式(4)是连续随机变量 X 的数学期望的定义，也是计算 X 的数学期望的公

式,其中 $f(x)$ 是 X 的概率密度,当 $f(x)$ 的支撑集是区间 $[a,b]$ 时,则公式(4)可表示为:

$$E(X) = \int_a^b x f(x) \mathrm{d}x$$

公式(5)是求连续随机变量 X 的某个函数 $Y = g(X)$ 的数学期望的计算公式,利用公式(5),可以求 $E(2X+1)$、$E(X^2)$、$E(|X|)$、$E\left(\dfrac{1}{X}\right)$、$E(\log X)$,等等。

利用公式(5),我们还可以求连续随机变量 X 的方差,即

$$D(X) = E(X^2) - [E(X)]^2 = \int_{-\infty}^{+\infty} x^2 f(x) \mathrm{d}x - [E(X)]^2$$

现在把(2),(4),(5)列在一起:

$$\int_{-\infty}^{+\infty} 1 \cdot f(x) \mathrm{d}x = 1 = E(1)$$

$$\int_{-\infty}^{+\infty} x f(x) \mathrm{d}x = E(X)$$

$$\int_{-\infty}^{+\infty} g(x) f(x) \mathrm{d}x = E[g(X)]$$

即会发现公式左边的积分中 $f(x)$ 前面的"占位者"对应右边数学期望中的"占位者",这有助于记住这些公式。

4. $f_Y(y) = f_X\big(h(y)\big) |h'(y)|$ (6)

解析　这是求连续随机变量 X 的某个函数 $Y = g(X)$ 的概率密度的计算公式。要注意的是,$y = g(x)$ 必须是单调的,从而存在反函数 $x = h(y)$,反函数也是单调的,如果是单调减少,则 $h'(y) < 0$,因此公式的右边必须是 $|h'(y)|$ 而非 $h'(y)$,否则就导致 $f_Y(y) < 0$ 的错误了。

5. $f(x) = \dfrac{1}{\sqrt{2\pi}\sigma} \mathrm{e}^{-\frac{(x-\mu)^2}{2\sigma^2}}$ (7)

解析　公式(7)是正态分布 $N(\mu, \sigma^2)$ 的概率密度的表达式,其中 μ, σ^2 称为正态分布的分布参数,它们有明确的统计意义:$E(X) = \mu, D(X) = \sigma^2$。

称 $\mu = 0, \sigma = 1$ 的正态分布为标准正态分布,其分布函数 $\Phi(x)$,当 $x \geqslant 0$ 时的值可以从附表一查得,$x < 0$ 处的 $\Phi(x)$ 值可以用 $\Phi(x) = 1 - \Phi(-x)$ 计算。

标准正态分布是研究正态分布的关键,这是因为任一正态分布可以通过线性变换转化为标准正态分布:设 $X \sim N(\mu, \sigma^2)$,则

$$Z = \frac{X - \mu}{\sigma} \sim N(0,1)$$

这样就可以利用标准正态分布的分布函数值来计算正态分布的分布函数值了,计算公式:

$$F(x) = \Phi\left(\frac{x - \mu}{\sigma}\right)$$

从而正态分布的概率计算问题就得到解决了,比如:

$$P(a < X \leqslant b) = \Phi\left(\frac{b-\mu}{\sigma}\right) - \Phi\left(\frac{a-\mu}{\sigma}\right)$$

6. $\iint\limits_{\mathbf{R}^2} f(x,y)\mathrm{d}x\mathrm{d}y = 1, f(x,y) \geqslant 0$ (8)

解析 这是联合密度函数的充分必要条件,其中积分区域 $\mathbf{R}^2$ 表示整个二维实平面 $\{(x,y) \mid -\infty < x < +\infty, -\infty < y < +\infty\}$。一个函数 $f(x,y)$ 当且仅当满足其函数值非负并且在 $\mathbf{R}^2$ 上的积分恒等于 1 时,则为二维联合密度函数。

7. $f_X(x) = \int_{-\infty}^{+\infty} f(x,y)\mathrm{d}y, f_Y(x) = \int_{-\infty}^{+\infty} f(x,y)\mathrm{d}x$ (9)

解析 这是边缘密度的计算公式,其中 $f(x,y)$ 是二维连续随机变量 (X,Y) 的联合密度,公式(9)表明,联合密度完全决定了两个边缘密度,但是反之不成立,即知道了两个边缘分布,我们是不能确定联合分布的,除非 X 与 Y 是相互独立的,此时有

$$f(x,y) = f_X(x)f_Y(y)$$

8. $E[g(X,Y)] = \iint\limits_{\mathbf{R}^2} g(x,y)f(x,y)\mathrm{d}x\mathrm{d}y$ (10)

解析 该公式是用来计算二维连续随机变量 (X,Y) 的函数 $g(X,Y)$ 的数学期望。这是一个二重积分,被积函数中的 $g(x,y)$ 是随机变量函数 $g(X,Y)$ 的实函数形式,$f(x,y)$ 是二维连续随机变量 (X,Y) 的联合密度,积分区域 $\mathbf{R}^2 = \{(x,y) \mid -\infty < x < +\infty, -\infty < x < +\infty\}$,若 $f(x,y)$ 的支撑集为 D,则公式(10)等价于

$$E[g(X,Y)] = \iint\limits_{D} g(x,y)f(x,y)\mathrm{d}x\mathrm{d}y$$

根据公式(10)可以得到一些具体的计算公式:

$$E(X) = \iint\limits_{\mathbf{R}^2} xf(x,y)\mathrm{d}x\mathrm{d}y$$

$$E(Y) = \iint\limits_{\mathbf{R}^2} yf(x,y)\mathrm{d}x\mathrm{d}y$$

$$E(XY) = \iint\limits_{\mathbf{R}^2} xyf(x,y)\mathrm{d}x\mathrm{d}y$$

$$E(X^2) = \iint\limits_{\mathbf{R}^2} x^2 f(x,y)\mathrm{d}x\mathrm{d}y$$

$$E(Y^2) = \iint\limits_{\mathbf{R}^2} y^2 f(x,y)\mathrm{d}x\mathrm{d}y$$

利用这些公式,能够计算二维连续随机变量 (X,Y) 的协方差和相关系数。

二、例题分析

例 3.29　自动取款机对每位顾客的服务时间(单位:分钟)服从参数 $\lambda = 0.5$ 的指数分布。

(1) 如果你与另一位顾客几乎同时到达一台空闲的取款机前接受服务,但是你稍后一步,试求你等待时间不超过 3 分钟的概率;

(2) 如果你到达时,已经有一位顾客在取款,此外再无别人在等待,试求你等待时间不超过 3 分钟的概率。

分析　因我的等待时间是前一位顾客接受服务所需要的时间,所以只需要计算前一位顾客接受服务所需要的时间不超过 3 分钟的概率。顺便指出的是,$\lambda = 0.5$ 表明自动取款机对每位顾客的平均服务时间是 2 分钟。

解　令 X 表示前一位顾客接受服务所需要的时间,则 $X \sim \mathrm{Exp}(0.5)$,其概率密度为

$$f(x) = \begin{cases} \dfrac{1}{2}\mathrm{e}^{-\frac{x}{2}} & x > 0 \\ 0 & x \leqslant 0 \end{cases}$$

对于问题(1),我等待时间不超过 3 分钟的概率是

$$P(X \leqslant 3) = \int_0^3 \frac{1}{2}\mathrm{e}^{-\frac{x}{2}}\mathrm{d}x = -\mathrm{e}^{-\frac{x}{2}}\Big|_0^3 = 1 - \mathrm{e}^{-1.5} \approx 0.776\,9。$$

对于问题(2),不妨假设我到达时,前一位顾客已经接受服务 a 分钟,则我等待时间不超过 3 分钟的概率等于 $P(X \leqslant a+3 \mid X \geqslant a)$,想起了指数分布的无记忆性,于是有

$$P(X \leqslant a+3 \mid X \geqslant a) = P(X \leqslant 3) \approx 0.776\,9。$$

例 3.30　已知 X_1, X_2 相互独立,都服从标准正态分布,$Y_1 = \max(X_1, X_2)$,$Y_2 = \min(X_1, X_2)$,求 $E(Y_1), E(Y_2)$。

解　根据最大值分布公式,Y_1 的分布函数是 $F(y) = \Phi^2(y)$,其中 $\Phi(y)$ 是标准正态分布的分布函数,于是 Y_1 的概率密度是 $f(y) = 2\varphi(y)\Phi(y)$,从而

$$E(Y_1) = \int_{-\infty}^{+\infty} 2y\varphi(y)\Phi(y)\mathrm{d}y$$

由于

$$\phi(x) = \frac{1}{\sqrt{2\pi}}\mathrm{e}^{-\frac{x^2}{2}}, \quad -\infty < x < +\infty$$

$$\Phi(x) = \int_{-\infty}^{x} \frac{1}{\sqrt{2\pi}}\mathrm{e}^{-\frac{t^2}{2}}\mathrm{d}t$$

所以

$$E(Y_1) = \int_{-\infty}^{+\infty}\left[\frac{2y}{\sqrt{2\pi}}\mathrm{e}^{-\frac{y^2}{2}}\int_{-\infty}^{y}\frac{1}{\sqrt{2\pi}}\mathrm{e}^{-\frac{t^2}{2}}\mathrm{d}t\right]\mathrm{d}y = \int_{-\infty}^{+\infty}\int_{-\infty}^{y}\frac{y}{\pi}\mathrm{e}^{-\frac{y^2+t^2}{2}}\mathrm{d}t\mathrm{d}y$$

做极坐标变换：$t = r\cos\theta, y = r\sin\theta$，则 $0 < r < +\infty, \dfrac{\pi}{4} < \theta < \dfrac{5\pi}{4}$，于是

$$\int_{-\infty}^{+\infty} \int_{-\infty}^{y} \frac{y}{\pi} \mathrm{e}^{-\frac{y^2+t^2}{2}} \mathrm{d}t\mathrm{d}y = \int_{0}^{+\infty} \int_{\frac{\pi}{4}}^{\frac{5\pi}{4}} \frac{r\sin\theta}{\pi} \mathrm{e}^{-\frac{r^2}{2}} r\mathrm{d}r\mathrm{d}\theta = \frac{1}{\pi} \int_{0}^{+\infty} r^2 \mathrm{e}^{-\frac{r^2}{2}} \mathrm{d}r \times \int_{\frac{\pi}{4}}^{\frac{5\pi}{4}} \sin\theta\mathrm{d}\theta =$$

$$\frac{\sqrt{2}}{\pi} \int_{0}^{+\infty} r^2 \mathrm{e}^{-\frac{r^2}{2}} \mathrm{d}r$$

根据标准正态分布的性质，$\displaystyle\int_{-\infty}^{+\infty} \frac{1}{\sqrt{2\pi}} \mathrm{e}^{-\frac{x^2}{2}} \mathrm{d}x = 1$，所以

$$\int_{0}^{+\infty} r^2 \mathrm{e}^{-\frac{r^2}{2}} \mathrm{d}r = -r\mathrm{e}^{-\frac{r^2}{2}} \Big|_{0}^{+\infty} + \int_{0}^{+\infty} \mathrm{e}^{-\frac{r^2}{2}} \mathrm{d}r = 0 + \frac{1}{2} \times \sqrt{2\pi} \int_{-\infty}^{+\infty} \frac{1}{\sqrt{2\pi}} \mathrm{e}^{-\frac{r^2}{2}} \mathrm{d}r = \frac{\sqrt{\pi}}{\sqrt{2}}$$

于是 $E(Y_1) = \dfrac{\sqrt{2}}{\pi} \times \dfrac{\sqrt{\pi}}{\sqrt{2}} = \dfrac{1}{\sqrt{\pi}}$。

为了求 $E(Y_2)$，应用 $\max(X_1, X_2) + \min(X_1, X_2) = X_1 + X_2$，有 $E(Y_1 + Y_2) = E(X_1 + X_2) = 0$，于是 $E(Y_2) = -E(Y_1) = -\dfrac{1}{\sqrt{\pi}}$。

注 3.4　例 3.30 可推广到一般正态分布上：

已知 X, Y 相互独立，都服从正态分布 $N(\mu, \sigma^2)$，则有 $E\big(\max(X, Y)\big) = \mu + \dfrac{\sigma}{\sqrt{\pi}}$，$E\big(\min(X, Y)\big) = \mu - \dfrac{\sigma}{\sqrt{\pi}}$。其计算过程简述如下：

我们有 $X = \mu + \sigma X^*, Y = \mu + \sigma Y^*$，其中 X^* 和 Y^* 分别是 X 和 Y 的标准化随机变量，都服从标准正态分布，于是由例 3.30 知道，$E\big(\max(X^*, Y^*)\big) = \dfrac{1}{\sqrt{\pi}}$，$E\big(\min(X^*, Y^*)\big) = -\dfrac{1}{\sqrt{\pi}}$，因为

$$\begin{aligned} \max(X, Y) &= \max(\mu + \sigma X^*, \mu + \sigma Y^*) \\ &= \mu + \sigma\max(X^*, Y^*) \end{aligned}$$

所以有 $E\big(\max(X, Y)\big) = \mu + \sigma E\big(\max(X^*, Y^*)\big) = \mu + \dfrac{\sigma}{\sqrt{\pi}}$，同理可得，$E\big(\min(X, Y)\big) = \mu - \dfrac{\sigma}{\sqrt{\pi}}$。

例 3.31　一个简单的股票价格模型：假定存在一个随机变量 X，服从均值为 μ，标准差为 σ 的正态分布，使得在 T 时段股票价格的对数变化为 X，即

$$\log S_T = \log S_0 + X$$

其中 S_0 是股票在时段 $[0, T]$ 的初始价格，S_T 是股票在 T 时刻的价格。

我们感兴趣于两个问题:一是股票价格增长率 $Y = \dfrac{S_T}{S_0}$ 的概率分布,二是 S_T 的预期价格。

分析 根据上面的股票价格模型,知 $Y = e^X$,它是单调增加的,其反函数是 $x = \log y$,于是 Y 的概率密度为

$$
f_Y(y) = \begin{cases} 0 & y \leqslant 0 \\ f_X(\log y) \cdot \dfrac{1}{y} = \dfrac{1}{\sqrt{2\pi}\sigma y} e^{-\frac{(\log y - \mu)^2}{2\sigma^2}} & y > 0 \end{cases}
$$

这个分布称为对数正态分布,记为 $LN(\mu, \sigma^2)$,名称的来源是因为 Y 的对数服从正态分布。

在金融工程中,股票在未来 T 时刻的远期价格的定价是 S_T 的预期 $E(S_T)$,为了求 $E(S_T)$,利用 $S_T' = S_0 e^X$,$X \sim N(\mu, \sigma^2)$,和 $E[g(X)] = \displaystyle\int_{-\infty}^{+\infty} g(x) f(x) \mathrm{d}x$,有

$$
\begin{aligned}
E(S_T) = E(S_0 e^X) &= \int_{-\infty}^{+\infty} S_0 e^x \frac{1}{\sqrt{2\pi}\sigma} e^{-\frac{(x-\mu)^2}{2\sigma^2}} \mathrm{d}x \\
&= S_0 \int_{-\infty}^{+\infty} \frac{1}{\sqrt{2\pi}\sigma} e^{-\frac{(x-\mu-\sigma^2)^2}{2\sigma^2}} \cdot e^{\mu + \frac{\sigma^2}{2}} \mathrm{d}x \\
&= S_0 e^{\mu + \frac{\sigma^2}{2}} \int_{-\infty}^{+\infty} \frac{1}{\sqrt{2\pi}\sigma} e^{-\frac{(x-\mu-\sigma^2)^2}{2\sigma^2}} \mathrm{d}x = S_0 e^{\mu + \frac{\sigma^2}{2}}
\end{aligned}
$$

最后一个等式是因为 $\displaystyle\int_{-\infty}^{+\infty} \frac{1}{\sqrt{2\pi}\sigma} e^{-\frac{(x-\mu-\sigma^2)^2}{2\sigma^2}} \mathrm{d}x = 1$。

考虑 S_T 不低于它的预期 $E(S_T)$ 的概率,即 $P(S_T \geqslant S_0 e^{\mu + \frac{\sigma^2}{2}})$,这是对数正态分布的概率计算问题,但是利用正态分布来计算往往是更明智的选择。

$$
\begin{aligned}
P(S_T \geqslant S_0 e^{\mu + \frac{\sigma^2}{2}}) = P\left(\frac{S_T}{S_0} \geqslant e^{\mu + \frac{\sigma^2}{2}}\right) &= P\left(\log \frac{S_T}{S_0} \geqslant \mu + \frac{\sigma^2}{2}\right) \\
&= P\left(X \geqslant \mu + \frac{\sigma^2}{2}\right) = 1 - \Phi\left(\frac{\sigma}{2}\right)
\end{aligned}
$$

结果表明,$P(S_T \geqslant S_0 e^{\mu + \frac{\sigma^2}{2}})$ 与 X 的标准差 σ 有关,是 σ 的单调减少函数,比如当 $\sigma = 0.1$ 时,此概率等于 0.4801,当 $\sigma = 1$ 时,此概率等于 0.3045。

例 3.32 已知随机变量 X 与 Y 的相关系数为 ρ,令 $X_1 = aX + b$,$Y_1 = cY + d$,其中 a, c 为非零正常数,求 X_1 与 Y_1 的相关系数。

解 因为 $\mathrm{Cov}(X_1, Y_1) = \mathrm{Cov}(aX + b, cY + d) = ac\,\mathrm{Cov}(X, Y)$,$D(X_1) = D(aX + b) = a^2 D(X)$,$D(Y_1) = D(cY + d) = c^2 D(Y)$,所以 X_1 与 Y_1 的相关系数为

$$
\rho^* = \frac{\mathrm{Cov}(X_1, Y_1)}{\sqrt{D(X_1) D(Y_1)}} = \frac{\mathrm{Cov}(X, Y)}{\sqrt{D(X) D(Y)}} = \rho
$$

注 3.5 若 a,c 为非零常数,则 $\rho^* = \rho$ 不一定成立,但是有 $|\rho^*| = |\rho|$ 成立。例 3.32 揭示了相关系数的一个性质,对随机变量进行线性变换,不改变它们相关系数的绝对值。

例 3.33 设随机变量 X_1,X_2,X_3 相互独立,都服从参数为 $\lambda > 0$ 的指数分布,求 $X_2 - X_1$ 与 $X_3 - X_1$ 的相关系数。

解 因为 X_1,X_2,X_3 相互独立,所以 $\mathrm{Cov}(X_i,X_j) = 0$,当 $i \neq j, i,j = 1,2,3$,于是

$$\mathrm{Cov}(X_3 - X_1, X_2 - X_1) = \mathrm{Cov}(X_3,X_2) - \mathrm{Cov}(X_3,X_1) - \mathrm{Cov}(X_1,X_2) + D(X_1)$$
$$= \frac{1}{\lambda^2}$$

$$D(X_3 - X_1) = D(X_3) + D(X_1) = \frac{2}{\lambda^2}$$

$$D(X_2 - X_1) = D(X_2) + D(X_1) = \frac{2}{\lambda^2}$$

所以 $X_2 - X_1$ 与 $X_3 - X_1$ 的相关系数 $\rho = 0.5$。

例 3.34 设随机变量 $X \sim N(0,1), Y = X^2, Z = aX + b, (a \neq 0)$。

(1) 证明 X 与 Y 不相关,但是不独立;

(2) 求 X 和 Z 的相关系数。

解 (1) 因为

$$\mathrm{Cov}(X,Y) = E(XY) - E(X)E(Y) = E(X^3) - 0 \cdot E(X^2) = \int_{-\infty}^{+\infty} \frac{x^3}{\sqrt{2\pi}} e^{-\frac{x^2}{2}} \mathrm{d}x =$$

$$-\frac{1}{\sqrt{2\pi}} x^2 e^{-\frac{x^2}{2}} \Big|_{-\infty}^{+\infty} + \int_{-\infty}^{+\infty} 2x \frac{1}{\sqrt{2\pi}} e^{-\frac{x^2}{2}} \mathrm{d}x = 2E(X) = 0$$

所以 X 与 Y 不相关。

为了证明 X 与 Y 不独立,采用反证法,假设 X 与 Y 独立,则应该有

$$P(X > 2, Y < 1) = P(X > 2) \cdot P(Y < 1)$$

显然 $P(X > 2, Y < 1) = 0$,而 $P(X > 2) \cdot P(Y < 1) = \left(1 - \Phi(2)\right)\left(2\Phi(1) - 1\right) \approx 0.016$,矛盾,所以 X 与 Y 不独立。

下面来解决问题(2)。

$$\rho_{XZ} = \frac{\mathrm{Cov}(X,Z)}{\sqrt{D(X)}\sqrt{D(Z)}} = \frac{aD(X)}{|a|D(X)} = \begin{cases} 1 & a > 0 \\ -1 & a < 0 \end{cases}$$

注 3.6 虽然 Y 与 X 有明确的关系:$Y = X^2$,但是它们的相关系数为 0,说明相关系数并不是 X 与 Y 之间的相依关系的一般度量。事实上,相关系数仅仅是 X 与 Y 之间的线性相依关系的一种度量,问题(2)的结果也说明当 Z 是 X 的线性函数时,它们的相关系数的绝对值达到了最大值。

【阅读材料】

高斯导出正态分布

正态分布起源于天文学家对测量误差的研究,假设两个天体的距离为 θ,长期的观测积累了关于 θ 的一些观测值: x_1, $\cdots$, x_n。一方面,最小二乘理论和实践都证明了算术平均 $\dfrac{\sum\limits_{i=1}^{n} x_i}{n}$ 是 θ 的最好估计;另一方面,天文学家还关心测量误差 $x_i - \theta$ 的分布。伽利略最早提出了随机误差概念,并且总结了误差分布的规律:

(1) 所有观测值都可能有误差,其来源可归因于观察者、仪器工具以及观察条件;

(2) 观测误差对称地分布在 0 的两侧;

(3) 小误差出现得比大误差更频繁。

但是,误差分布的密度函数是什么呢? 这个问题的解决是由高斯完成的。

1809 年,高斯(C. F. Gauss, 1777—1855)发表了其数学和天体力学的名著《绕日天体运动的理论》,在此书末尾,他写了一节有关"数据结合"的内容,解决了误差分布的确定问题。

设误差分布的密度函数为 $f(x)$,则 n 个独立观测值为 x_1, $\cdots$, x_n 的测量误差的联合分布为

$$L(\theta) = f(x_1 - \theta) \cdots f(x_n - \theta)$$

一方面,取使得 $L(\theta)$ 达到最大值的那个 $\hat{\theta}$ 作为 θ 的估计,即

$$L(\hat{\theta}) = \max_{\theta}\{L(\theta)\}$$

另一方面,由于算术平均 $\dfrac{\sum\limits_{i=1}^{n} x_i}{n}$ 是公认的 θ 的最好估计,因此就把 $\dfrac{\sum\limits_{i=1}^{n} x_i}{n}$ 作为 $L(\hat{\theta}) = \max_{\theta}\{L(\theta)\}$ 的解,即 $L(\theta) = f(x_1 - \theta) \cdots f(x_n - \theta)$ 的最大值点取为 $\dfrac{\sum\limits_{i=1}^{n} x_i}{n}$,从而得到 $f(x) = \dfrac{1}{\sqrt{2\pi}\sigma} \mathrm{e}^{-\frac{x^2}{2\sigma^2}}$,这是均值为 0 的正态密度,简单推广便得到一般的正态密度。

高斯这项工作对后世影响极大,它使正态分布同时有了高斯分布的名称。高斯是一个伟大的数学家,其重要贡献不胜枚举,但是在德国 10 马克的印有高斯头像的钞票上,还印有正态分布的密度曲线,这传达了一种看法:在高斯的所有伟大贡献中,对于人类文明影响最大者,应该是正态分布。

【摘自陈希孺院士的《数理统计学简史》】

习 题 A

一、填空题

1. 设随机变量 X 的概率密度为 $f(x) = \begin{cases} cx^2 & 0 < x < 1 \\ 0 & \text{其他} \end{cases}$，则常数 $c =$ _____。

2. 设随机变量 X 的概率密度为 $f(x) = \begin{cases} 4x^3 & 0 < x < 1 \\ 0 & \text{其他} \end{cases}$，又 a 为 $(0, 1)$ 中的一个实数，且 $P(X > a) = P(X < a)$，则 $a =$ _____。

3. 设随机变量 $X \sim N(\mu, 1)$，已知 $P(X < 3) = 0.975$，则 $P(X \leqslant -0.92) =$ _____。

4. 设随机变量 $X \sim \text{Exp}(2)$，则 $P(e^X \leqslant 2) =$ _____。

5. 设随机变量 X, Y 独立，且 $X \sim \text{Exp}(1)$，$Y \sim \text{Exp}(4)$，则 $P(X < Y) =$ _____。

6. 已知随机变量 X, Y 相互独立，且都服从 $(0, 3)$ 上的均匀分布，则 $P(\max(X, Y) \leqslant 1) =$ _____。

7. 设随机变量 X, Y 的联合概率密度函数为 $f(x, y) = \begin{cases} 6x & 0 < x < y \leqslant 1 \\ 0 & \text{其他} \end{cases}$，则 $P(X + Y \leqslant 1) =$ _____。

8. 已知随机变量 $X \sim \text{Exp}(2)$，则 $Z_1 = 3X^2 + 2X - 1$ 的期望为_____，又设随机变量 $Y \sim N(-3, 1)$，它与 X 的相关系数 $\rho_{XY} = \dfrac{1}{4}$。若随机变量 $Z_2 = X - 2Y - 9$，则 $E(Z_2) =$ _____，$D(Z_2) =$ _____。

9. 设 X 服从区间 $(0, 1)$ 上的均匀分布，则其概率密度函数是_____。

10. 设 (X, Y) 在区域 $D = \{(x, y) \mid 0 < x < 1, 0 < y < 1\}$ 上服从均匀分布，则其联合密度函数是_____。

11. 设 x_0 为连续型随机变量 X 的上侧 0.05 分位数，则 x_0 也是 X 的_____分位数。

12. 设随机变量 $X \sim N(\mu, 1)$，则 X 的中位数是_____。

13. 设随机变量 $Y \sim \text{Exp}(1)$，α 为常数且大于零，则 $P(Y \leqslant \alpha + 1 \mid Y > \alpha) =$ _____。

14. 设随机变量 $Y \sim \text{Exp}(\lambda)$，则 $P(Y > \sqrt{D(Y)}) =$ _____。

15. 设随机变量 X, Y 相互独立，$X \sim N(1, 1)$，$Y \sim N(-1, 2)$，则 $2X - Y$ 的分布是_____。

二、选择题

1. 设 $f_1(x)$ 为标准正态分布的概率密度，$f_2(x)$ 为 $[-1, 3]$ 上的均匀分布的概率密度，若 $f(x) = \begin{cases} af_1(x) & x \leqslant 0 \\ bf_2(x) & x > 0 \end{cases}$ $(a, b > 0)$ 为概率密度，则 a, b 应满足（ ）。

A. $2a + 3b = 4$ B. $3a + 2b = 4$

C. $a + b = 1$ D. $a + b = 2$

2. 设随机变量 X 服从正态分布 $N(\mu_1, \sigma_1^2)$，Y 服从正态分布 $N(\mu_2, \sigma_2^2)$，且 $P(|X-\mu_1| < 1) > P(|Y-\mu_2| < 1)$，则必有（　　）。

A. $\sigma_1 < \sigma_2$ 　　　　　　　　　　　B. $\sigma_1 > \sigma_2$

C. $\mu_1 < \mu_2$ 　　　　　　　　　　　D. $\mu_1 > \mu_2$

3. 设连续型随机变量 X_1 与 X_2 相互独立，且方差均存在，X_1 与 X_2 的概率密度函数分别为 $f_1(x)$，$f_2(x)$。随机变量 Y_1 的概率密度为 $f_{Y_1}(y) = \dfrac{1}{2}[f_1(y) + f_2(y)]$，随机变量 $Y_2 = \dfrac{1}{2}(X_1 + X_2)$，则（　　）。

A. $E(Y_1) > E(Y_2)$，$D(Y_1) > D(Y_2)$ 　　B. $E(Y_1) = E(Y_2)$，$D(Y_1) = D(Y_2)$

C. $E(Y_1) = E(Y_2)$，$D(Y_1) < D(Y_2)$ 　　D. $E(Y_1) = E(Y_2)$，$D(Y_1) > D(Y_2)$

4. 设随机变量 $X_1 \sim N(0, 1)$，$X_2 \sim N(0, 4)$，$X_3 \sim N(5, 9)$，$p_i = P(-2 < X_i < 2)$，则（　　）。

A. $p_1 > p_2 > p_3$ 　　　　　　　　　　B. $p_2 > p_1 > p_3$

C. $p_3 > p_1 > p_2$ 　　　　　　　　　　D. $p_1 > p_3 > p_2$

5. 已知随机变量 X，Y 相互独立，$X \sim N(0, 1)$，Y 的概率分布律为

Y	0	1
p_i	0.25	0.75

$F_Z(z)$ 为随机变量 $Z = XY$ 的分布函数，则其间断点有（　　）个。

A. 0 　　　　　B. 1 　　　　　C. 2 　　　　　D. 3

6. 设随机变量 X 的分布函数为 $F(x) = 0.3\Phi(x) + 0.7\Phi\left(\dfrac{x-1}{2}\right)$，其中 $\Phi(x)$ 为标准正态分布的分布函数，则 $E(X) = $（　　）。

A. 0 　　　　　B. 0.3 　　　　　C. 0.7 　　　　　D. 1

7. 将一枚硬币重复抛掷 n 次，以 X 和 Y 分别表示正面向上和反面向上的次数，则 X 和 Y 的相关系数等于（　　）。

A. -1 　　　　　B. 0 　　　　　C. 0.5 　　　　　D. 1

8. 设 $F_1(X)$，$F_2(X)$ 为两个分布函数，其相应的概率密度函数为 $f_1(x)$，$f_2(x)$，则必为概率密度函数的是（　　）。

A. $f_1(x)f_2(x)$ 　　　　　　　　　　　B. $2f_2(x)F_1(x)$

C. $f_1(x)F_2(x)$ 　　　　　　　　　　　D. $f_1(x)F_2(x) + f_2(x)F_1(x)$

9. 对于任意两个随机变量 X，Y，若 $D(X+Y) = D(X) + D(Y)$，则（　　）。

A. X，Y 相互独立 　　　　　　　　　B. X，Y 不相互独立

C. $D(XY) = D(X) \cdot D(Y)$ 　　　　　　D. $E(XY) = E(X) \cdot E(Y)$

10. 设随机变量 X，Y 都服从正态分布，且它们不相关，则（　　）。

A. X，Y 相互独立 　　　　　　　　　B. (X, Y) 服从二维正态分布

C. X，Y 未必独立 　　　　　　　　　D. $X + Y$ 服从一维正态分布

1. 确定下列函数中的常数 A，使之成为密度函数：

(1) $f(x) = Ae^{-|x|}$，$-\infty < x < +\infty$

(2) $f(x) = \begin{cases} A\cos x & -\dfrac{\pi}{2} < x < \dfrac{\pi}{2} \\ 0 & \text{其他} \end{cases}$

(3) $f(x) = \begin{cases} Ax^2 e^{-kx} & x > 0 \\ 0 & x \leqslant 0 \end{cases}$ $(k > 0)$

(4) $f(x) = \begin{cases} \dfrac{Ax}{(1+x)^4} & x > 0 \\ 0 & x \leqslant 0 \end{cases}$

2. 某城市每天用电量不超过百万度，以 X 表示每天的耗电率（用电量除以百万度），它具有概率密度函数：

$$f(x) = \begin{cases} 12x(1-x)^2 & 0 < x < 1 \\ 0 & \text{其他} \end{cases}$$

若该城市每天的供电量仅 80 万度，求供电量不够需要的概率。如每天供电量为 90 万度呢？

3. 设随机变量 ξ 服从 $(0, 5)$ 上的均匀分布，求方程 $4x^2 + 4\xi x + \xi + 2 = 0$ 有实根的概率。

4. 设随机变量 X 服从标准正态分布。求：

(1) $P(0.02 < X < 2.33)$；

(2) $P(-1.85 < X < 0.01)$；

(3) $P(-2.80 < X < -1.21)$。

5. 设随机变量 X 服从正态分布 $N(108, 9)$。求：

(1) $P(101.1 < X < 117.6)$；

(2) 求常数 a，使 $P(X < a) = 0.90$；

(3) 求常数 a，使 $P(|X - a| > a) = 0.01$。

6. 设某类电子管的寿命（单位：小时）具有概率密度函数 $f(x) = \begin{cases} \dfrac{100}{x^2} & x > 100 \\ 0 & x \leqslant 100 \end{cases}$，求三个

这样的电子管独立使用 150 小时，没有一个损坏的概率。

7. 设随机变量 X 服从 $(0, 5)$ 上的均匀分布，求对 X 进行 4 次独立重复观察中，至少有 2 次的观测值小于 2 的概率。

8. 顾客在某银行的窗口等待服务的时间 T（单位：分钟）服从 $\lambda = 0.1$ 的指数分布，一位顾客在窗口等待服务，若超过 20 分钟他就离开。他一个月要到银行 3 次，求他一个月中至少有 1 次没有等到服务而离开窗口的概率。

9. 设 $X \sim \text{Exp}(\lambda)$，求下面各随机变量的概率密度：(1) $2X-3$；(2) X^3；(3) X^2。

10. 设随机变量 X 服从 $(-1, 1)$ 上的均匀分布，求下面各随机变量的概率密度：(1) $2X-3$；(2) $1-2X$；(3) X^3。

11. 设随机变量 X 服从 $(0, 1)$ 上的均匀分布，求 $Y=-2\ln X$ 的概率密度函数。

12. 设随机变量 X 服从正态分布 $N(0, 1)$，求 $Y=|X|$ 的概率密度函数。

13. 设随机变量 X 服从正态分布 $N(\mu, \sigma)$，求 $Y=\text{e}^X$ 的概率密度函数。

14. 设随机变量 (X, Y) 的联合概率密度函数为

$$f(x, y) = \begin{cases} cxy^2 & 0 < x < 1, \, 0 < y < 1 \\ 0 & \text{其他} \end{cases}$$

求：(1) 常数 c；(2) $P(X \leqslant 0.5, Y \leqslant 0.5)$；(3) $P(Y \leqslant 0.5)$；(4) $P(X \leqslant Y)$。

15. 设随机变量 (X, Y) 的联合概率密度函数为

$$f(x, y) = \begin{cases} k\text{e}^{-3x-4y} & x > 0, \, y > 0 \\ 0 & \text{其他} \end{cases}$$

求：(1) 常数 k；(2) $P(0 < X < 1, 0 < Y < 1)$；(3) $P(X+Y < 1)$。

16. 设随机变量 (X, Y) 服从区域 $D = \{(x, y) \mid x^2 < y < x, 0 < x < 1\}$ 上的均匀分布，写出其联合概率密度函数及其边缘概率密度函数。

17. 设随机变量 (X, Y) 的联合概率密度函数为

$$f(x, y) = \begin{cases} 4xy & 0 < x < 1, \, 0 < y < 1 \\ 0 & \text{其他} \end{cases}$$

(1) 求边缘概率密度；(2) 判别 X, Y 的独立性。

18. 设随机变量 (X, Y) 的联合概率密度函数为

$$f(x, y) = \begin{cases} 12\text{e}^{-3x-4y} & x > 0, \, y > 0 \\ 0 & \text{其他} \end{cases}$$

(1) 求边缘概率密度；(2) 判别 X, Y 的独立性。

19. 设随机变量 (X, Y) 的联合概率密度函数为

$$f(x, y) = \begin{cases} 24y(1-x-y) & x > 0, \, y > 0, \, x+y < 1 \\ 0 & \text{其他} \end{cases}$$

求 $X = \dfrac{1}{2}$ 的条件下 Y 的条件概率密度函数。

20. 设随机变量 (X, Y) 的联合概率密度函数为

$$f(x, y) = \begin{cases} 3x & 0 < y < x, \, 0 < x < 1 \\ 0 & \text{其他} \end{cases}$$

求 $Z = X+Y$ 的概率密度函数。

21. 设随机变量 X, Y 相互独立，且分别服从正态分布 $N(720, 30^2)$，$N(640, 25^2)$，求概率 $P(X > Y)$，$P(X+Y > 1400)$。

22. 设 $X \sim \text{Exp}(\lambda)$，$Y \sim \text{Exp}(2\lambda)$，并且 X，Y 相互独立,求下面各随机变量的概率密度：
(1) X 和 Y 中较大者；(2) X 和 Y 中较小者。

23. 设随机变量 X 与 Y 相互独立,并且都服从 $(0,1)$ 上的均匀分布,求下面各随机变量的概率密度：(1) X 和 Y 中较大者；(2) X 和 Y^3 中较小者。

24. 设随机变量 X 具有概率密度：

$$f(x) = \begin{cases} 0.02\mathrm{e}^{-0.02x} & x > 0 \\ 0 & x \leqslant 0 \end{cases}$$

求 $E(2X+10)$，$D(2X+10)$。

25. 设随机变量 X 具有概率密度

$$f(x) = \begin{cases} \dfrac{2}{\pi}\cos^2 x & |x| \leqslant \dfrac{\pi}{2} \\ 0 & |x| > \dfrac{\pi}{2} \end{cases}$$

求 $E(X)$，$D(X)$。

26. 设随机变量 X 具有概率密度

$$f(x) = \begin{cases} Ax^{\alpha}\mathrm{e}^{-\frac{x}{\beta}} & x > 0 \\ 0 & x \leqslant 0 \end{cases} \quad (\alpha > -1, \beta > 0)$$

求常数 A，$E(X)$，$D(X)$。

27. 设随机变量 X 具有概率密度

$$f(x) = \begin{cases} 6x(1-x) & 0 < x < 1 \\ 0 & x \leqslant 0 \end{cases}$$

求 $P(|X - E(X)| < 2\sqrt{D(X)})$。

28. 设随机变量 X 服从 $(-0.5, 0.5)$ 上的均匀分布,求 $Y = \sin(\pi X)$ 的数学期望与方差。

29. 设随机变量 (X, Y) 的联合概率密度函数为

$$f(x, y) = \begin{cases} 2 - x - y & 0 < x < 1, 0 < y < 1 \\ 0 & \text{其他} \end{cases}$$

求 $E(X)$，$E(Y)$，$\text{Cov}(X, Y)$，以及相关系数 ρ_{XY}。

30. 设随机变量 (X, Y) 的联合概率密度函数为

$$f(x, y) = \begin{cases} 1 & 0 < x < 1, |y| < x \\ 0 & \text{其他} \end{cases}$$

求 $E(X)$，$E(Y)$，$\text{Cov}(X, Y)$，$D(X+Y)$。

31. 设随机变量 (X, Y) 的联合概率密度函数为

$$f(x, y) = \begin{cases} \dfrac{1}{\pi} & x^2 + y^2 \leqslant 1 \\ 0 & \text{其他} \end{cases}$$

试验证 X 和 Y 是不相关的,但 X 和 Y 不是相互独立的。

32. 设随机变量 $X \sim \text{Exp}(1)$,求 $P\left(\max\left(X, \dfrac{1}{X}\right) \leqslant 2\right)$。

33. 设随机变量 $X \sim N(0, 1)$,$Y \sim N(1, 1)$,并且相互独立,令

$$U = 2X + Y, \quad V = 2X - Y$$

求相关系数 ρ_{UV}。

34. 设随机变量 X 和 Y 相互独立,并且都服从标准指数分布,令

$$U = 2X + Y, \quad V = 4X - 3Y$$

求相关系数 ρ_{UV}。

35. 设随机变量 X,Y 和 Z 相互独立,$X \sim \text{Exp}(1)$,$Y \sim N(0, 1)$,$Z \sim U(0, 1)$,求 $V = 4X - 3Y + Z$ 的数学期望、方差和标准差。

36. 设随机变量 (X, Y) 的联合概率密度函数为

$$f(x, y) = \begin{cases} \dfrac{x+y}{3} & 0 < x < 1, 0 < y < 2 \\ 0 & \text{其他} \end{cases}$$

求 $D(2X - 3Y + 7)$。

37. 设随机变量 X,Y 相互独立,$X \sim N(1, 1)$,$Y \sim N(-1, 2)$,求 $P(2X - Y > 3)$。

38. 设 (X, Y) 在区域 $D = \{(x, y) \mid 0 < x < 1, 0 < y < 1\}$ 上服从均匀分布,令

$$Z = \text{Max}(X, Y)$$

求 $E(Z)$。

39. 设随机变量 X,Y 的概率密度分别为

$$f_X(x) = \dfrac{1}{\sqrt{\pi}} e^{-(x^2 + 4x + 4)}, \quad f_Y(y) = \dfrac{1}{\sqrt{\pi}} e^{-y^2}$$

求 $E(3X + 4Y^2)$。

40. 假设上题中的 X,Y 是相互独立的,求 $P(|Y - X - 2| \leqslant 1)$。

习 题 C

1. 一个电子部件包含两个主要元件,分别以 X,Y 表示这两个元件的寿命(单位:小时),设 (X, Y) 的分布函数为

$$F(x, y) = \begin{cases} 1 - e^{-0.01x} - e^{-0.01y} + e^{-0.01(x+y)} & x, y \geqslant 0 \\ 0 & \text{其他} \end{cases}$$

求两个元件的寿命都超过 120 小时的概率。

2. 设 $f_1(x)$，$f_2(y)$ 都是一维随机变量的概率密度函数，为使

$$f(x, y) = f_1(x)f_2(y) + h(x, y)$$

成为二维随机变量的概率密度函数，$h(x, y)$ 必须且只需满足什么条件？

3. 设随机变量 (X, Y) 服从单位圆 $x^2 + y^2 \leqslant 1$ 上的均匀分布，求条件密度 $f_{X|Y}(x \mid y)$，$f_{Y|X}(y \mid x)$。

4. 设随机变量 X 的分布函数 $F_X(x)$ 为严格单调的连续函数，证明：$Y = F_X(X)$ 服从 $[0, 1]$ 上的均匀分布。

5. 设随机变量 X 的概率密度函数

$$f(x) = \begin{cases} \dfrac{x^2}{9} & 0 < x < 3 \\ 0 & \text{其他} \end{cases}$$

令随机变量 $Y = \begin{cases} 2 & X \leqslant 1 \\ X & 1 < X < 2 \\ 1 & X \geqslant 2 \end{cases}$，求 Y 的分布函数，并求 $P(X \leqslant Y)$。

6. 设随机变量 (X, Y) 的联合概率密度函数为

$$f(x, y) = \begin{cases} e^{-x} & 0 < y < x \\ 0 & \text{其他} \end{cases}$$

求条件概率密度 $f_{Y|X}(y \mid x)$，并求条件概率 $P\{X \leqslant 1 \mid Y \leqslant 1\}$。

7. 设随机变量 (X, Y) 的联合概率密度函数为

$$f(x, y) = Ae^{-2x^2 + 2xy - y^2} \quad (-\infty < x < +\infty, -\infty < y < +\infty)$$

求常数 A 以及条件概率密度 $f_{Y|X}(y \mid x)$。

8. 设随机变量 (X, Y) 的联合概率密度函数为

$$f(x, y) = \begin{cases} 2 - x - y & 0 < x < 1, 0 < y < 1 \\ 0 & \text{其他} \end{cases}$$

求 $P(X > 2Y)$，并求 $Z = X + Y$ 的概率密度函数。

9. 设随机变量 X, Y 相互独立，X 的概率分布律为

$$P(X = i) = \frac{1}{3} \quad (i = -1, 0, 1)$$

Y 的概率密度为

$$f_Y(y) = \begin{cases} 1 & 0 \leqslant y \leqslant 1 \\ 0 & \text{其他} \end{cases}$$

记 $Z = X + Y$，求：(1) $P\left(Z \leqslant \dfrac{1}{2} \mid X = 0\right)$；(2) Z 的概率密度 $f_Z(z)$。

10. 设随机变量 X 的概率密度为

$$f_X(x) = \begin{cases} 0.5 & -1 < x < 0 \\ 0.25 & 0 \leqslant x < 2 \\ 0 & \text{其他} \end{cases}$$

令 $Y = X^2$，$F(x, y)$ 为二维随机变量 (X, Y) 的分布函数。求：(1) Y 的概率密度函数；(2) $F(-0.5, 4)$。

11. 某人写了 n 封投向不同地址的信，再写标有这 n 个地址的信封，然后在每个信封内随意装入一封信，若一封信装入标有该信地址信封，则成为一个配对。试求信与地址配对的个数的数学期望与方差。

12. 设随机变量 (X, Y) 的联合分布在以点 $(0, 1)$，$(1, 0)$，$(1, 1)$ 为顶点的三角形区域上服从均匀分布，试求 $U = X + Y$ 的方差。

13. 设二维随机变量 (X, Y) 的概率密度函数为 $f(x, y) = \dfrac{1}{2}\left[\varphi_1(x, y) + \varphi_2(x, y)\right]$，其中 $\varphi_1(x, y)$，$\varphi_2(x, y)$ 都是二维正态分布，且它们对应的二维随机变量的相关系数分别为 $\dfrac{1}{3}$，$-\dfrac{1}{3}$，它们的边缘密度函数所对应的随机变量的数学期望都是 0，方差都是 1。(1) 求随机变量 X 和 Y 的边缘密度函数 $f_X(x)$，$f_Y(y)$；(2) 求相关系数 ρ_{XY}；(3) X 和 Y 是否独立？为什么？

14. 设国际市场上对某种出口商品每年的需求量 X（单位：吨）是随机变量，它服从区间 $(2\,000, 4\,000)$ 上的均匀分布。每销售一吨商品，可为国家赚取外汇 3 万元；若销售不出，则每吨商品需花储存费 1 万元。问应组织多少货源，才能使国家收益最大？

第4章
大数定律与中心极限定理

对于随机变量 X_1，X_2，$\cdots$，X_n，称

$$\overline{X}_n = \frac{1}{n} \sum_{k=1}^{n} X_k$$

为算术平均。

随机变量的算术平均是一个重要的随机变量，在数理统计中，它被称为样本均值。陈希孺院士指出：一部数理统计学的历史，就是从纵横两个方面对算术平均进行不断深入的研究的历史。本章将从两个方面来研究它的性质：第一，我们将研究随机变量的算术平均与数学期望的平均值之间的关系，大数定律告诉我们，只要 n 足够的大，随机变量的算术平均的取值就稳定于数学期望的平均值；第二，我们将研究随机变量的算术平均的分布函数，通常这是很困难的（除了一些特别的情况，比如正态分布、0-1分布等），并且即使能够求出来，其分布函数也很可能是相当复杂的，但是当我们把 n 放大到无穷大时，奇妙的事情发生了，标准化的算术平均的分布函数总是趋近于标准正态分布的分布函数，这就是中心极限定理。

§4.1 大数定律

定理 4.1（切比雪夫大数定律） 设随机变量 X_1，X_2，$\cdots$，X_n，$\cdots$ 相互独立，且存在期望和方差：$E(X_k) = \mu_k$，$D(X_k) = \sigma_k^2$，$k = 1, 2, \cdots$，并且 $\sigma_k^2 (k = 1, 2, \cdots)$ 一致有界，作前 n 个随机变量的算术平均：

$$\overline{X}_n = \frac{1}{n} \sum_{k=1}^{n} X_k$$

则对任意的 $\varepsilon > 0$，有

$$\lim_{n \to \infty} P\{|\overline{X}_n - \mu| < \varepsilon\} = 1 \qquad (4.1)$$

其中 $\mu = \dfrac{\sum\limits_{k=1}^{n} \mu_k}{n}$ 为数学期望的平均值。

意义　在定理证明之前,我们先了解一下切比雪夫大数定律的含义。此处有一算术平均序列: $\overline{X}_1$, $\overline{X}_2$, …, $\overline{X}_n$, …, $|\overline{X}_n-\mu|<\varepsilon$ 意味着 $\overline{X}_n$ 的任意一个取值能够与 μ 充分接近,这本是一个可能性不大的事件,但是(4.1)式表明,只要 n 充分大, $\overline{X}_n$ 的任意取值都与 μ 充分接近的事件是几乎肯定发生的,通常表述为:当 n 充分大时, $\overline{X}_n$ 的取值稳定于 μ。

证明　由于

$$E(\overline{X}_n)=E\left(\frac{1}{n}\sum_{k=1}^{n}X_k\right)=\frac{1}{n}\sum_{k=1}^{n}\mu_k=\mu$$

$$D(\overline{X}_n)=D\left(\frac{1}{n}\sum_{k=1}^{n}X_k\right)=\frac{1}{n^2}\sum_{k=1}^{n}D(X_k)=\frac{1}{n^2}\sum_{k=1}^{n}\sigma_k^2$$

因为 $\sigma_k^2(k=1,2,\cdots)$ 有界,所以存在一常数 $c>0$,使得 $\sigma_k^2\leqslant c$,于是,

$$D(\overline{X}_n)\leqslant\frac{1}{n^2}\sum_{k=1}^{n}c=\frac{c}{n}$$

由切比雪夫不等式, $P\{|\overline{X}_n-\mu|<\varepsilon\}\geqslant1-\frac{c}{n\varepsilon^2}$。令 $n\to\infty$,由夹逼准则,可得 $\lim\limits_{n\to\infty}P\{|\overline{X}-\mu|<\varepsilon\}=1$。

定义 4.1（依概率收敛）　设 X_1, X_2, …, X_n, … 是一列随机变量, a 是一个常数,若对任意的 $\varepsilon>0$,有

$$\lim\limits_{n\to\infty}P\{|X_n-a|<\varepsilon\}=1$$

则称 X_n 依概率收敛于 a,记作 $X_n\xrightarrow{P}a(n\to\infty)$。

式(4.1)可记作 $\overline{X}_n\xrightarrow{P}\mu(n\to\infty)$。

定理 4.2（伯努利大数定律）　设 n_A 是 n 次独立重复试验中随机事件 A 发生的次数, p 是随机事件 A 在每次试验中发生的概率,则对任意的 $\varepsilon>0$,有

$$\lim\limits_{n\to\infty}P\left\{\left|\frac{n_A}{n}-p\right|<\varepsilon\right\}=1 \tag{4.2}$$

证明　可利用切比雪夫大数定律来证明。

引入示性变量:

$$X_k=\begin{cases}1 & A\text{ 在第 }k\text{ 次试验中发生}\\0 & \text{否则}\end{cases}\quad(k=1,2,\cdots,n)$$

则 X_1, X_2, …, X_n 是相互独立的,且都服从伯努利分布 $B(1,p)$,并且 $n_A=X_1+X_2+\cdots+X_n$,且 $E(X_k)=p$, $D(X_k)=p(1-p)$。由切比雪夫大数定律可知,

$$\lim\limits_{n\to\infty}P\left\{\left|\frac{1}{n}(X_1+X_2+\cdots+X_n)-p\right|<\varepsilon\right\}=1$$

即

$$\lim_{n\to\infty}P\left\{\left|\frac{n_A}{n}-p\right|<\varepsilon\right\}=1$$

伯努利大数定律表明,当独立重复的试验次数无限增大时,事件发生的频率$\frac{n_A}{n}$无限接近于事件发生的概率$\left(\frac{n_A}{n}\xrightarrow{P}p\right)$,从严格意义上确保了频率的"稳定性"。在实际应用中,当试验次数很大时,就可以用频率代替概率。

切比雪夫大数定律要求随机变量X_1,X_2,$\cdots$,X_n,$\cdots$的方差存在,但是在同分布的场合,这一条件并不需要。

定理 4.3(辛钦大数定律) 设随机变量X_1,X_2,$\cdots$,X_n,$\cdots$相互独立,服从同一分布,且具有数学期望$E(X_k)=\mu$,$k=1,2,\cdots$,则对任意的$\varepsilon>0$,有

$$\lim_{n\to\infty}P\left\{\left|\frac{1}{n}\sum_{k=1}^{n}X_k-\mu\right|<\varepsilon\right\}=1 \tag{4.3}$$

定理 4.3 说明n次试验的均值会"稳定"于随机变量的期望$\left(\overline{X}\xrightarrow{P}\mu\right)$,这为估计期望值提供了一条实际可行的途径。

例 4.1 设随机变量X_1,X_2,$\cdots$,X_n,$\cdots$相互独立,服从区间$(0,1)$上的均匀分布,则根据辛钦大数定律,有

$$\lim_{n\to\infty}P\left\{\left|\frac{1}{n}\sum_{k=1}^{n}X_k-\frac{1}{2}\right|<\varepsilon\right\}=1$$

另外一个比较困难的结果是

$$\lim_{n\to\infty}P\left\{\left|\frac{1}{n}\sum_{k=1}^{n}X_k^2-\frac{1}{3}\right|<\varepsilon\right\}=1 \tag{4.4}$$

计算过程为:因为X_1,X_2,$\cdots$,X_n,$\cdots$相互独立并且服从同一分布,所以X_1^2,X_2^2,$\cdots$,X_n^2,$\cdots$也相互独立并且服从同一分布,$E(X_k^2)=\int_0^1 x^2\mathrm{d}x=\frac{1}{3}$,利用辛钦大数定律即得结果(4.4)。

§4.2 中心极限定理

视频:中心
极限定理

在上节中,我们讨论了随机变量的算术平均在一定条件下依概率收敛的情况,接下来我们将讨论算术平均的分布函数的收敛情况。

设随机变量X_1,X_2,$\cdots$,X_n,$\cdots$相互独立,服从同一分布(以后简称为独立同分布),且具有数学期望和方差为$E(X_k)=\mu$,$D(X_k)=\sigma^2$,$k=1,2,\cdots$,则算术平均$\overline{X}_n$的期望和方差是

$$E(\overline{X}_n)=\mu,\quad D(\overline{X}_k)=\sigma^2/n$$

于是 $\overline{X}_n$ 的标准化变量为

$$Y_n = \frac{\overline{X}_n - \mu}{\sigma/\sqrt{n}} = \frac{\sum\limits_{k=1}^{n} X_k - n\mu}{\sqrt{n}\sigma}$$

所以 Y_n 也是 $\sum\limits_{k=1}^{n} X_k$ 的标准化变量，$E(Y_n) = 0$，$D(Y_n) = 1$，现在我们来考虑 Y_n 的分布函数。

除了一些具有可加性的分布以外，直接计算 Y_n 的分布函数显然是相当困难的，比如当 X_1，X_2，$\cdots$，X_n 独立同分布于标准均匀分布时，让你求 $Y_{20} = \dfrac{\sum\limits_{k=1}^{20} X_k - 20\mu}{\sqrt{20}\sigma}$ 的分布函数是多么的困难，更加令你沮丧的是，你可能千辛万苦求出了 Y_{20} 的分布函数，但是函数表达式却是十分复杂的，根本没有使用价值。

事情的转机出现在极限的视角，当我们把 n 无限增大时，Y_n 的分布函数不但没有随之变得更加复杂，反而变得出奇的简单和美好：Y_n 的分布函数收敛于标准正态分布函数。这个结果是由林德伯格和列维共同给出的。

定理 4.4（林德伯格-列维中心极限定理）　设随机变量 X_1，X_2，$\cdots$，X_n，$\cdots$ 独立同分布，且具有数学期望和方差 $E(X_k) = \mu$，$D(X_k) = \sigma^2$，$k = 1$，2，$\cdots$，则随机变量之和 $\sum\limits_{k=1}^{n} X_k$ 的标准化变量

$$Y_n = \frac{\sum\limits_{k=1}^{n} X_k - E\left(\sum\limits_{k=1}^{n} X_k\right)}{\sqrt{D\left(\sum\limits_{k=1}^{n} X_k\right)}} = \frac{\sum\limits_{k=1}^{n} X_k - n\mu}{\sqrt{n}\sigma}$$

的分布函数 $F_n(x)$ 对于任意 x 满足：

$$\lim_{n \to \infty} F_n(x) = \lim_{n \to \infty} P\left\{ \frac{\sum\limits_{k=1}^{n} X_k - n\mu}{\sqrt{n}\sigma} \leqslant x \right\}$$

$$= \int_{-\infty}^{x} \frac{1}{\sqrt{2\pi}} e^{-t^2/2} \mathrm{d}t = \Phi(x)$$

注 4.1　（1）如果 Y_n 的分布函数收敛于标准正态分布函数，我们称 Y_n 的渐近分布为标准正态分布，记为 $Y_n \overset{\cdot}{\sim} N(0, 1)$。

（2）根据正态分布与标准正态分布的关系容易得到，当 $Y_n \overset{\cdot}{\sim} N(0, 1)$ 时，则 $\sum\limits_{k=1}^{n} X_k \overset{\cdot}{\sim} N(n\mu, n\sigma^2)$，$\overline{X}_n \overset{\cdot}{\sim} N\left(\mu, \dfrac{\sigma^2}{n}\right)$。

（3）可以利用定理 4.4 来近似计算 $\sum_{k=1}^{n} X_k$ 或者 $\overline{X}_n$ 落入某区间的概率：

$$P\left\{\frac{\sum_{k=1}^{n} X_k - n\mu}{\sqrt{n}\sigma} \leqslant x\right\} = P\left\{\frac{\overline{X}_n - \mu}{\sigma/\sqrt{n}} \leqslant x\right\} \approx \Phi(x)$$

$n \geqslant 45$ 时近似效果就比较好了。

例 4.2 根据中心极限定理，不难得到以下结果：

（1）当 $X_1, X_2, \cdots, X_n$ 独立同分布于伯努利分布 $B(1, p)$ 时，此时 $\mu = p$，$\sigma^2 = p(1-p)$，所以有

$$Y_n = \frac{\sum_{k=1}^{n} X_k - np}{\sqrt{np(1-p)}} \stackrel{.}{\sim} N(0, 1), \quad \overline{X}_n \stackrel{.}{\sim} N\left(p, \frac{p(1-p)}{n}\right)$$

（2）当 $X_1, X_2, \cdots, X_n$ 独立同分布于标准均匀分布时，此时 $\mu = \frac{1}{2}$，$\sigma^2 = \frac{1}{12}$，所以有

$$Y_n = \frac{\sum_{k=1}^{n} X_k - 0.5n}{\sqrt{n/12}} \stackrel{.}{\sim} N(0, 1), \quad \overline{X}_n \stackrel{.}{\sim} N\left(0.5, \frac{1}{12n}\right)$$

（3）当 $X_1, X_2, \cdots, X_n$ 独立同分布于指数分布 $\mathrm{Exp}(\lambda)$ 时，此时 $\mu = \frac{1}{\lambda}$，$\sigma^2 = \frac{1}{\lambda^2}$，所以有

$$Y_n = \frac{\sum_{k=1}^{n} X_k - n/\lambda}{\sqrt{n}/\lambda} \stackrel{.}{\sim} N(0, 1), \quad \overline{X}_n \stackrel{.}{\sim} N\left(\frac{1}{\lambda}, \frac{1}{n\lambda^2}\right)$$

定理 4.5（棣莫弗-拉普拉斯中心极限定理） 设随机变量 $\eta_n(n = 1, 2, \cdots)$ 服从参数为 n，$p(0 < p < 1)$ 的二项分布，则对任意 x，有

$$\lim_{n \to \infty} P\left\{\frac{\eta_n - np}{\sqrt{np(1-p)}} \leqslant x\right\} = \int_{-\infty}^{x} \frac{1}{\sqrt{2\pi}} e^{-t^2/2} \mathrm{d}t = \Phi(x)$$

例 4.3 设一批同型号的零件有 5 000 只，它们的重量都是随机变量，相互独立且服从相同的分布，其数学期望为 0.5 kg，标准差为 0.1 kg。问这批零件的总重量超过 2 510 kg 的概率是多少？

解 设第 k 只零件的重量为 X_k，则 $X_1, X_2, \cdots, X_{5\,000}$ 独立同分布，由定理 4.4 可知 $\sum_{k=1}^{5\,000} X_k$ 近似服从 $N(2\,500, 50)$，于是

$$P\left\{\sum_{k=1}^{5\,000} X_k > 2\,510\right\} = P\left\{\frac{\displaystyle\sum_{k=1}^{5\,000} X_k - 2\,500}{\sqrt{50}} > \frac{2\,510 - 2\,500}{\sqrt{50}}\right\}$$

$$= 1 - P\left\{\frac{\displaystyle\sum_{k=1}^{5\,000} X_k - 2\,500}{\sqrt{50}} \leqslant \sqrt{2}\right\}$$

$$\approx 1 - \Phi(\sqrt{2}) = 0.078\,6$$

棣莫弗-拉普拉斯中心极限定理是专门针对二项分布的,它可以看成林德伯格-列维中心极限定理的特例。事实上,根据二项分布的可加性,我们有:当 $X_1,X_2,\cdots,X_n$ 独立同分布于伯努利分布 $B(1,p)$ 时,$\sum_{k=1}^{n} X_k \sim B(n,p)$。

例 4.4　一个复杂系统由 100 个相互独立的元件构成,每个元件正常工作的概率为 0.9,且至少有 80% 的元件工作系统才正常工作。问该系统正常工作的概率有多大?

解　设 X 为系统正常工作的元件个数,则 X 服从二项分布 $B(100,0.9)$,该系统正常工作的概率为 $P(100 \times 80\% \leqslant X \leqslant 100)$。

由定理 4.5,X 近似服从正态分布 $N(90,9)$,从而

$$P(100 \times 80\% \leqslant X \leqslant 100) = P\left(\frac{80-90}{3} \leqslant \frac{X-90}{3} \leqslant \frac{100-90}{3}\right)$$

$$\approx \Phi\left(\frac{10}{3}\right) - \Phi\left(-\frac{10}{3}\right) = 0.999$$

把定理 4.4 中的条件 "独立同分布" 去掉,林德伯格-列维中心极限定理可以推广到李雅普诺夫定理。

定理 4.6*（**李雅普诺夫定理**）　设随机变量 $X_1,X_2,\cdots,X_n,\cdots$ 相互独立,它们具有数学期望和方差

$$E(X_k) = \mu_k,\ D(X_k) = \sigma_k^2,\ k = 1,2,\cdots$$

记
$$B_n^2 = \sum_{k=1}^{n} \sigma_k^2$$

若存在正数 δ,使得当 $n \to \infty$ 时,有

$$\frac{1}{B_n^{2+\delta}} \sum_{k=1}^{n} E\{|X_k - \mu_k|^{2+\delta}\} \to 0$$

则随机变量之和 $\sum_{k=1}^{n} X_k$ 的标准化变量

$$Y_n = \frac{\displaystyle\sum_{k=1}^{n} X_k - \sum_{k=1}^{n} \mu_k}{B_n}$$

的分布函数 $F_n(x)$ 对于任意 x，满足

$$\lim_{n \to \infty} F_n(x) = \lim_{n \to \infty} P\left\{ \frac{\sum_{k=1}^{n} X_k - \sum_{k=1}^{n} \mu_k}{B_n} \leqslant x \right\}$$

$$= \int_{-\infty}^{x} \frac{1}{\sqrt{2\pi}} e^{-t^2/2} dt = \Phi(X)$$

定理 4.6 表明，无论相互独立的随机变量 X_1，X_2，$\cdots$，X_n，$\cdots$ 服从什么分布，只要它们的二阶矩存在，并且满足该定理的条件，它们的和就渐近服从正态分布。这也是正态分布是最为常见的连续型分布的基本原因。在很多问题中，若要考虑的随机变量可以被表示为独立随机变量之和的形式，它往往近似服从正态分布。

公式解析与例题分析

一、公式解析

1. $\lim_{n \to \infty} P\left(|X_n - a| < \varepsilon \right) = 1$ (1)

解析 这是随机变量序列依概率收敛的定义式，公式中的 X_n 是随机变量序列 X_1，X_2，$\cdots$，X_n，$\cdots$ 的一般项，a 是常数，ε 是可以任意小的正数，$|X_n - a| < \varepsilon$ 表示事件"X_n 的取值与 a 充分接近"，公式(1)揭示了随机变量序列 X_1，X_2，$\cdots$，X_n，$\cdots$ 依概率收敛于 a 的本质：随着项数 n 的无限增大，事件"X_n 的取值与 a 充分接近"的发生概率无限接近于 1。

2. $\lim_{n \to \infty} P\left(\left| \frac{\sum_{i=1}^{n} X_i}{n} - \mu \right| < \varepsilon \right) = 1$ (2)

解析 公式(2)是大数定律的核心表达式，如果随机变量序列 X_1，X_2，$\cdots$，X_n，$\cdots$ 满足公式(2)，则称该随机变量序列服从大数定律。公式中的 $\frac{\sum_{i=1}^{n} X_i}{n}$ 称为随机变量序列的前 n 项的算术平均，$\mu = \frac{\sum_{i=1}^{n} E(X_i)}{n}$ 是随机变量序列的前 n 项的数学期望的平均值，公式(2)等价于

$$\frac{\sum_{i=1}^{n} X_i}{n} \xrightarrow{P} \frac{\sum_{i=1}^{n} E(X_i)}{n}$$

那么，满足什么条件的随机变量序列能够服从大数定律呢？切比雪夫大数定律给出的条件：随机变量序列的各项要相互独立，方差存在且一致有界。辛钦大数定律给出的条

件:随机变量序列的各项相互独立,有共同的概率分布,并且数学期望存在(方差可以不存在)。

3. $\lim\limits_{n\to\infty}P\Big(\dfrac{\sum\limits_{i=1}^{n}X_i-n\mu}{\sqrt{n}\sigma}\leqslant y\Big)=\Phi(y)$　　　　　　　　　　　(3)

解析　这是独立同分布中心极限定理的表达式,要求的条件:$X_1,X_2,\cdots,X_n$ 相互独立,有共同的概率分布,数学期望和方差都存在,因为各个 X_i 的概率分布相同,所以它们有相同的数学期望和方差,$E(X_i)=\mu,D(X_i)=\sigma^2$。

为了更好地理解公式(3),不妨记 $S_n=\sum\limits_{i=1}^{n}X_i$,则 $n\mu$ 是 S_n 的数学期望,$\sqrt{n}\sigma$ 是 S_n 的

标准差,于是 $\dfrac{\sum\limits_{i=1}^{n}X_i-n\mu}{\sqrt{n}\sigma}=\dfrac{S_n-E(S_n)}{\sqrt{D(S_n)}}$ 是 S_n 的标准化随机变量,公式的左边就是 S_n

的标准化随机变量的分布函数的极限,公式的右边 $\Phi(y)$ 是标准正态分布的分布函数。

不难看出,公式(3)可以等价表示为

$$\lim\limits_{n\to\infty}P\Big(\sum\limits_{i=1}^{n}X_i\leqslant y\Big)=\Phi\Big(\dfrac{y-n\mu}{\sqrt{n}\sigma}\Big)$$

但是这个表达式显然没有公式(3)更漂亮。

特别地,如果公式中的 $X_1,X_2,\cdots,X_n$ 都服从 $0-1$ 分布 $B(1,p)$,此时的 $\sum\limits_{i=1}^{n}X_i$ 就服

从二项分布 $B(n,p)$,$\mu=p,\sigma=\sqrt{p(1-p)}$,若记 $\eta_n=\sum\limits_{i=1}^{n}X_i$,则根据公式(3)可以写出

$$\lim\limits_{n\to\infty}P\Big(\dfrac{\eta_n-np}{\sqrt{np(1-p)}}\leqslant y\Big)=\Phi(y)$$

这样就得到了棣美弗—拉普拉斯中心极限定理。

尽管从逻辑上来看,棣美弗—拉普拉斯中心极限定理只不过是独立同分布中心极限定理的一个简单情形下的特例,但是它是概率论历史上第一个中心极限定理,它是专门针对二项分布的,因此称为"二项分布的正态逼近"。

二、例题分析

例 4.5　设随机变量序列 $X_1,X_2,\cdots,X_n,\cdots$ 独立同分布,$E(X_i)=0,D(X_i)=\sigma^2$,

$i=1,2\cdots$ 证明:$\dfrac{\sum\limits_{i=1}^{n}X_i^2}{n}\xrightarrow{P}\sigma^2$。

证明　令 $Y_i=X_i^2,i=1,2\cdots$,因为 $X_1,X_2,\cdots,X_n,\cdots$ 独立同分布,所以 $Y_1,Y_2,\cdots,$ $Y_n,\cdots$ 也独立同分布,$E(Y_i)=E(X_i^2)=\sigma^2,i=1,2\cdots$ 于是根据辛钦大数定律得

$$\frac{\sum_{i=1}^{n}Y_i}{n} \xrightarrow{P} \sigma^2 \quad \text{即} \quad \frac{\sum_{i=1}^{n}X_i^2}{n} \xrightarrow{P} \sigma^2。$$

例 4.6 在调查某个电视节目的收视率中,通常用被调查对象的全体中收看该电视节目的比率 r 作为真实收视率 p 的估计,为了能够有 95% 的把握保证调查所得的收视率 r 与真实收视率 p 的误差不大于 1%,问至少要调查多少人?

解 设共调查 n 人,令 X 表示"被调查的 n 人中观看该电视节目的人数",则 $X \sim B(n,p)$,根据棣美弗—拉普拉斯中心极限定理,得近似公式

$$P\left(\frac{X-np}{\sqrt{np(1-p)}} \leqslant y\right) \approx \Phi(y)$$

由于 $r=\dfrac{X}{n}$,所以 $P(|r-p| \leqslant 0.01) \geqslant 0.95$ 等价于 $P(|X-np| \leqslant 0.01n) \geqslant 0.95$,利用上面的近似公式,我们有

$$P(|X-np| \leqslant 0.01n) = P\left(-\frac{0.01n}{\sqrt{np(1-p)}} \leqslant \frac{X-np}{\sqrt{np(1-p)}} \leqslant \frac{0.01n}{\sqrt{np(1-p)}}\right)$$

$$\approx \Phi\left(\frac{0.01n}{\sqrt{np(1-p)}}\right) - \Phi\left(-\frac{0.01n}{\sqrt{np(1-p)}}\right)$$

$$= 2\Phi\left(\frac{0.01n}{\sqrt{np(1-p)}}\right) - 1$$

然后让 $2\Phi\left(\dfrac{0.01n}{\sqrt{np(1-p)}}\right) - 1 \geqslant 0.95$,得到 $\dfrac{0.01n}{\sqrt{np(1-p)}} \geqslant 1.96$,计算得 $n \geqslant 38\,416$ $p(1-p)$,由于 $p(1-p) \leqslant 0.5$,所以取 $n = 38\,416 \times 0.5 = 19\,208$,即至少要调查 19 208 人。

【阅读材料】

切比雪夫和切比雪夫大数定律的一个应用

切比雪夫(1821—1894,俄罗斯)16 岁进入莫斯科大学,1847 年进入彼得堡大学,两年后获得博士学位,1859 年当选为彼得堡科学院院士。

切比雪夫的左脚天生残疾,因而童年时代的他经常独处家中,养成了在孤单寂寞中思索的习惯。他有一位富有同情心的表姐,当其他的孩子在庄园中嬉戏的时候,表姐就教他唱歌、读法文和做算术。一直到临终,切比雪夫都把这位表姐的相片珍藏在身边。

19 世纪前,俄罗斯的数学是相当落后的,彼得堡科学院中数学方面的院士都是外国人,其中著名的有欧拉、尼古拉·伯努利、丹尼尔·伯努利和哥德巴赫等。俄罗斯没有自

己的数学家,没有大学,甚至没有一部像样的初等数学教科书。19 世纪上半叶,俄国才出现了罗巴切夫斯基和布尼亚可夫斯基等一些优秀的数学家,他们中的绝大部分是在国外接受数学训练的。切比雪夫就是在这样的历史背景下开始他的数学研究的,他是俄罗斯土生土长的数学家,他以自己卓越的才能和独有的人格魅力吸引了一批年轻的俄罗斯数学家,形成了一个具有鲜明风格的数学学派——彼得堡学派。他在概率论、解析数论和函数逼近论领域的开创性工作,改变了法国、德国等传统数学大国的数学家们对俄罗斯数学的看法。

我们已经学习了切比雪夫的两个重要成果:切比雪夫不等式和切比雪夫大数定律。下面我们来讨论切比雪夫大数定律的一个应用。

设计一个游戏:游戏者抛一枚硬币,若正面向上,则获得一元奖励,若反面向上,则无奖励,那么应该为这个游戏定什么价格,对于游戏双方才是公平的?

设 X_i 表示游戏者第 i 次游戏获得的奖励,则 $X_i \sim B(1, 0.5)$, $E(X_i) = 0.5$,如果进行了 n 次游戏,则游戏者平均每次所得是 $\dfrac{\sum\limits_{i=1}^{n} X_i}{n}$,根据切比雪夫大数定律,只要游戏次数 n 足够大,就有

$$P\left\{\left|\frac{\sum\limits_{j=1}^{n} X_i}{n} - 0.5\right| < \varepsilon\right\} \to 1$$

所以当游戏价格定价为 0.5 元时,对于游戏双方都是公平的。

习　题

1. 已知随机变量 X 的概率分布为

X	1	2	3
p_k	0.2	0.3	0.5

试用切比雪夫不等式估计 $P\{|X - EX| < 1.5\}$。

2. 已知正常男性成人血液中,每 1 mL 血液中白细胞数平均是 7 300,均方差是 700。试用切比雪夫不等式估计每 1 mL 血液中白细胞数为 5 200～9 400的概率。

3. 设随机变量 X_1, X_2, $\cdots$, X_n 独立同分布,且都服从参数为 2 的指数分布,则 $\dfrac{1}{n}\sum\limits_{k=1}^{n} X_k$ 依概率收敛于_____。

4. 随机变量 X_1, X_2, $\cdots$, X_n 相互独立,$S_n = \sum\limits_{i=1}^{n} X_i$,根据林德伯格-列维中心极限定理,当 n 充分大时,S_n 近似服从正态分布,只要 X_1, X_2, $\cdots$, X_n 满足_____。

5. 一条生产线生产的产品成箱包装,每箱的重量是随机的,假设每箱平均重 50 kg,标准

差为 5 kg。若用最大载重量为 5 t 的汽车承运,试利用中心极限定理说明每车最多可装多少箱,才能保障不超载的概率大于 0.977?

6. 设有 30 个电子元件,它们的寿命均服从参数为 0.1 的指数分布(单位:小时),每个元件之间相互独立,求它们的寿命之和超过 350 小时的概率。

7. 一台仪器同时收到 50 个噪音信号 $U_i (i = 1, 2, \cdots, 50)$,设它们是相互独立的随机变量,且均服从区间 $(0, 10)$ 上的均匀分布。记 $U = \sum\limits_{i=1}^{50} U_i$,求 U 超过 300 的概率。

8. 对敌人的防御地段进行 100 次炮击,在每次炮击中,炮弹命中颗数的数学期望为 2,均方差为 1.5。求 100 次炮击中,有 180 颗到 220 颗炮弹命中目标的概率。

9. 某工厂有 200 台同类型的机器,每台机器工作时需要的电功率为 Q kW。由于工艺等原因,每台机器的实际工作时间只占总工作时间的 75%,各台机器之间是相互独立的。(1)求任一时刻,有 144 台到 160 台机器正常工作的概率;(2)问需要供应多少电功率可以保证所有机器正常工作的概率不小于 0.99?

10. 用切比雪夫不等式估计,抛掷一枚均匀硬币,需要抛掷多少次,才能使正面出现的频率在 0.4 到 0.6 之间的概率不低于 90%?再用中心极限定理估算需抛掷的次数。

数理统计篇

万物看似随机，其实有着统计上的规律性

第5章
统计量

当我们用试验或者观察的方法来研究一个问题时,首先要通过适当的观察或者试验来获得必要的数据,然后对于所得的数据进行分析,从而对所提出的问题做出尽可能正确的结论。例如,为了研究一大批同一类型的电子产品的使用寿命,从中任意取出 40 个,按照科学的试验方法,测量出它们的寿命,假设为 $x_1, \cdots, x_{40}$,然后利用这 40 个数据,计算这批产品的寿命的分布规律性或者计算这批产品的平均寿命。

但是获得的数据具有随机性,这是因为从一批产品中取出 40 个,这一次可能取出的是这 40 只,下一次可能取出的是另外 40 只,取出产品的结果完全随机遇而定,所以对应的寿命数值是随机的。数理统计就是收集和分析带有随机性数据的一门学科。

数理统计学是应用最为广泛的一门数学分支,可以为经济学家、社会学家、心理学家、工程师、农业技术员、医生等提供一套研究问题的有效方法,这套方法可以帮助各个领域的研究工作者更快地获得成功。

本章开始我们将逐步学习数理统计学的基本理论和基本方法,主要包括统计量(第 5 章)、参数估计(第 6 章)、假设检验(第 7 章),这些内容虽然仅是数理统计学里的沧海一粟,却是基础和核心的部分。

§5.1 总体

泛言之,总体(population)是研究对象的全体。但是具体到数理统计中,总体被视为一堆数的集合,这堆数服从一个潜在的概率分布,这个潜在的概率分布描述了这堆数的统计规律性。

例 5.1 为了检验某超市出售的净重为 500 g(± 1 g)的袋装白糖的实际净重是否符合标准,需要进行抽样检查。随机抽取 9 袋白糖,测得净重(g)如下:

499.12, 499.48, 499.25, 499.53, 500.82, 499.11, 498.52, 500.01, 498.87

试评估该超市出售的袋装白糖的达标情况。

分析 研究对象是超市当前出售的一批袋装白糖的全体,但是实际上关心的是这一批袋装白糖实际净重的全体 $a_1, a_2, \cdots$。集合 $\{a_1, a_2, \cdots\}$ 才是本问题中的研究总体。在这一堆数中,我们关心的是,有百分之多少是落在 $(500-1, 500+1)$ 中的? 有百分之多少是落在$(500-2,500+2)$中的？又有百分之多少是超过505的？等等。这启发我们需要使用某一个概率分布来概括这一堆数的分布规律性。因此我们可以把研究对象的总体看作一个概率分布取值的全体，这个意义下的总体称为统计总体。

定义 5.1 称研究对象的所有可能取值的全体为研究对象的总体，它被看作服从某一个概率分布的随机变量 X 取值的全体，我们今后就用 X 来表示总体。

§5.2 样本

为了了解总体的分布，我们从总体中随机抽取 n 个样品，它们对应的数量指标记为 $X_1,\cdots,X_n$，称为取自总体 X 的随机样本，通常简称为**样本**(sample)。样品的个数 n 称为**样本容量**，其观察值 $x_1,\cdots,x_n$ 称为样本观测值，通常简称为**样本值**。

例 5.1 中的 9 个数值就是超市当前出售的一批袋装白糖的一个容量为 9 的样本（观测值）。

需要注意的是，样本具有所谓的二重性：一方面，由于样品是从总体中随机抽取的，抽取前不能确定它们的数量指标 $X_1,\cdots,X_n$ 的数值，因此，样本 $X_1,\cdots,X_n$ 是随机变量；另一方面，样品在抽取以后经过观测就有了确定的观测值，因此观察值 $x_1,\cdots,x_n$ 是一组数据，没有了随机性。

数理统计学的主要任务，就是根据所获得的观测数据——样本，来推断总体的概率分布或者是总体分布的参数，因此常常称数理统计为统计推断。

从总体中抽取样本可以有不同的方法，为了保证由样本能够对总体做出比较可靠的推断，要求样本比较客观地反映总体信息，那么怎样能够获得这种"诚实的样本"呢？最常用的方法是简单随机抽样，这个方法有如下两个要求：

(1) 样本具有随机性（代表性），要求总体中的每一个个体都能够等可能地被选入样本，这意味着每一个 X_i 都与总体具有相同的概率分布。

(2) 样本具有独立性，要求样本中每一个样品的取值不影响其他样品的取值，这意味着 $X_1,\cdots,X_n$ 相互独立。

由简单随机抽样所获得的样本称为简单随机样本。今后我们使用的样本，都是简单随机样本，除非加以特别说明。

例 5.2 设总体 $X\sim B(1,p)$，其中总体分布参数 $0<p<1$ 是未知的。

(1) 写出样本的联合分布列；

(2) 对于样本观察值 $0,1,0,0,1$，写出样本的联合分布列对应的表达式。

解 (1) 因为 $X\sim\begin{pmatrix}0&1\\1-p&p\end{pmatrix}$，等价表示为 $P(X=x)=p^x(1-p)^{1-x}$，$x=0,1$，所以样本（指的是简单随机样本）$X_1,\cdots,X_n$ 中的每一个 X_i 都服从分布：

$$P(X_i=x)=p^x(1-p)^{1-x}\quad(x=0,1)$$

于是，

$$P(X_1 = x_1, \cdots, X_n = x_n) = P(X_1 = x_1)P(X_2 = x_2)\cdots P(X_n = x_n)$$
$$= p^{x_1}(1-p)^{1-x_1}\cdots p^{x_n}(1-p)^{1-x_n}$$
$$= p^{\sum\limits_{i=1}^{n}x_i}(1-p)^{n-\sum\limits_{i=1}^{n}x_i} \triangleq p(x_1, \cdots, x_n)$$

(2) $p(0,1,0,0,1) = p^2(1-p)^3$。

例 5.3　设总体 $X \sim N(\mu, \sigma^2)$，写出样本的联合密度函数。

解　因为总体 $X \sim N(\mu, \sigma^2)$，所以样本 $X_1, \cdots, X_n$ 中的每一个 X_i 的密度函数：

$$f_i(x) = \frac{1}{\sqrt{2\pi}\sigma}\mathrm{e}^{-\frac{(x-\mu)^2}{2\sigma^2}}$$

于是样本的联合密度函数：

$$f(x_1, \cdots, x_n) = f_1(x_1)\cdots f_n(x_n) = (2\pi\sigma^2)^{-\frac{n}{2}}\mathrm{e}^{-\frac{\sum(x_i-\mu)^2}{2\sigma^2}}$$

§5.3　统计量

在例 5.2 中，我们对于总体并不是一无所知的，相反，我们对于总体已经有了重要的了解，即它服从某一个 0-1 分布，因此统计推断的任务就变为推断分布参数 p 的值。这种情况是我们以后主要讨论的内容，称为参数统计推断。

样本作为统计推断的"原材料"，它的联合分布概括了它所代表的总体分布的信息。观察例 5.2 中的样本分布

$$p(x_1, \cdots, x_n) = p^{\sum\limits_{i=1}^{n}x_i}(1-p)^{n-\sum\limits_{i=1}^{n}x_i}$$

对于样本分布的函数值而言，知道 $\sum\limits_{i=1}^{n}x_i$ 与知道 $x_1, \cdots, x_n$ 的效果是一样的，因为这个多元函数 $p(x_1, \cdots, x_n)$ 可以简化为一元函数 $p(t) = p^t(1-p)^{1-t}$。这意味着我们可以使用 $t = \sum\limits_{i=1}^{n}x_i$ 代替样本 $x_1, \cdots, x_n$ 来进行统计推断。这个思想在数理统计中是很重要的，像 $t = \sum\limits_{i=1}^{n}x_i$ 这样的样本函数称为统计量（statistic）。统计量的一个重要特征是它不包含任何未知参数。

下面我们来具体讨论一些常用统计量。

1. 样本均值

称
$$\overline{X} = \frac{1}{n}\sum_{i=1}^{n}X_i$$

为样本 $X_1, \cdots, X_n$ 的**样本均值**。

称
$$\overline{x} = \frac{1}{n}\sum_{i=1}^{n}x_i$$

为**样本均值的观测值**,在不致引起混淆的情况下也常简称为样本均值。

对于例 5.1,样本的均值为

$$\overline{x} = (499.12 + 499.48 + 499.25 + 499.53 + 500.82 + 499.11$$
$$+ 498.52 + 500.01 + 498.87)/9$$
$$= 499.4122$$

2. 样本方差

称

$$S^2 = \frac{1}{n-1} \sum_{i=1}^{n} (X_i - \overline{X})^2$$

为样本 $X_1, \cdots, X_n$ 的**样本方差**。

称

$$s^2 = \frac{1}{n-1} \sum_{i=1}^{n} (x_i - \overline{x})^2$$

为**样本方差的观测值**,在不致引起混淆的情况下也常简称为样本方差。

称 $S = \sqrt{S^2}$ 为样本标准差。

通常,当我们面临关于总体均值(即总体的数学期望,在数理统计中常称为总体均值)的统计推断时,一般我们所使用的统计量是样本均值;而当我们面临关于总体方差的统计推断时,一般我们所使用的统计量是样本方差。所以样本均值和样本方差是最重要的两个统计量。

例 5.4 设总体 $X \sim N(\mu, \sigma^2)$,求样本均值的分布。

解 回顾正态分布的可加性:相互独立的正态变量,它们的线性组合仍然服从正态分布。

根据样本的性质,$X_i \sim N(\mu, \sigma^2)$,所以样本均值 $\overline{X} = \dfrac{X_1}{n} + \cdots + \dfrac{X_n}{n}$ 服从某个正态分布。因为

$$E(X_i) = \mu, D(X_i) = \sigma^2 \quad \Rightarrow \quad E(\overline{X}) = \mu, D(\overline{X}) = \frac{\sigma^2}{n}$$

所以

$$\overline{X} \sim N\left(\mu, \frac{\sigma^2}{n}\right)$$

在一定的条件下来确定统计量的分布,是数理统计的一个重要内容。统计量的分布也称为抽样分布。著名统计学家费歇尔就认为,抽样分布、参数估计、假设检验是数理统计的三个中心内容。

例 5.5 证明:$S^2 = \dfrac{1}{n-1} \Big[\sum\limits_{i=1}^{n} X_i^2 - n\overline{X}^2 \Big]$。

证

$$\sum_{i=1}^{n} (X_i - \overline{X})^2 = \sum_{i=1}^{n} (X_i^2 - 2X_i\overline{X} + \overline{X}^2)$$

$$= \sum_{i=1}^{n} X_i^2 - 2n\overline{X}^2 + n\overline{X}^2 = \sum_{i=1}^{n} X_i^2 - n\overline{X}^2$$

所以

$$S^2 = \frac{1}{n-1} \sum_{i=1}^{n} (X_i - \overline{X})^2 = \frac{1}{n-1} \Big(\sum_{i=1}^{n} X_i^2 - n\overline{X}^2 \Big)$$

例 5.6　设总体 X 的期望与方差分别为 $E(X) = \mu, D(X) = \sigma^2$，则

$$E(\overline{X}) = \mu, E(S^2) = \sigma^2$$

在证明之前，我们先说明这个结果的重要性。在数理统计中，有一个基本的准则：若统计量 $T = g(X_1, \cdots, X_n)$ 满足 $E(T) = \theta$，则我们就可以用 $T = g(X_1, \cdots, X_n)$ 来估计 θ。这个思想称为无偏性准则，我们将在下一章具体讨论。因此我们得到统计学中的一个基本结果：用样本均值来估计总体均值，用样本方差估计总体方差。

证　注意到 $E(X_i) = \mu, D(X_i) = \sigma^2$，则有

$$E(\overline{X}) = \frac{\sum_{i=1}^{n} E(X_i)}{n} = \frac{n\mu}{n} = \mu$$

$$E(S^2) = \frac{1}{n-1} \Big[\sum_{i=1}^{n} E(X_i^2) - nE(\overline{X}^2) \Big]$$

$$= \frac{1}{n-1} \Big[\sum_{i=1}^{n} (\sigma^2 + \mu^2) - n\Big(\frac{\sigma^2}{n} + \mu^2 \Big) \Big]$$

$$= \frac{1}{n-1} (n\sigma^2 + n\mu^2 - \sigma^2 - n\mu^2) = \sigma^2$$

3. 样本的 k 阶矩

称

$$A_k = \frac{1}{n} \sum_{i=1}^{n} X_i^k$$

为样本 $X_1, \cdots, X_n$ 的 k 阶原点矩，$k = 1, 2, \cdots$。

称

$$B_k = \frac{1}{n} \sum_{i=1}^{n} (X_i - \overline{X})^k$$

为样本 $X_1, \cdots, X_n$ 的 k 阶中心矩，$k = 2, 3, \cdots$。

样本均值、样本方差、样本的 k 阶矩统称为矩统计量。

4. 次序统计量

对于样本 $X_1, \cdots, X_n$，按照从小到大重新排列：

$$X_{(1)} \leqslant X_{(2)} \leqslant \cdots \leqslant X_{(n)}$$

称为次序统计量。其中 $X_{(1)}$ 称为最小次序统计量，$X_{(n)}$ 称为最大次序统计量，样本中位数定义为

$$M=\begin{cases} X_{(n+1/2)} & n\text{ 为奇数} \\ \dfrac{1}{2}(X_{(n/2)}+X_{(n/2+1)}) & n\text{ 为偶数} \end{cases}$$

对于例 5.1 的样本,次序统计量的观测值为

$$x_{(1)}=498.52, x_{(2)}=498.87, x_{(3)}=499.11, x_{(4)}=499.12, x_{(5)}=499.25$$
$$x_{(6)}=499.48, x_{(7)}=499.53, x_{(8)}=500.01, x_{(9)}=500.82$$

样本中位数为 $x_{(5)}=499.25$。

5. 经验分布函数

称

$$F_n(x)=\begin{cases} 0 & x<x_{(1)} \\ 1/n & x_{(1)}\leqslant x<x_{(2)} \\ 2/n & x_{(2)}\leqslant x<x_{(3)} \\ \cdots & \cdots \\ k/n & x_{(k)}\leqslant x<x_{(k+1)} \\ \cdots & \cdots \\ (n-1)/n & x_{(n-1)}\leqslant x<x_{(n)} \\ 1 & x\geqslant x_{(n)} \end{cases}$$

为样本 $X_1,\cdots,X_n$ 的经验分布函数。

例 5.7 写出例 5.1 的样本的经验分布函数。

解 利用例 5.1 的样本次序统计量的观测值,得

$$F_n(x)=\begin{cases} 0 & x<498.52 \\ 1/9 & 498.52\leqslant x<498.87 \\ 2/9 & 498.87\leqslant x<499.11 \\ \cdots & \cdots \\ 8/9 & 500.01\leqslant x<500.82 \\ 1 & x\geqslant 500.82 \end{cases}$$

那么,由样本而产生的经验分布函数与总体的分布函数之间有什么联系呢? 格里纹科定理告诉我们:

$$P(\lim_{n\to\infty}\sup_{-\infty<x<\infty}|F_n(x)-F(x)|=0)=1$$

$\sup\limits_{-\infty<x<\infty}|F_n(x)-F(x)|$ 称为函数 $F_n(x)$ 与 $F(x)$ 之间的一致距离,又称为柯尔莫哥洛夫距离。依据格里纹科定理,大容量的样本所产生的经验分布函数,与总体分布函数的一致距离趋于 0 是几乎一定成立的(统计上称为以概率 1 成立),因此可以用经验分布函数作为总体分布函数的近似。

由例 5.7 的结果,我们可以估计超市当前出售的这批袋装白糖合格的比例为

$$P(500-1 \leqslant X \leqslant 500+1) = F(501) - F(499)$$

$$\approx F_n(501) - F_n(499) = 1 - \frac{2}{9} \approx 77.8\%$$

不过,这个估计结果是比较粗糙的,因为样本容量不够大。

小　　结

- 样本均值 $\overline{X} = \dfrac{1}{n}\sum_{i=1}^{n} X_i$,样本方差 $S^2 = \dfrac{1}{n-1}\sum_{i=1}^{n}(X_i - \overline{X})^2$。

- $E(\overline{X}) = \mu$,$E(S^2) = \sigma^2$,其中 μ, σ^2 是总体均值和总体方差。

<h2 align="center">§5.4　抽样分布</h2>

统计量的分布称为抽样分布。

本节我们将讨论对正态分布总体进行抽样,以及讨论样本均值和样本方差的概率分布,它们是统计应用中常用的结果。

样本均值的分布是简单的,仍然服从正态分布 $N\left(\mu, \dfrac{\sigma^2}{n}\right)$(见例 5.4)。

样本方差的分布是什么呢? 进一步,样本均值和样本方差的函数 $g(\overline{X}, S^2)$,比如说 $\dfrac{\overline{X} - \mu}{S/\sqrt{n}}$ 的分布又是什么呢?

著名统计学家皮尔逊(Karl Pearson),哥色特(William Sleey Gosset,笔名 Student)以及费歇尔(Fisher)研究了这些问题,分别提出了 χ^2 分布、t 分布和 F 分布,现代教材中把它们称为统计学的三大抽样分布。

5.4.1　统计学的三大抽样分布

视频:统计学的
三大抽样分布

1. χ^2 分布

定义 5.2　设 $X_1, \cdots, X_n$ 独立同分布于 $N(0,1)$,令

$$\chi^2 = X_1^2 + \cdots + X_n^2$$

则 χ^2 的概率密度为

$$f(x) = \begin{cases} \dfrac{1}{2^{\frac{n}{2}}\Gamma\left(\dfrac{n}{2}\right)} x^{\frac{n}{2}-1} \mathrm{e}^{-\frac{x}{2}} & x > 0 \\ 0 & x \leqslant 0 \end{cases}$$

称之为自由度为 n 的 χ^2 分布,记为 $\chi^2(n)$。密度函数 $f(x)$ 的曲线形状如图 5.1 所示。

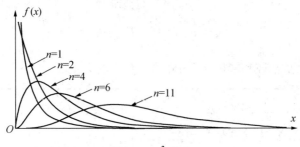

图 5.1 χ^2 分布

例 5.8 设总体 $X \sim N(1,\sigma^2)$，X_1,X_2,X_3 为样本，问 $\dfrac{1}{\sigma^2}\sum\limits_{i=1}^{3}(X_i-1)^2$ 服从什么分布？

解 因为 $X_i \sim N(1,\sigma^2)$，$i=1,2,3$，且相互独立，所以有 $\dfrac{X_i-1}{\sigma} \sim N(0,1)$，$i=1,2,3$，且相互独立，于是

$$\left(\frac{X_1-1}{\sigma}\right)^2 + \left(\frac{X_2-1}{\sigma}\right)^2 + \left(\frac{X_3-1}{\sigma}\right)^2 \sim \chi^2(3)$$

即 $\dfrac{1}{\sigma^2}\sum\limits_{i=1}^{3}(X_i-1)^2$ 服从自由度为 3 的 χ^2 分布，密度函数为

$$f(x) = \begin{cases} \dfrac{1}{2^{\frac{3}{2}}\Gamma(1.5)} x^{\frac{1}{2}} \mathrm{e}^{-\frac{x}{2}} & x>0 \\[2mm] 0 & x \leqslant 0 \end{cases}$$

下面的定理是 χ^2 分布的一个重要应用。

定理 5.1 设 $X_1,\cdots,X_n$ 是来自正态总体 $N(\mu,\sigma^2)$ 的样本，则有

① 样本均值 $\overline{X}$ 与样本方差 S^2 相互独立；

② $\dfrac{(n-1)S^2}{\sigma^2} \sim \chi^2(n-1)$。

定理的证明过程比较复杂，具体参考文献[5]。

值得注意的是，$\dfrac{(n-1)S^2}{\sigma^2} = \dfrac{\sum\limits_{i=1}^{n}(X_i-\overline{X})^2}{\sigma^2}$，其中 $\sum\limits_{i=1}^{n}(X_i-\overline{X})^2$ 称为离差平方和，于是样本方差 $S^2 = \dfrac{1}{n-1}\sum\limits_{i=1}^{n}(X_i-\overline{X})^2$ 的含义是离差平方和被平均到每个自由度上的份额。

χ^2 分布的上侧分位数：上侧分位数在区间估计和假设检验中有重要应用，χ^2 分布的上侧 α 分位数记为 $\chi_\alpha^2(n)$，即 $P(\chi^2 \geqslant \chi_\alpha^2(n))=\alpha$，如图 5.2 所示。

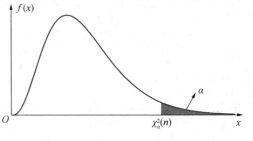

图 5.2 χ^2 分布的上侧 α 分位数

附表 2 列出了一些常用的 χ^2 分布的上侧 α 分位数,比如 $\chi^2_{0.05}(9)=16.919$,它表示 $P(\chi^2(9)\geqslant 16.919)=0.05$。

χ^2 分布的可加性:设 $Y_1\sim\chi^2(n_1)$,$Y_2\sim\chi^2(n_2)$,且相互独立,则

$$Y_1+Y_2\sim\chi^2(n_1+n_2)$$

2. t 分布

定义 5.3　设 $X\sim N(0,1)$,$Y\sim\chi^2(n)$,X 与 Y 相互独立,构造

$$T=\frac{X}{\sqrt{Y/n}}$$

则 T 的密度函数为

$$f(t)=\frac{\Gamma\left(\dfrac{n+1}{2}\right)}{\sqrt{n\pi}\,\Gamma\left(\dfrac{n}{2}\right)}\left(1+\frac{t^2}{n}\right)^{-\frac{n+1}{2}}$$

称之为自由度为 n 的 t 分布,记为 $t(n)$。t 分布的密度函数的曲线形状如图 5.3 所示。

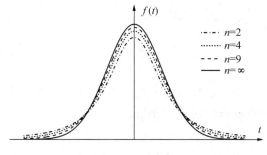

图 5.3　t 分布

例 5.9　利用取自总体 $X\sim N(1,\sigma^2)$ 的样本 X_1,X_2,X_3,构造一个服从 $t(2)$ 的统计量。

解　$t(2)$ 有两个要素,一个标准正态变量,一个 $\chi^2(2)$ 变量。

首先,$\dfrac{X_1-1}{\sigma}\sim N(0,1)$;其次,$\left(\dfrac{X_2-1}{\sigma}\right)^2+\left(\dfrac{X_3-1}{\sigma}\right)^2\sim\chi^2(2)$。定义要求的独立性也是满足的,于是

$$\frac{\dfrac{X_1-1}{\sigma}}{\sqrt{\dfrac{\left(\dfrac{X_2-1}{\sigma}\right)^2+\left(\dfrac{X_3-1}{\sigma}\right)^2}{2}}}=\frac{\sqrt{2}(X_1-1)}{\sqrt{(X_2-1)^2+(X_3-1)^2}}\sim t(2)$$

t 分布的上侧分位数:t 分布的上侧 α 分位数记为 $t_\alpha(n)$,即 $P(t\geqslant t_\alpha(n))=\alpha$,如图 5.4 所示。

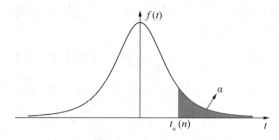

图 5.4　*t* 分布的上侧 α 分位数

t 分布的密度函数曲线关于原点对称,直观上容易发现:

$$t_\alpha(n) = -t_{1-\alpha}(n)$$

附表 3 列出了一些常用的 *t* 分布的上侧 α 分位数。

例 5.10　查表 $t_{0.95}(9)$。

解
$$t_{0.95}(9) = -t_{1-0.95}(9) = -t_{0.05}(9)$$

在附表 3 中得到,$t_{0.05}(9) = 1.833$,于是 $t_{0.95}(9) = -1.833$。

3. *F* 分布

定义 5.4　设 $X \sim \chi^2(m)$,$Y \sim \chi^2(n)$,X 和 Y 相互独立,称

$$F = \frac{X/m}{Y/n}$$

所服从的分布为第一自由度为 m、第二自由度为 n 的 *F* 分布,记为 $F(m,n)$。

图 5.5 给出了 *F* 分布的密度函数的曲线。

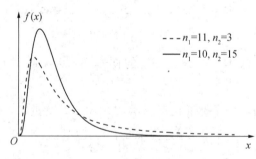

图 5.5　*F* 分布

一个显然的性质:若 $F \sim F(m,n)$,则 $\frac{1}{F} \sim F(n,m)$。

F 分布的上侧分位数:*F* 分布的上侧 α 分位数记为 $F_\alpha(m,n)$,即 $P(F \geqslant F_\alpha(m,n)) = \alpha$,如图 5.6 所示。

F 分布的上侧 α 分位数可以利用附表 4 查表得到。

F 分布的性质意味着 $F_\alpha(m,n)$ 有下面的关系:

$$F_a(m,n) = \frac{1}{F_{1-a}(n,m)}$$

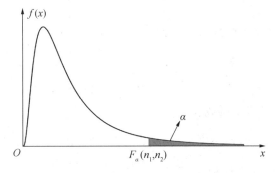

图 5.6　F 分布的上侧 α 分位数

例 5.11　查表 $F_{0.95}(10,9)$。

解　直接查表得到 $F_{0.05}(9,10) = 3.02$，而

$$F_{0.95}(10,9) = \frac{1}{F_{0.05}(9,10)} = \frac{1}{3.02} = 0.331\,1。$$

 5.4.2　正态总体的抽样分布定理

1. 单正态总体的抽样分布定理

视频:正态总体的
抽样分布定理

定理 5.2　设 $X_1, \cdots, X_n$ 为来自正态总体 $X \sim N(\mu, \sigma^2)$ 的样本，样本均值和样本方差分别记为 $\overline{X}$ 和 S^2，则

(1) $\dfrac{\overline{X} - \mu}{\sigma/\sqrt{n}} \sim N(0,1)$；

(2) $\dfrac{(n-1)S^2}{\sigma^2} \sim \chi^2(n-1)$；

(3) $\dfrac{\overline{X} - \mu}{S/\sqrt{n}} \sim t(n-1)$。

证明见后面的注 5.1，我们先通过定理的应用来了解其意义。

例 5.12　设 $X_1, \cdots, X_{16}$ 为来自正态总体 $X \sim N(\mu, \sigma^2)$ 的样本，μ, σ^2 均未知，求 L，使得 $P(\overline{X} - L \leqslant \mu \leqslant \overline{X} + L) = 0.95$。

解　由抽样分布定理 5.2，知

$$\frac{\overline{X} - \mu}{S/\sqrt{16}} \sim t(16-1)$$

其中 $\overline{X} = \dfrac{1}{16} \sum\limits_{i=1}^{16} X_i$，于是

$$P\left(-t_{0.025}(15) \leqslant \frac{\overline{X} - \mu}{S/4} \leqslant t_{0.025}(15)\right) = 0.95$$

所以有

$$P\left(\overline{X}-t_{0.025}(15)\frac{S}{4}\leqslant\mu\leqslant\overline{X}+t_{0.025}(15)\frac{S}{4}\right)=0.95$$

查表得到 $t_{0.025}(15)=2.1314$，代入上式得

$$P(\overline{X}-0.5329S\leqslant\mu\leqslant\overline{X}+0.5329S)=0.95$$

于是 $L=0.5329S$。而区间 $[\overline{X}-0.5329S,\overline{X}+0.5329S]$ 称为 μ 的置信水平为 0.95 的区间估计，我们将在第 6 章具体讨论。

例 5.13 在总体 $N(\mu,\sigma^2)$ 抽取一个容量为 16 的样本，求 $P\left(\frac{S^2}{\sigma^2}\leqslant1.6664\right)$。

解 根据抽样分布定理有

$$\frac{15S^2}{\sigma^2}\sim\chi^2(15)$$

于是

$$P\left(\frac{S^2}{\sigma^2}\leqslant1.6664\right)=P(\chi^2(15)\leqslant15\times1.6664)$$

$$=1-P(\chi^2(15)>24.9958)=1-0.05=0.95$$

这个结果可以写成

$$P(\sigma^2\geqslant0.6001S^2)=0.95$$

它在区间估计中的含义是，总体方差 σ^2 的置信水平为 0.95 的估计下限为 $0.6001S^2$。

2. 双正态总体的抽样分布定理

定理 5.3 现有总体 $X\sim N(\mu_1,\sigma_1^2)$，$Y\sim N(\mu_2,\sigma_2^2)$，两个总体相互独立，$X_1,\cdots,X_m$ 为来自总体 X 的样本，样本均值为 $\overline{X}$，样本方差为 S_1^2；$Y_1,\cdots,Y_n$ 为来自总体 Y 的样本，样本均值为 $\overline{Y}$，样本方差为 S_2^2。则有

(1) $\dfrac{\overline{X}-\overline{Y}-(\mu_1-\mu_2)}{\sqrt{\dfrac{\sigma_1^2}{m}+\dfrac{\sigma_2^2}{n}}}\sim N(0,1)$；

(2) $\dfrac{S_1^2/\sigma_1^2}{S_2^2/\sigma_2^2}\sim F(m-1,n-1)$；

(3) 当 $\sigma_1^2=\sigma_2^2$ 时，有

$$\frac{(\overline{X}-\overline{Y})-(\mu_1-\mu_2)}{S_W\sqrt{\dfrac{1}{m}+\dfrac{1}{n}}}\sim t(m+n-2)$$

其中 $S_W^2=\dfrac{(m-1)S_1^2+(n-1)S_2^2}{m+n-2}$。

注 5.1 单正态总体的抽样分布定理的证明：

(1) 根据例 5.4，$\overline{X} \sim N(\mu, \frac{\sigma^2}{n})$，标准化后即得

$$\frac{\overline{X} - \mu}{\sigma/\sqrt{n}} \sim N(0,1)$$

(2) 是定理 5.1 的结论。

(3) 因为

$$\frac{\overline{X} - \mu}{\sigma/\sqrt{n}} \sim N(0,1), \quad \frac{(n-1)S^2}{\sigma^2} \sim \chi^2(n-1)$$

由于样本均值 $\overline{X}$ 与样本方差 S^2 相互独立，故 $\frac{\overline{X} - \mu}{\sigma/\sqrt{n}}$ 与 $\frac{(n-1)S^2}{\sigma^2}$ 相互独立，于是

$$\frac{\dfrac{\overline{X} - \mu}{\sigma/\sqrt{n}}}{\sqrt{\dfrac{(n-1)S^2/\sigma^2}{n-1}}} \sim t(n-1)$$

左边化简，就是(3)的结果。

注 5.2　双正态总体的抽样分布定理的证明：

(1) 因为 $\overline{X} \sim N(\mu_1, \frac{\sigma_1^2}{m})$，$\overline{Y} \sim N(\mu_2, \frac{\sigma_2^2}{n})$，于是

$$\overline{X} - \overline{Y} \sim N(\mu_1 - \mu_2, \frac{\sigma_1^2}{m} + \frac{\sigma_2^2}{n})$$

标准化后就有

$$\frac{\overline{X} - \overline{Y} - (\mu_1 - \mu_2)}{\sqrt{\dfrac{\sigma_1^2}{m} + \dfrac{\sigma_2^2}{n}}} \sim N(0,1)$$

(2) 因为

$$\frac{(m-1)S_1^2}{\sigma_1^2} \sim \chi^2(m-1), \frac{(n-1)S_2^2}{\sigma_2^2} \sim \chi^2(n-1)$$

根据 F 分布的定义，有

$$\frac{\dfrac{(m-1)S_1^2}{\sigma_1^2}/(m-1)}{\dfrac{(n-1)S_2^2}{\sigma_2^2}/(n-1)} \sim F(m-1, n-1)$$

左边化简，就是(2)的结果。

(3) 根据 χ^2 分布的可加性，我们有

$$\frac{(m-1)S_1^2}{\sigma_1^2} + \frac{(n-1)S_2^2}{\sigma_2^2} \sim \chi^2(m+n-2)$$

于是

$$\frac{\dfrac{\overline{X}-\overline{Y}-(\mu_1-\mu_2)}{\sqrt{\dfrac{\sigma_1^2}{m}+\dfrac{\sigma_2^2}{n}}}}{\sqrt{\dfrac{(m-1)S_1^2}{\sigma_1^2}+\dfrac{(n-1)S_2^2}{\sigma_2^2}\Big/(m+n-2)}} \sim t(m+n-2)$$

利用 $\sigma_1^2=\sigma_2^2$ 这一条件化简左式,即得(3)的结果。

 5.4.3* 充分统计量

统计量是数理统计的一个重要思想,它的目的是把数据中所包含的有关信息浓缩在尽量少的一些统计量中。不过统计学家担心,使用统计量代替样本进行统计推断的做法可能存在严重的缺陷,即在这种数据简化过程中,统计量丢失了数据中的有用信息。著名统计学家费歇尔研究了这个问题。他提出了充分统计量的概念,并且断言,用充分统计量代替样本不会造成任何损失。

定义 5.5 设 $X_1,\cdots,X_n$ 为来自总体 $F(x;\theta)$ 的样本,$T=T(X_1,\cdots,X_n)$ 为统计量。如果在给定 T 的取值后,样本关于 $T=t$ 的条件分布与 θ 无关,则称 T 为参数 θ 的充分统计量。

使用定义来判断充分统计量一般是比较困难的,应用中使用的是因子分解定理以及指数型分布族。

1. 因子分解定理

设样本 $X_1,\cdots,X_n$ 的联合分布为 $p(x_1,\cdots,x_n;\theta)$,则统计量 $T=T(X_1,\cdots,X_n)$ 为充分统计量的充分必要条件是:存在两个函数 $g(t,\theta)$ 和 $h(x_1,\cdots,x_n)$,使得

$$p(x_1,\cdots,x_n;\theta)=g(t,\theta)h(x_1,\cdots,x_n)$$

比如对于例5.2,样本联合分布列为

$$p(x_1,\cdots,x_n)=p^{\sum\limits_{i=1}^{n}x_i}(1-p)^{n-\sum\limits_{i=1}^{n}x_i}$$

令 $t=\sum\limits_{i=1}^{n}x_i$,则有

$$p(x_1,\cdots,x_n)=p^t(1-p)^{1-t}\cdot 1$$

令 $g(t,p)=p^t(1-p)^{1-t}$,$h(x_1,\cdots,x_n)=1$,根据因子分解定理,$T=\sum\limits_{i=1}^{n}X_i$ 是充分统计量,等价地,$\overline{X}=\dfrac{1}{n}\sum\limits_{i=1}^{n}x_i$ 也是充分统计量。

2. 指数型分布族

如果样本联合概率分布能够表示成下面的数学形式:

$$p(x_1,\cdots,x_n;\theta)=C(\theta)\exp\Big\{\sum_{j=1}^{k}T_j(x_1,\cdots,x_n)Q_j(\theta)\Big\}h(x_1,\cdots,x_n)$$

则称之为指数型分布族,并且$(T_1(x_1,\cdots,x_n),\cdots,T_k(x_1,\cdots,x_n))$构成了充分统计量。

许多常用分布都是指数型分布族,比如:

(1) 指数分布是指数型分布族,因为从指数分布总体中抽取的样本$X_1,\cdots,X_n$的联合密度函数为

$$f(x_1,\cdots,x_n;\lambda)=\lambda^n \mathrm{e}^{-\lambda\sum_{i=1}^n x_i}=C(\lambda)\exp\{t\cdot Q(\lambda)\}\cdot h(x_1,\cdots,x_n)$$

其中$C(\lambda)=\lambda^n,t=\sum_{i=1}^n x_i,Q(\lambda)=-\lambda,h(x_1,\cdots,x_n)=1$,于是$T=\sum_{i=1}^n X_i$是充分统计量。

(2) 0-1 分布是指数型分布族,因为从 0-1 分布总体中抽取的样本$X_1,\cdots,X_n$的联合分布列为

$$p(x_1,\cdots,x_n)=p^{\sum_{i=1}^n x_i}(1-p)^{n-\sum_{i=1}^n x_i}=(1-p)^n\left(\frac{p}{1-p}\right)^{\sum_{i=1}^n x_i}$$

$$=(1-p)^n \mathrm{e}^{\ln(\frac{p}{1-p})\sum_{i=1}^n x_i}=C(p)\exp\{t\cdot Q(p)\}\cdot h(x_1,\cdots,x_n)$$

其中$C(p)=(1-p)^n,t=\sum_{i=1}^n x_i,Q(\lambda)=\frac{p}{1-p},h(x_1,\cdots,x_n)=1$,于是$T=\sum_{i=1}^n X_i$是充分统计量。

小　结

● 设$X\sim\chi^2(n)$,若数值λ满足$P(X>\lambda)=\alpha$,则称λ为$\chi^2(n)$的上α分位数,记为$\chi_\alpha^2(n)$。

● 正态分布总体的样本均值的分布是$\overline{X}\sim N(\mu,\sigma^2/n)$。

● 正态分布总体的样本方差的分布是$\frac{(n-1)S^2}{\sigma^2}\sim\chi^2(n-1)$。

公式解析与例题分析

一、公式解析

1. $\overline{X}=\dfrac{\sum_{i=1}^n X_i}{n}$　　　　　　(1)

解析　这是样本均值的表达式,其中$X_1,X_2,\cdots,X_n$为取自总体X的样本。一般来说,我们所说的样本是简单随机样本,即$X_1,X_2,\cdots,X_n$独立同分布,都与总体X具有相同的概率分布,也就是说,若总体$X\sim N(\mu,\sigma^2)$,则样本中的每个X_i都服从$N(\mu,\sigma^2)$。

样本均值是专门为研究总体均值(即总体期望)配置的统计量,样本均值的期望和方差分别为$E(\overline{X})=\mu,D(\overline{X})=\dfrac{\sigma^2}{n}$,其中$\mu$和$\sigma^2$分别是总体均值和总体方差,这说明,样本

均值是反映总体均值信息的一个很好的统计量。

再从大数定律的角度来看,样本 $X_1, X_2, \cdots, X_n$ 满足辛钦大数定律的条件,所以有

$$\lim_{n \to \infty} P(|\overline{X} - \mu| < \varepsilon) = \lim_{n \to \infty} P\left(\left|\frac{\sum\limits_{i=1}^{n} X_i}{n} - \mu\right| < \varepsilon\right) = 1$$

因此当样本容量比较大时,我们可以用样本均值来估计总体均值。

2. $S^2 = \dfrac{\sum\limits_{i=1}^{n} (X_i - \overline{X})^2}{n-1}$ \hfill (2)

解析 这是样本方差的表达式,称 $X_i - \overline{X}$ 为偏差,$\sum\limits_{i=1}^{n} (X_i - \overline{X})^2$ 为偏差平方和,样本方差就是偏差平方和关于 $n-1$ 的平均。

样本方差是专门为研究总体方差配置的统计量,样本方差的期望是 $E(S^2) = \sigma^2$,这保证了用样本方差来估计总体方差是无偏的(无偏性的概念将在第 6 章详细介绍)。

样本方差还有一个等价表达式:$S^2 = \dfrac{\sum\limits_{i=1}^{n} X_i^2 - n\overline{X}^2}{n-1}$,另外,它和二阶中心距 B_2 关系

密切:$S^2 = \dfrac{n}{n-1} B_2$,其中 $B_2 = \dfrac{\sum\limits_{i=1}^{n} (X_i - \overline{X})^2}{n}$。

3. $\dfrac{\overline{X} - \mu}{\sigma / \sqrt{n}} \sim N(0, 1)$ \hfill (3)

解析 这是抽样分布基本定理的第一个表达式。注意定理的条件:总体是正态分布 $N(\mu, \sigma^2)$,$\overline{X}$ 是取自总体的样本 $X_1, X_2, \cdots, X_n$ 的样本均值。公式中的 $\overline{X} - \mu$ 是样本均值与总体均值之差,分母 $\dfrac{\sigma}{\sqrt{n}}$ 是样本均值的标准差,所以 $\dfrac{\overline{X} - \mu}{\sigma / \sqrt{n}}$ 是样本均值的标准化。公式(3)表明:如果 $\overline{X}$ 是取自正态总体的样本均值,则其标准化服从标准正态分布。

如果研究的总体不是正态总体,则公式(3)不成立。对于这种情况,统计学家常利用中心极限定理来帮忙,根据第 4 章注 4.1(2),样本均值 $\overline{X} \overset{\cdot}{\sim} N(\mu, \dfrac{\sigma}{n})$,注意此时的 μ 和 σ 是当前总体的期望和标准差,符号 $\overset{\cdot}{\sim}$ 表示渐近分布,表示 n 比较大时的近似分布,于是有

$$\frac{\overline{X} - \mu}{\sigma / \sqrt{n}} \overset{\cdot}{\sim} N(0, 1)$$

比如若总体 $X \sim U(-1, 1)$,则总体均值 $\mu = 0$,总体方差 $\sigma^2 = \dfrac{1}{3}$,若从该总体抽取样本容量为 50 的样本,则其样本均值有近似分布为 $\dfrac{\overline{X}}{1/\sqrt{150}} \overset{\cdot}{\sim} N(0, 1)$。

4. $\dfrac{(n-1)S^2}{\sigma^2} \sim \chi^2(n-1)$ (4)

解析 这是抽样分布基本定理的第二个表达式,定理的前提条件与公式(3)相同。由于 $(n-1)S^2 = \displaystyle\sum_{i=1}^{n}(X_i-\overline{X})^2$,所以公式(4)又可写为

$$\frac{\displaystyle\sum_{i=1}^{n}(X_i-\overline{X})^2}{\sigma^2} \sim \chi^2(n-1)$$

如果把偏差平方和中的样本均值 $\overline{X}$ 改为总体均值 μ,则得到另外一个结果:

$$\frac{\displaystyle\sum_{i=1}^{n}(X_i-\mu)^2}{\sigma^2} \sim \chi^2(n)$$

我们可以从公式(4)进一步求出 S^2 的概率分布,根据求连续随机变量函数的概率密度的计算公式,令 $f_1(x)$ 表示 $\chi^2(n-1)$ 的概率密度,$f_2(s)$ 表示 S^2 的概率密度,则有

$$f_2(s) = \frac{n-1}{\sigma^2}f_1\left(\frac{(n-1)s}{\sigma^2}\right) = \frac{1}{2^{\frac{n-1}{2}}\Gamma\left(\frac{n-1}{2}\right)}\left(\frac{n-1}{\sigma^2}\right)^{\frac{n-1}{2}} s^{\frac{n-3}{2}}\,\mathrm{e}^{-\frac{1}{2}},(s>0)$$

由此可见,利用 $f_2(s)$ 来解决样本方差的问题是困难的,往往还是借助于公式(4),比如我们已经知道 $E(S^2)=\sigma^2$,还想知道 $D(S^2)$ 的值,怎么做? 首先想到的方法:

$$D(S^2) = E(S^4) - \left(E(S^2)\right)^2$$

$$= \int_0^{+\infty} s^4 \frac{1}{2^{\frac{n-1}{2}}\Gamma\left(\frac{n-1}{2}\right)}\left(\frac{n-1}{\sigma^2}\right)^{\frac{n-1}{2}} s^{\frac{n-3}{2}}\,\mathrm{e}^{-\frac{1}{2}}\,\mathrm{d}s - \sigma^4$$

其中的积分计算是困难的。可以利用公式(4),则有

$$D\left(\frac{(n-1)S^2}{\sigma^2}\right) = D(\chi^2(n-1)) = 2(n-1)$$

根据方差的运算性质,$D\left(\dfrac{(n-1)S^2}{\sigma^2}\right) = \dfrac{(n-1)^2}{\sigma^4}D(S^2)$,所以 $D(S^2) = \dfrac{2\sigma^4}{n-1}$。

5. $\dfrac{\overline{X}-\mu}{S/\sqrt{n}} \sim t(n-1)$ (5)

解析 公式(5)含有两个统计量:样本均值 $\overline{X}$ 和样本标准差 S,并且两者是相互独立的。

在后面即将学习的区间估计和假设检验中,我们的研究对象主要是正态总体的均值 μ 和方差 σ^2,理论基础就是抽样分布基本定理。具体而言,当研究对象是正态总体的均值 μ 时,主要利用公式(3)和公式(5);当研究对象是正态总体的方差 σ^2 时,主要利用公式(4);而在研究正态总体的均值 μ 时,实践中会遇到两种情况,一种是总体方差 σ^2 已知,此

时利用公式(3);另一种是总体方差 σ^2 未知,此时就不能使用公式(3),而是利用公式(5)。

6. $\dfrac{\overline{X}-\overline{Y}-(\mu_1-\mu_2)}{\sqrt{\dfrac{\sigma_1^2}{m}+\dfrac{\sigma_2^2}{n}}} \sim N(0,1)$ （6）

解析 这是双正态总体抽样分布基本定理的第一个表达式。此时有两个总体和两个样本,一个样本是 $X_1,X_2,\cdots,X_m$,它是取自总体 $X \sim N(\mu_1,\sigma_1^2)$,样本容量等于 m,样本均值用 $\overline{X}$ 表示,样本方差用 S_1^2 表示;另一个样本是 $Y_1,Y_2,\cdots,Y_n$,它是取自总体 $Y \sim N(\mu_2,\sigma_2^2)$,样本容量等于 n,样本均值用 $\overline{Y}$ 表示,样本方差用 S_2^2 表示,还要求两个样本是相互独立的。

对于这样的两个样本,每一个都有对应的公式(3)到公式(5)的表达式,比如

$$\frac{\overline{X}-\mu_1}{\sigma_1/\sqrt{m}} \sim N(0,1)$$

$$\frac{\overline{Y}-\mu_2}{\sigma_2/\sqrt{n}} \sim N(0,1)$$

但是这些结果只能用于单个总体的统计分析中,如果我们关心的是两个总体的大小比较,则对应的统计量必须要包含两个样本,由于总体的大小可以用总体均值来度量,所以 $\mu_1-\mu_2$ 就是比较两个总体大小的指标。

现在来看看公式的结构:分子上的 $\overline{X}-\overline{Y}$ 是样本均值之差,$\mu_1-\mu_2$ 是总体均值之差,也是 $\overline{X}-\overline{Y}$ 的期望,分母则是 $\overline{X}-\overline{Y}$ 的方差。所以公式(6)是 $\overline{X}-\overline{Y}$ 的标准化后得到的结果。

7. $\dfrac{S_1^2/\sigma_1^2}{S_2^2/\sigma_2^2} \sim F(m-1,n-1)$ （7）

解析 这是双正态总体抽样分布基本定理的第二个表达式,其中 $S_1^2 = \dfrac{\sum\limits_{i=1}^{m}(X_i-\overline{X})^2}{m-1}$,$S_2^2 = \dfrac{\sum\limits_{i=1}^{n}(Y_i-\overline{Y})^2}{n-1}$,$F(m-1,n-1)$ 表示 $f_1=m-1$,$f_2=n-1$ 的 F 分布。如果将公式(7)等价地写成 $\dfrac{S_1^2/S_2^2}{\sigma_1^2/\sigma_2^2} \sim F(m-1,n-1)$,能够更容易看出,公式(7)是用来比较两个总体方差大小的统计量。

8. $\dfrac{\overline{X}-\overline{Y}-(\mu_1-\mu_2)}{S_w\sqrt{\dfrac{1}{m}+\dfrac{1}{n}}} \sim t(m+n-2)$ （8）

解析 这是双正态总体抽样分布基本定理的第三个表达式,理解公式(8)要注意两点:一是公式成立的条件除了如公式(6)所述以外,还要求两个总体方差相等,即 $\sigma_1^2=\sigma_2^2=\sigma^2$,二是分母的结构,它是从公式(6)演变过来的,因为当 $\sigma_1^2=\sigma_2^2=\sigma^2$ 时,公式(6)的分母是 $\sigma\sqrt{\dfrac{1}{m}+\dfrac{1}{n}}$,注意此时 $E(S_1^2)=\sigma^2$,$E(S_2^2)=\sigma^2$,于是

$$E(S_W^2) = E\left(\frac{(m-1)S_1^2 + (n-1)S_2^2}{m+n-2}\right) = \sigma^2$$

所以可以用 S_W^2 估计 σ^2，当把 σ^2 用 S_W^2 来替换时，$\sigma\sqrt{\frac{1}{m}+\frac{1}{n}}$ 就变为公式(8)的分母了。

二、例题分析

例 5.14　用天平重复称一重量为 μ 的物品，设称量结果服从 $N(\mu, 0.2^2)$。若使称量结果的平均值与物品实际重量的差别不超过 0.1 的概率不低于 0.95，问至少称量多少次？

分析　设至少称量 n 次，n 次的测量结果记为 $X_1, X_2, \cdots, X_n$，则问题的要求是

$$P\left(\left|\frac{\sum\limits_{i=1}^{n} X_i}{n} - \mu\right| \leqslant 0.1\right) \geqslant 0.95$$

$X_1, X_2, \cdots, X_n$ 是正态总体 $N(\mu, 0.2^2)$ 的样本，根据抽样分布基本定理，有

$$\frac{\overline{X} - \mu}{0.2/\sqrt{n}} \sim N(0, 1)$$

于是

$$P\left(\left|\frac{\sum\limits_{i=1}^{n} X_i}{n} - \mu\right| \leqslant 0.1\right) = P(|\overline{X} - \mu| \leqslant 0.1) = P\left(\left|\frac{\overline{X} - \mu}{0.2/\sqrt{n}}\right| \leqslant \frac{0.1}{0.2/\sqrt{n}}\right)$$

$$= 2\Phi\left(\frac{\sqrt{n}}{2}\right) - 1$$

现在令 $2\Phi\left(\frac{\sqrt{n}}{2}\right) - 1 \geqslant 0.95$，得到 $\Phi\left(\frac{\sqrt{n}}{2}\right) \geqslant 0.975$，因为 $\Phi(1.96) = 0.975$，$\Phi(x)$ 单调增加，所以 $\frac{\sqrt{n}}{2} \geqslant 1.96$，于是 $n \geqslant 15.3664$，即至少称量 16 次。

例 5.15　设 $X_1, X_2, \cdots, X_n, X_{n+1}$ 为取自正态总体 $N(\mu, \sigma^2)$ 的样本，$\overline{X}_n = \dfrac{\sum\limits_{i=1}^{n} X_i}{n}$，$S_n^2 = \dfrac{\sum\limits_{i=1}^{n}(X_i - \overline{X})^2}{n-1}$，确定常数 c，使得 $t_c = \dfrac{X_{n+1} - \overline{X}_n}{S_n/c}$ 服从 t 分布。

分析　由样本的性质知，$X_{n+1} \sim N(\mu, \sigma^2)$，根据抽样分布基本定理有 $\overline{X}_n \sim N\left(\mu, \dfrac{\sigma^2}{n}\right)$，而且 X_{n+1} 与 $\overline{X}_n$ 相互独立，所以 $X_{n+1} - \overline{X}_n \sim N\left(0, \dfrac{(n+1)\sigma^2}{n}\right)$，即

$$\frac{X_{n+1} - \overline{X}_n}{\sigma\sqrt{\dfrac{n+1}{n}}} \sim N(0, 1)$$

另外，$\dfrac{(n-1)S_n^2}{\sigma^2} \sim \chi^2(n-1)$，基于 t 分布的构造，则有

$$\frac{\dfrac{X_{n+1}-\overline{X}_n}{\sigma\sqrt{\dfrac{n+1}{n}}}}{\sqrt{\dfrac{(n-1)S_n^2/\sigma^2}{n-1}}} \sim t(n-1)$$

左边化简得到

$$\frac{X_{n+1}-\overline{X}_n}{S_n\sqrt{\dfrac{n+1}{n}}} \sim t(n-1)$$

所以取 $c=\sqrt{\dfrac{n}{n+1}}$ 时，t_c 服从自由度为 $n-1$ 的 t 分布。

例 5.16 （指数分布总体的抽样分布定理）设 $X_1,X_2,\cdots,X_n$ 为来自指数分布总体 $\mathrm{Exp}(\lambda)$ 的样本，$\overline{X}=\dfrac{\sum\limits_{i=1}^{n}X_i}{n}$，则 $2n\lambda\,\overline{X} \sim \chi^2(2n)$。

证 令 $T_n=\sum\limits_{i=1}^{n}X_i$，其概率密度用 $f_n(x)$ 表示，记 $f(x)$ 为 $\mathrm{Exp}(\lambda)$ 的概率密度，即

$$f(x)=\begin{cases}\lambda\mathrm{e}^{-\lambda x} & x>0 \\ 0 & x\leqslant 0\end{cases}$$

注意 $T_n=T_{n-1}+X_n$，并且 T_{n-1} 与 X_n 相互独立，利用卷积公式（见第 3 章定理 3.6）可得，

$$f_n(x)=\int_{-\infty}^{+\infty}f_{n-1}(t)f(x-t)\mathrm{d}t$$

因为

$$f(x-t)=\begin{cases}\lambda\mathrm{e}^{-\lambda(x-t)} & x>t \\ 0 & x\leqslant t\end{cases}$$

所以

$$f_n(x)=\int_{-\infty}^{x}f_{n-1}(t)\cdot\lambda\mathrm{e}^{-\lambda(x-t)}\mathrm{d}t=\lambda\mathrm{e}^{-\lambda x}\int_{-\infty}^{x}\mathrm{e}^{\lambda t}f_{n-1}(t)\mathrm{d}t$$

这形成了一个递推公式，递推可得：

$$f_2(x) = \lambda e^{-\lambda x} \int_{-\infty}^{x} e^{\lambda t} f_1(t) \mathrm{d}t = \lambda e^{-\lambda x} \int_0^x e^{\lambda t} \lambda e^{-\lambda t} \mathrm{d}t = \lambda^2 x e^{-\lambda x} , (x > 0)$$

$$f_3(x) = \lambda e^{-\lambda x} \int_{-\infty}^{x} e^{\lambda t} f_2(t) \mathrm{d}t = \lambda e^{-\lambda x} \int_0^x e^{\lambda t} \lambda^2 t e^{-\lambda t} \mathrm{d}t = \frac{1}{2!} \lambda^3 x^2 e^{-\lambda x} , (x > 0)$$

$$f_4(x) = \lambda e^{-\lambda x} \int_{-\infty}^{x} e^{\lambda t} f_3(t) \mathrm{d}t = \lambda e^{-\lambda x} \int_0^x e^{\lambda t} \frac{1}{2!} \lambda^3 t^2 e^{-\lambda t} \mathrm{d}t = \frac{1}{3!} \lambda^4 x^3 e^{-\lambda x} , (x > 0)$$

$$\vdots$$

$$f_n(x) = \lambda e^{-\lambda x} \int_{-\infty}^{x} e^{\lambda t} f_{n-1}(t) \mathrm{d}t = \lambda e^{-\lambda x} \int_0^x e^{\lambda t} \frac{1}{(n-2)!} \lambda^{n-1} t^{n-2} e^{-\lambda t} \mathrm{d}t$$

$$= \frac{1}{(n-1)!} \lambda^n x^{n-1} e^{-\lambda x} , (x > 0)$$

令 $Y = 2n\lambda \overline{X} = 2\lambda T_n$，则 Y 的概率密度为

$$f_Y(y) = \frac{1}{2\lambda} f_n\left(\frac{y}{2\lambda}\right)$$

$$= \begin{cases} \dfrac{1}{(n-1)!\, 2^n} y^{n-1} e^{-\frac{y}{2}} & y > 0 \\ 0 & y \leqslant 0 \end{cases}$$

这是自由度为 $2n$ 的 χ^2 的概率密度，所以 $2n\lambda \overline{X} \sim \chi^2(2n)$。

【阅读材料】

皮尔逊——现代统计学奠基人

皮尔逊(Karl Pearson，1857—1936，英国)1879 年在剑桥大学国王学院获得数学学位，之后几年间曾经对德国史、物理学和科学哲学感兴趣，1884 年成为伦敦大学学院应用数学教授。他是公认的现代统计学奠基人之一，在统计学上有许多方面的贡献，相关回归是其中的一个重要方面，另外还有矩估计和拟合优度检验等，这些都成为现代数理统计学的经典内容。他在数理统计学上的贡献除了研究成果外，还有培养人才。他在伦敦大学学院主持"高尔顿实验室"多年。在 20 世纪前期，该实验室是国际上一个主要的统计学研究和教学中心，许多在统计学历史上大名鼎鼎的人物都在那里学习和工作过，包括发现 t 分布的哥色特(他在 1908 年以 Student 为笔名发表的论文《均值的或然误差》被认为是小样本统计的开山之作)，假设检验和置信区间理论的奠基人奈曼和爱根·皮尔逊，对回归分析做过重大贡献同时也是时间序列分析的奠基人之一的约尔等。费歇尔在开始统计学研究工作之前曾研读过皮尔逊的系列论文《数学用于进化论》，在这个意义上可以认为皮尔逊是费歇尔的入门导师。

【以上内容摘自陈希孺院士的《数理统计学简史》】

相关系数理论是皮尔逊的代表性成果。对于两个随机变量 (X, Y) 的一组观测值 $(x_1,$

$y_1),(x_2,y_2),\cdots,(x_n,y_n)$,定义

$$r=\dfrac{\sum\limits_{i=1}^{n}(x_i-\overline{x})(y_i-\overline{y})}{\sqrt{\sum\limits_{i=1}^{n}(x_i-\overline{x})^2}\sqrt{\sum\limits_{i=1}^{n}(y_i-\overline{y})^2}}$$

r 称为 (X,Y) 的样本相关系数,又称为皮尔逊乘积矩相关系数,它是 (X,Y) 的总体相关系数 $\rho=\dfrac{\text{Cov}(X,Y)}{\sqrt{D(X)}\sqrt{D(Y)}}$ 的常用估计。另见例 6.12。

皮尔逊还提出了复相关系数的概念。对于 $p(\geqslant 3)$ 维随机变量 $(X_1,X_2,\cdots,X_p)$,考虑 X_1 对于余下的 $p-1$ 个随机变量的整体的相关系数。该问题的一个实际背景是,令 X_1 表示水稻的产量,X_2,X_3,X_4,X_5 分别表示水稻的生长期 8 月、9 月、10 月、11 月的降雨量,则 X_1 与单个月的降雨量 $X_i,i=2,3,4,5$ 肯定是相关的,不过相关性不一定很大,但是肯定与这几个月的降雨量情况有更大的相关性。X_1 与 $(X_2,\cdots,X_p)$ 的复相关系数定义为

$$\rho_{1(23\cdots p)}=\sqrt{1-|P|/P_{11}}$$

其中,

$$P=\begin{bmatrix} 1 & \rho_{12} & \cdots & \rho_{1p} \\ \rho_{21} & 1 & \cdots & \rho_{2p} \\ \vdots & \vdots & & \vdots \\ \rho_{p1} & \rho_{p2} & \cdots & 1 \end{bmatrix}$$

称为 $(X_1,X_2,\cdots,X_p)$ 的相关矩阵,P_{11} 是相关矩阵 $(1,1)$ 元的余子式。

皮尔逊的学生约尔引进了偏相关系数的概念。比如在 $(X_1,X_2,\cdots,X_p)$ 中,X_1 与 X_2 的偏相关系数定义为

$$\rho_{12\cdot(3\cdots p)}=\dfrac{P_{12}}{\sqrt{P_{11}P_{22}}}$$

其中 P_{12} 是相关矩阵 $(1,2)$ 元的余子式。X_1 与 X_2 的偏相关系数的意义是,从 X_1 与 X_2 中去除了 $X_3,\cdots,X_p$ 的相关信息后,X_1 与 X_2 的线性相关程度,因此约尔起初称之为"净相关系数"。

习 题 A

1. 设 $X_1,\cdots,X_n$ 为总体 $N(\mu,\sigma^2)$ 的样本,则 $E(S^2)=$ _____。

2. 设 $X_1,\cdots,X_n$ 为总体 $B(n,p)$ 的样本,则 $D(\overline{X})=$ _____。

3. 设 $X_1,\cdots,X_6$ 为总体 $N(0,\sigma^2)$ 的样本,$Y=(X_1+X_2+X_3)^2+(X_4+X_5+X_6)^2$,则当 $c=$ _____时,有 $cY\sim\chi^2(2)$。

4. 设 $X_1, \cdots, X_4$ 为总体 $N(0, \sigma^2)$ 的样本, 若 $\dfrac{c(X_1 + X_2)}{\sqrt{X_3^2 + X_4^2}}$ 服从于 t 分布, 则 $c = $ _____。

5. 设 $X_1, \cdots, X_{15}$ 为总体 $N(0, \sigma^2)$ 的样本, 则 $\dfrac{1}{2} \displaystyle\sum_{i=1}^{10} X_i^2 \Big/ \sum_{j=11}^{15} X_j^2 \sim$ _____ 。

6. 设 $X_1, \cdots, X_4$ 为总体 $N(\mu, \sigma^2)$ 的样本, 其中 μ 已知, σ^2 未知, 则 _____ 不是统计量。

A. $X_1 + 8X_2$ B. $X_1 - \sigma$

C. $\displaystyle\sum_{i=1}^{4} X_i - \mu$ D. $\displaystyle\sum_{i=1}^{4} X_i^2$

7. 设 $X_1, \cdots, X_{16}$ 为总体 $N(\mu, \sigma^2)$ 的样本, 若 $P(\overline{X} > \mu + aS) = 0.95$, 则 $a = $ _____。

A. $-0.438\ 3$ B. $0.438\ 3$ C. $-0.436\ 5$ D. $0.436\ 5$

8. 设 $X_1, \cdots, X_n$ 为总体 $N(0, 1)$ 的样本, 则 _____。

A. $\overline{X}/S \sim t(n-1)$ B. $\overline{X} \sim N(0, 1)$

C. $(n-1)S^2 \sim \chi^2(n-1)$ D. $\sqrt{n}\, \overline{X} \sim t(n-1)$

9. 设 $X_1, \cdots, X_n$ 为总体 $N(\mu, \sigma^2)$ 的样本, $\overline{X}$ 是样本均值, 记:

$$S_1^2 = \frac{1}{n-1} \sum_{i=1}^{n} (X_i - \overline{X})^2, \quad S_2^2 = \frac{1}{n} \sum_{i=1}^{n} (X_i - \overline{X})^2$$

$$S_3^2 = \frac{1}{n-1} \sum_{i=1}^{n} (X_i - \mu)^2, \quad S_4^2 = \frac{1}{n} \sum_{i=1}^{n} (X_i - \mu)^2$$

则服从自由度为 $n-1$ 的 t 分布的随机变量是 _____。

A. $\dfrac{\overline{X} - \mu}{S_1/\sqrt{n-1}}$ B. $\dfrac{\overline{X} - \mu}{S_2/\sqrt{n-1}}$ C. $\dfrac{\overline{X} - \mu}{S_3/\sqrt{n}}$ D. $\dfrac{\overline{X} - \mu}{S_4/\sqrt{n}}$

10. 设 $X_1, \cdots, X_6$ 为总体 $N(\mu, \sigma^2)$ 的样本, 则 $D(S^2) = $ _____。

A. $\dfrac{1}{6} \sigma^4$ B. $\dfrac{1}{3} \sigma^4$ C. $\dfrac{1}{5} \sigma^4$ D. $\dfrac{2}{5} \sigma^4$

习 题 B

1. 设 $X_1, \cdots, X_n$ 为总体 $N(\mu, \sigma^2)$ 的样本, 问 $\dfrac{1}{\sigma^2} \displaystyle\sum_{i=1}^{n} (X_i - \mu)^2$ 服从什么分布?

2. 设 $X_1, \cdots, X_{100}$ 为总体 $N(60, 15^2)$ 的样本, 求 $P(|\overline{X} - 60| > 3)$。

3. 设 $X_1, \cdots, X_n$ 为总体 $N(4.2, 5^2)$ 的样本, 若要求其样本均值位于区间 $(2.2, 6.2)$ 内的概率不低于 0.95, 则样本容量 n 至少取多大?

4. 从一正态总体中抽取容量为 10 的样本, 假定有 2% 的样本均值与总体均值之差的绝对值不低于 4, 求总体的标准差。

5. 求总体 $N(20, 3)$ 的容量分别为 10 与 15 的两样本均值差的绝对值大于 0.3 的概率。

1. 用 MATLAB 软件求 $u_{0.023}$，$\chi^2_{0.07}(19)$，$t_{0.09}(26)$，$F_{0.03}(9,27)$，小数点后保留 4 位有效数字。

2. 用天平重复称一重量为 μ 的物品，设称量结果服从 $N(\mu,0.2^2)$。若使称量结果的平均值与物品实际重量的差别不超过 0.1 的概率不低于 0.95，问至少称量多少次？

3. 设某厂生产的灯泡的使用寿命 $X \sim N(1\,000,\sigma^2)$（单位：小时），现随机抽取一容量为 9 的样本，并测得样本均值及样本方差。但是由于工作上的失误，检验员丢失了此试验的原始结果，只记得样本标准差为 $s \approx 100$。试据此求 $P(\overline{X} > 1\,062)$。

4. 学校需要估计大二学生的英语水平，假设学生英语成绩服从正态分布 $N(\mu,\sigma^2)$。若学校希望 $P(|\overline{X}-\mu| < 0.5\sigma) > 0.95$，则至少需要随机抽取多少学生的英语成绩？

5. 某公司经营快递大型包裹，每辆车运输的包裹总重不超过 $6\,000$ 磅。假设每个包裹的重量服从正态分布，其平均重量为 100 磅，标准差为 10 磅。一次该公司收到某单个客户 55 个包裹，试估算一下该公司需派出至少两辆车的概率。

第 6 章
参数估计

统计推断是数理统计的主要任务,它的基本问题是根据样本提供的信息对总体的分布进行某种推断,因而具有"部分推断整体"的特征。统计推断主要包括参数估计与假设检验两大内容。本章学习参数估计,第 7 章进一步学习假设检验。

先规定一下问题研究的起点,对于总体 X 的分布,假定我们已经通过某种途径(比如直方图拟合或者公共的观点,等等),认为它服从分布 $F(x;\theta)$,但是分布参数 θ 是未知的,此时对于总体分布的估计,就简化为对于分布参数 θ 的估计。在这个前提下,总体分布的估计就变成参数估计,总体分布的假设检验就变成参数假设检验了。

所谓参数估计,就是用统计量去估计总体分布的参数。例如:假设某个厂家生产的一种电子产品的寿命 X 服从正态分布 $N(\mu,\sigma^2)$,若参数 μ 与 σ^2 未知,则可以根据样本构造统计量,给出估计值或取值范围。这构成了参数估计的主要组成部分:点估计与区间估计。

§6.1 点估计

假设总体 X 的概率函数(概率分布列)或密度函数 $f(x;\theta)$ 依赖于未知参数 $\theta \triangleq (\theta_1,\cdots,\theta_q)$,称 θ 可能的取值范围 Θ 为参数空间。点估计的任务是,根据样本信息在分布族 $\{f(x;\theta):\theta \in \Theta\}$ 中选择一个分布作为总体的分布,等价地,就是根据样本从 Θ 中选定一个具体的值作为 θ 的估计。

设 $X_1,\cdots,X_n$ 是从该总体抽取的一个简单随机样本,$x_1,\cdots,x_n$ 是样本 $X_1,\cdots,X_n$ 的一组观测值,根据某种原理构造 q 个统计量 $\hat{\theta}_i = \hat{\theta}_i(X_1,\cdots,X_n)$,$i=1,\cdots,q$,称 $\hat{\theta}_i(X_1,\cdots,X_n)$ 为 θ_i 的一个点估计量,或简称为估计量;称 $\hat{\theta}_i(x_1,\cdots,x_n)$ 为 θ_i 的点估计值,或简称为估计值;估计量与估计值统称为估计;称 $\hat{\theta} \triangleq (\hat{\theta}_1,\cdots,\hat{\theta}_q)$ 为 θ 的点估计或估计。

注 6.1 估计量是随机变量,常用于理论研究;估计值是具体数值,多用于实际计算。

构造统计量是寻求点估计的前提,在构造统计量时,利用不同的思想或原理可以得到不同的统计量。常用的点估计方法有矩估计、最大似然估计、最小二乘估计。本节我们讨论矩估计和最大似然估计,最小二乘估计作为一个独立的主题,置于 6.3 节讨论。

6.1.1 矩估计

视频:矩估计

矩估计(Moment Estimation, ME)法是由英国统计学家皮尔逊于 1894 年提出的一种经典的点估计方法。其基本原理是:由辛钦大数定律可知,样本 k 阶原点矩 $A_k \triangleq \frac{1}{n} \sum_{i=1}^{n} X_i^k$ 依概率收敛到相应的总体 k 阶原点矩 $\mu_k \triangleq E(X^k)$,因此可以用样本矩估计总体矩,从而得到未知参数的估计。基于这种思想求得的估计称为矩估计。

矩估计一般可以通过如下步骤获得。

(1) 建立矩方程组:假设总体的 k 阶矩 $\mu_k(k=1,\cdots,q)$ 存在,并且

$$\begin{cases} \mu_1 = g_1(\theta_1,\cdots,\theta_q) \\ \cdots \\ \mu_q = g_q(\theta_1,\cdots,\theta_q) \end{cases} \tag{6.1}$$

(2) 解方程组:解式(6.1),得

$$\begin{cases} \theta_1 = h_1(\mu_1,\cdots,\mu_q) \\ \cdots \\ \theta_q = h_q(\mu_1,\cdots,\mu_q) \end{cases} \tag{6.2}$$

(3) 矩替换:将式(6.2)中的总体矩替换为相应的样本矩,得矩估计为

$$\begin{cases} \hat{\theta}_1 = h_1(A_1,\cdots,A_q) \\ \cdots \\ \hat{\theta}_q = h_q(A_1,\cdots,A_q) \end{cases}$$

例 6.1 设总体 $X \sim \begin{pmatrix} 1 & 2 & 3 \\ \theta^2 & 2\theta(1-\theta) & (1-\theta)^2 \end{pmatrix}$,其中参数 $0<\theta<1$ 未知。(1) 求 $\hat{\theta}_{ME}$;(2) 已知样本观察值 $x_1=1, x_2=2, x_3=1$,求估计值 $\hat{\theta}_{ME}$。

解 (1) 先计算总体的一阶矩,即数学期望:

$$E(X) = 1 \cdot \theta^2 + 2 \cdot 2\theta(1-\theta) + 3 \cdot (1-\theta)^2 = 3 - 2\theta$$

解出上式中的 θ:

$$\theta = \frac{3-E(X)}{2}$$

然后用样本均值去替换总体均值,得到 θ 的估计量为

$$\hat{\theta}_{ME} = \frac{3-\overline{X}}{2}$$

(2) $\overline{x} = \frac{1+2+1}{3} = \frac{4}{3}$,代入估计量中,便得到 θ 的估计值为 $\hat{\theta}_{ME} = \frac{5}{6}$。

进一步,利用参数 θ 的估计值 $\hat{\theta}_{ME} = \dfrac{5}{6}$,我们就获得总体分布的估计:

X	1	2	3
$\hat{p}_k$	$\dfrac{25}{36}$	$\dfrac{10}{36}$	$\dfrac{1}{36}$

例 6.2 设总体 X 服从参数为 λ 的泊松分布,即 $X \sim P(\lambda)$,求参数 λ 的矩估计。

解 若 $X_1, \cdots, X_n$ 是从总体 X 抽取的简单随机样本,则由

$$\mu_1 = E(X) = \sum_{k=0}^{\infty} k \cdot \frac{\lambda^k}{k!} e^{-\lambda} = \lambda$$

得 $\lambda = \mu_1$,所以 λ 的矩估计量为 $\hat{\lambda} = A_1 = \dfrac{1}{n} \sum_{i=1}^{n} X_i = \overline{X}$。

又若 $x_1, \cdots, x_n$ 是一组样本观测值,则 λ 的矩估计值为 $\hat{\lambda} = \dfrac{1}{n} \sum_{i=1}^{n} x_i = \overline{x}$。

例 6.3 设总体 X 服从正态分布 $N(\mu, \sigma^2)$,求总体参数 μ 和 σ^2 的矩估计。

解 (1) 建立矩方程组:

$$\begin{cases} \mu_1 = E(X) = \mu \\ \mu_2 = E(X^2) = \sigma^2 + \mu^2 \end{cases}$$

(2) 解方程组,得

$$\begin{cases} \mu = \mu_1 \\ \sigma^2 = \mu_2 - \mu_1^2 \end{cases}$$

(3) 矩替换:将总体矩 μ_1 与 μ_2 分别替换为样本矩 $A_1 = \dfrac{1}{n} \sum_{i=1}^{n} X_i = \overline{X}$ 与 $A_2 = \dfrac{1}{n} \sum_{i=1}^{n} X_i^2$,并借助公式 $\sum_{i=1}^{n} (X_i - \overline{X})^2 = \sum_{i=1}^{n} X_i^2 - n\overline{X}^2$,得 μ 和 σ^2 的矩估计分别为 $\hat{\mu} = \overline{X}$ 与 $\hat{\sigma}^2 = S_n^2$,其中 $S_n^2 = \dfrac{1}{n} \sum_{i=1}^{n} (X_i - \overline{X})^2$ 为样本二阶中心矩。

作为例 6.3 的一个实际应用,我们考虑如下问题:为响应国家节能减排的号召,某公司开展了一次节省运输费用的活动,表 6.1 列出了该公司 A 部门 20 周使用的运输费用调查结果数据。假设 A 部门运输费用服从正态分布 $N(\mu, \sigma^2)$,借助 MATLAB 软件计算可知: μ 和 σ^2 的矩估计值分别为 $\hat{\mu} = \overline{x} \approx 1\,745.20(元)$ 与 $\hat{\sigma}^2 = s_n^2 \approx 3\,638.26 = 60.32^2(元^2)$。

表 6.1 某公司 A 部门 20 周的运输费用 (单位:元)

周序号	1	2	3	4	5	6	7	8	9	10
运输费	1 742	1 827	1 681	1 743	1 676	1 680	1 792	1 735	1 687	1 852
周序号	11	12	13	14	15	16	17	18	19	20
运输费	1 861	1 778	1 747	1 678	1 754	1 799	1 697	1 664	1 804	1 707

例 6.4 设总体 X 服从均匀分布 $U(\theta_1,\theta_2)$，求 θ_1 与 θ_2 的矩估计。

解 （1）建立矩方程组：

$$\begin{cases} \mu_1 = E(X) = \dfrac{\theta_1+\theta_2}{2} \\ \mu_2 = E(X^2) = D(X) + [E(X)]^2 = \dfrac{(\theta_1-\theta_2)^2}{12} + \left(\dfrac{\theta_1+\theta_2}{2}\right)^2 \end{cases}$$

（2）解方程组，得

$$\begin{cases} \theta_1 = \mu_1 - \sqrt{3(\mu_2-\mu_1^2)} \\ \theta_2 = \mu_1 + \sqrt{3(\mu_2-\mu_1^2)} \end{cases}$$

（3）矩替换：θ_1 与 θ_2 的矩估计分别为 $\hat{\theta}_1 = \overline{X} - \sqrt{3}S_n$ 与 $\hat{\theta}_2 = \overline{X} + \sqrt{3}S_n$。

例 6.5 设总体 X 的密度函数为 $f(x;\theta) = \dfrac{1}{2\theta}\mathrm{e}^{-|x|/\theta}$ $(x\in\mathbf{R})$，这里 $\theta>0$ 为未知参数，求 θ 的矩估计。

分析 首先注意到 $\mu_1 = E(X) = \displaystyle\int_{-\infty}^{\infty} x \cdot \dfrac{1}{2\theta}\mathrm{e}^{-|x|/\theta}\mathrm{d}x = 0$ 不包含参数 θ，因此需要检查总体二阶矩 μ_2。事实上，直接计算得 $\mu_2 = E(X^2) = \displaystyle\int_{-\infty}^{\infty} x^2 \cdot \dfrac{1}{2\theta}\mathrm{e}^{-|x|/\theta}\mathrm{d}x = 2\theta^2$，故由 $\theta>0$ 知 $\theta = \sqrt{\mu_2/2}$，从而 θ 的矩估计为 $\hat{\theta} = \sqrt{A_2/2}$。下面给出 θ 的另一种矩估计。

解 $|X|$ 的一阶原点矩为 $E(|X|) = \displaystyle\int_{-\infty}^{\infty} |x| \cdot \dfrac{1}{2\theta}\mathrm{e}^{-|x|/\theta}\mathrm{d}x = \theta$，故 θ 的矩估计为 $\hat{\theta} = \dfrac{1}{n}\displaystyle\sum_{i=1}^{n}|X_i|$。

注 6.2 （1）矩估计法简单、易于实现，只要总体矩存在，该方法就可以使用，因此应用较为广泛。

（2）但是矩估计存在应用上的局限性：所涉及的总体矩必须存在，否则矩估计法无法应用。

（3）矩估计存在性质上的缺陷：对于总体分布函数提供的信息，矩估计只是利用了总体矩的信息，而忽略了其他信息，因此在一些场合下显得比较粗糙，除非样本矩是总体分布的充分统计量。比如在例 6.3 中，样本矩 $A_1 = \dfrac{1}{n}\displaystyle\sum_{i=1}^{n}X_i = \overline{X}$ 与 $A_2 = \dfrac{1}{n}\displaystyle\sum_{i=1}^{n}X_i^2$ 是正态分布的充分统计量，这意味着总体矩的信息对于 μ 和 σ^2 的估计已经足够了。

（4）同一个参数的矩估计可能并不唯一（例 6.5）。

 6.1.2 最大似然估计

视频：最大
似然估计

重新审察例 5.2，样本联合分布列在样本值 $0,1,0,0,1$ 下的表达式 $p(0,1,0,0,1) = p^2(1-p)^3$，记 $L(p) = p^2(1-p)^3$，那么，$L(p)$ 的函数值有什么统计意义呢？比如 $L(0.1) = 0.0729$ 表示什么呢？

事实上，$L(0.1)=0.0729$ 表示从 $p=0.1$ 的那个 $0-1$ 分布总体中抽取容量为 5 的样本，能够抽到当前样本 $0,1,0,0,1$ 的概率只有 0.0729，这个概率太小了，因此你不会相信当前样本 $0,1,0,0,1$ 是从 $B(1,0.1)$ 总体中抽取的。

由此可见，$L(p)$ 是当前样本与备选总体 $B(1,p)$ 似然度的度量，统计学大师费歇尔把它称为似然函数。进一步，我们计算 $p=0.1,0.2,0.3,\cdots,0.9$ 的 $L(p)$，列表如下：

p	0.1	0.2	0.3	0.4	0.5	0.6	0.7	0.8	0.9
$L(p)$	$\dfrac{729}{10^5}$	$\dfrac{2\,048}{10^5}$	$\dfrac{3\,087}{10^5}$	$\dfrac{3\,456}{10^5}$	$\dfrac{3\,125}{10^5}$	$\dfrac{2\,304}{10^5}$	$\dfrac{1\,323}{10^5}$	$\dfrac{512}{10^5}$	$\dfrac{81}{10^5}$

其中最小值为 $L(0.9)=0.0081$，表明从这 9 个备选总体中抽取样本，当前样本最不可能来自总体 $B(1,0.9)$；最大值 $L(1,0.4)$，表明从这 9 个备选总体中抽取样本，当前样本最有可能来自总体 $B(1,0.4)$。因此根据当前样本，我们推断总体是 $B(1,0.4)$，等价地，得到 p 的估计值是 0.4。一般地，如果备选总体集合为 $\{B(1,p):0<p<1\}$，若 $\hat{p}$ 为 $L(p)$ 在区间 $(0,1)$ 中的最大值点，则与当前样本似然度最大的总体就是 $B(1,\hat{p})$，由于

$$\frac{\mathrm{d}L(p)}{\mathrm{d}p}=p\,(1-p)^2(2-5p)=0 \Rightarrow p=0.4$$

并且 $\left.\dfrac{\mathrm{d}^2L(p)}{\mathrm{d}p^2}\right|_{p=0.4}<0$，所以 $L(p)$ 的最大值点是 $p=0.4\Rightarrow\hat{p}=0.4$。

本例给出了根据样本来估计未知参数的一种方法，称为最大似然估计法。最大似然估计又称为极大似然估计（Maximum Likelihood Estimation，MLE），它是由德国数学家高斯于 1821 年提出的。1922 年，英国遗传学家与统计学家费歇尔再次提出了这一思想，并最先探讨了最大似然估计法的一些重要性质。现在我们把这个方法总结如下。

设总体 X 的概率函数或密度函数为 $f(x;\theta_1,\cdots,\theta_q)$，$X_1,\cdots,X_n$ 是从该总体抽取的简单随机样本。对于给定的样本观测值 $x_1,\cdots,x_n$，称

$$L(\theta_1,\cdots,\theta_q)=\prod_{i=1}^{n}f(x_i;\theta_1,\cdots,\theta_q)$$

与

$$\ell(\theta_1,\cdots,\theta_q)\triangleq\ln L(\theta_1,\cdots,\theta_q)=\sum_{i=1}^{n}\ln f(x_i;\theta_1,\cdots,\theta_q)$$

分别为似然函数与对数似然函数。若 $\hat{\theta}_1,\cdots,\hat{\theta}_q$ 使得 $L(\theta_1,\cdots,\theta_q)$ 达到最大值，则称 $\hat{\theta}_i$ 为 θ_i 的最大似然估计或极大似然估计。

在求解最大似然估计的过程中，通常将似然函数转化为对数似然函数以简化计算。一般地，可以通过以下步骤求得参数的最大似然估计：

（1）写出似然函数 $L(\theta_1,\cdots,\theta_q)$ 或对数似然函数 $\ell(\theta_1,\cdots,\theta_q)$。

（2）建立对数似然方程组：对 $\ell(\theta_1,\cdots,\theta_q)$ 关于 θ_i 求偏导数，并令其为 0，得

$$
\begin{cases}
\dfrac{\partial \ell(\theta_1,\cdots,\theta_q)}{\partial \theta_1} = \displaystyle\sum_{i=1}^{n} \dfrac{\partial \ln f(x_i;\theta_1,\cdots,\theta_q)}{\partial \theta_1} = 0 \\
\qquad\qquad\qquad \cdots \\
\dfrac{\partial \ell(\theta_1,\cdots,\theta_q)}{\partial \theta_q} = \displaystyle\sum_{i=1}^{n} \dfrac{\partial \ln f(x_i;\theta_1,\cdots,\theta_q)}{\partial \theta_q} = 0
\end{cases}
\tag{6.3}
$$

（3）解方程组：解式(6.3)，得 $\theta_i = \hat{\theta}_i(x_1,\cdots,x_n)$，验证 $(\hat{\theta}_1,\cdots,\hat{\theta}_q)$ 是否为 $\ell(\theta_1,\cdots,\theta_q)$ 的最大值点，若是，则得 θ_i 的最大似然估计 $\hat{\theta}_i(X_1,\cdots,X_n)$。

例 6.6　设总体 X 服从参数为 λ 的泊松分布，即 $X \sim P(\lambda)$，$X_1,\cdots,X_n$ 是从总体 X 抽取的简单随机样本，求 λ 的最大似然估计。

解　（1）写出对数似然函数：

$$
\ell(\lambda) = \sum_{i=1}^{n} \ln\left(\dfrac{\lambda^{x_i}}{x_i!} e^{-\lambda}\right) = n\bar{x}\ln\lambda - n\lambda - \sum_{i=1}^{n} \ln(x_i!)
$$

（2）建立对数似然方程：对 $\ell(\lambda)$ 关于 λ 求导数，并令其为 0，得

$$
\dfrac{\mathrm{d}\ell(\lambda)}{\mathrm{d}\lambda} = \dfrac{n\bar{x}}{\lambda} - n = 0
$$

（3）解方程，得 $\lambda = \bar{x}$。所以 λ 的最大似然估计为 $\hat{\lambda} = \bar{X}$。

例 6.7　设总体 X 服从正态分布 $N(\mu,\sigma^2)$，求 μ 和 σ^2 的最大似然估计。

解　（1）写出对数似然函数：

$$
\ell(\mu,\sigma^2) = \sum_{i=1}^{n} \ln\left(\dfrac{1}{\sqrt{2\pi}\sigma} e^{-\frac{(x_i-\mu)^2}{2\sigma^2}}\right) = -\dfrac{n}{2}\ln(2\pi) - \dfrac{n}{2}\ln(\sigma^2) - \dfrac{1}{2\sigma^2}\sum_{i=1}^{n}(x_i-\mu)^2
$$

（2）建立对数似然方程组：对 $\ell(\mu,\sigma^2)$ 关于 μ 和 σ^2 求导数，并令其为 0，得

$$
\begin{cases}
\dfrac{\partial \ell(\mu,\sigma^2)}{\partial \mu} = \dfrac{1}{\sigma^2}\displaystyle\sum_{i=1}^{n}(x_i-\mu) = 0 \\
\dfrac{\partial \ell(\mu,\sigma^2)}{\partial \sigma^2} = -\dfrac{n}{2\sigma^2} + \dfrac{1}{2\sigma^4}\displaystyle\sum_{i=1}^{n}(x_i-\mu)^2 = 0
\end{cases}
$$

（3）解方程组，得 μ 和 σ^2 的最大似然估计分别为 $\hat{\mu} = \bar{X}$ 与 $\hat{\sigma}^2 = S_n^2$。

注意到上述两例中总体参数的最大似然估计与相应的矩估计恰好相同。后面的例 6.10 说明这并不具有必然性。

例 6.8　为调查我校学生身高分布，先从校园随机抽 100 名学生测量，其中 40 名男生、60 名女生，身高数据如下表所示（单位：厘米）：

序号	性别	身高	序号	性别	身高	序号	性别	身高	序号	性别	身高
1	男	170	26	男	170	51	女	165	76	女	161
2	男	172	27	男	175	52	女	163	77	女	160
3	男	173	28	男	175	53	女	162	78	女	164
4	男	171	29	男	176	54	女	162	79	女	165
5	男	174	30	男	174	55	女	162	80	女	162
6	男	176	31	男	172	56	女	166	81	女	163
7	男	175	32	男	171	57	女	165	82	女	162
8	男	174	33	男	172	58	女	157	83	女	162
9	男	176	34	男	175	59	女	164	84	女	158
10	男	169	35	男	171	60	女	161	85	女	155
11	男	173	36	男	173	61	女	161	86	女	162
12	男	175	37	男	170	62	女	161	87	女	165
13	男	174	38	男	174	63	女	164	88	女	162
14	男	170	39	男	177	64	女	161	89	女	164
15	男	170	40	男	169	65	女	161	90	女	166
16	男	169	41	女	165	66	女	165	91	女	163
17	男	173	42	女	162	67	女	161	92	女	162
18	男	172	43	女	161	68	女	166	93	女	166
19	男	178	44	女	166	69	女	165	94	女	163
20	男	173	45	女	168	70	女	165	95	女	163
21	男	173	46	女	162	71	女	162	96	女	167
22	男	174	47	女	159	72	女	162	97	女	163
23	男	176	48	女	162	73	女	161	98	女	165
24	男	174	49	女	161	74	女	160	99	女	162
25	男	169	50	女	164	75	女	164	100	女	161

设男生、女生身高分别具有总体 $N(\mu_1, \sigma_1^2)$ 和 $N(\mu_2, \sigma_2^2)$，求 $\mu_1, \sigma_1^2, \mu_2, \sigma_2^2$ 的最大似然估计值。

解 由例 6.7 知：正态总体参数的最大似然估计为样本均值与样本二阶中心矩。故由表中数据计算，得 $\mu_1, \sigma_1^2, \mu_2, \sigma_2^2$ 的最大似然估计值分别为

$$\hat{\mu}_1 = \bar{x} = \frac{1}{40}(170 + 172 + \cdots + 169) \approx 172.93(\text{厘米})$$

$$\hat{\sigma}_1^2 = s_x^2 = \frac{1}{40}\left[(170 - 172.93)^2 + (172 - 172.93)^2 + \cdots + (169 - 172.93)^2\right]$$

$$\approx 5.72(\text{厘米}^2)$$

$$\hat{\mu}_2 = \bar{y} = \frac{1}{60}(165 + 162 + \cdots + 161) \approx 162.70(\text{厘米})$$

$$\hat{\sigma}_2^2 = s_y^2 = \frac{1}{60} \left[(165-162.70)^2 + (162-162.70)^2 + \cdots + (161-162.70)^2 \right]$$

$$\approx 5.68(\text{厘米}^2)$$

例 6.9 设总体 $X \sim \begin{pmatrix} 1 & 2 & 3 \\ \theta^2 & 2\theta(1-\theta) & (1-\theta)^2 \end{pmatrix}$，其中分布参数 $0 < \theta < 1$ 未知，已知样本观察值 $x_1 = 1, x_2 = 2, x_3 = 1$，求：(1) $\hat{\theta}_{\text{MLE}}$；(2) $P(X=3)$ 的 MLE。

解 (1) 似然函数为

$$L(\theta) = f(1)f(2)f(1) = \theta^2 \cdot 2\theta(1-\theta) \cdot \theta^2 = 2\theta^5(1-\theta)$$

从而对数似然函数为

$$\ln L(\theta) = \ln 2 + 5\ln\theta + \ln(1-\theta)$$

于是

$$(\ln L)' = \frac{5}{\theta} - \frac{1}{1-\theta} = 0 \quad \Rightarrow \quad \hat{\theta}_{\text{MLE}} = \frac{5}{6}$$

为了解决第(2)个问题，我们需要应用最大似然估计的不变性，我们不加证明地给出这个性质：

设 θ 的 MLE 为 $\hat{\theta}_{\text{MLE}}$，$g(\cdot)$ 为连续函数，则 $g(\theta)$ 的 MLE 为 $g(\hat{\theta}_{\text{MLE}})$。

根据这个性质，我们来解决第(2)问。

(2) $P(X=3) = (1-\theta)^2$，并且 $(1-\theta)^2$ 是连续的，所以 $P(X=3)$ 的 MLE 为

$$(1-\hat{\theta}_{\text{MLE}})^2 = \left(1 - \frac{5}{6}\right)^2 = \frac{1}{36}$$

例 6.10 设总体 X 服从均匀分布 $U(\theta_1, \theta_2)$，这里 $\theta_1 < \theta_2$。求 θ_1 与 θ_2 的最大似然估计。

分析 似然函数为

$$L(\theta_1, \theta_2) = \begin{cases} \left(\dfrac{1}{\theta_2 - \theta_1}\right)^n & \theta_1 \leq x_{(1)} \leq x_{(n)} \leq \theta_2 \\ 0 & \text{其他} \end{cases}$$

对数似然函数为

$$\ln L(\theta_1, \theta_2) = -n\ln(\theta_2 - \theta_1) \quad (\theta_1 \leq x_{(1)} \leq x_{(n)} \leq \theta_2)$$

对数似然方程为

$$\begin{cases} \dfrac{\partial \ln L(\theta_1, \theta_2)}{\partial \theta_1} = \dfrac{n}{\theta_2 - \theta_1} = 0 \\ \dfrac{\partial \ln L(\theta_1, \theta_2)}{\partial \theta_2} = -\dfrac{n}{\theta_2 - \theta_1} = 0 \end{cases}$$

显然对数似然方程无解，此时应用导数求极值的方法失效，但是不能武断地认为本题

不存在最大似然估计,事实上,我们可以直接利用最大似然估计的定义来做。

解 设 $x_1, \cdots, x_n$ 为一组样本观测值,则似然函数为

$$L(\theta_1, \theta_2) = \begin{cases} \left(\dfrac{1}{\theta_2 - \theta_1}\right)^n & \theta_1 \leqslant x_{(1)} \leqslant x_{(n)} \leqslant \theta_2 \\ 0 & \text{其他} \end{cases}$$

经过分析可知,$L(\theta_1, \theta_2)$ 取得最大值当且仅当 $\theta_1 = x_{(1)}$ 且 $\theta_2 = x_{(n)}$。所以,参数 θ_1 与 θ_2 的最大似然估计分别为 $\hat{\theta}_1 = X_{(1)}$ 与 $\hat{\theta}_2 = X_{(n)}$。

※例 6.11 设总体 X 服从参数为 $\alpha(>0)$ 与 $\lambda(>0)$ 的伽马分布,即密度函数为

$$f(x; \alpha, \lambda) = \begin{cases} \dfrac{1}{\Gamma(\alpha)} \lambda^\alpha x^{\alpha-1} e^{-\lambda x} & x > 0 \\ 0 & x \leqslant 0 \end{cases}$$

其中 $\Gamma(\alpha) = \displaystyle\int_0^{+\infty} x^{\alpha-1} e^{-x} \mathrm{d}x$ 表示参数为 $\alpha(>0)$ 的伽马函数。求 α 与 λ 的最大似然估计。

解 设 $x_1, \cdots, x_n$ 为一组样本观测值,则对数似然函数为

$$\ell(\alpha, \lambda) = n\alpha \ln\lambda + (\alpha-1) \sum_{i=1}^n \ln x_i - n\lambda \bar{x} - n \ln \Gamma(\alpha) \quad (\text{当 } x_{(1)} > 0)$$

对 $\ell(\alpha, \lambda)$ 中 $x_{(1)} > 0$ 的情形关于 α 与 λ 求偏导数并令其为 0,得对数似然方程组:

$$\begin{cases} \dfrac{\partial \ell(\alpha, \lambda)}{\partial \alpha} = n\ln\lambda + \sum_{i=1}^n \ln x_i - \dfrac{n\Gamma'(\alpha)}{\Gamma(\alpha)} = 0 \\ \dfrac{\partial \ell(\alpha, \lambda)}{\partial \lambda} = \dfrac{n\alpha}{\lambda} - n\bar{x} = 0 \end{cases} \tag{6.4}$$

由式(6.4)的第二个方程得 $\lambda = \dfrac{\alpha}{\bar{x}}$,代入第一个方程,得

$$n\ln\alpha - n\ln\bar{x} + \sum_{i=1}^n \ln x_i - \dfrac{n\Gamma'(\alpha)}{\Gamma(\alpha)} = 0 \tag{6.5}$$

它是关于 α 的非线性方程,需用迭代方法求解,迭代求解时可以使用 α 的矩估计作为初始值。设式(6.5)的迭代解为 $\alpha = \alpha^*$,则 α 与 λ 的最大似然估计为 $\hat{\alpha} = \alpha^*$ 与 $\hat{\lambda} = \alpha^* / \overline{X}$。

※例 6.12 设 $(X_1, Y_1), \cdots, (X_n, Y_n)$ 为二维总体 $N(\mu_1, \mu_2; \sigma_1^2, \sigma_2^2; \rho)$ 的简单随机样本(其中 $|\rho| < 1$),求参数 $\mu_1, \mu_2, \sigma_1^2, \sigma_2^2, \rho$ 各自的最大似然估计。

解 设 $(x_1, y_1), \cdots, (x_n, y_n)$ 为一组样本观测值,则对数似然函数为

$$\ell(\mu_1, \mu_2, \sigma_1^2, \sigma_2^2, \rho) = -n\ln(2\pi) - \frac{n}{2}\ln\sigma_1^2 - \frac{n}{2}\ln\sigma_2^2 - \frac{n}{2}\ln(1-\rho^2) - \frac{1}{2(1-\rho)^2} \times$$

$$\left[\frac{1}{\sigma_1^2} \sum_{i=1}^n (x_i - \mu_1)^2 + \frac{1}{\sigma_2^2} \sum_{i=1}^n (y_i - \mu_2)^2 - \right.$$

$$\left. \frac{2\rho}{\sigma_1 \sigma_2} \sum_{i=1}^n (x_i - \mu_1)(y_i - \mu_2) \right]$$

对 $\ell(\mu_1,\mu_2,\sigma_1^2,\sigma_2^2,\rho)$ 关于 μ_1 与 μ_2 分别求偏导并令其为零,得

$$\frac{\partial \ell}{\partial \mu_1} = 0 \Rightarrow \frac{1}{\sigma_1}(\bar{x}-\mu_1) = \frac{\rho}{\sigma_2}(\bar{y}-\mu_2),$$

$$\frac{\partial \ell}{\partial \mu_2} = 0 \Rightarrow \frac{\rho}{\sigma_1}(\bar{x}-\mu_1) = \frac{1}{\sigma_2}(\bar{y}-\mu_2)$$

由 $|\rho|<1$ 及上面两式,得 $\mu_1 = \bar{x}$ 和 $\mu_2 = \bar{y}$。为方便起见,下面记

$$l_{xx} = \sum_{i=1}^{n}(x_i-\bar{x})^2,$$

$$l_{yy} = \sum_{i=1}^{n}(y_i-\bar{y})^2,$$

$$l_{xy} = \sum_{i=1}^{n}(x_i-\bar{x})(y_i-\bar{y})$$

再对 $\ell(\bar{x},\bar{y},\sigma_1^2,\sigma_2^2,\rho)$ 关于 $\sigma_1^2,\sigma_2^2,\rho$ 分别求偏导并令其为零,整理可得

$$\frac{\partial \ell(\bar{x},\bar{y},\sigma_1^2,\sigma_2^2,\rho)}{\partial \sigma_1^2} = 0 \Rightarrow \frac{l_{xx}}{\sigma_1^2} - \frac{\rho l_{xy}}{\sigma_1\sigma_2} = n(1-\rho^2),$$

$$\frac{\partial \ell(\bar{x},\bar{y},\sigma_1^2,\sigma_2^2,\rho)}{\partial \sigma_2^2} = 0 \Rightarrow \frac{l_{yy}}{\sigma_2^2} - \frac{\rho l_{xy}}{\sigma_1\sigma_2} = n(1-\rho^2),$$

$$\frac{\partial \ell(\bar{x},\bar{y},\sigma_1^2,\sigma_2^2,\rho)}{\partial \rho} = 0 \Rightarrow n(1-\rho^2)\rho + (1+\rho^2)\frac{l_{xy}}{\sigma_1\sigma_2} = \rho\left(\frac{l_{xx}}{\sigma_1^2} + \frac{l_{yy}}{\sigma_2^2}\right)$$

解得

$$\sigma_1^2 = \frac{1}{n}l_{xx} = \frac{1}{n}\sum_{i=1}^{n}(x_i-\bar{x})^2,$$

$$\sigma_2^2 = \frac{1}{n}l_{yy} = \frac{1}{n}\sum_{i=1}^{n}(y_i-\bar{y})^2,$$

$$\rho = \frac{l_{xy}}{n\sigma_1\sigma_2} = \frac{l_{xy}}{\sqrt{l_{xx}l_{yy}}} = \frac{\sum_{i=1}^{n}(x_i-\bar{x})(y_i-\bar{y})}{\sqrt{\sum_{i=1}^{n}(x_i-\bar{x})^2}\sqrt{\sum_{i=1}^{n}(y_i-\bar{y})^2}}$$

所以,参数 $\mu_1,\mu_2,\sigma_2^2,\sigma_1^2,\rho$ 的最大似然估计分别为

$$\hat{\mu}_1 = \overline{X},$$

$$\hat{\mu}_2 = \overline{Y},$$

$$\hat{\sigma}_1^2 = \frac{1}{n}\sum_{i=1}^{n}(X_i-\overline{X})^2,$$

$$\hat{\sigma}_2^2 = \frac{1}{n}\sum_{i=1}^{n}(Y_i-\overline{Y})^2,$$

$$\hat{\rho} = \frac{\sum\limits_{i=1}^{n}(X_i - \overline{X})(Y_i - \overline{Y})}{\sqrt{\sum\limits_{i=1}^{n}(X_i - \overline{X})^2}\sqrt{\sum\limits_{i=1}^{n}(Y_i - \overline{Y})^2}}.$$

今后,对任意二维总体,给定其样本 $(X_1, Y_1), \cdots, (X_n, Y_n)$,均称

$$\hat{\rho}_{XY} \triangleq \frac{\sum\limits_{i=1}^{n}(X_i - \overline{X})(Y_i - \overline{Y})}{\sqrt{\sum\limits_{i=1}^{n}(X_i - \overline{X})^2}\sqrt{\sum\limits_{i=1}^{n}(Y_i - \overline{Y})^2}}$$

为总体 X 与 Y 的样本相关系数。

注 6.3　关于最大似然估计,有以下几点需要注意:

(1) 最大似然估计具有不变性,即若 $\hat{\theta}$ 为 θ 的最大似然估计,则 $g(\hat{\theta})$ 一般也是 $g(\theta)$ 的最大似然估计;

(2) 有些情况下,我们无法通过建立似然方程组的方法求得结果,而必须根据最大似然估计的原始定义直接求解,如例 6.10;

(3) 当似然方程组含有非线性方程时,可能需要采用迭代方法并借助数学软件求解最大似然估计,如例 6.11。

6.1.3　点估计的评价准则

视频:点估计的
评价准则

对于同一参数,根据不同的点估计方法可能会得到不同的估计量,如例 6.4 与例 6.10 就说明了均匀分布 $U(\theta_1, \theta_2)$ 中参数 θ_1 与 θ_2 的矩估计与最大似然估计是不同的。因此,总体参数的估计量往往有多种,我们希望选择较好的估计量,以期得到更准确的推断结果,这就涉及估计量的评价问题。常见的估计量评价准则有:无偏性、有效性、相合性。

1. 无偏性

无偏性准则要求估计量只有随机误差,而不应存在系统偏差。设 $\hat{\theta}$ 为总体参数 θ 的一个估计量,无偏性的直观意义是:如果多次抽样,则由这些样本计算得到的 $\hat{\theta}$ 值的平均值应接近总体参数 θ 的真值。换言之,在均值意义下,$\hat{\theta}$ 应与 θ 相等。在传统观点中,无偏性通常被认为是估计量应具有的一种良好性质。

定义 6.1　设 $\hat{\theta}$ 是未知参数 θ 的一个估计量,若它满足

$$E(\hat{\theta}) = \theta, \quad \forall \theta \in \Theta$$

则称 $\hat{\theta}$ 是 θ 的无偏估计,否则称之为有偏估计。

例 6.13　设总体 X 的期望与方差分别为 $E(X) = \mu$ 与 $D(X) = \sigma^2$,又若 $X_1, \cdots, X_n$ 为来自总体 X 的简单随机样本,证明如下结论:

(1) 任一形如 $\tilde{\mu} = \sum\limits_{i=1}^{n} a_i X_i$ 的统计量均为 μ 的无偏估计,这里 $a_1, \cdots, a_n \in \mathbf{R}$ 为已知常

数且满足 $\sum\limits_{i=1}^{n} a_i = 1$。特别地,样本均值 $\overline{X}$ 是总体均值 μ 的无偏估计。

(2) 样本方差 $S^2 = \dfrac{1}{n-1}\sum\limits_{i=1}^{n}(X_i - \overline{X})^2$ 为总体方差 σ^2 的无偏估计。

(3) 样本二阶中心矩 $S_n^2 = \dfrac{1}{n}\sum\limits_{i=1}^{n}(X_i - \overline{X})^2$ 为 σ^2 的有偏估计(见例 5.6)。

证 (1) 注意到 $E(X_i) = \mu$,根据数学期望的性质,利用条件 $\sum\limits_{i=1}^{n} a_i = 1$,得

$$E(\widetilde{\mu}) = E\left(\sum_{i=1}^{n} a_i X_i\right) = \sum_{i=1}^{n} a_i E(X_i) = \sum_{i=1}^{n} a_i \mu = \left(\sum_{i=1}^{n} a_i\right)\mu = \mu$$

这就证明了 $\widetilde{\mu}$ 是 μ 的无偏估计。又因为 $\overline{X} = \sum\limits_{i=1}^{n} \dfrac{1}{n} X_i$,所以 $\overline{X}$ 是 μ 的无偏估计。

(2) 由于 $X_1, \cdots, X_n$ 是 X 的简单随机样本,我们有

$$\left.\begin{array}{l} E(X_i) = \mu \\ D(X_i) = \sigma^2 \end{array}\right\} \Rightarrow E(X_i^2) = D(X_i) + [E(X_i)]^2 = \sigma^2 + \mu^2$$

$$\left.\begin{array}{l} E(\overline{X}) = \dfrac{1}{n}\sum\limits_{i=1}^{n} E(X_i) = \mu \\ D(\overline{X}) = \dfrac{1}{n^2}\sum\limits_{i=1}^{n} D(X_i) = \dfrac{\sigma^2}{n} \end{array}\right\} \Rightarrow E(\overline{X}^2) = D(\overline{X}) + [E(\overline{X})]^2 = \dfrac{\sigma^2}{n} + \mu^2$$

根据公式 $\sum\limits_{i=1}^{n}(X_i - \overline{X})^2 = \sum\limits_{i=1}^{n} X_i^2 - n\overline{X}^2$,计算可得

$$\begin{aligned} E(S^2) &= \frac{1}{n-1}\left[\sum_{i=1}^{n} E(X_i^2) - nE(\overline{X}^2)\right] \\ &= \frac{1}{n-1}\left[\sum_{i=1}^{n}(\sigma^2 + \mu^2) - n\left(\frac{\sigma^2}{n} + \mu^2\right)\right] \\ &= \sigma^2 \end{aligned}$$

因此,S^2 是 σ^2 的无偏估计。

(3) 由于 $S_n^2 = \dfrac{n-1}{n} S^2$ 以及(2)的结果,有

$$E(S_n^2) = \frac{n-1}{n}\sigma^2$$

所以 S_n^2 为 σ^2 的有偏估计,并且平均而言,S_n^2 低估了 σ^2。

注 6.4

(1) 例 6.13 中的 $\widetilde{\mu}$ 称为 μ 的线性无偏估计;

(2) 若 $\lim\limits_{n\to\infty} E(\hat{\theta}) = \theta, \forall \theta \in \Theta$,则称 $\hat{\theta}$ 为 θ 的渐近无偏估计。显然,S_n^2 为 σ^2 的渐近无偏估计。

2. 有效性

无偏性准则提供了在众多估计量中进行选择的一种方法,但是,仅要求一个估计量具有无偏性是不够的。如例 6.13 说明一切形如 $\widetilde{\mu}$ 的估计量关于 μ 均是无偏的。特别地,X_1 即 μ 的一个无偏估计,而 X_1 无法反映其他样品提供的关于 μ 的信息,因此不能称之为一个好的估计量。所以无偏性准则仅仅是一个好的估计量应满足的一个初步要求,在具有无偏性的前提下,还应进一步考虑有效性。

直观地讲,有效性准则就是在两个无偏估计量中选择取值较稳定(方差较小)的那个。事实上,估计量的方差越小,根据它推断出接近于总体参数值的机会就越大。

定义 6.2 设 $\hat{\theta}_1$ 与 $\hat{\theta}_2$ 是 θ 的两个无偏估计量,即 $E(\hat{\theta}_1)=E(\hat{\theta}_2)=\theta$,$\forall\,\theta\in\Theta$。若有

$$D(\hat{\theta}_1)\leqslant D(\hat{\theta}_2),\quad \forall\,\theta\in\Theta,$$

且存在 Θ 的非空子集 Θ_0 使 $D(\hat{\theta}_1)<D(\hat{\theta}_2)$,$\forall\,\theta\in\Theta_0$ 成立,则称 $\hat{\theta}_1$ 比 $\hat{\theta}_2$ 有效。

注 6.5 有效性以无偏性为基础,只有无偏估计才可以进一步考虑有效性准则。有兴趣的读者可以从文献中了解关于无偏性与有效性的一个综合性准则——均方误差(Mean Squared Error,MSE)准则。

例 6.14 在例 6.13 的基础上考虑如下问题:寻找 μ 的最有效的线性无偏估计。即确定 a_i,使相应的 $\widetilde{\mu}$ 在所有形如 $\sum_{i=1}^{n}a_iX_i$ 的线性无偏估计中方差最小。

解 由 $X_1,\cdots,X_n$ 为简单随机样本可知 $D(\widetilde{\mu})=\sum_{i=1}^{n}a_i^2D(X_i)=\sigma^2\sum_{i=1}^{n}a_i^2$,于是原问题转化为如下约束极值问题:

$$\begin{cases} \min\sum\limits_{i=1}^{n}a_i^2 \\[2mm] \text{s. t.}\ \sum\limits_{i=1}^{n}a_i=1 \end{cases}$$

从而可以使用拉格朗日乘子法求解。记

$$L(a_1,\cdots,a_n)=\sum_{i=1}^{n}a_i^2+\lambda\Big(\sum_{i=1}^{n}a_i-1\Big)$$

则

$$\begin{cases} \dfrac{\partial L(a_1,\cdots,a_n)}{\partial a_i}=2a_i+\lambda \\[4mm] \dfrac{\partial L(a_1,\cdots,a_n)}{\partial \lambda}=\sum\limits_{i=1}^{n}a_i-1 \end{cases} \qquad (i=1,\cdots,n)$$

解之,得 $a_1=\cdots=a_n=\dfrac{1}{n}$。经验证,$\sum\limits_{i=1}^{n}\Big(\dfrac{1}{n}\Big)^2\leqslant\sum\limits_{i=1}^{n}a_i^2$ 对于任一组满足 $\sum\limits_{i=1}^{n}a_i=1$ 的

$a_1, \cdots, a_n$ 均成立,所以 $\hat{\mu} \triangleq \sum\limits_{i=1}^{n} \dfrac{1}{n} X_i = \overline{X}$ 是 μ 的最有效的线性无偏估计。

注 6.6 $\hat{\mu}$ 称为 μ 的最佳线性无偏估计(Best Linear Unbiased Estimator,BLUE).

3. 相合性

相合性又称为一致性,它是一个优良估计量应满足的最基本要求。其定义如下:

定义 6.3 设 $\hat{\theta}_n$ 为总体参数 θ 的一个估计量。若 $\hat{\theta}_n$ 依概率收敛于 θ,即

$$\hat{\theta}_n \xrightarrow{P} \theta \qquad (n \to \infty)$$

则称 $\hat{\theta}_n$ 为 θ 的弱相合估计量;若 $\hat{\theta}_n$ 以概率 1 收敛于 θ,即

$$P(\lim_{n \to \infty} \hat{\theta}_n = \theta) = 1$$

则称 $\hat{\theta}_n$ 为 θ 的强相合估计量。弱相合估计量通常简称为相合估计量。

相合性是一种从大样本角度衡量估计量优劣的准则。易知:样本矩为相应总体矩的相合估计量。例如:样本 k 阶原点矩 $A_k = \dfrac{1}{n} \sum\limits_{i=1}^{n} X_i^k$ 与样本 k 阶中心矩 $B_k = \dfrac{1}{n} \sum\limits_{i=1}^{n} (X_i - \overline{X})^k$ 分别为总体 k 阶原点矩 $\mu_k = E(X^k)$ 与总体 k 阶中心矩 $\nu_k = E[X - E(X)]^k$ 的相合估计量。

6.1.4 混合正态模型与 EM 算法

观察例 6.8,假若因某种原因造成数据中缺失了"性别"的结果(如试验设计人员不小心漏掉了这一栏,或者数据采集人员记录时遗漏了该项而原始材料又已丢失等),则如何估计男生、女生身高的相关总体参数呢? 这是一类现实而又极其重要的问题。下面我们采用混合正态模型进行解决。

混合正态模型又称为高斯混合模型(Gaussian Mixed Model),是指具有如下形式的概率分布模型:

$$f(x) = \sum_{j=1}^{k} c_j f_j(x) \tag{6.6}$$

其中,c_j 为权重系数 ($c_j \geqslant 0$ 且 $\sum\limits_{j=1}^{k} c_j = 1$),$f_j(x)$ 是参数为 μ_j, σ_j^2 的正态分布密度函数,即

$$f_j(x) = \frac{1}{\sqrt{2\pi}\sigma_j} \mathrm{e}^{-\frac{(x-\mu_j)^2}{2\sigma_j^2}}.$$

简言之,(6.6) 式中的 $f(x)$ 是 k 个正态分布密度的加权和。特别地,当 $k = 2$ 时,它恰好反映了例 6.8 中缺失了"性别"数据的 100 个样品值的分布密度。事实上,由全概率公式知:对来自分布 $N(\mu_1, \sigma_1^2)$ 与 $N(\mu_2, \sigma_2^2)$ 的混合总体 X,其分布函数可表示为

$$\begin{aligned}
F(x) &= P(X \leqslant x) \\
&= P(X \sim N(\mu_1, \sigma_1^2)) P(X \leqslant x \mid X \sim N(\mu_1, \sigma_1^2)) + \\
&\quad P(X \sim N(\mu_2, \sigma_2^2)) P(X \leqslant x \mid X \sim N(\mu_2, \sigma_2^2))
\end{aligned}$$

$$\triangleq c_1 F_1(x) + c_2 F_2(x),$$

故 X 的分布密度是 $f(x) = F'(x) = \big(c_1 F_1(x) + c_2 F_2(x)\big)' = c_1 f_1(x) + c_2 f_2(x)$。

下面先尝试用 (6.6) 式的 $f(x)$ 基于样本值 $x_1, \cdots, x_N$ 直接求参数的最大似然估计值。易见，$f(x)$ 中除了兴趣参数 μ_j, σ_j^2，还有 k 个受条件 $\sum_{j=1}^{k} c_j = 1$ 约束的冗余参数。记所有这些参数构成的向量为 $\boldsymbol{\theta}$，则 $\boldsymbol{\theta}$ 的对数似然函数可写为

$$L(\boldsymbol{\theta}) = \sum_{i=1}^{N} \ln f(x_i) = \sum_{i=1}^{N} \ln \Big(\sum_{j=1}^{k} c_j f_j(x_i) \Big)$$

在上述表达式中，ln 函数中包含了求和计算，因此，采用求偏导令其为零，再解方程组的方法是很困难的。

针对此类问题，文献中通常采用 EM 算法处理。EM 算法分为 E 步 (Expectation) 和 M 步 (Maximization)，并对两者逐步迭代以获得收敛结果。

EM 算法首先需要初始化参数值，对 $j = 1, 2, \cdots, k$，取 $\mu_j = \mu_j^{(0)}, \sigma_j = \sigma_j^{(0)}, c_j = C_j^{(0)}$。考虑到样品归属的未知性，下面引入刻画样品类别的隐变量 Y_{ij}（也称为潜变量）：

$$Y_{ij} = \begin{cases} 1, & X_i \sim N(\mu_j, \sigma_j^2) \\ 0, & X_i \not\sim N(\mu_j, \sigma_j^2) \end{cases}$$

这里 $i = 1, \cdots, N; j = 1, \cdots, k$。隐变量 Y_{ij} 满足条件 $P(Y_{ij} = 1) = c_j$ 及 $\sum_{j=1}^{k} Y_{ij} \equiv 1$。例如在例 6.8 中，若 $Y_{i1} = 1$，则说明第 i 个数据 x_i 是男生身高；若 $Y_{i2} = 1$，则 x_i 是女生身高。记向量 $\boldsymbol{Y}_i = (Y_{i1}, \cdots, Y_{ik})$ 与 $\boldsymbol{y}_i = (y_{i1}, \cdots, y_{ik})$，则有

$$P(\boldsymbol{Y}_i = \boldsymbol{y}_i) = P(Y_{i1} = y_{i1}, \cdots, Y_{ik} = y_{ik}) = \prod_{j=1}^{k} C_j^{y_{ij}},$$

故 $\boldsymbol{Y}_1, \cdots, \boldsymbol{Y}_N$ 的联合分布为

$$P(\boldsymbol{Y}_1 = \boldsymbol{y}_1 \cdots, \boldsymbol{Y}_N = \boldsymbol{y}_N) = \prod_{i=1}^{N} \prod_{j=1}^{k} C_j^{y_{ij}} \tag{6.7}$$

若已知 $\boldsymbol{Y}_i$ 的取值为 $\boldsymbol{y}_i = (y_{i1}, \cdots, y_{ik})$，则 X_i 的条件密度可写为

$$f(x_i \mid \boldsymbol{Y}_i = y_i) = \prod_{j=1}^{k} \big(f_j(x_i) \big)^{y_{ij}} \tag{6.8}$$

例如假若已知 $y_{i2} = 1$，则应有 $y_{ij} = 0 (\forall j \neq 2)$，从而 $f(x_i \mid Y_i = (0,1,0,\cdots,0)) = f_2(x_i)$。

E 步：Y_{ij} 的取值 y_{ij} 是未知的，可根据第 ℓ 步迭代的结果 $\mu_j = \mu_j^{(\ell)}, \sigma_j = \sigma_j^{(\ell)}, c_j = c_j^{(\ell)}$，用 Y_{ij} 的后验期望值替代 y_{ij}，即

$$\begin{aligned} y_{ij}^{(\ell+1)} &= E(Y_{ij} \mid X_i = x_i) = P(Y_{ij} = 1 \mid X_i = x_i) \\ &= \lim_{\triangle x \to 0^+} P(Y_{ij} = 1 \mid x_i < X_i \leqslant x_i + \triangle x) \end{aligned}$$

$$= \lim_{\triangle x \to 0^+} \frac{P(Y_{ij}=1)P(x_i < X_i \leqslant x_i + \triangle x \mid Y_{ij}=1)}{\sum_{j=1}^{k} P(Y_{ij}=1)P(x_i < X_i \leqslant x_i + \triangle x \mid Y_{ij}=1)}$$

$$= \frac{c_j^{(\ell)} f_j(x_i \mid \mu_j^{(\ell)}, \sigma_j^{(\ell)})}{\sum_{j=1}^{k} c_j^{(\ell)} f_j(x_i \mid \mu_j^{(\ell)}, \sigma_j^{(\ell)})} \tag{6.9}$$

M 步：由(6.8)式，混合样本 $X_1, \cdots, X_N$ 关于隐变量 $Y_1, \cdots, Y_N$ 的条件密度为

$$f(x_1, \cdots, x_N \mid Y_1 = y_1, \cdots, Y_N = y_N) = \prod_{i=1}^{N} f(x_i \mid Y_i = y_i) = \prod_{i=1}^{N} \prod_{j=1}^{k} \left(f_j(x_i) \right)^{y_{ij}},$$

所以由（6.7）式，参数 $\boldsymbol{\theta}$ 的对数似然函数为

$$\ln L(\boldsymbol{\theta}) = \ln P(Y_1 = y_1, \cdots, Y_N = y_N) f(x_1, \cdots, x_N \mid Y_1 = y_1, \cdots, Y_N = y_N)$$

$$= \left(\prod_{i=1}^{N} \prod_{j=1}^{k} C_j^{y_{ij}} \right) \left(\prod_{i=1}^{N} f(x_i \mid Y_i = y_i) \right) = \prod_{i=1}^{N} \prod_{j=1}^{k} \left(c_j f_j(x_i) \right)^{y_{ij}}$$

对 $\ln L(\boldsymbol{\theta})$ 关于 μ_j 与 σ_j^2 分别求偏导并令其为零，解相应方程组，再将 y_{ij} 用（6.9）式的 $y_{ij}^{(\ell+1)}$ 替换，得 μ_j 与 σ_j 的第（$\ell+1$）步估计值：

$$\mu_j^{(\ell+1)} = \frac{\sum_{i=1}^{N} y_{ij}^{(\ell+1)} x_i}{\sum_{i=1}^{N} y_{ij}^{(\ell+1)}}, \tag{6.10}$$

$$\sigma_j^{(\ell+1)} = \sqrt{\frac{\sum_{i=1}^{N} y_{ij}^{(\ell+1)} \left(x_i - \mu_j^{(\ell+1)} \right)^2}{\sum_{i=1}^{N} y_{ij}^{(\ell+1)}}} \tag{6.11}$$

结合约束条件 $\sum_{j=1}^{k} c_j = 1$，再对 $\ln L(\boldsymbol{\theta})$ 应用 Lagrange 乘子法，得

$$c_j^{(\ell+1)} = \frac{1}{N} \sum_{i=1}^{N} y_{ij}^{(\ell+1)} \tag{6.12}$$

简言之，EM 算法从参数的初值 $\mu_j = \mu_j^{(0)}, \sigma_j = \sigma_j^{(0)}, c_j = c_j^{(0)}$ 出发，根据公式（6.9）～（6.12）进行迭代，直至收敛于参数的最大似然估计。

下面用 EM 算法解决上述例 6.8 中缺失了"性别"数据时男生、女生身高总体参数估计的问题。借助 MATLAB 软件编程，在迭代约 150 次时，计算结果达到精度要求，EM 算法终止搜索并返回参数的最大似然估计结果：

$$\hat{\mu}_1 \approx 172.87(\text{厘米}), \quad \hat{\sigma}_1^2 \approx 6.19(\text{厘米}^2),$$

$$\hat{\mu}_2 \approx 162.72(\text{厘米}), \quad \hat{\sigma}_2^2 \approx 5.97(\text{厘米}^2)。$$

算法还得到了男女生所占比例的估计：59.93％/40.07％，和真实结果 60％/40％非

常接近。

为直观起见,将计算过程绘于图 6.1,其中(a)绘制了男生、女生身高均值估计在前 100 次迭代中的变化曲线;(b)与(c)分别描述了标准差的迭代变化及男、女生比例估计的变化过程。由图可知:EM 算法在搜索过程中经历了一些曲折,但最终达到收敛。

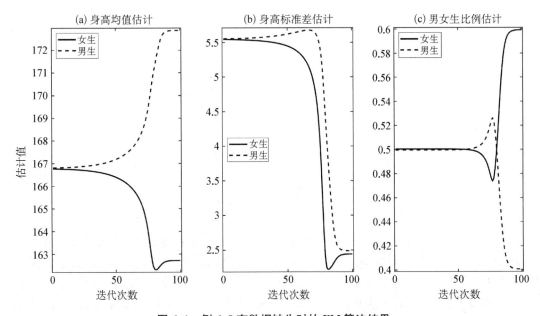

图 6.1　例 6.8 有数据缺失时的 EM 算法结果

小　　结

- 掌握求点估计的两个方法:矩估计法和最大似然估计法。

- 称 $\hat{\theta}$ 为 θ 的无偏估计量,如果 $E(\hat{\theta}) = \theta$。

- 有效性的含义:对于无偏估计量,方差偏小者为优。

练习题 6.1

1. 设总体 X 具有分布列

$$P(X = k) = (k-1)\theta^2(1-\theta)^{k-2}, k = 2,3,\cdots$$

其中 $0 < \theta < 1$,$X_1,\cdots,X_n$ 是从总体 X 抽取的简单随机样本,求 θ 的矩估计。

2. 设总体 X 的密度函数为 $f(x;\theta) = \begin{cases} (\theta+1)x^\theta & 0 < x < 1 \\ 0 & \text{其他} \end{cases}$,$X_1,\cdots,X_n$ 为其样本,求参数 $\theta(>0)$ 的矩估计。

3. 设总体 X 的密度函数为 $f(x;\theta)=\begin{cases}\theta\mathrm{e}^{-\theta x} & x>0 \\ 0 & x\leqslant 0\end{cases}$，$X_1,\cdots,X_n$ 为其样本，求参数 θ 的最大似然估计。

4. 设总体 X 具有期望 μ 与方差 σ^2，X_1,X_2,X_3 为其样本，令

$$T_1=\frac{1}{2}X_1+\frac{1}{3}X_2+\frac{1}{6}X_3,$$

$$T_2=\frac{1}{3}X_1+\frac{1}{3}X_2+\frac{1}{3}X_3,$$

$$T_3=\frac{1}{6}X_1+\frac{1}{6}X_2+\frac{2}{3}X_3。$$

(1) 证明：T_1,T_2,T_3 都是 μ 的无偏估计量；

(2) 指出有效性最好和最差的估计量，并且说明理由。

§6.2 区间估计

点估计方法基于样本为估算总体参数提供了一个有价值的参考，但同时又存在一定的缺陷，如例 6.12 中 μ 的最佳线性无偏估计 $\hat{\mu}$，它拥有优良的理论特性，但由于受样本随机性的干扰，$\hat{\mu}$ 恰好等于 μ 的可能性是非常小的，因此点估计仅仅是参数的一个近似值。更重要的是，点估计无法提供相应估计量的精确度与准确度。1934 年，波兰统计学家奈曼(J. Neyman)创立了区间估计理论，弥补了点估计理论的不足。

6.2.1 置信区间的概念与求法

定义 6.4 设 $\hat{\theta}_1$ 与 $\hat{\theta}_2$ 为总体参数 θ 的两个估计量。若对于给定的 $\alpha\in$ (0,1)，有

视频：置信区间的
概念与求法

$$P(\hat{\theta}_1\leqslant\theta\leqslant\hat{\theta}_2)=1-\alpha \tag{6.13}$$

则称区间 $(\hat{\theta}_1,\hat{\theta}_2)$ 为参数 θ 的一个区间估计或置信区间(Confidence Interval)，$\hat{\theta}_1$ 与 $\hat{\theta}_2$ 分别称为置信下限与置信上限，$1-\alpha$ 称为置信水平，也称为置信度或置信概率。又若 $P(\theta\geqslant\hat{\theta}_1)=1-\alpha$，则称 $\hat{\theta}_1$ 为单侧置信下限；若 $P(\theta\leqslant\hat{\theta}_2)=1-\alpha$，则称 $\hat{\theta}_2$ 为单侧置信上限。

注 6.7

(1) 参数 θ 的 $1-\alpha$ 置信区间 $(\hat{\theta}_1,\hat{\theta}_2)$ 为一个随机区间，该区间包含了 θ 的真值的可能性达到 $1-\alpha$。

(2) $P(\hat{\theta}_1\leqslant\theta\leqslant\hat{\theta}_2)=1-\alpha$ 描述了两方面的含义：置信区间 $(\hat{\theta}_1,\hat{\theta}_2)$ 的长度 $\hat{\theta}_2-\hat{\theta}_1$ 刻画了该估计的精确度，$\hat{\theta}_2-\hat{\theta}_1$ 越小，估计的精确度越高；$1-\alpha$ 则表征了区间估计 $(\hat{\theta}_1,\hat{\theta}_2)$ 的可靠程度或准确度，$1-\alpha$ 越大，估计的准确度就越高。通常情况下，精确度与准确度是一对矛盾。一般的做法是，在保证准确度的前提下，尽可能提高精确度。另外，增加样本容量一般可以使两者同时提高，但实际问题中增加样本容量这一做法并非可取，有时也是难以实现的。

（3）当研究的总体为离散型总体时,定义中的式(6.13)往往不能满足,解决办法是将式(6.13)放宽为

$$P(\hat{\theta}_1 \leqslant \theta \leqslant \hat{\theta}_2) \geqslant 1-\alpha$$

总体参数 θ 的区间估计一般可以通过如下步骤获得,该方法称为枢轴变量法。

（1）寻找枢轴量:根据总体分布的特点,寻找样本的函数 $g(\theta; X_1, \cdots, X_n)$,它满足以下三点要求:$g(\theta; X_1, \cdots, X_n)$ 含有待估参数 θ;它不包含其他未知参数;其分布已知且不依赖于任何未知参数。称 $g(\theta; X_1, \cdots, X_n)$ 为枢轴量。

（2）构造概率:给定置信水平 $1-\alpha$,确定常数 g_1 与 g_2,使得

$$P(g_1 \leqslant g \leqslant g_2) = 1-\alpha$$

（3）恒等变形:解不等式 $g_1 \leqslant g(\theta; X_1, \cdots, X_n) \leqslant g_2$,由枢轴量特点即可得 $\hat{\theta}_1 \leqslant \theta \leqslant \hat{\theta}_2$,所以 $P(\hat{\theta}_1 \leqslant \theta \leqslant \hat{\theta}_2) = 1-\alpha$,即 $(\hat{\theta}_1, \hat{\theta}_2)$ 为 θ 的置信水平为 $1-\alpha$ 的区间估计。

下面我们应用枢轴变量法来构造正态总体参数的置信区间。

 6.2.2 单正态总体参数的区间估计

枢轴量的构造在给出区间估计的过程中是最关键的一步。然而,一般总体的枢轴量通常是难以确定的,而正态总体是个幸运的例外,基于第 5 章的抽样分布基本定理,正态总体的枢轴量容易得到,回顾一下定理 5.2,对于我们当前的工作是有益的。

设 $X_1, \cdots, X_n$ 为来自正态总体 $X \sim N(\mu, \sigma^2)$ 的样本,样本均值和样本方差分别记为 $\overline{X}$ 和 S^2,则

（1）$\dfrac{\overline{X}-\mu}{\sigma/\sqrt{n}} \sim N(0,1)$;

（2）$\dfrac{(n-1)S^2}{\sigma^2} \sim \chi^2(n-1)$;

（3）$\dfrac{\overline{X}-\mu}{S/\sqrt{n}} \sim t(n-1)$。

下面我们分别讨论正态总体 $N(\mu, \sigma^2)$ 中均值 μ 和方差 σ^2 的区间估计问题。

1. 总体均值 μ 的置信区间

讨论 1 方差 σ^2 已知时,均值 μ 的置信区间。

定理 6.1 设 $X_1, \cdots, X_n$ 为来自正态总体 $X \sim N(\mu, \sigma^2)$ 的样本,样本均值为 $\overline{X}$,若总体方差 σ^2 已知,则总体均值 μ 的 $1-\alpha$ 置信区间为

$$\left(\overline{X}-\frac{\sigma}{\sqrt{n}}z_{\alpha/2}, \overline{X}+\frac{\sigma}{\sqrt{n}}z_{\alpha/2}\right) \tag{6.14}$$

其中 z_α 是标准正态分布的上侧 α 分位数。

分析 由例 6.14 知:样本均值 $\overline{X}$ 是总体均值 μ 的最佳线性无偏估计,因此可以在 $\overline{X}$ 的基础上构造枢轴量。根据抽样分布基本定理,$\dfrac{\overline{X}-\mu}{\sigma/\sqrt{n}} \triangleq Z \sim N(0,1)$,所以取 Z 作为枢轴

量。关键问题是:给定置信水平 $1-\alpha$,如何确定常数 a 与 b 使得 $P(a\leqslant Z\leqslant b)=1-\alpha$? 事实上,由上侧分位数定义,对于任一小于 α 的正数 β,都有 $P(z_{1-\beta}\leqslant Z\leqslant z_{\alpha-\beta})=1-\alpha$,解不等式 $z_{1-\beta}\leqslant\dfrac{\overline{X}-\mu}{\sigma/\sqrt{n}}\leqslant z_{\alpha-\beta}$,得均值 μ 的置信水平为 $1-\alpha$ 的置信区间:

$$\left(\overline{X}-\frac{\sigma}{\sqrt{n}}z_{\alpha-\beta},\overline{X}-\frac{\sigma}{\sqrt{n}}z_{1-\beta}\right)$$

其中 $0<\beta<\alpha$。

显然,形如上式的区间有无穷多个,它们都是 μ 的置信水平为 $1-\alpha$ 的置信区间,现在我们要从中选择一个最好的置信区间,即区间长度最短的那个置信区间,它称为均值 μ 的置信水平为 $1-\alpha$ 的一致最精确置信区间。

区间长度为 $\dfrac{\sigma}{\sqrt{n}}(z_{\alpha-\beta}-z_{1-\beta})$,它表征了上述置信区间的精确度,如图 6.2(a)(b)所示,对于 $\alpha=0.05$,当取 $\beta=\alpha/2=0.025$ 时,有 $z_{\alpha/2}-z_{1-\alpha/2}=3.92$,对应的区间长度为 $3.92\times\dfrac{\sigma}{\sqrt{n}}$;当取 $\beta=\alpha/4=0.0125$ 时,有 $z_{\alpha/4}-z_{1-\alpha/4}=4.02$,对应的区间长度为 $4.02\times\dfrac{\sigma}{\sqrt{n}}$。由标准正态分布密度函数的对称性分析可知:当 β 取为 $\alpha/2$ 时,该区间长度最短,相应的置信区间精确度最高,图 6.2(c)描绘了这一结果。因此,正态总体均值 μ 的区间长度最短的 $1-\alpha$ 置信区间为

$$\left(\overline{X}-\frac{\sigma}{\sqrt{n}}z_{\alpha/2},\overline{X}-\frac{\sigma}{\sqrt{n}}z_{1-\alpha/2}\right)$$

因为 $z_{1-\alpha}=-z_\alpha$,代入得到

$$\left(\overline{X}-\frac{\sigma}{\sqrt{n}}z_{\alpha/2},\overline{X}+\frac{\sigma}{\sqrt{n}}z_{\alpha/2}\right)$$

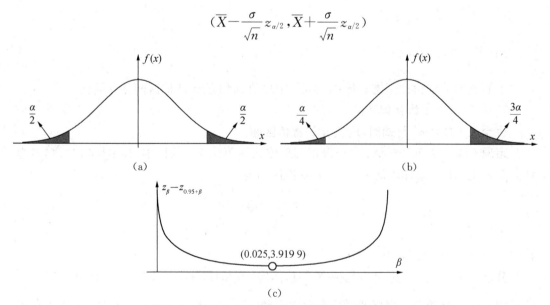

图 6.2 单正态总体均值的区间估计构建示意图

注 6.8 关于由式(6.14)确定的置信区间的区间长度 $\frac{2\sigma}{\sqrt{n}}z_{\alpha/2}$，给出如下几点注记：

(1) 当样本容量 n 给定时，$\frac{2\sigma}{\sqrt{n}}z_{\alpha/2}\propto z_{\alpha/2}$，说明 $1-\alpha$ 越大则区间长度越大，反之亦然，即准确度与精确度是一对矛盾。

(2) 当置信水平 $1-\alpha$ 给定时，$\frac{2\sigma}{\sqrt{n}}z_{\alpha/2}\propto n^{-1/2}$，因此增大样本容量可以同时提高估计的准确度与精确度。

(3) $\frac{2\sigma}{\sqrt{n}}z_{\alpha/2}\propto\sigma$，说明估计的精确度受控于总体标准差。

例 6.15 考虑表 6.1 所述问题。现假设 A 部门运输费用服从正态分布 $N(\mu,60^2)$，求均值 μ 的置信水平为 95% 的置信区间。

解 依题意，$1-\alpha=0.95$，从而 $\alpha=0.05$。借助 MATLAB 计算得样本均值为 $\bar{x}\approx1\,745.20$，又有 $n=20$，$\sigma=60$，$z_{\alpha/2}=z_{0.025}=1.96$，代入式(6.14)得 μ 的置信水平为 95% 的置信区间为

$$\left(\bar{x}-\frac{\sigma}{\sqrt{n}}z_{\alpha/2},\bar{x}+\frac{\sigma}{\sqrt{n}}z_{\alpha/2}\right)=(1\,718.90,1\,771.50)$$

讨论 2 方差 σ^2 未知时，均值 μ 的置信区间。

在实际问题中，总体方差 σ^2 通常是未知的，此时 $Z\triangleq\dfrac{\overline{X}-\mu}{\sigma/\sqrt{n}}$ 除了包含待估参数 μ，还包含未知参数 σ^2，因此不再是枢轴量。考虑到样本方差 S^2 是总体方差 σ^2 的无偏估计，故设想将 Z 中未知的 σ 替换为已知的 S，从而得到 $\dfrac{\overline{X}-\mu}{S/\sqrt{n}}\triangleq T$。由抽样分布基本定理知：$T\sim t(n-1)$。所以 T 可以作为一个枢轴量。类似可得 μ 的置信水平为 $1-\alpha$ 的置信区间为

$$\left(\overline{X}-\frac{S}{\sqrt{n}}t_{\alpha/2}(n-1),\overline{X}+\frac{S}{\sqrt{n}}t_{\alpha/2}(n-1)\right) \tag{6.15}$$

这里 $t_\gamma(m)$ 表示自由度为 m 的 t 分布的上侧 γ 分位数。

定理 6.2 设 $X_1,\cdots,X_n$ 为来自正态总体 $X\sim N(\mu,\sigma^2)$ 的样本，样本均值为 $\overline{X}$，若总体方差 σ^2 未知，则总体均值 μ 的 $1-\alpha$ 置信区间为

$$\left(\overline{X}-\frac{S}{\sqrt{n}}t_{\alpha/2}(n-1),\overline{X}+\frac{S}{\sqrt{n}}t_{\alpha/2}(n-1)\right)$$

例 6.16 再次考虑表 6.1 所述问题。现假设 A 部门运输费用服从正态分布 $N(\mu,\sigma^2)$，其中 μ 与 σ^2 均未知。求均值 μ 的置信水平为 95% 的置信区间。

解 借助 MATLAB 计算得样本标准差为 $s\approx61.89$，又有

$$\bar{x}\approx1\,745.20,\ n=20,\ t_{\alpha/2}(n-1)=t_{0.025}(19)=2.09$$

将它们代入式(6.15)得 μ 的置信水平为 95％ 的置信区间为

$$\left(\overline{x}-\frac{s}{\sqrt{n}}t_{\alpha/2}(n-1),\overline{x}+\frac{s}{\sqrt{n}}t_{\alpha/2}(n-1)\right)=(1\ 716.24,1\ 774.16)$$

观察例 6.15 与例 6.16 的结果知：在 σ^2 已知与未知两种情况下得到的 μ 的两个置信区间的区间长度分别为 52.59 与 57.93，即 σ^2 未知时的结果劣于 σ^2 已知时的结果。可见，关于总体的"信息"已知得越多，推断的结果越好。虽然这一点并不能从理论上证明其正确性，但是一个合理的统计推断方法应该从数值结果上具有类似的特点。事实上，只要 σ 的假定值不超过 $\left[\frac{2s}{\sqrt{n}}t_{\alpha/2}(n-1)\right]\Big/\left(\frac{2}{\sqrt{n}}z_{\alpha/2}\right)\approx 66.09$，这一结论均成立。

2. 总体方差 σ^2 的置信区间

讨论 1　均值 μ 已知时，方差 σ^2 的置信区间。

下面讨论当均值 μ 已知时方差 σ^2 的区间估计。事实上，由于样本 $X_1,\cdots,X_n$ 独立同分布于 $N(\mu,\sigma^2)$，故 $\frac{X_1-\mu}{\sigma},\cdots,\frac{X_n-\mu}{\sigma}$ 独立同分布于 $N(0,1)$，所以由 χ^2 分布定义知

$$\sum_{i=1}^{n}\left(\frac{X_i-\mu}{\sigma}\right)^2\triangleq C\sim\chi^2(n)$$

因此可以将 C 作为枢轴量，且对于任一小于 α 的正数 β，都有

$$P(\chi^2_{1-\beta}(n)\leqslant C\leqslant\chi^2_{\alpha-\beta}(n))=1-\alpha$$

这样就得到了一族形如

$$\left(\frac{\sum_{i=1}^{n}(X_i-\mu)^2}{\chi^2_{\alpha-\beta}(n)},\frac{\sum_{i=1}^{n}(X_i-\mu)^2}{\chi^2_{1-\beta}(n)}\right)$$

的置信区间。又由于 χ^2 分布密度曲线在其自由度 n 较大时趋向于对称，所以习惯上仍采用对分 α 的方法选择 β（尽管并非最优），从而得 σ^2 的置信水平为 $1-\alpha$ 的置信区间：

$$\left(\frac{\sum_{i=1}^{n}(X_i-\mu)^2}{\chi^2_{\alpha/2}(n)},\frac{\sum_{i=1}^{n}(X_i-\mu)^2}{\chi^2_{1-\alpha/2}(n)}\right) \tag{6.16}$$

例 6.17　考虑表 6.1 所述问题。现假设 A 部门运输费用服从正态分布 $N(1\ 745,\sigma^2)$，求方差 σ^2 的置信水平为 95％ 的置信区间。

解　依题意，$\alpha=0.05$。又由 $n=20$ 知 $\chi^2_{\alpha/2}(n)=34.17$，$\chi^2_{1-\alpha/2}(n)=9.59$。代入式(6.16)并借助 MATLAB 计算得 σ^2 的置信水平为 95％ 的置信区间为

$$\left(\sum_{i=1}^{n}(x_i-\mu)^2/\chi^2_{\alpha/2}(n),\sum_{i=1}^{n}(x_i-\mu)^2/\chi^2_{1-\alpha/2}(n)\right)=(2\ 129.55,7\ 587.08)$$

讨论 2　均值 μ 未知时，方差 σ^2 的置信区间。

通常情况下均值 μ 是未知的，上述的 C 不再是枢轴量。考虑到样本均值 $\overline{X}$ 是总体均值 μ 的最佳线性无偏估计，可以设想在 C 中用 $\overline{X}$ 替换 μ，这样就得到 $\sum\limits_{i=1}^{n}\left(\dfrac{X_i-\overline{X}}{\sigma}\right)^2$ $\triangleq\widetilde{C}$。由抽样分布基本定理知 $\widetilde{C}\sim\chi^2(n-1)$，因此可以将 $\widetilde{C}$ 作为枢轴量。类似可得 σ^2 的置信水平为 $1-\alpha$ 的置信区间：

$$\left(\frac{\sum\limits_{i=1}^{n}(X_i-\overline{X})^2}{\chi_{\alpha/2}^2(n-1)},\frac{\sum\limits_{i=1}^{n}(X_i-\overline{X})^2}{\chi_{1-\alpha/2}^2(n-1)}\right)=\left(\frac{(n-1)S^2}{\chi_{\alpha/2}^2(n-1)},\frac{(n-1)S^2}{\chi_{1-\alpha/2}^2(n-1)}\right)$$

定理 6.3　设 $X_1,\cdots,X_n$ 为来自正态总体 $X\sim N(\mu,\sigma^2)$ 的样本，样本方差是 S^2，则总体方差 σ^2 的 $1-\alpha$ 置信区间为

$$\left(\frac{(n-1)S^2}{\chi_{\alpha/2}^2(n-1)},\frac{(n-1)S^2}{\chi_{1-\alpha/2}^2(n-1)}\right)\tag{6.17}$$

例 6.18　再次考虑表 6.1 所述问题。现假设 A 部门运输费用服从正态分布 $N(\mu,\sigma^2)$，其中 μ 与 σ^2 均未知。求方差 σ^2 的置信水平为 95% 的置信区间。

解　依题意，$\alpha=0.05$。又有 $s^2\approx61.89^2$，$\chi_{\alpha/2}^2(n-1)=32.85$，$\chi_{1-\alpha/2}^2(n)=8.91$。将它们代入式(6.17)并借助 MATLAB 计算得 σ^2 的置信水平为 95% 的置信区间为

$$\left((n-1)s^2/\chi_{\alpha/2}^2(n-1),(n-1)s^2/\chi_{1-\alpha/2}^2(n-1)\right)=(2\,214.92,8\,169.88)$$

注 6.9　观察与概括：
(1) 总体均值 μ 的置信区间结构是 $(\overline{X}-L,\overline{X}+L)$；
(2) 总体方差 σ^2 的置信区间结构是 (aS^2,bS^2)。

6.2.3　双正态总体参数的区间估计

考虑如下问题：假定用甲、乙两车床生产相同规格的轴棒，其中，甲是老式车床，乙是新式车床，两者精度存在一定的差异。假设两车床生产的轴棒直径分别服从正态分布 $N(\mu_x,\sigma_x^2)$ 与 $N(\mu_y,\sigma_y^2)$。现从中随机抽取两者生产的各 13 根轴棒进行测量，测得的直径数据如表 6.2 所示，问题是如何根据测量数据对两个车床进行比较。

表 6.2　轴棒直径　　　　　　　　　　　　　　　　　　　　（单位：厘米）

车床	轴棒												
	1	2	3	4	5	6	7	8	9	10	11	12	13
甲	14.76	14.21	14.02	15.08	10.65	12.18	16.67	18.2	12.24	11.21	16.67	13.45	16.85
乙	12.37	10.28	13.18	13.26	13.8	10.96	10.57	12.83	11.67	13.54	12.42	13.24	12.52

针对这一类问题，我们主要关心以下两项指标：一是两车床生产的轴棒直径之间的平均差异程度，即均值差 $\mu_x-\mu_y$ 的置信区间；二是两者的稳定性如何，即方差比 σ_x^2/σ_y^2 的区间估计。它们是双正态总体参数区间估计的两个核心问题。

1. 均值差 $\mu_x - \mu_y$ 的置信区间

对于均值差 $\mu_x - \mu_y$ 的区间估计问题,需要分情况讨论,我们首先考虑 σ_x^2 与 σ_y^2 已知的情形。记 $X_1, \cdots, X_{n_x}$ 与 $Y_1, \cdots, Y_{n_y}$ 分别为来自总体 $N(\mu_x, \sigma_x^2)$ 与 $N(\mu_y, \sigma_y^2)$ 的简单随机样本,其样本均值、样本方差分别记为 $\overline{X}, \overline{Y}, S_x^2, S_y^2$。由抽样分布基本定理知

$$\frac{\overline{X} - \overline{Y} - (\mu_x - \mu_y)}{\sqrt{\sigma_x^2/n_x + \sigma_y^2/n_y}} \triangleq U_{xy} \sim N(0,1)$$

因此可以将 U_{xy} 作为枢轴量。进一步,可得 $\mu_x - \mu_y$ 的置信水平为 $1-\alpha$ 的置信区间:

$$\left(\overline{X} - \overline{Y} - \sqrt{\frac{\sigma_x^2}{n_x} + \frac{\sigma_y^2}{n_y}} z_{\alpha/2}, \overline{X} - \overline{Y} + \sqrt{\frac{\sigma_x^2}{n_x} + \frac{\sigma_y^2}{n_y}} z_{\alpha/2} \right) \tag{6.18}$$

当 σ_x^2 与 σ_y^2 未知但 $\sigma_1^2 = \sigma_2^2$ 时,由抽样分布基本定理知

$$\frac{\overline{X} - \overline{Y} - (\mu_x - \mu_y)}{S_W \sqrt{\dfrac{1}{n_x} + \dfrac{1}{n_y}}} \triangleq T_{xy} \sim t(n_x + n_y - 2)$$

其中 $S_W^2 = \dfrac{(n_x-1)S_x^2 + (n_y-1)S_y^2}{n_x + n_y - 2}$。因此可以将 T_{xy} 作为枢轴量,类似可得 $\mu_x - \mu_y$ 的置信水平为 $1-\alpha$ 的置信区间:

$$\left(\overline{X} - \overline{Y} - S_W \sqrt{\frac{1}{n_x} + \frac{1}{n_y}} t_{\alpha/2}(n_x + n_y - 2), \overline{X} - \overline{Y} + S_W \sqrt{\frac{1}{n_x} + \frac{1}{n_y}} t_{\alpha/2}(n_x + n_y - 2) \right)$$

$$\tag{6.19}$$

例 6.19 考虑表 6.2 所述问题。假设 $\sigma_x^2 = 2.3^2$ 与 $\sigma_y^2 = 1.2^2$ 已知,求均值差 $\mu_x - \mu_y$ 的置信水平为 95% 的置信区间。

解 依题意,$\alpha = 0.05$。又有 $\bar{x} = 14.32$,$\bar{y} = 12.36$,$n_x = n_y = 13$,$z_{\alpha/2} = z_{0.025} = 1.96$。将它们代入式(6.18),借助 MATLAB 计算得 $\mu_x - \mu_y$ 的置信水平 95% 的置信区间:

$$\left(\bar{x} - \bar{y} - \sqrt{\frac{\sigma_x^2}{n_x} + \frac{\sigma_y^2}{n_y}} z_{\alpha/2}, \bar{x} - \bar{y} + \sqrt{\frac{\sigma_x^2}{n_x} + \frac{\sigma_y^2}{n_y}} z_{\alpha/2} \right) = (0.56, 3.38)$$

本例 MATLAB 代码如下(含注解)。

```
clear;                              %清除变量
x=[14.76 14.21 14.02 15.08 10.65 ...
   12.18 16.67 18.20 12.24 11.21 ...
   16.67 13.45 16.85];              %车床甲生产轴棒的直径数据
y = [12.37 10.28 13.18 13.26 13.80 ...
    10.96 10.57 12.83 11.67 13.54 ...
    12.42 13.24 12.52];             % 车床乙生产轴棒的直径数据
```

```
n_x = length(x);                          % 甲总体的样本容量
n_y = length(y);                          % 乙总体的样本容量
sig_x = 2.3;                              % 甲总体标准差
sig_y = 1.2;                              % 乙总体标准差
alpha = 0.05;                             % 1-alpha 为置信水平
u = norminv(1-alpha/2);                   % 标准正态分布的上 alpha 分位数
z = mean(x)-mean(y);                      % 样本均值之差
r = sqrt(sig_x^2/n_x+sig_y^2/n_y) * u;    % 置信区间的半径
fprintf('\n 置信区间为(%1.2f,%1.2f)\n\n',z-r,z+r)
```

当 σ_1^2/σ_2^2 未知时，$\mu_x-\mu_y$ 的区间估计即是著名的贝伦斯-费歇尔（Behrens-Fisher）问题。本教材不做进一步探讨。有兴趣的读者可以参考相关文献。

2. 方差比 σ_x^2/σ_y^2 的置信区间

由抽样分布基本定理可知

$$\frac{S_x^2/\sigma_x^2}{S_y^2/\sigma_y^2}=\frac{S_x^2/S_y^2}{\sigma_x^2/\sigma_y^2}\sim F(n_x-1,n_y-1)$$

据此可得方差比 σ_x^2/σ_y^2 的置信水平为 $1-\alpha$ 的置信区间：

$$\left(\frac{S_x^2/S_y^2}{F_{\alpha/2}(n_x-1,n_y-1)},\frac{S_x^2/S_y^2}{F_{1-\alpha/2}(n_x-1,n_y-1)}\right) \tag{6.20}$$

例 6.20　再次考虑表 6.2 所述问题，求方差比 σ_x^2/σ_y^2 的置信水平为 95% 的置信区间。

解　依题意知 $\alpha=0.05$。又有

$$s_x=2.35,\ s_y=1.15,\ F_{\alpha/2}(n_x-1,n_y-1)=F_{0.025}(12,12)=3.28$$

将它们代入到式（6.20），借助 MATLAB 计算得 σ_x^2/σ_y^2 的置信水平为 95% 的置信区间：

$$\left(\frac{s_x^2/s_y^2}{F_{\alpha/2}(n_x-1,n_y-1)},\frac{s_x^2/s_y^2}{F_{1-\alpha/2}(n_x-1,n_y-1)}\right)=(0.62,6.68)$$

小　结

- 称由样本决定的随机区间 $(\hat{\theta}_1,\hat{\theta}_2)$ 为 θ 的置信区间，如果 $P(\hat{\theta}_1\leqslant\theta\leqslant\hat{\theta}_2)=1-\alpha$，其中 $1-\alpha$ 是置信水平。

- 枢轴量法是求置信区间的常用方法。

- 掌握正态总体的参数 μ,σ^2 的置信区间。

练习题 6.2

1. 设总体 $X\sim N(\mu,1)$，问样本容量 n 至少取多大时，才能保证 μ 的置信水平为 0.95 的

置信区间长度不大于 0.4。

2. 已知某种化纤材料的抗压强度 $X \sim N(\mu, \sigma^2)$。现随机地抽取 10 个样品进行抗压试验，测得数据如下：482　493　457　471　510　446　435　418　394　469，求：

(1) 平均抗压强度 μ 的置信水平为 95% 的置信区间；

(2) 求 σ^2 的置信水平为 95% 的置信区间。

3. 设从总体 $X \sim N(\mu_1, \sigma_1^2)$ 和 $Y \sim N(\mu_2, \sigma_2^2)$ 中分别抽取容量为 $n_1 = 10$ 与 $n_2 = 15$ 的独立样本，算得 $\bar{x} = 82, s_x^2 = 56.5, \bar{y} = 76, s_y^2 = 52.4$。

(1) 若已知 $\sigma_1^2 = 64, \sigma_2^2 = 49$，求 $\mu_1 - \mu_2$ 的置信水平为 0.95 的置信区间；

(2) 若已知 $\sigma_1^2 = \sigma_2^2$，求 $\mu_1 - \mu_2$ 的置信水平为 0.95 的置信区间；

(3) 求 σ_1^2 / σ_2^2 的置信水平为 0.95 的置信区间。

§6.3　最小二乘法

在点估计中，我们介绍了两个估计方法：皮尔逊的矩估计和费歇尔的最大似然估计。事实上，最小二乘法也是一种重要的估计方法，并且应用十分广泛。

最小二乘法是法国数学家勒让德在 1805 年发表的著作《计算彗星轨道的新方法》中首先提出的，起初的目的是为处理天文学和测地学的数据提供的一个估计方法，后来被引入数理统计中并且得到了广泛的应用，受到了统计学家的极大重视，有些统计史家甚至认为，最小二乘法之于数理统计，相当于微积分之于数学。

6.3.1　最小二乘法的基本原理

例 6.21　为估计一个物体的重量，对该物体进行了 n 次称量，n 个称量值是 $x_1, \cdots, x_n$，求该物体的真实重量 θ 的估计。

解　考虑称量值 x_i 与真实重量 θ 之间的误差：

$$\varepsilon_i = x_i - \theta$$

物体的真实重量应该是使得误差平方和

$$\sum_{i=1}^{n} \varepsilon_i^2$$

最小化的那个 θ，令

$$Q(\theta) = \sum_{i=1}^{n} \varepsilon_i^2 = \sum_{i=1}^{n} (x_i - \theta)^2$$

则 $Q(\theta)$ 的最小值点就是真实重量 θ 的估计。现在

$$\frac{\mathrm{d}Q}{\mathrm{d}\theta} = -2 \sum_{i=1}^{n} (x_i - \theta) = -2 \left(\sum_{i=1}^{n} x_i - n\theta \right)$$

令 $\dfrac{\mathrm{d}Q}{\mathrm{d}\theta} = 0$，得

$$\hat{\theta} = \frac{\sum\limits_{i=1}^{n} x_i}{n} = \overline{x}$$

根据微积分中的极值理论,唯一的驻点 $\hat{\theta} = \overline{x}$ 就是 $Q(\theta)$ 的最小值点,所以我们得到 θ 的估计:

$$\hat{\theta} = \overline{x}$$

使误差平方和达到最小来寻求估计值的方法,就叫作最小二乘法,用最小二乘法所得到的估计,称为最小二乘估计。最小二乘法的一般形式是

$$目标函数 = \sum (观测值 - 理论值)^2$$

其中的理论值根据设定的模型计算,并且含有未知参数,未知参数的值按照"目标函数达到最小"的准则来估计。

6.3.2　线性回归模型的参数估计

最小二乘法的重要应用是关于回归模型的参数估计。

例 6.22　一个销售和维修小型计算机的公司,为了研究维修时间和计算机中需要维修或者更换的电子元件的个数之间的关系,抽取一个维修记录的样本,包括维修时间(响应变量,以分钟计)和维修电子元件个数(预测变量)。如果公司想要预测未来几年需要的维修工程师的数量,建立一个维修时间关于维修电子元件个数的模型是一个明智的选择。可以利用的资料如表 6.3 所示。

表 6.3　维修记录

行号	时间(分钟)	元件个数	行号	时间(分钟)	元件个数
1	23	1	8	97	6
2	29	2	9	109	7
3	49	3	10	119	8
4	64	4	11	149	9
5	74	4	12	145	9
6	87	5	13	154	10
7	96	6	14	166	10

解　问题中有两个变量:维修电子元件个数(记为 X)和维修时间(记为 Y)。常识告诉我们,Y 的取值对于 X 有一定程度的依赖关系,但是 X 不能完全决定 Y 的取值,变量之间的这种关系称为相关关系。回归模型就是研究相关关系的一个有力工具。

通常称 Y 为因变量或者响应变量,X 为自变量或者解释变量或者预报变量。把响应变量 Y 的值看成两部分:一部分是由解释变量 X 能够决定的部分,它是 X 的函数,记为 $f(X)$;另一部分是由其他未加考虑的因素(包括随机因素)所产生的影响,它被看成随机

误差,记为 ε,并且要求 $E(\varepsilon)=0$。于是有

$$Y=f(X)+\varepsilon$$

称为 Y 关于 X 的回归模型。特别地,在许多情况下,$f(X)$ 是线性函数:

$$f(X)=\beta_0+\beta_1 X$$

此时有

$$Y=\beta_0+\beta_1 X+\varepsilon$$

称为 Y 关于 X 的线性回归模型。

显然,$E(Y|X=x)=\beta_0+\beta_1 x+E(\varepsilon)=\beta_0+\beta_1 x+0=\beta_0+\beta_1 x$,因此我们说,$Y$ 在 $X=x$ 时的预报值为 $\beta_0+\beta_1 x$。

由于 β_0,β_1 通常是未知的,所以一个重要的任务是利用样本估计 β_0,β_1 的值。

假设我们知道,当自变量 X 分别取值 $x_1,x_2,\cdots,x_n$ 时,响应变量 Y 对应的观测值分别为 $y_1,y_2,\cdots,y_n$,代入线性回归模型得

$$\begin{cases} y_1=\beta_0+\beta_1 x_1+\varepsilon_1 \\ y_2=\beta_0+\beta_1 x_2+\varepsilon_2 \\ \quad\cdots \\ y_n=\beta_0+\beta_1 x_n+\varepsilon_n \end{cases}$$

误差平方和:

$$\sum_{i=1}^{n}\varepsilon_i^2=\sum_{i=1}^{n}(y_i-\beta_0-\beta_1 x_i)^2$$

它是 β_0,β_1 的函数,记为 $Q(\beta_0,\beta_1)$。最小化 $Q(\beta_0,\beta_1)$,便得到 β_0,β_1 的最小二乘估计。为此求

$$\begin{cases} \dfrac{\partial Q}{\partial \beta_0}=-2\sum_{i=1}^{n}(y_i-\beta_0-\beta_1 x_i) \\ \dfrac{\partial Q}{\partial \beta_1}=-2\sum_{i=1}^{n}(y_i-\beta_0-\beta_1 x_i)x_i \end{cases}$$

令 $\dfrac{\partial Q}{\partial \beta_0}=0,\dfrac{\partial Q}{\partial \beta_1}=0$,并且加以计算整理,得联立方程组:

$$\begin{cases} \beta_0+\beta_1\overline{x}=\overline{y} \\ \beta_0 n\overline{x}+\beta_1\sum_{i=1}^{n}x_i=\sum_{i=1}^{n}x_i y_i \end{cases}$$

解之得

$$\hat{\beta}_1=\frac{\sum_{i=1}^{n}(x_i-\overline{x})(y_i-\overline{y})}{\sum_{i=1}^{n}(x_i-\overline{x})^2}, \quad \hat{\beta}_0=\overline{y}-\hat{\beta}_1\overline{x} \tag{6.21}$$

现在回到例 6.22，做出它的散点图（如图 6.3 所示）

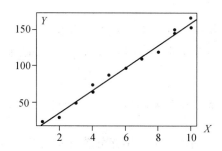

图 6.3　例 6.22 中 X 与 Y 的相关关系散点图

散点图表明维修电子元件个数 X 和维修时间 Y 存在比较强的线性关系，同时样本相关系数：

$$r_{X,Y} = \frac{\sum\limits_{i=1}^{n}(x_i - \overline{x})(y_i - \overline{y})}{\sqrt{\sum\limits_{i=1}^{n}(x_i - \overline{x})^2}\sqrt{\sum\limits_{i=1}^{n}(y_i - \overline{y})^2}} = 0.996$$

进一步说明了 X 与 Y 是高度线性相关的，因此建立线性回归模型是合适的：

$$\text{维修时间} = \beta_0 + \beta_1 \times \text{元件个数} + \varepsilon$$

根据公式(6.21)或者直接使用软件计算得

$$\hat{\beta}_1 = 15.509, \quad \hat{\beta}_0 = 4.162$$

于是维修时间 Y 关于维修电子元件个数 X 的线性回归模型为

$$\text{维修时间} = 4.162 + 15.509 \times \text{元件个数} + \varepsilon$$

本例 MATLAB 代码如下（含注解）。

```
clear                                    % 清除变量
x=[1  2  3  4  4  5  6...
   6  7  8  9  9  10  10];               % 元件个数
y=[23  29  49  64  74  87  96...
   97 109 119 149 145 154 166];          % 维修时间
x0 = mean(x);                            % 平均元件个数
y0 = mean(y);                            % 平均维修时间
b_1 = sum((x−x0). * (y−y0))/sum((x−x0).^2);% beta_1 的最小二乘估计
b_0 = y0−b_1 * x0;                       % beta_0 的最小二乘估计
fprintf('\n 维修时间 = %1.3f + %1.3f * 元件个数 + 误差\n\n',b_0,b_1)
```

注 6.10　本题可以直接使用 regress 求解，有兴趣的同学可以查阅 MATLAB 帮助。

6.3.3* 　　充分性原则

对比例 6.2 与例 6.6、例 6.3 与例 6.7、例 6.4 与例 6.10,我们发现,泊松分布与正态分布的参数估计,其矩估计与最大似然估计的结果是一致的,而对于均匀分布则不然,这是为什么呢?

这个问题和统计量的充分性有关。事实上,泊松分布的充分统计量是 $\sum_{i=1}^{n} X_i$,当然 $A_1 = \frac{1}{n}\sum_{i=1}^{n} X_i$ 也是充分统计量了。由于用充分统计量代替样本不会造成任何损失,所以使用一阶矩的矩估计与使用似然函数的最大似然估计的结果应该是一致的;同样的,正态分布的充分统计量是 $(\sum_{i=1}^{n} X_i, \sum_{i=1}^{n} X_i^2)$,所以使用一阶矩和二阶矩的矩估计与使用似然函数的最大似然估计的结果应该是一致的;相反地,均匀分布的充分统计量不再是 $(\sum_{i=1}^{n} X_i, \sum_{i=1}^{n} X_i^2)$,而是 $(X_{(1)}, X_{(n)})$,所以矩估计与最大似然估计的结果是不一致的,而且最大似然估计的结果要好于矩估计。

进一步,一个称为充分性原则的结果更深刻地揭示了充分统计量在点估计中的作用:
设 $T = T(X_1, \cdots, X_n)$ 为充分统计量,而 $g = g(X_1, \cdots, X_n)$ 是 θ 的任一无偏估计,则存在可表示为 $T = T(X_1, \cdots, X_n)$ 的函数的 θ 的无偏估计 $h(T)$,使得

$$D(h(T)) \leqslant D(g)$$

充分性原则告诉我们,好的无偏估计量应该在充分统计量中寻找。
更广泛地,好的区间估计和假设检验也是基于充分统计量来构造的。

思想解析与例题分析

一、概念及统计思想解析

1. 点估计与区间估计

点估计(point estimation)用特定统计量估计总体参数,因为统计量基于样本值的结果为数轴上某一个点,估计的结果也以一个点的数值表示,所以称为点估计。常用的点估计方法主要包括矩估计法、最大似然估计法、最小二乘估计法等。

区间估计(interval estimation,也称为置信区间)是在点估计的基础上,给出总体参数估计的一个随机区间范围,因此称为区间估计。尽管每组样本值对应的区间结果可能不同,且有的区间中包含参数真值,有的区间则不包含,但该随机区间能以不低于 $1-\alpha$ 的概率覆盖参数真值,其中 α 为一较小的正数。

点估计给出了一个具体数值,它为人们提供了总体参数大概取值的直观印象,便于计算和使用,但它精确度如何,点估计及其方法本身并不能回答。区间估计则弥补了点估计的这一缺陷。

2. 无偏性与有效性准则

无偏性(unbiasedness)与**有效性**(efficiency)是选择点估计的两个标准,它们分别刻画了估计量取值的平均值(即期望)与离散程度(即方差)应满足的要求。

一方面,由于抽样具有随机性,每次抽出的样本一般都不相同,根据样本值得到的点估计值也就不完全相同,那么如何衡量估计量的优劣呢?事实上,仅用某一次抽样的结果进行评判是不科学的,必须通过多次抽样综合评价。假若做了很多次抽样,再将所有的点估计值取平均(相当于对点估计量取期望值),则这个期望值应该和总体参数相等。这就是无偏性准则,对应的点估计量称之为无偏估计。

另一方面,无偏估计有无穷多个,例如:所有形如 $\sum_{i=1}^{n} a_i X_i$(其中, $\sum_{i=1}^{n} a_i = 1$)的估计量都是总体均值的无偏估计。在这众多的无偏估计中,人们更希望选择使用取值稳定的那些,于是产生了有效性准则。有效性指对总体参数的无偏估计量而言,其方差越小就越有效,因为无偏性只是要求估计量无系统误差,并不意味着它的每次抽样的结果都非常接近被估计的参数,只有加上"离散程度比较小"才能做到这一点。

3. 相合性准则与矩估计法

相合性是一个好的估计量应满足的最基本要求:随着样本容量的增大,估计量的取值能够在某种概率意义下稳定于待估参数真值的附近。另一方面,由辛钦大数定律知,简单随机样本的原点矩依概率收敛到相应的总体原点矩,因此,矩估计法"用样本矩替代总体矩以达到估计参数目的"的替换原理实际上是以相合性准则为前提的,具有完善的理论基础。

矩估计法不需要总体的分布,没有充分利用分布的信息,这是它固有的缺陷,但同时也是其优点,扩大了适用范围,加上它原理简单、计算方便等优点,因此迄今为止仍是使用最多的经典点估计方法之一。

4. 最大似然估计:原理与数学化

最大似然估计(maximum likelihood estimation, MLE)的思想类似于贝叶斯方法:总体参数的取值决定了人们能从总体中随机获得什么样的样本,即总体参数的取值相当于"原因",而随机样本则相当于"结果",现在人们已获得随机样本(结果),想推断产生这一结果的原因(参数)最有可能取什么。简言之:最大似然估计法实质上就是要寻找导致结果(样本)最大可能的原因(参数)。这一由果溯因的思想恰恰反映了贝叶斯方法的基本原理,也体现了人类智能的本质。

进一步,刻画结果(样本)产生可能性大小的最合适度量无疑就是样本的联合分布了,由于参数取值变化时,联合分布反映了这组样本来自于相应总体的可能性大小(或称为似然度),因此改称样本的"联合分布"为"似然函数";又因为联合分布中的 x_i 在抽样结束后相当于已知量,而其中的参数(原因)才是真正的未知变量,因此将似然函数记为 $L(\theta)$,以明确它是未知参数 θ 的函数。于是,"寻找导致结果最大可能的原因"在数学上就等价于"求使 $L(\theta)$ 取最大值的 θ",也就等价于"求 θ 的取值 $\hat{\theta}_{\text{MLE}}$,使得 $L(\hat{\theta}_{\text{MLE}}) = \max\limits_{\theta \in \Theta} L(\theta)$"。

5. 区间估计的一对矛盾

对于总体参数 θ,假设其置信水平为 $1-\alpha$ 的置信区间为 $(\hat{\theta}_1, \hat{\theta}_2)$,则:一方面,区间

的长度 $\hat{\theta}_2 - \hat{\theta}_1$ 刻画了该区间估计的**精确度**，$\hat{\theta}_2 - \hat{\theta}_1$ 越小，估计的精确度越高；另一方面，置信水平 $1 - \alpha$ 表征了该区间估计的**准确度**，$1 - \alpha$ 越大，估计的准确度越高。自然地，人们希望区间估计的精确度和准确度都越高越好。但事实上，在样本容量给定时，两者是一对矛盾，提高其中一方，另一方必然在概率意义下会降低。

现以正态总体 $N(\mu, \sigma^2)$ 的参数 μ 为例，其置信水平为 $1 - \alpha$ 的置信区间为

$$\left(\overline{X} - \frac{\sigma}{\sqrt{n}} z_{\alpha/2}, \overline{X} + \frac{\sigma}{\sqrt{n}} z_{\alpha/2} \right),$$

刻画该区间精确度的区间长度等于 $\frac{2\sigma}{\sqrt{n}} z_{\alpha/2}$。易见：当样本容量 n 给定时，要使估计的精确度提高（即令区间变窄），必须使 $z_{\alpha/2}$ 减小，这等价于增加 $\alpha/2$，从而降低准确度 $1 - \alpha$；反之亦然。简言之，区间估计的精确度与准确度是一对矛盾，提高一方需以牺牲另一方为代价。

从该例中也可以看到，增加样本容量 n 可以使精确度与准确度同时提高。但由于 n 出现在根号下，所以代价会非常高。因此，这种用来调和精确度与准确度矛盾的做法在实际问题中通常是不可取的，很多场合下也是难以实现的。文献中的一般做法是，在保证置信区间准确度的前提下，尽可能提高其精确度。详见 6.2.2 节定理 6.1 的分析部分。

6. 构造区间估计的枢轴量法

枢轴量法是构造总体参数置信区间的常用方法。对于（单或双）正态总体，由于抽样分布基本定理（详见 5.4.2 节）提供了充足的理论结果，因此该方法在正态场合易于实现。枢轴量法的一般步骤如下：

第一步：选择合适的枢轴量 $g(X_1, \cdots, X_n; \theta)$，它是样本 $X_1, \cdots, X_n$ 与未知参数 θ 的函数（不包含其他任何未知参数），有明确的分布且该分布不依赖于未知参数。枢轴量之所以需要这三个条件，取决于后面的两步。

第二步：给定置信水平 $1 - \alpha$，用所选枢轴量 $g(X_1, \cdots, X_n; \theta)$ 构造概率（不）等式

$$P(g(X_1, \cdots, X_n; \theta) \in G) \geqslant 1 - \alpha$$

由于 $g(X_1, \cdots, X_n; \theta)$ 的分布明确且不依赖于未知参数，因此这里的数集 G 也不依赖于任何未知参数，是完全已知的。一般情况下，人们更希望置信水平能得到充分利用，但对离散型问题，由于概率分布列的跳跃特征，这一点通常难以做到。

第三步：由于 $g(X_1, \cdots, X_n; \theta)$ 包含的未知参数只有 θ，因此可以将上述概率事件表示成为形如 $\hat{\theta}_2 \leqslant \theta \leqslant \hat{\theta}_1$ 的形式，其中 $\hat{\theta}_1$ 与 $\hat{\theta}_2$ 均为统计量（从而不含未知参数 θ）。这样就得到了 θ 的置信水平为 $1 - \alpha$ 的置信区间 $(\hat{\theta}_1, \hat{\theta}_2)$。

二、例题分析

例 6.23 设总体 X 的密度函数为 $f(x; \theta) = \begin{cases} e^{-(x-\theta)} & x > \theta \\ 0 & x \leqslant \theta \end{cases}$，$X_1, \cdots, X_n$ 为来自总体 X 的简单随机样本，（1）求参数 θ 的矩估计 $\hat{\theta}_{ME}$；（2）求参数 θ 的最大似然估计 $\hat{\theta}_{MLE}$；

(3) 判断 $\hat{\theta}_{ME}$ 和 $\hat{\theta}_{MLE}$ 的无偏性。

解 (1) 遵从矩估计法的一般步骤,有

Step 1:建立矩方程:$\mu_1 = E(X) = \int_{-\infty}^{+\infty} xf(x;\theta)\mathrm{d}x = \int_{\theta}^{+\infty} x\mathrm{e}^{-(x-\theta)}\mathrm{d}x = 1+\theta$;

Step 2:解方程,得:$\theta = \mu_1 - 1$;

Step 3:矩替换:将总体矩 μ_1 替换为样本矩 $A_1 = \overline{X}$,得 θ 的矩估计为 $\hat{\theta}_{ME} = \overline{X} - 1$。

(2) 似然函数 $L(\theta) = \mathrm{e}^{-\sum_{i=1}^{n}x_i+n\theta}$ $(\theta < \min(x_1,\cdots,x_n))$,因为 $L(\theta)$ 单调增加,其定义域是 $\theta < \min(x_1,\cdots,x_n)$,所以 $L(\theta)$ 的最大值点是 $\theta = \min(x_1,\cdots,x_n)$,根据最大似然原理,得到 $\hat{\theta}_{MLE} = \min(X_1,\cdots,X_n)$。

(3) 因为 $E(\overline{X}) = E(X) = \theta+1$,于是 $E(\hat{\theta}_{ME}) = E(\overline{X})-1 = \theta$,所以 $\hat{\theta}_{ME}$ 是 θ 的无偏估计量;

对于 $\hat{\theta}_{MLE}$,总体 X 的分布函数是

$$F(x;\theta) = \begin{cases} 1-\mathrm{e}^{-(x-\theta)} & x > \theta \\ 0 & x \leqslant \theta \end{cases}$$

利用极值分布的结论,$\hat{\theta}_{MLE} = \min(X_1,\cdots,X_n)$ 的分布函数是

$$F_N(t;\theta) = 1-[1-F(t)]^n = \begin{cases} 1-\mathrm{e}^{-n(t-\theta)} & t > \theta \\ 0 & t \leqslant \theta \end{cases}$$

对应的概率密度为

$$f_N(t;\theta) = \begin{cases} n\mathrm{e}^{-n(t-\theta)} & t > \theta \\ 0 & t \leqslant \theta \end{cases}$$

于是 $E(\hat{\theta}_{MLE}) = \int_{\theta}^{+\infty} tn\mathrm{e}^{-n(t-\theta)}\mathrm{d}t = \theta+\dfrac{1}{n}$,所以 $\hat{\theta}_{MLE}$ 不具有无偏性。不过 $\lim_{n\to\infty}E(\hat{\theta}_{MLE}) = \theta$,所以 $\hat{\theta}_{MLE}$ 具有渐近无偏性。

例 6.24 设总体 X 的密度函数为 $f(x;\theta) = \dfrac{1}{2\theta}\mathrm{e}^{-\frac{|x|}{\theta}}$,其中 $\theta > 0$ 为未知参数. $X_1,\cdots,X_n$ 为来自总体 X 的简单随机样本.(1) 求参数 θ 的最大似然估计 $\hat{\theta}$;(2) 证明 $\hat{\theta}$ 是 θ 的无偏估计量;(3) 计算 $D(\hat{\theta})$。

解 (1) 先求参数 θ 的最大似然估计 $\hat{\theta}$:

① 写出对数似然函数:

$$\ell(\theta) = \sum_{i=1}^{n}\ln f(x_i;\theta) = \sum_{i=1}^{n}\ln\left(\frac{1}{2\theta}\mathrm{e}^{-\frac{|x_i|}{\theta}}\right) = -n\ln(2\theta)-\frac{1}{\theta}\sum_{i=1}^{n}|x_i|.$$

② 建立对数似然方程:对 $\ell(\theta)$ 关于 θ 求导,并令其为 0,得

$$\frac{\mathrm{d}\ell(\theta)}{\mathrm{d}\theta} = -\frac{n}{\theta}+\frac{1}{\theta^2}\sum_{i=1}^{n}|x_i| = 0.$$

③ 解方程,得 $\theta = \dfrac{1}{n}\sum_{i=1}^{n}|x_i|$。所以 θ 的最大似然估计为 $\hat{\theta} = \dfrac{1}{n}\sum_{i=1}^{n}|X_i|$。

(2) 根据数学期望的线性性质,计算 $E(\hat{\theta})$:

$$E(\hat{\theta}) = E\Big(\frac{1}{n}\sum_{i=1}^{n}|X_i|\Big) = \frac{1}{n}\sum_{i=1}^{n}E(|X_i|) = \frac{1}{n}\sum_{i=1}^{n}E(|X|) = E(|X|)$$

$$= \int_{-\infty}^{+\infty}|x|f(x;\theta)\mathrm{d}x = \int_{-\infty}^{+\infty}\frac{|x|}{2\theta}\mathrm{e}^{-\frac{|x|}{\theta}}\mathrm{d}x = \int_{0}^{+\infty}\frac{x}{\theta}\mathrm{e}^{-\frac{x}{\theta}}\mathrm{d}x = \theta。$$

所以 $\hat{\theta}$ 是 θ 的无偏估计量。

(3) 根据方差在独立性条件下的性质,计算 $D(\hat{\theta})$:

$$D(\hat{\theta}) = D\Big(\frac{1}{n}\sum_{i=1}^{n}|X_i|\Big) = \frac{1}{n^2}\sum_{i=1}^{n}D(|X_i|) = \frac{1}{n^2}\sum_{i=1}^{n}D(|X|) = \frac{1}{n}D(|X|)$$

$$= \frac{1}{n}\big[E(|X|^2) - E(|X|)^2\big] = \frac{1}{n}\big[E(X^2) - \theta^2\big],$$

其中 $E(X^2) = \displaystyle\int_{-\infty}^{+\infty}x^2 f(x;\theta)\mathrm{d}x = \int_{-\infty}^{+\infty}\frac{x^2}{2\theta}\mathrm{e}^{-\frac{|x|}{\theta}}\mathrm{d}x = \int_{0}^{+\infty}\frac{x^2}{\theta}\mathrm{e}^{-\frac{x}{\theta}}\mathrm{d}x = 2\theta^2$,所以 $D(\hat{\theta}) = \dfrac{\theta^2}{n}$。

例 6.25 设总体 X 的分布依赖于参数 θ,对于参数函数 $g(\theta)$,基于简单随机样本 $X_1,\cdots,X_n$,用统计量 $T = T(X_1,\cdots,X_n)$ 进行估计. 如果 $T = T(X_1,\cdots,X_n)$ 不是 $g(\theta)$ 的无偏估计量,而是渐近无偏估计量,则可以使用**刀切法**(Jackknife),将有些渐近无偏估计量修正为无偏估计量,刀切法是基于 T 的刀切估计量 T_J 来缩小偏倚的:

$$T_J = T_J(X_1,\cdots,X_n) \triangleq nT(X_1,\cdots,X_n) - \frac{n-1}{n}\sum_{i=1}^{n}T(X_1,\cdots,X_{i-1},X_{i+1},\cdots,X_n)。$$

现在我们使用刀切法来解决一个问题:

设总体 X 的分布为 $N(\theta,\sigma^2)$,考虑到 $\overline{X}$ 是 θ 的无偏估计量,得到 $g(\theta) = \theta^2$ 的一个估计量 $T = \overline{X}^2$。(1) 证明 $T = \overline{X}^2$ 是 θ^2 的渐近无偏估计量;(2) 求刀切估计量 T_J;(3) 证明 T_J 是 θ^2 的无偏估计量;(4) 计算 $D(T_J) - D(T)$,简述刀切法的优点。

解 (1) $E(T) = E(\overline{X}^2) = [E(\overline{X})]^2 + D(\overline{X}) = \theta^2 + \dfrac{1}{n}\sigma^2 = \theta^2 + O(n^{-1})$。所以 $T = \overline{X}^2$ 是 θ^2 的渐近无偏估计量。

(2) 为推导刀切估计量 T_J 的表达式,记 $\overline{X}_{(k)}$ 为缺少 X_k 的样本均值,即

$$\overline{X}_{(k)} = \frac{1}{n-1}(X_1 + \cdots + X_{k-1} + X_{k+1} + \cdots + X_n)$$

$$= \frac{1}{n-1}\Big(\sum_{i=1}^{n}X_i - X_k\Big) = \frac{n}{n-1}\overline{X} - \frac{1}{n-1}X_k。$$

于是

$$T_J = n\,\overline{X}^2 - \frac{n-1}{n}\sum_{i=1}^{n}\overline{X}_{(k)}^2 = n\,\overline{X}^2 - \frac{n-1}{n}\sum_{i=1}^{n}\left(\frac{n}{n-1}\,\overline{X} - \frac{1}{n-1}X_k\right)^2$$

$$= \frac{n}{n-1}\,\overline{X}^2 - \frac{1}{n(n-1)}\sum_{i=1}^{n}X_k^2 = \overline{X}^2 - \frac{1}{n}S^2 = T - \frac{1}{n}S^2 \text{。}$$

(3) 由抽样分布基本定理,知:$\frac{(n-1)S^2}{\sigma^2} \sim \chi^2(n-1)$,从而

$$E\left[\frac{(n-1)S^2}{\sigma^2}\right] = n-1 \Rightarrow E(S^2) = \sigma^2,$$

$$D\left[\frac{(n-1)S^2}{\sigma^2}\right] = 2(n-1) \Rightarrow D(S^2) = \frac{2}{n-1}\sigma^4 \text{。}$$

于是 $E(T_J) = E(T) - \frac{1}{n}E(S^2) = \theta^2 + \frac{1}{n}\sigma^2 - \frac{1}{n}\sigma^2 = \theta^2$。所以 T_J 是 θ^2 的无偏估计量。

(4) 因为 $T = \overline{X}^2$ 与 S^2 独立,故

$$D(T_J) = D\left(T - \frac{1}{n}S^2\right) = D(T) + \frac{1}{n^2}D(S^2) = D(T) + \frac{2}{n^2(n-1)}\sigma^4,$$

于是 $D(T_J) - D(T) = \frac{2}{n^2(n-1)}\sigma^4 = O(n^{-3})$。因此,刀切法可以在基本不增加方差(增加的方差与 n^{-3} 同阶)的前提下,有效地缩小有偏估计量的偏差(缩小的偏差与 n^{-1} 同阶)。

例 6.26 设 $X_1, \cdots, X_m$ 和 $Y_1, \cdots, Y_n$ 为独立抽自正态总体 $N(\theta, \sigma_1^2)$ 和 $N(\theta, \sigma_2^2)$ 的简单随机样本,参数 σ_1^2 与 σ_2^2 均已知。试解答下列问题:

(1) 证明:对 $\forall a \in \mathbf{R}$,形如 $\hat{\theta}(a) = a\overline{X} + (1-a)\overline{Y}$ 的估计量均为 θ 的无偏估计;

(2) 求 a^* 使 $\hat{\theta}(a^*)$ 在所有形如 $\hat{\theta}(a)$ 的无偏估计量中最有效(即方差最小);

(3) 基于 $\hat{\theta}(a^*)$,构造 θ 的置信水平为 $1-\alpha$ 的置信区间。

解 (1) 易知,$\overline{X}$ 与 $\overline{Y}$ 均为 θ 的无偏估计,即 $E(\overline{X}) = E(\overline{Y}) = \theta$。所以由数学期望的线性性质得

$$E[\hat{\theta}(a)] = aE(\overline{X}) + (1-a)E(\overline{Y}) = \theta \text{。}$$

故 $\hat{\theta}(a)$ 为 θ 的无偏估计。

(2) 先计算 $D[\hat{\theta}(a)]$:由两样本的独立性,知:

$$D[\hat{\theta}(a)] = a^2 D(\overline{X}) + (1-a)^2 D(\overline{Y}) = \frac{a^2}{m}\sigma_1^2 + \frac{(1-a)^2}{n}\sigma_2^2$$

$$= \left(\frac{\sigma_1^2}{m} + \frac{\sigma_2^2}{n}\right)a^2 - \frac{2\sigma_2^2}{n}a + \frac{\sigma_2^2}{n},$$

它是 a 的凸二次函数,故当 a 取为 $a^* = -\frac{-2\sigma_2^2/n}{2(\sigma_1^2/m + \sigma_2^2/n)} = \frac{\sigma_2^2/n}{\sigma_1^2/m + \sigma_2^2/n}$ 时,相应的估计量 $\hat{\theta}(a^*)$ 方差最小、最有效。此时 $\hat{\theta}(a^*) = \frac{\sigma_2^2/n}{\sigma_1^2/m + \sigma_2^2/n}\overline{X} + \frac{\sigma_1^2/m}{\sigma_1^2/m + \sigma_2^2/n}\overline{Y}$,且

$$D[\hat{\theta}(a^*)] = \frac{1}{m/\sigma_1^2 + n/\sigma_2^2},$$

下面不妨简记之为 σ^2。

（3）为做出 θ 的置信区间，首先根据 $\hat{\theta}(a^*)$ 构造枢轴量：易见 $\hat{\theta}(a^*) \sim N(\theta, \sigma^2)$，所以可取枢轴量为 $Z \triangleq \dfrac{\hat{\theta}(a^*) - \theta}{\sigma} \sim N(0,1)$。给定置信水平 $1-\alpha$，由 $P(|Z| \leqslant z_{\alpha/2}) = 1-\alpha$，解得 θ 的置信水平为 $1-\alpha$ 的置信区间为 $\left(\hat{\theta}(a^*) - \sigma z_{\alpha/2}, \hat{\theta}(a^*) + \sigma z_{\alpha/2}\right)$，即

$$\left(\frac{(\sigma_2^2/n)\overline{X}}{\sigma_1^2/m + \sigma_2^2/n} + \frac{(\sigma_1^2/m)\overline{Y}}{\sigma_1^2/m + \sigma_2^2/n} - \frac{z_{\alpha/2}}{\sqrt{m/\sigma_1^2 + n/\sigma_2^2}}, \frac{(\sigma_2^2/n)\overline{X}}{\sigma_1^2/m + \sigma_2^2/n} + \right.$$

$$\left. \frac{(\sigma_1^2/m)\overline{Y}}{\sigma_1^2/m + \sigma_2^2/n} + \frac{z_{\alpha/2}}{\sqrt{m/\sigma_1^2 + n/\sigma_2^2}}\right).$$

【阅读材料】

一代统计学大师费歇尔

　　费歇尔（Ronald Aylmer Fisher，1890—1964，英国），少年时就对天文学和数学感兴趣。1909 年他入剑桥大学学习数学和物理，期间研读了皮尔逊的系列论文《数学用于进化论》，这将他引入了生物学和统计学领域。他认为，把孟德尔学说与生物计量相结合，是研究人类遗传学的正确方法，这引起了他对优生学的兴趣，后来他的一些统计学论文就发表在优生学的杂志上。

　　他无疑是 20 世纪成就最大的统计学家，是 20 世纪最初三十年实现的、由以皮尔逊为代表的旧统计学，朝向以他为代表的新统计学的转变中的关键人物。

　　20 世纪新统计学与 19 世纪的旧统计学之区别，重视小样本是一个标志，另一个重要标志是基础理论建设，即从学科全局的观点建立严格的数学框架，而不是停留在解决一个一个的具体问题上。在这两方面，费歇尔都起了领头的作用，当然，起过重要作用的还有奈曼、爱根·皮尔逊及瓦尔德等人。

　　费歇尔的工作，量多质高面广。他的许多文章都开辟了一个新的研究领域，诸如最大似然估计、充分统计量、费歇尔信息量、显著性检验、试验设计和方差分析等，都是现代统计学的重要内容。
　　　　　　　　　　　　　　　　　　　　【摘自陈希孺院士的《数理统计学简史》】

1. 设 $X_1, \cdots, X_n$ 为总体 $U(-\theta, \theta)$ 的样本，则_____为未知参数 $\theta(>0)$ 的一个矩估计。

2. 设 $X_1, \cdots, X_n$ 为总体 $B(m, p)$ 的样本，m 已知，则_____为 p 的最大似然估计。

3. 设 $X_1, \cdots, X_4$ 为总体 $P(\lambda)$ 的样本，则在统计量

$$T_1 = \frac{1}{6}(X_1 + X_2) + \frac{1}{3}(X_3 + X_4)$$

$$T_2 = (X_1 + 2X_2 + 3X_3 + 4X_4)/5$$

$$T_3 = (X_1 + X_2 + X_3 + X_4)/4$$

中，_____ 是 λ 的无偏估计量，其中_____ 更有效。

4. 设总体 $X \sim N(\mu, \sigma^2)$，其中总体方差 σ^2 已知，则抽取容量 n 至少为_____ 时，才能使总体均值 μ 置信水平为 $1-\alpha$ 的置信区间的长度不大于给定的正常数 l。

5. 设 $X_1, \cdots, X_9$ 为总体 $N(\mu, 0.9^2)$ 的样本，且样本均值 $\bar{x} = 5$，则 μ 的置信度为 0.95 的置信区间是_____。

6. 设 $X_1, \cdots, X_n$ 为总体 X 的样本，$E(X) = \mu$，则下列结论中正确的是_____。

A. X_1 是 μ 的无偏估计量
B. X_1 是 μ 的极大似然估计量
C. X_1 是 μ 的相合估计量
D. X_1 不是 μ 的估计量

7. 设 $X_1, \cdots, X_n$ 为总体 $U(-\theta, \theta)$ 的样本，则 $\theta(x > 0)$ 的最大似然估计为_____。

A. $\max\{x_1, \cdots, x_n\}$
B. $\min\{x_1, \cdots, x_n\}$
C. $\max\{|x_1|, \cdots, |x_n|\}$
D. $\min\{|x_1|, \cdots, |x_n|\}$

8. 设 $X_1, \cdots, X_n$ 为总体 $N(0, \sigma^2)$ 的样本，则_____ 为 σ^2 的无偏估计量。

A. $\dfrac{1}{n-1} \sum\limits_{i=1}^{n} X_i^2$
B. $\dfrac{1}{n} \sum\limits_{i=1}^{n} X_i^2$
C. $\dfrac{1}{n-1} \sum\limits_{i=1}^{n} X_i$
D. $\dfrac{1}{n} \sum\limits_{i=1}^{n} X_i$

9. 设总体 X 服从正态分布 $N(\mu, \sigma^2)$，其中 σ^2 已知，若已知样本容量 n 和置信水平 $1-\alpha$ 均不变，则对于不同的样本观测值，μ 的置信区间的长度_____。

A. 变长　　　　　B. 变短　　　　　C. 不变　　　　　D. 不能确定

10. 设总体 X 服从正态分布 $N(\mu, \sigma^2)$，其中 σ^2 未知，若已知样本容量 n 和置信水平 $1-\alpha$ 均不变，则对于不同的样本观测值，μ 的置信区间的长度_____。

A. 变长　　　　　B. 变短　　　　　C. 不变　　　　　D. 不能确定

习 题 B

1. 设总体 X 的密度函数为 $f(x; \theta) = \begin{cases} \dfrac{2}{\theta^2}(\theta - x) & 0 < x < \theta \\ 0 & \text{其他} \end{cases}$，$X_1, \cdots, X_n$ 为其样本，求参数 θ 的矩估计量。

2. 设总体 X 的密度函数为 $f(x; \theta) = \begin{cases} \theta x^{\theta-1} & 0 < x < 1 \\ 0 & \text{其他} \end{cases}$，$X_1, \cdots, X_n$ 为其样本，求参数 θ 的矩估计和最大似然估计。

3. 从一批日光灯管中随机抽取 9 个进行寿命试验，得到如下数据(单位：小时)：

$\quad$ 1 080　1 010　1 050　1 100　1 130　1 250　1 300　1 200　1 500

求这批日光灯管的平均寿命和寿命分布的标准差的矩估计。

4. 设总体 $X \sim u(0, \theta)$，从总体中随机抽取容量为 9 的样本，观测值为

$$1.5 \quad 2.3 \quad 1.6 \quad 2.7 \quad 2.2 \quad 3.2 \quad 1.8 \quad 2.5 \quad 3.0$$

求参数 θ 的矩估计。

5. 对于上题，(1) 求参数 θ 的最大似然估计；(2) 求 $P(X > 1.6)$ 的最大似然估计。

6. 设总体 X 服从参数为 λ 的泊松分布，即 $X \sim P(\lambda)$，$X_1, \cdots, X_n$ 是从总体 X 抽取的简单随机样本，求 $P(X \geq 1)$ 的最大似然估计。

7. 设总体 X 服从离散型均匀分布，即

$$P(X = k) = \frac{1}{k} \quad (k = 1, 2, \cdots, \theta)$$

其中 θ 取正整数并且未知，$X_1, \cdots, X_n$ 是从总体 X 抽取的简单随机样本，求 θ 的矩估计。

8. 设总体 X 的密度函数为 $f(x; \theta) = \begin{cases} \sqrt{\theta} x^{\sqrt{\theta} - 1} & 0 < x < 1 \\ 0 & \text{其他} \end{cases}$，$X_1, \cdots, X_n$ 为其样本，求参数 θ 的矩估计和最大似然估计。

9. 设总体 $X \sim B(10, p)$，$X_1, \cdots, X_n$ 为其样本，求参数 θ 的矩估计和最大似然估计。

10. 设总体 $X \sim \text{Exp}(\lambda)$，$X_1, \cdots, X_n$ 为其样本，求参数 λ 的矩估计和最大似然估计。

11. 设 $X_1, \cdots, X_n$ 为总体 X 的样本。问：k 取何值时 $\hat{\sigma}^2 = k \sum\limits_{i=1}^{n-1} (X_{i+1} - X_i)^2$ 为总体方差的无偏估计？

12. 设总体 $X \sim N(\mu, \sigma^2)$，$X_1, \cdots, X_5$ 为其样本，令

$$T_1 = \frac{1}{4}(X_1 + X_2 + X_3 + X_4)$$
$$T_2 = (X_1 + X_2 + X_3 + X_4 + 2X_5)/6$$
$$T_3 = (X_1 + X_2 + X_3 + X_4 + X_5)/5$$
$$T_4 = (X_1 + 2X_2 + 3X_3 + 4X_4 + 5X_5)/15$$

(1) 证明 T_1, T_2, T_3, T_4 都是 μ 的无偏估计量；

(2) 指出有效性最好和最差的估计量，并且说明理由。

13. 设总体 $X \sim u(0, \theta)$，$X_1, \cdots, X_n$ 为其样本，证明样本极大值 $X_{(n)}$ 是 θ 的相合估计。

14. 在导电材料中，铜的电阻率仅大于银，但是含有杂质的铜的电阻率会增大。现在电缆厂对供应商提交的样品铜的电阻率进行了 12 次独立重复测量，测量值如下：（单位：$10^{-6} \Omega \cdot m$）

$$0.017\,3 \quad 0.017\,2 \quad 0.014\,5 \quad 0.012\,6 \quad 0.017\,7 \quad 0.016\,1$$
$$0.015\,6 \quad 0.015\,1 \quad 0.013\,8 \quad 0.015\,9 \quad 0.014\,0 \quad 0.014\,6$$

已知测量仪器的标准差为 0.001 2，并且测量的误差分布是服从正态分布的。

(1) 求样品铜的电阻率的估计值；

(2) 求样品铜的电阻率的置信水平为 0.95 的置信区间。

15. 设某种清漆的干燥时间(单位:小时)服从正态分布 $N(\mu, \sigma^2)$,现随机抽取 9 个样品,其干燥时间分别为

$$6.0, 5.7, 5.8, 6.5, 7.0, 6.3, 5.6, 6.1, 5.0$$

(1) 求总体均值 μ 的置信水平为 0.95 的置信区间;

(2) 求总体方差 σ^2 的置信水平为 0.95 的置信区间。

16. 设总体 $X \sim N(\mu, 0.09)$,问样本容量 n 至少取多大时,才能保证 μ 的置信水平为 0.95 的置信区间长度不大于 0.6?

17. 已知某种材料的强度指标 $X \sim N(\mu, \sigma^2)$,现在随机抽取 25 个样品,测量出强度指标值,计算得样本均值为 2.25,样本标准差为 0.85。

(1) 求总体均值 μ 的置信水平为 0.95 的置信区间;

(2) 求总体标准差 σ 的置信水平为 0.95 的置信区间。

18. 在平炉上进行一项试验以确定改变操作方法的建议是否会增加钢的得率,试验是在同一只平炉上进行的,每炼一炉钢时除操作方法外,其他条件都尽可能做到相同。先用标准方法炼一炉,然后用建议的新方法炼一炉,以后交替进行,各炼了 10 炉,其得率分别为

标准方法	78.1	72.4	76.2	74.3	77.4	78.4	76.0	75.5	76.7
新方法	79.1	81.0	77.3	79.1	80.0	79.1	79.1	77.3	80.2

假设标准方法的钢的得率 $X \sim N(\mu_1, \sigma_1^2)$,新方法钢的得率 $Y \sim N(\mu_2, \sigma_2^2)$,并且假定 $\sigma_1^2 = \sigma_2^2$,求总体均值差的置信水平为 0.95 的置信区间。

19. 对于上题,求总体方差比的置信水平为 0.95 的置信区间。

20. 随机抽取 12 个城市居民家庭关于收入与食品消费支出的样本如下(单位:千元):

家庭收入 x_i	8.2	9.3	10.5	13.0	14.4	15.0	16.0	18.0	20.0	17.0	30.0	40.0
支出 y_i	0.75	0.85	0.92	1.05	1.20	1.20	1.30	1.45	1.56	2.00	2.00	2.40

求食品消费支出关于家庭收入的线性回归方程。

习 题 C

1. 从一批股民一年收益率的数据中随机抽取 10 人的收益率数据,结果如下:

股民	1	2	3	4	5	6	7	8	9	10
收益率	0.01	-0.11	-0.12	-0.09	-0.13	-0.3	0.1	-0.09	-0.1	-0.11

求这批股民的平均收益率的矩估计值。

2. 设总体 X 的概率分布为

取值	0	1	2	3
概率	θ^2	$2\theta(1-\theta)$	θ^2	$1-2\theta$

其中 $\theta \in (0, 0.5)$ 为未知参数,现抽得总体的如下样本值:3,1,3,0,3,1,2,3。据此求 θ 的矩估计值与最大似然估计值。

3. 某车间生产的螺钉直径 $X \sim N(\mu, \sigma^2)$,且由经验知 $\sigma^2 \approx 0.06$。今随机抽取 6 枚,测得其长度(单位:mm)如下:14.7,15.0,14.8,14.9,15.1,15.2。求 μ 的置信水平为 0.95 的置信区间;又若 σ^2 未知,求 μ 的置信水平为 0.95 的置信区间。

4. 某砖窑厂生产的砖头抗压强度 $X \sim N(\mu, \sigma^2)$,今随机抽取 20 块砖头,测得数据如下(单位:$kg \cdot cm^{-2}$):

砖头	1	2	3	4	5	6	7	8	9	10
抗压强度	64	69	49	92	55	97	41	84	88	99
砖头	11	12	13	14	15	16	17	18	19	20
抗压强度	84	66	100	98	72	74	87	84	48	81

(1) 求 μ 的置信水平为 0.95 的置信区间;

(2) 求 σ^2 的置信水平为 0.95 的置信区间。

5. 研究两种固体燃料火箭推进器的燃烧率。设两者都服从正态分布,并且已知燃烧率的标准差均近似地为 0.05 cm/s,取样本容量为 $n_1 = n_2 = 20$,得燃烧率的样本均值分别为 $\overline{x}_1 = 18$ cm/s 与 $\overline{x}_2 = 24$ cm/s。设两样本独立,求两燃烧率总体均值差 $\mu_1 - \mu_2$ 的置信水平为 0.99 的置信区间。

6. 设两位化验员 A 与 B 独立地对某种聚合物中的含氯量各进行了 10 次测定,其测定结果独立地服从正态分布,相应的总体方差分别记为 σ_A^2 与 σ_B^2。假设测定值的样本方差依次为 $S_A^2 = 0.5419$,$S_B^2 = 0.6065$,求方差比 σ_A^2/σ_B^2 的置信度为 0.95 的置信区间。

第7章
假设检验

统计推断主要有三种方式:点估计、区间估计和假设检验。本章我们来讨论假设检验的理论和方法。

在假设检验的发展过程中,下面的一些重要事件起到了决定性的作用:

(1) 1900 年卡尔·皮尔逊提出了拟合优度检验;

(2) 20 世纪 20 年代费歇尔提出了显著性检验;

(3) 1928 年到 1936 年期间,奈曼和爱根·皮尔逊建立了系统的假设检验理论体系,称为 N-P 理论;

(4) 1956 年瓦尔特(A. Wald)提出了统计决策理论。

本章我们所学习的假设检验的主要内容是显著性检验和拟合优度检验,其中也使用了 N-P 理论中的一些概念。

本章的学习目标:

(1) 理解假设检验的基本思想,理解功效函数、检验的两类错误和显著性水平的概念;

(2) 掌握假设检验的基本步骤;

(3) 掌握正态总体均值的 Z 检验法和 t 检验法;

(4) 掌握正态总体方差的 χ^2 检验法;

(5) 掌握两正态总体均值比较的 Z 检验法和 t 检验法;

(6) 了解拟合优度 χ^2 检验;

(7) 了解方差分析。

§7.1 假设检验的基本思想和概念

 7.1.1 假设检验的基本思想

先从一个实例来体会假设检验的基本思想。

例 7.1 (女士评茶试验)一种奶茶由牛奶和茶按一定比例混合而成,可以先倒茶后倒牛奶(记为 TM),也可以先倒牛奶后倒茶(记为 MT)。某女士声称她可以鉴别是 TM 还是 MT,周围评茶的人对此表示怀疑,在场的费歇尔也在思考这个问题,他提议做一项试验来检验如下假设是否可以接受:

假设 H:该女士无此鉴别能力。

他准备了 10 杯调制好的奶茶,TM 和 MT 都有,服务员一杯一杯地奉上,让该女士品尝说出是 TM 还是 MT,结果那位女士竟然正确地分辨出 10 杯奶茶中的每一杯,这时应该如何对此做出判断呢?

费歇尔的结论是该女士确实具有鉴别奶茶中 TM 和 MT 的能力。他的分析如下:如果假设 H 是正确的,即该女士无此鉴别能力,她就只能猜测,那么 10 次都猜对的概率是 $\left(\dfrac{1}{2}\right)^{10} \approx 0.00098$,这是一个很小的概率,小概率事件在一次试验中是几乎不会发生的,如今该事件竟然发生了,这可以表明假设 H 不当,应该予以拒绝,从而得到该女士确有此鉴别能力的结论。费歇尔的这种应用试验结果来对假设 H 的对错进行判断的思维方式就是朴素的假设检验的思想方法,又称为概率反证法,即:

若事件 A 在假设 H 正确时是一个不该发生的事件(即小概率事件,注意"不该发生"与"不发生"的区别),如果该事件在当前的试验中发生了,则拒绝假设 H,否则就接受假设 H。

7.1.2 假设检验的基本概念和实施步骤

下面我们通过实例来说明假设检验的基本概念和实施步骤。

视频:假设检验的
基本概念和
实施步骤

例 7.2 某包装机包装精制盐,其所包装的精制盐重量服从正态分布,当机器工作正常时,每袋标准重量为 $500\ g$,标准差为 $10\ g$。某日开工后为检验包装机工作是否正常,随机地抽取它所包装的精制盐 9 袋,测得净重(单位:g):

$$496,\ 510,\ 514,\ 498,\ 519,\ 515,\ 506,\ 509,\ 505$$

问当日机器工作是否正常?(假设标准差保持不变)

分析 这个实际问题是在给定总体和样本的情况下,要求我们对于命题"当日机器工作正常"做出判断:"是"或者"不是"。这类问题称为假设检验问题。

1. 建立原假设和备择假设

这个问题中的总体是正态分布 $N(\theta, 10^2)$,于是命题"当日机器工作正常"可以表示为"$\theta = 500\ g$",而否定该命题可以表示为"$\theta \neq 500\ g$"。因此判断命题"当日机器工作正常"是否正确可以转化为确定下面的两个假设:

$$H_0 : \theta = 500\ g$$
$$H_1 : \theta \neq 500\ g$$

哪一个可以被认为成立。如果检验的结果是 $H_0 : \theta = 500\ g$ 成立,则我们认为"当日机器工作正常";如果检验的结果是 $H_1 : \theta \neq 500\ g$ 成立,则我们认为"当日机器工作不正常"。

在假设检验问题中,$H_0 : \theta = 500\ g$ 被称为原假设,而 $H_1 : \theta \neq 500\ g$ 被称为备择假设。

一般地,假设检验的统计假设可以统一表示为

$$H_0 : \theta \in \Theta_0 \longleftrightarrow H_1 : \theta \in \Theta_1$$

其中 $\Theta_0 \bigcap \Theta_1 = \varnothing$，并且常常取 $\Theta_0 \bigcup \Theta_1 = \Theta$。

2. 检验的拒绝域

我们知道，样本均值 $\overline{X}$ 是总体均值的无偏估计，故样本均值的观察值落在总体均值附近的机会比较大，而与总体均值相差较大的机会比较小，因此当 $\theta = 500$ 时，事件"$|\overline{X} - 500|$ 过分大"是不该发生的，于是根据概率反证法，当 $|\overline{X} - 500|$ 过分大 时，则认为原假设 $\theta = 500$ 不成立。

现在把"$|\overline{X} - 500|$ 过分大"表示为"$|\overline{X} - 500| > c$"，而"不该发生的"的含义是小概率，因此事件"$|\overline{X} - 500|$ 过分大"是不该发生的应该表示为

$$P(|\overline{X} - 500| > c) = \alpha$$

其中 α 是一个接近于 0 的正数。于是检验的判决法则是：

如果样本满足 $|\overline{X} - 500| > c$，则拒绝原假设 H_0，反之则接受原假设 H_0。

像 $|\overline{X} - 500| > c$ 这样的区域称为假设检验的拒绝域，用 W 表示，$\overline{X} - 500$ 称为检验统计量。

一般地，若一个假设检验的拒绝域为 W，则检验的判决准则为

如果样本 $(x_1, \cdots, x_n) \in W$，则认为原假设 H_0 不成立，即拒绝原假设 H_0；

如果样本 $(x_1, \cdots, x_n) \notin W$，则认为原假设 H_0 成立，即接受原假设 H_0。

假设检验的关键是确定检验的拒绝域，下面我们来确定本题的拒绝域。

因为在 $\theta = 500$ 时，$P(|\overline{X} - 500| > c) = \alpha$，而

$$P(|\overline{X} - 500| > c) = 1 - \left[P\left(\frac{-c}{10/3} \leqslant \frac{\overline{X} - 500}{10/3} \leqslant \frac{c}{10/3} \right) \right]$$

注意当 $\theta = 500$ 时，$\dfrac{\overline{X} - 500}{10/3} \sim N(0,1)$，于是 $P(|\overline{X} - 500| > c) = 2\left(1 - \Phi\left(\frac{c}{10/3} \right) \right)$，令 $2\left(1 - \Phi\left(\frac{c}{10/3} \right) \right) = \alpha$，得到 $\Phi\left(\frac{c}{10/3} \right) = 1 - \frac{\alpha}{2}$，于是 $\frac{c}{10/3} = Z_{\frac{\alpha}{2}}$，从而 $c = \frac{10 Z_{\alpha/2}}{3}$，所以检验的拒绝域为 $|\overline{X} - 500| > \frac{10}{3} Z_{\alpha/2}$。

如果取 $\alpha = 0.05$，则拒绝域为 $|\overline{X} - 500| > \frac{10}{3} Z_{0.025} = \frac{19.6}{3}$，现在计算样本均值，$\bar{x} = 508$，于是 $|\bar{x} - 500| = 8$，满足拒绝域的条件，所以拒绝原假设，认为当日的机器工作不正常。

3. 检验的两类错误

值得注意的是，这个决策方法可能会招致两类错误的发生。一方面，例如总体均值 μ 确实是 500 g，但由于抽取样本的随机性，抽取样本的均值可能恰巧大于 $500 + c$ 而落在拒绝域中（想象一下，它们是正态分布的尾部事件），从而做出原假设 H_0 不成立的错误决定。在假设检验中，我们把原假设 H_0 确实为真时而被拒绝的错误称为第一类错误（又称为弃真错误）。另一方面，总体均值 μ 确实不等于 500 g，但由于抽取样本的随机性，抽取

样本的均值可能恰巧落在接受域 $\overline{W}$ 上,从而做出原假设 H_0 成立的错误决定。在假设检验中,我们把原假设 H_0 确实不真时而被接受的错误称为第二类错误(又称为取伪错误)。(参考表 7.1)

表 7.1　检验的两类错误

检验结论	实际情况	
	H_0 正确	H_0 错误
接受 H_0	结论正确	第二类错误
拒绝 H_0	第一类错误	结论正确

样本的随机性决定了假设检验总是存在着犯两类错误的可能性。如果我们的检验结果是拒绝原假设,则我们就面临犯第一类错误的风险;如果我们的检验结果是接受原假设,则我们就面临犯第二类错误的风险。我们是无法彻底消除犯两类错误的可能性的,合理的方法是控制犯两类错误的概率。

犯第一类错误的概率是

$$\alpha = P(\text{拒绝 } H_0 \mid H_0 \text{ 为真}) \tag{7.1}$$

而犯第二类错误的概率是

$$\beta = P(\text{接受 } H_0 \mid H_1 \text{ 为真}) \tag{7.2}$$

注意,式(7.1)、(7.2)可以写为

$$\alpha = P_\theta\{(X_1, \cdots, X_n) \in W\} \quad \theta \in \Theta_0 \tag{7.3}$$

$$\beta = 1 - P_\theta\{(X_1, \cdots, X_n) \in W\} \quad \theta \in \Theta_1 \tag{7.4}$$

显然犯两类错误的概率都与概率 $g(\theta) = P_\theta\{(X_1, \cdots, X_n) \in W\}$ 有关,我们称

$$g(\theta) = P_\theta\{(X_1, \cdots, X_n) \in W\}$$

为检验的功效函数。

于是

$$\alpha = g(\theta) \quad \theta \in \Theta_0 \tag{7.5}$$

$$\beta = 1 - g(\theta) \quad \theta \in \Theta_1 \tag{7.6}$$

或者

$$g(\theta) = \begin{cases} \alpha & \theta \in \Theta_0 \\ 1 - \beta & \theta \in \Theta_1 \end{cases} \tag{7.7}$$

由式(7.5)和式(7.6)看到,要使检验犯两类错误的概率都小,则检验的功效函数必须在 Θ_0 上要尽量小,而在 Θ_1 上要尽量大,所以功效函数决定了检验的全部性质。我们也可

以利用功效函数解例 7.2，由于所取的拒绝域为 $|\overline{X}-500|>c$，于是检验的功效函数为

$$g(\theta)=P(|\overline{X}-500|>c)$$

进一步地，我们有

$$g(\theta)=P\left(\left|\frac{\overline{X}-500}{10/3}\right|>\frac{c}{10/3}\right)=1-P\left(\left|\frac{\overline{X}-500}{10/3}\right|\leqslant\frac{c}{10/3}\right)$$

$$=1-P\left(\left|\frac{\overline{X}-\theta+\theta-500}{10/3}\right|\leqslant\frac{c}{10/3}\right)$$

$$=1-P\left(\frac{-c+500-\theta}{10/3}\leqslant\frac{\overline{X}-\theta}{10/3}\leqslant\frac{c+500-\theta}{10/3}\right)$$

根据抽样分布基本定理有

$$\frac{\overline{X}-\theta}{10/3}\sim N(0,1)$$

则

$$g(\theta)=1-\left[\Phi\left(\frac{c+500-\theta}{10/3}\right)-\Phi\left(\frac{-c+500-\theta}{10/3}\right)\right]$$

于是犯第一类错误的概率：

$$\alpha=g(500)=1-\left[\Phi\left(\frac{c}{10/3}\right)-\Phi\left(-\frac{c}{10/3}\right)\right]=2-2\Phi\left(\frac{c}{10/3}\right) \tag{7.8}$$

而犯第二类错误的概率：

$$\beta=1-g(\theta)=\Phi\left(\frac{c+500-\theta}{10/3}\right)-\Phi\left(\frac{-c+500-\theta}{10/3}\right),\theta\neq500$$

它是 θ 的比较复杂的函数，计算比较困难。

比如当检验的拒绝域取为 $W=\{(X_1,\cdots,X_n)||\overline{X}-500|>6.533\,3\}$ 时，此时有 $c=6.533\,3$，则根据式（7.8），得到

$$\alpha=2-2\Phi(1.96)=0.05$$

而犯第二类错误的概率为 $\beta=\Phi\left(1.96+\frac{500-\theta}{10/3}\right)-\Phi\left(-1.96+\frac{500-\theta}{10/3}\right),\theta\neq500$，这是难以确定的。所以通常的做法是仅仅限制犯第一类错误的概率，费歇尔称之为检验的显著性水平。

定义 7.1　对于检验问题 $H_0:\theta\in\Theta_0\longleftrightarrow H_1:\theta\in\Theta_1$，如果存在一个 $\alpha,0\leqslant\alpha\leqslant1$，满足

$$g(\theta)\leqslant\alpha,\theta\in\Theta_0 \tag{7.9}$$

则称该检验是显著性水平为 α 的检验，简称为水平 α 的检验。

定义中的这个显著性水平并不唯一：若 α 是显著性水平而 $\alpha<\alpha'\leqslant1$，则 α' 也是显著性水平。我们有时把所有水平的下确界称为检验的真实水平。在实际应用中，当谈到一检

验的水平时，一般默认是指其真实水平。

4. 确定拒绝域

在确定显著性水平后，我们来定出检验的拒绝域。在例 7.2 中，对给定的显著性水平 α，取 $g(500)=2-2\Phi\left(\dfrac{c}{10/3}\right)=\alpha$，得到

$$c=\frac{10}{3}Z_{\alpha/2}$$

所以检验的拒绝域为

$$W=\left\{(X_1,\cdots,X_n)\,\Big|\,\left|\overline{X}-500\right|>\frac{10}{3}Z_{\alpha/2}\right\}$$

若令 $Z=\dfrac{\overline{X}-500}{10/3}$，则检验的拒绝域可以表示成为更易于使用的形式：

$$|Z|>Z_{\alpha/2}$$

对于显著性水平为 0.05 的检验拒绝域为

$$|Z|>1.96$$

5. 做出判断

确定了检验的拒绝域后，我们就可以根据样本对检验的假设做出判断。在例 7.2 中，通过简单计算可得

$$\overline{x}=508 \quad\Rightarrow\quad z=\frac{508-500}{10/3}=2.4$$

对于显著性水平为 0.05 的检验，因为 $|z|=2.4>1.96$，故拒绝原假设 H_0。

注 7.1　对于这个结果，我们应该持什么态度呢？

(1) 不能完全信任这个结果，因为它存在着犯第一种错误的可能性，即有可能把一个正确的假设拒绝掉；

(2) 这个结果是比较可信的，因为它犯错误的可能性不超过 5%。

7.1.3　检验的 p 值

实际工作者往往喜欢用检验的 p 值作为假设检验的参考。在女性评茶试验这个问题中，在"假设 H：该女士无此鉴别能力"正确的前提下，当前的这个观察结果（女士竟然正确地分辨出 10 杯奶茶中的每一杯），它的理论发生概率仅为 $\left(\dfrac{1}{2}\right)^{10}\approx0.00098$，据此我们拒绝假设 H。此时我们称检验的 p 值是 $\left(\dfrac{1}{2}\right)^{10}$。

视频：
检验的 p 值

那么例 7.2 的检验的 p 值是多少呢？计算如下：

注意 $\overline{x}=508\Leftrightarrow z=2.4$，而在原假设 H_0 正确时，$Z\sim N(0,1)$，所以检验的 p 值为

$$P(|Z|\geqslant2.4)=1-P(|Z|\leqslant2.4)=2-2\Phi(2.4)=0.0164$$

据此拒绝原假设 H_0。

分析 （1）在例 7.2 中,我们在显著性水平 0.05 条件下,根据所给样本 $\bar{x}=508$ 拒绝原假设 H_0,现在根据检验的 p 值等于 0.016 4 来拒绝原假设 H_0,这之间有没有什么区别呢？事实上,显著性水平 0.05 的拒绝域是 $\bar{x} \geqslant 506.533\ 3$ 和 $\bar{x} \leqslant 493.466\ 7$ 两部分,所以对于满足 $\bar{x}=506.6$ 的样本,我们也能够做出拒绝原假设 H_0 的判断,而我们的心里感觉根据 $\bar{x}=506.6$ 来拒绝原假设 H_0 要比根据 $\bar{x}=508$ 来拒绝原假设 H_0 显得勉强些。这个问题站在 p 值的立场上容易看清楚: $\bar{x}=506.6$ 对应的检验的 p 值是

$$P\left(|Z| \geqslant \frac{506.6-500}{10/3}\right) = 1 - P(|Z| \leqslant 1.98) = 2 - 2\Phi(1.98) = 0.047\ 8$$

它远远大于 $\bar{x}=508$ 对应的检验的 p 值 0.016 4,所以检验的 p 值能够给使用者提供拒绝原假设 H_0 的强烈程度的度量, p 值越小,拒绝原假设 H_0 的程度越强烈。

（2）检验的拒绝域随着显著性水平减少而缩小,当显著性水平从 0.05 减少到 0.016 4 时,检验的拒绝域从 $|z| > 1.96$ 缩小到 $|z| \geqslant 2.4$,在此情形下,由 $\bar{x}=508$ 可以拒绝原假设 H_0,当显著性水平从 0.0164 继续减少时,则检验的拒绝域的临界值就大于 2.4,由 $\bar{x}=508$ 就不能拒绝原假设 H_0 了。所以检验的 p 值表示了利用样本值能够拒绝原假设的最小显著性水平。

结论 检验的 p 值是一个概率值,直观上, p 值就是所获得样本比当前样本更为极端的概率；理论上, p 值定义为利用样本值能够做出拒绝原假设判断的最小显著性水平。利用 p 值也能够做假设检验,步骤如下：

（1）建立原假设和备择假设；

（2）确定检验统计量并利用当前样本计算检验的 p 值；

（3）若 p 值 $\leqslant \alpha$,则拒绝原假设 H_0；若 p 值 $> \alpha$,则接受原假设 H_0。

小　结

● 若一个假设检验的拒绝域为 W,则检验的判决准则为

如果样本 $(x_1, \cdots, x_n) \in W$,则拒绝原假设 H_0；

如果样本 $(x_1, \cdots, x_n) \notin W$,则接受原假设 H_0。

● $g(\theta) = P_\theta\{(X_1, \cdots, X_n) \in W\}$ 称为检验的功效函数。

● 显著性水平为 α 表示检验犯第一类错误的概率不超过 α。

练习题 7.1

1. 在假设检验问题中,若检验结果是接受 H_0,可能犯什么错误？若检验结果是接受 H_1,可能犯什么错误？

2. 设 $X_1, X_2, \cdots, X_n$ 为取自正态总体 $N(\mu, 1)$ 的样本,考虑如下假设检验问题

$$H_0: \mu = 0 \leftrightarrow H_1: \mu \neq 0$$

若取检验拒绝域为 $W = \{|\overline{X}| \geqslant d\}$,写出检验的功效函数。

3. 设 $X_1, X_2, \cdots, X_n$ 为取自正态总体 $N(\mu, 1)$ 的样本,考虑如下假设检验问题

$$H_0 : \mu \leqslant 1 \leftrightarrow H_1 : \mu > 1$$

若取检验拒绝域为 $W = \{\overline{X} \geqslant d\}$,

(1) 写出检验的功效函数 $g(\mu)$;

(2) 求满足 $g(1) = 0.05$ 的 d 的值;

(3) 记 d^* 为(2)确定的 d 的值,证明: $W = \{\overline{X} \geqslant d^*\}$ 是显著性水平为 0.05 的检验拒绝域。

4. 设 $X_1, X_2, \cdots, X_{n_1}$ 为取自正态总体 $N(\mu_1, 1.21)$ 的样本,$Y_1, Y_2, \cdots, Y_{n_2}$ 为取自正态总体 $N(\mu_2, 2)$ 的样本,两个总体相互独立,考虑如下假设检验问题

$$H_0 : \mu_1 = \mu_2 \leftrightarrow H_1 : \mu_1 \neq \mu_2$$

若取检验拒绝域为 $W = \{|\overline{X} - \overline{Y}| \geqslant d\}$,写出检验的功效函数。

§7.2 正态总体参数的假设检验

假设总体 $X \sim N(\mu, \sigma^2)$,$X_1, \cdots, X_n$ 为来自总体的样本,本节讨论关于 μ 和 σ^2 的各种假设检验,对应地称之为均值检验和方差检验。

7.2.1 正态总体的均值检验

实践中关于均值的假设通常为下面三类:

视频:正态总体的
均值检验

$$H_0 : \mu = \mu_0 \leftrightarrow H_1 : \mu \neq \mu_0 \qquad (7.10)$$

$$H_0 : \mu \leqslant \mu_0 \leftrightarrow H_1 : \mu > \mu_0 \qquad (7.11)$$

$$H_0 : \mu \geqslant \mu_0 \leftrightarrow H_1 : \mu < \mu_0 \qquad (7.12)$$

关于正态总体的均值检验主要有两种方法:Z 检验法和 t 检验法,分别适用于方差已知和方差未知的情形。

1. Z 检验法

定理 7.1 设总体 $X \sim N(\mu, \sigma^2)$,μ 未知而 σ^2 已知,令 $Z = \dfrac{\overline{X} - \mu_0}{\sigma/\sqrt{n}}$,则

(1) 假设(7.10)的显著性水平为 α 的检验拒绝域是 $|z| \geqslant z_{\alpha/2}$;

(2) 假设(7.11)的显著性水平为 α 的检验拒绝域是 $z \geqslant z_\alpha$;

(3) 假设(7.12)的显著性水平为 α 的检验拒绝域是 $z \leqslant -z_\alpha$。

$Z = \dfrac{\overline{X} - \mu_0}{\sigma/\sqrt{n}}$ 称为 Z 检验法的检验统计量。

证 代表性地,我们仅证明(2)。

因为样本均值 $\overline{X}$ 是总体均值 μ 的无偏估计,所以"$\overline{X}$ 过分地大于数值 μ_0"这一描述支

持了"原假设 $H_0:\mu\leqslant\mu_0$ 不正确"的判断,故取拒绝域的形式为 $\overline{X}-\mu_0\geqslant c$,其功效函数为

$$g(\mu)=P(\overline{X}-\mu_0\geqslant c)=P\left(\frac{\overline{X}-\mu}{\sigma/\sqrt{n}}\geqslant\frac{c+\mu_0-\mu}{\sigma/\sqrt{n}}\right)$$

$$=1-\Phi\left(\frac{c+\mu_0-\mu}{\sigma/\sqrt{n}}\right)$$

它是 μ 的单调增加函数。显著性水平为 α 要求功效函数满足

$$g(\mu)\leqslant\alpha,\quad\mu\leqslant\mu_0$$

注意到 $g(\mu)$ 的单调增加性质,所以上式成立的充要条件是

$$g(\mu_0)=\alpha$$

根据 $g(\mu)$ 的表达式得到 $g(\mu_0)=1-\Phi\left(\dfrac{c}{\sigma/\sqrt{n}}\right)$,于是

$$g(\mu_0)=\alpha\ \Rightarrow\ \Phi\left(\frac{c}{\sigma/\sqrt{n}}\right)=1-\alpha\ \Rightarrow\ \frac{c}{\sigma/\sqrt{n}}=z_\alpha\ \Rightarrow\ c=\frac{\sigma}{\sqrt{n}}z_\alpha$$

从而得检验拒绝域是 $z\geqslant z_\alpha$,证毕。

2. t 检验法

定理 7.2 设总体 $X\sim N(\mu,\sigma^2)$,μ 和 σ^2 都未知,令 $T=\dfrac{\overline{X}-\mu_0}{s/\sqrt{n}}$,则

(1) 假设(7.10)的显著性水平为 α 的检验拒绝域是 $|t|\geqslant t_{\alpha/2}(n-1)$;

(2) 假设(7.11)的显著性水平为 α 的检验拒绝域是 $t\geqslant t_\alpha(n-1)$;

(3) 假设(7.12)的显著性水平为 α 的检验拒绝域是 $t\leqslant-t_\alpha(n-1)$。

$T=\dfrac{\overline{X}-\mu_0}{S/\sqrt{n}}$ 称为 t 检验法的检验统计量。

例 7.3 某工厂生产的合金的强度服从正态分布,其中平均强度 μ 的设计值不低于 110 Pa。为保证质量,该厂每天都要对生产情况做例行检查,以判断生产是否正常进行。某天从生产的产品中随机抽取 25 块合金,测量其强度值为 $x_1,\cdots,x_{25}$,计算得样本的均值和标准差分别为 $\overline{x}=108.2$,$s=0.44$,问当日生产是否正常?(取显著性水平 $\alpha=0.025$)

解 (1) 建立假设:

$$H_0:\mu\geqslant 110\longleftrightarrow H_1:\mu<110$$

(2) 确定检验统计量,给出拒绝域形式:

这是正态总体在未知方差的情形下的均值检验,选择 t 检验法。检验统计量为 $T=\dfrac{\overline{X}-110}{S/\sqrt{n}}$,拒绝域是 $t\leqslant-t_\alpha(n-1)$。

(3) 确定拒绝域:

由 $n=25$,$\alpha=0.025$,通过查表得 $t_{0.025}(24)=2.0639$,于是拒绝域为

$$t \leqslant -2.063\ 9$$

（4）做出判断：

检验统计量的样本值 $t = \dfrac{108.2 - 110}{0.44/\sqrt{25}} \approx -20.5$，因为 $-20.5 < -2.063\ 9$，故拒绝原假设。即在显著性水平 0.025 情况下，认为当天的生产不正常。

我们也可以根据检验的 p 值做假设检验：令 $T(24)$ 表示服从自由度为 24 的 t 分布的随机变量，则检验的 p 值为

$$p = P(T(24) \leqslant -20.5) = 5.109\ 7 \times 10^{-17} \ll 0.025$$

所以拒绝原假设。

注 7.2 均值检验的选择问题

在未知总体方差的情形下，Z 检验法失效而只能使用 t 检验法。在已知总体方差的情形下，两个检验法都能使用，但是理论上我们一般推荐使用 Z 检验法，这是为什么呢？

我们先回到估计量的评价那里，根据样本 X_1, X_2, X_3 来估计总体均值 μ，显然样本均值 $\overline{X} = \dfrac{X_1 + X_2 + X_3}{3}$ 和线性估计量 $T = \dfrac{X_1}{2} + \dfrac{X_2}{3} + \dfrac{X_3}{6}$ 都是无偏估计量。若仅按照无偏性标准来评价，则两个估计量一样好，因此我们需要有效性，根据 $\mathrm{Var}(\overline{X}) = \dfrac{\sigma^2}{3} < \dfrac{7\sigma^2}{18} = \mathrm{Var}(T)$，就鉴别出 $\overline{X}$ 的估计效率好于 T。

类似地，如果仅从犯第一类错误的概率大小来看，两个检验法一样好，进一步的区别在于它们犯第二类错误的概率，为此引入检验的功效概念，式(7.4)告诉我们，功效函数在 Θ_1 的值越大，则犯第二类错误的概率就越小，所以检验的功效定义为

$$g(\mu), \quad \mu \in \Theta_1 \tag{7.13}$$

我们指出，在已知总体方差的情形下，Z 检验法的功效大于 t 检验法的功效。事实上，在已知总体方差的正态均值检验问题中，全体显著性水平为 α 的检验，以 Z 检验法的功效最大，称之为一致最优势检验（UMP）

例 7.4 假设元件的寿命 $X \sim N(\mu, 100^2)$，现在测量得到 16 只元件的寿命（单位：小时）：

170 485 260 149 250 168 362 222 159 280 101 212 224 379 179 264

问能否认为元件的平均寿命大于 225 小时？

解 （1）建立假设：

$$H_0 : \mu \leqslant 225 \longleftrightarrow H_1 : \mu > 225$$

（2）确定检验统计量和拒绝域形式：

这是正态总体在已知方差的情形下的均值检验，选择 Z 检验法，检验统计量为 $Z = \dfrac{\overline{X} - 225}{100/\sqrt{16}}$，拒绝域为 $z > z_\alpha$。

（3）确定拒绝域：

由 $\alpha=0.05$,,通过查表得 $z_{0.05}=1.645$,于是拒绝域为

$$z>1.645$$

（4）做出判断：

检验统计量的样本值 $z=\dfrac{241.5-225}{100/\sqrt{16}}=0.66$,因为 $0.66<1.645$,故不能拒绝原假设,即在显著性水平 0.05 下,认为元件的平均寿命不大于 225 小时。

我们也可以利用 t 检验法解之：由于 $t(15)=1.7531$,所以 t 检验的拒绝域 $t>1.7531$,根据样本计算出 $\bar{x}=241.5$,$s=98.7259$,检验统计量的样本值为

$$t=\frac{241.5-225}{98.7259/\sqrt{16}}=0.6685$$

因为 $0.6685<1.7531$,故不能拒绝原假设,即在显著性水平 0.05 下,认为元件的平均寿命不大于 225 小时。

比较：因为是接受原接受,故面临犯第二类错误的风险,下面我们来比较两种检验法犯第二类错误的概率。记 Z 检验犯第二类错误的概率为 β_Z,t 检验犯第二类错误的概率为 β_t,则有

$$\beta_Z(\mu)=\Phi\left(\frac{266.125-\mu}{25}\right),\quad \mu>225$$

$$\beta_t(\mu)=F\left(\frac{268.269-\mu}{24.68}\right),\quad \mu>225$$

其中 $F(\cdot)$ 表示服从自由度为 15 的 t 分布的分布函数。为比较更直观,我们可以计算一些 μ 值处的第二类错误的概率,列于表 7.2。明显地,t 检验犯第二类错误的概率总是大于 Z 检验犯第二类错误的概率。

表 7.2　Z 检验与 t 检验的 β 值比较

μ	230	240	250	260	270	280	290
$\beta_Z(\mu)$	0.9257	0.8520	0.7405	0.5968	0.4384	0.2894	0.1698
$\beta_t(\mu)$	0.9291	0.8658	0.7647	0.6289	0.4725	0.3207	0.1962

7.2.2　正态总体的方差检验

正态总体的方差检验常用 χ^2 检验,其相应结论表述如下。

定理 7.3　设总体 $X\sim N(\mu,\sigma^2)$,μ 和 σ^2 都未知,令 $\chi^2=\dfrac{(n-1)s^2}{\sigma_0^2}$,则

（1）假设 $H_0:\sigma^2=\sigma_0^2 \longleftrightarrow H_1:\sigma^2\neq\sigma_0^2$ 的显著性水平为 α 的检验拒绝域是 $\chi^2\geqslant\chi_{\alpha/2}^2(n-1)$ 和 $\chi^2\leqslant\chi_{1-\alpha/2}^2(n-1)$;

（2）假设 $H_0:\sigma^2\leqslant\sigma_0^2 \longleftrightarrow H_1:\sigma^2>\sigma_0^2$ 的显著性水平为 α 的检验拒绝域是 $\chi^2\geqslant\chi_{\alpha}^2(n-1)$;

（3）假设 $H_0:\sigma^2\geqslant\sigma_0^2\leftrightarrow H_1:\sigma^2<\sigma_0^2$ 的显著性水平为 α 的检验拒绝域是 $\chi^2\leqslant\chi_{1-\alpha}^2(n-1)$。

$\chi^2=\dfrac{(n-1)S^2}{\sigma_0^2}$ 称为 χ^2 检验的检验统计量。

证 代表性地，我们只证明（2）。因为 S^2 是总体方差的无偏估计量，所以取拒绝域为 $\dfrac{S^2}{\sigma_0^2}\geqslant c$，计算其功效函数：

$$g(\sigma^2)=P\left\{\frac{S^2}{\sigma_0^2}\geqslant c\right\}=P\left\{\frac{(n-1)S^2}{\sigma^2}\geqslant\frac{(n-1)\sigma_0^2}{\sigma^2}c\right\}=1-F\left(\frac{(n-1)\sigma_0^2}{\sigma^2}c\right)$$

此处的 $F(x)$ 是 $\chi^2(n-1)$ 的分布函数，不难看出，功效函数是 σ^2 的单调增加函数，故在 H_0 上的最大值是 $g(\sigma_0^2)$，所以只要 $g(\sigma_0^2)=\alpha$，就保证了显著性水平为 α，现在

$$g(\sigma_0^2)=1-F((n-1)c)$$

所以

$$g(\sigma_0^2)=\alpha\Rightarrow F((n-1)c)=1-\alpha\Rightarrow(n-1)c=\chi_\alpha^2(n-1)\Rightarrow c=\frac{\chi_\alpha^2(n-1)}{n-1}$$

从而得拒绝域 $\dfrac{(n-1)s^2}{\sigma_0^2}\geqslant\chi_\alpha^2(n-1)$。

例 7.5 方差可以作为度量一个生产工艺的精度指标，方差越小，产品的一致性就越好，生产工艺的精度就越高。某汽车配件厂加工活塞的额定标准是直径 65 mm，其当前使用的标准工艺所加工的活塞的直径服从正态分布 $N(65,3^2)$。为了提高生产精度，该工厂技术人员提出了一种新工艺，为了验证新工艺的效果，技术人员用新工艺加工了 25 个活塞，计算出 25 个活塞直径的平均值为 65.06 mm，样本标准差为 2.57 mm，问：

（1）新工艺加工的活塞直径是否符合额定标准？

（2）新工艺的精度是否比标准工艺的精度高？（取显著性水平 $\alpha=0.05$）

解 我们首先解决第一个问题。

（1）建立假设：

$$H_0:\mu=65\leftrightarrow H_1:\mu\neq65$$

（2）确定拒绝域：

这是正态总体在未知方差的情形下的均值检验，选择 t 检验法。由 $n=25,\alpha=0.05$，通过查表得 $t_{0.025}(24)=2.0639$，于是拒绝域为

$$|t|\geqslant2.0639$$

（3）做出判断：

检验统计量的样本值 $|t|=\dfrac{65.06-65}{2.57/\sqrt{25}}=0.1167$，由 $0.1167<2.0639$，故接受原假设。即在显著性水平 0.05 情况下，认为新工艺加工的活塞直径符合额定标准。

然后解决第二个问题。

（1）建立假设：

$$H_{01}:\sigma^2 \geqslant 3^2 \longleftrightarrow H_{11}:\sigma^2 < 3^2$$

（想一想：能不能设为 $H_{01}:\sigma^2 \leqslant 3^2 \longleftrightarrow H_{11}:\sigma^2 > 3^2$？）

（2）确定拒绝域：

选择 χ^2 检验法，查表得 $\chi^2_{1-0.05}(24) = 13.848$，于是拒绝域为

$$\chi^2 \leqslant 13.848$$

（3）做出判断：

检验统计量的样本值 $\chi^2 = \dfrac{24 \times 2.57^2}{3^2} = 17.6$，因为 $17.6 > 13.848$，故接受原假设，即在显著性水平 0.05 情况下，认为新工艺的精度并不比标准工艺的精度显著的高。

注 7.3　（1）尽管新工艺加工的活塞直径的样本标准差 2.57 mm 小于标准工艺的总体标准差 3 mm，但是这样的差别还不足以说明新工艺加工的活塞直径的总体标准差小于 3 mm。所以检验的结果是新工艺的精度并不比标准工艺的精度显著的高。事实上，检验的 p 值为

$$p = P(\chi^2(24) \leqslant 17.6) \approx 0.18$$

显然这个概率不是小概率。

（2）在假设检验的实际应用中，一般把不能轻易否定的命题作为原假设，或者等价地，把不能轻易接受的命题作为备择假设。这样就保证了错误地拒绝一个不能轻易否定的命题的概率不超过显著性水平 α，或者等价地，保证了错误地接受一个不能轻易接受的命题的概率不超过显著性水平 α。本例中的"新工艺的精度比标准工艺的精度高"，是一个不能轻易接受的命题，把它放在备择假设位置的好处是，一旦我们接受"新工艺的精度比标准工艺的精度高"（拒绝 H_{01}），则这个决策是比较令人信服的，因为它犯错误的概率不超过 0.05。

小　结

● 关于正态分布总体的均值检验有 Z 检验法和 t 检验法。

● 关于正态分布总体的方差检验是 χ^2 检验法。

练习题 7.2

1. 某汽车配件厂生产的某种型号的活塞的直径服从正态分布，其额定标准是 65 mm，标准差是 0.04 mm，为了检查生产是否正常，现从当日生产的活塞中随机抽查了 25 只活塞的直径，其样本均值为 65.02 mm，假设标准差保持不变，问当日的生产是否正常（取 $\alpha = 0.05$）？

2. 有一批子弹，出厂时子弹的初速率（单位：m/s）服从正态分布 $N(950,100)$，由于储存了较长时间，所以怀疑初速率会降低，现在从中取出 9 发测试，得初速率为

$$920 \quad 910 \quad 953 \quad 914 \quad 920 \quad 912 \quad 940 \quad 924 \quad 920$$

假设储存后的子弹的初速率仍然服从正态分布,并且标准差保持不变,试在显著性水平 $\alpha = 0.05$ 下检验储存后的子弹的初速率是否有显著降低。

3. H 市有 16 个 $PM_{2.5}$ 浓度(单位:ug/m³)的监测点,根据某日 16 个监测点的监测数据,计算得到样本均值 33.3 ug/m³,样本标准差等于 2.78 ug/m³。根据世界卫生组织标准,如果 24 小时 $PM_{2.5}$ 浓度的平均值低于 35 ug/m³,则空气质量为优。假设 H 市的 $PM_{2.5}$ 浓度的分布服从正态分布,根据这批监测数据,能否认为 H 市当日的空气质量为优(取 $\alpha = 0.05$)?

4. 以相同的仰角发射了 4 颗同型号的炮弹,射程(单位:km)分别是

$$51.05 \quad 52.31 \quad 51.84 \quad 51.43$$

假设射程服从正态分布,能否认为这批炮弹的平均射程低于 52 km(取 $\alpha = 0.025$)?

5. 从一批矿砂中随机抽取 5 个样品,测量其铜含量(%)如下

$$15.25 \quad 15.27 \quad 15.24 \quad 15.26 \quad 15.24$$

假设矿砂的铜含量服从正态分布,问这批矿砂的铜含量的均值能否认为是 15.25(取 $\alpha = 0.05$)?

6. 某厂生产的 7 号电池,其寿命(单位:小时)长期以来服从 $\sigma^2 = 2\,500$ 的正态分布,现在有一批这种电池,从它的生产情况看,寿命的波动性(即标准差)有所改变,从中随机抽取 30 只电池,测出其寿命的样本方差 $S^2 = 3\,900$,问根据这个数据能否推断这批电池的寿命的波动性较以往有显著的改变(取 $\alpha = 0.05$)?

§7.3 两正态总体参数的假设检验

设 $X_1, \cdots, X_m$ 是来自正态总体 $X \sim N(\mu_1, \sigma_1^2)$ 的样本,$Y_1, \cdots, Y_n$ 是来自正态总体 $Y \sim N(\mu_2, \sigma_2^2)$ 的样本,两个总体相互独立,实际应用中,需要对于它们的均值大小进行比较,具体表现为下列三种假设:

$$H_0: \mu_1 - \mu_2 = 0 \longleftrightarrow H_1: \mu_1 - \mu_2 \neq 0 \tag{7.14}$$

$$H_0: \mu_1 - \mu_2 \leq 0 \longleftrightarrow H_1: \mu_1 - \mu_2 > 0 \tag{7.15}$$

$$H_0: \mu_1 - \mu_2 \geq 0 \longleftrightarrow H_1: \mu_1 - \mu_2 < 0 \tag{7.16}$$

它们称为均值差检验。同样地,也常常需要对它们的方差大小进行比较检验,称为方差比检验:

$$H_0: \sigma_1^2 = \sigma_2^2 \longleftrightarrow H_1: \sigma_1^2 \neq \sigma_2^2 \tag{7.17}$$

$$H_0: \sigma_1^2 \leq \sigma_2^2 \longleftrightarrow H_1: \sigma_1^2 > \sigma_2^2 \tag{7.18}$$

$$H_0:\sigma_1^2\geqslant\sigma_2^2 \leftrightarrow H_1:\sigma_1^2<\sigma_2^2 \tag{7.19}$$

下面我们来分别讨论。

 ### 7.3.1 两个正态总体的均值差检验

视频:两个
正态总体的
均值检验

关于正态总体的均值差检验主要有两种方法:Z 检验和 t 检验,分别适用于方差已知和方差未知的情形。

1. Z 检验法

定理 7.4 设 $X_1,\cdots,X_m$ 是来自正态总体 $X\sim N(\mu_1,\sigma_1^2)$ 的样本,$Y_1,\cdots,Y_n$ 是来自正态总体 $Y\sim N(\mu_2,\sigma_2^2)$ 的样本,两总体相互独立,μ_1,μ_2 未知而 σ_1^2,σ_2^2 已知,令

$$Z=\frac{\overline{X}-\overline{Y}}{\sqrt{\dfrac{\sigma_1^2}{m}+\dfrac{\sigma_2^2}{n}}} \tag{7.20}$$

则

(1) 假设(7.14)的显著性水平为 α 的检验拒绝域是 $|Z|>Z_{\alpha/2}$;

(2) 假设(7.15)的显著性水平为 α 的检验拒绝域是 $Z>Z_\alpha$;

(3) 假设(7.16)的显著性水平为 α 的检验拒绝域是 $Z<-Z_\alpha$。

证 我们仅证明(2)。

因为样本均值差 $\overline{X}-\overline{Y}$ 是总体均值差 $\mu_1-\mu_2$ 的无偏估计,不难看出拒绝域的形式应该取为

$$\frac{\overline{X}-\overline{Y}}{\sqrt{\dfrac{\sigma_1^2}{m}+\dfrac{\sigma_2^2}{n}}}>c$$

其功效函数为

$$g(\mu_1,\mu_2)=P\left(\frac{\overline{X}-\overline{Y}}{\sqrt{\dfrac{\sigma_1^2}{m}+\dfrac{\sigma_2^2}{n}}}>c\right)=P\left(\frac{\overline{X}-\overline{Y}-(\mu_1-\mu_2)}{\sqrt{\dfrac{\sigma_1^2}{m}+\dfrac{\sigma_2^2}{n}}}>c-\frac{\mu_1-\mu_2}{\sqrt{\dfrac{\sigma_1^2}{m}+\dfrac{\sigma_2^2}{n}}}\right)$$

$$=1-\Phi\left(c-\frac{\mu_1-\mu_2}{\sqrt{\dfrac{\sigma_1^2}{m}+\dfrac{\sigma_2^2}{n}}}\right)$$

它是 $\mu_1-\mu_2$ 的单调增加函数。显著性水平为 α 要求功效函数满足

$$g(\mu_1,\mu_2)\leqslant\alpha,\quad \mu_1-\mu_2\leqslant0$$

注意到功效函数的单调增加性质(关于 $\mu_1-\mu_2$),所以上式成立的充要条件是

$$1-\Phi(c)=\alpha \iff c=z_\alpha$$

这就证明了(2)。

2. t 检验法

定理 7.5 设 $X_1,\cdots,X_m$ 是来自正态总体 $X\sim N(\mu_1,\sigma_1^2)$ 的样本,样本均值和样本方

差分别记为 $\overline{X}, S_1^2; Y_1, \cdots, Y_n$ 是来自正态总体 $Y \sim N(\mu_2, \sigma_2^2)$ 的样本,样本均值和样本方差分别记为 $\overline{Y}, S_2^2$。两个总体相互独立且同方差(即 $\sigma_1^2 = \sigma_2^2$),令

$$T = \frac{\overline{X} - \overline{Y}}{S_W \sqrt{\dfrac{1}{m} + \dfrac{1}{n}}} \tag{7.21}$$

则

(1) 假设(7.14)的显著性水平为 α 的检验拒绝域是 $|T| > T_{\alpha/2}(m+n-2)$;

(2) 假设(7.15)的显著性水平为 α 的检验拒绝域是 $T > T_{\alpha}(m+n-2)$;

(3) 假设(7.16)的显著性水平为 α 的检验拒绝域是 $T < -T_{\alpha}(m+n-2)$。

注 7.4　关于两个正态总体的均值差的 t 检验的使用有一个前提要求:$\sigma_1^2 = \sigma_2^2$,而 σ_1^2,σ_2^2 是未知的,所以在实际问题中,均值差的 t 检验的使用往往需要先进行方差齐性检验。这需要我们来学习方差比检验。

 7.3.2　两个正态总体的方差比检验

定理 7.6　(F 检验法)设 $X_1, \cdots, X_m$ 是来自正态总体 $X \sim N(\mu_1, \sigma_1^2)$ 的样本,样本方差 S_1^2,$Y_1, \cdots, Y_n$ 是来自正态总体 $Y \sim N(\mu_2, \sigma_2^2)$ 的样本,样本方差为 S_2^2,两个总体相互独立,令

视频:两个正态总体的方差比检验

$$F = \frac{S_1^2}{S_2^2} \tag{7.22}$$

则

(1) 假设(7.17)的显著性水平为 α 的检验拒绝域是 $F > F_{\alpha/2}(m-1, n-1)$ 和 $F < F_{1-\alpha/2}(m-1, n-1)$;

(2) 假设(7.18)的显著性水平为 α 的检验拒绝域是 $F > F_{\alpha}(m-1, n-1)$;

(3) 假设(7.19)的显著性水平为 α 的检验拒绝域是 $F < F_{1-\alpha}(m-1, n-1)$。

证　我们仅证明(2)。

假设(7.18)等价于 $\sigma_1^2/\sigma_2^2 \leqslant 1$,所以取拒绝域为 $\dfrac{S_1^2}{S_2^2} > c$,计算其功效函数:

$$g(\sigma_1^2, \sigma_2^2) = P\left\{\frac{S_1^2}{S_2^2} > c\right\} = P\left\{\frac{S_1^2/\sigma_1^2}{S_2^2/\sigma_2^2} > \frac{1}{\sigma_1^2/\sigma_2^2} c\right\} = 1 - F\left(\frac{c}{\sigma_1^2/\sigma_2^2}\right)$$

此处的 $F(x)$ 是 $F(m-1, n-1)$ 的分布函数,不难看出,功效函数是 $\dfrac{\sigma_1^2}{\sigma_2^2}$ 的单调增加函数,故在 H_0 上的最大值是 $1 - F(c)$,所以只要 $1 - F(c) = \alpha$,就保证了显著性水平为 α,而 $1 - F(c) = \alpha \Rightarrow c = F_{\alpha}(m-1, n-1)$,于是拒绝域为

$$\frac{S_1^2}{S_2^2} > F_{\alpha}(m-1, n-1)$$

这就证明了(2)。

例 7.6　在平炉上进行一项试验以确定改变操作方法的建议是否会增加钢的得率,试验是在同一只平炉上进行的,每炼一炉钢时除操作方法外,其他条件都尽可能做到相同。先用标准方法炼一炉,然后用建议的新方法炼一炉,以后交替进行,各炼了 10 炉,其得率如表 7.3 所示。

表 7.3　炼钢的得率　　　　　　　　　　　　　　　　　　　　　　　%

| 标准法 | 78.1 | 72.4 | 76.2 | 74.3 | 77.4 | 78.4 | 76.0 | 75.5 | 76.7 | 77.3 |
| 新方法 | 79.1 | 81.0 | 77.3 | 79.1 | 80.0 | 79.1 | 79.1 | 77.3 | 80.2 | 82.1 |

计算得样本均值分别为 76.23% 和 79.43%。

样本均值的大小比较使得我们初步认为新方法能够提高钢的得率,但是必须通过假设检验才能令人信服。根据经验,假设这两个样本相互独立,并且分别来自正态总体 $N(\mu_1,\sigma_1^2)$,$N(\mu_2,\sigma_2^2)$ 是合理的,试在显著性水平为 0.05 的要求下,检验建议的新方法能否提高钢的得率。

分析　这是未知总体方差情形下的均值差检验:

$$H_0:\mu_1-\mu_2\geqslant 0 \longleftrightarrow H_1:\mu_1-\mu_2<0$$

使用 t 检验,为此,需要先做方差齐性检验。

解　第一步,应用 F 检验法做方差齐性检验:

$$H_0:\sigma_1^2=\sigma_2^2 \longleftrightarrow H_1:\sigma_1^2\neq\sigma_2^2$$

由于 $F_{0.025}(9,9)=4.03$,$F_{0.975}(9,9)=1/4.03=0.248$,所以检验的拒绝域为

$$\frac{S_1^2}{S_2^2}>4.03 \text{ 和 } \frac{S_1^2}{S_2^2}<0.248$$

根据条件中的两组数据,计算出它们的样本方差为 $s_1^2=3.325$,$s_2^2=2.225$,F 比值为 1.49,因为 $0.248<1.49<4.03$,所以接受原假设,即认为两个总体是同方差的,可以使用 t 检验。

第二步,应用 t 检验法做均值差检验:

$$H_0:\mu_1-\mu_2\geqslant 0 \longleftrightarrow H_1:\mu_1-\mu_2<0$$

由于 $t_{0.05}(18)=1.7341$,所以检验的拒绝域为

$$t<-1.7341$$

样本观察值对应的检验统计量之值为

$$t=\frac{76.23-79.43}{\sqrt{\dfrac{9\times 3.325+9\times 2.225}{18}}\sqrt{\dfrac{1}{10}+\dfrac{1}{10}}}=-4.295$$

因为 $-4.295<-1.7341$,故拒绝原假设,接受备择假设,即认为新方法提高了钢的得率。

本例 MATLAB 代码如下。

```
clear;
x=[78.1  72.4  76.2  74.3  77.4  78.4  76.0  75.5  76.7  77.3];
y=[79.1  81.0  77.3  79.1  80.0  79.1  79.1  77.3  80.2  82.1];
n_x=length(x); mu_x = mean(x); sig_x = std(x);
n_y=length(y); mu_y = mean(y); sig_y = std(y);
% 方差齐性检验
alpha = 0.05;
f0    = sig_x^2/sig_y^2;
f1    = finv(1−alpha/2,n_x−1,n_y−1);
f2    = finv(alpha/2,n_x−1,n_y−1);
fprintf('\n 方差齐性检验接受域为"%1.2f<f0<%1.2f",',f2,f1)
fprintf(' 而 f0=%1.2f,因此满足方差齐性\n',f0)
% t 检验
t     = tinv(1−alpha,n_x+n_y−2);
sig_w= sqrt(((n_x−1)*sig_x^2+(n_y−1)*sig_y^2)/(n_x+n_y−2));
t0    = (mu_x−mu_y)/sig_w/sqrt(1/n_x+1/n_y);
fprintf(' 检验拒绝域为"t < %1.4f",',−t)
fprintf(' 而检验统计量的观测值为"t0 = %1.4f"\n',t0)
fprintf(' 因此,拒绝原假设,即认为新方法提高了钢的得率\n\n')
```

注 7.5　本题可以直接使用 vartest2 与 ttest2 命令求解,有兴趣的同学可以查阅读 MATLAB 相关帮助。

讨论　有人说,因为 $\bar{y}=79.43>76.23=\bar{x}$,而样本均值是总体均值的无偏估计,所以我认为 $\mu_2>\mu_1$。请问他的这种判断和假设检验的推断之间有什么不同呢?

概率统计的理论学到此处,诸位一定要清楚,任何一个统计推断的结果都要小心对待,因为试验具有随机性成分的特点,导致了任何一个统计推断都有犯错误的可能。上述疑问不无道理,但是这个判断犯错误的可能性有多大呢,5%还是 70%? 不知道;而假设检验的推断结果犯错误的可能性有多大呢? 不超过 5%,这样使用者心中就有数了。

小　结

- 关于两个正态总体的均值差检验有两样本 Z 检验法和两样本 t 检验法。
- 关于两个正态总体的方差比检验是 F 检验法。

练习题 7.3

1. 从某锌矿的 A、B 两支矿脉中,各抽取样本容量分别为 9 和 8 的样本进行测试,得样本含锌平均值和样本方差如下：

$$A \text{ 支}: \bar{x}_1 = 0.230, s_1^2 = 0.133\ 7; \quad \text{假设 A、B 两支矿脉的}$$
$$B \text{ 支}: \bar{x}_2 = 0.269, s_1^2 = 0.173\ 6 \text{。}$$

含锌量都服从正态分布，并且方差相等，问 A、B 两支矿脉的含锌量有无显著差异（$\alpha = 0.05$）？

2. 某工厂使用两种不同的原料 A、B 生产同一类型产品，各在一周的产品中取样进行分析比较。取使用原料 A 生产的样品 16 件，测得平均重量是 2.46 kg，样本标准差是 0.57 kg；取使用原料 B 生产的样品 10 件，测得平均重量是 2.15 kg，样本标准差是 0.48 kg。假设这两个样本相互独立，分别来自正态总体 $N(\mu_A, \sigma_A^2)$ 和 $N(\mu_B, \sigma_B^2)$。

(1) 在显著性水平为 0.05 下检验 $H_0: \sigma_A^2 = \sigma_B^2 \leftrightarrow H_1: \sigma_A^2 \neq \sigma_B^2$；

(2) 能否认为使用原料 A 生产的产品的平均重量与使用原料 B 生产的产品的平均重量有显著差异（取 $\alpha = 0.05$）？

3. 甲、乙两台机床加工某种零件，零件的直径服从正态分布，总体方差反映了加工的精度，为了比较两台机床的加工精度有无差别，从各自加工的零件中分别抽取 25 件产品，测量其直径，经计算，样本方差分别为 0.473 和 0.216，试在显著性水平 0.05 下检验乙机床的加工精度是否高于甲机床。

§7.4　非正态总体参数的假设检验

请注意，前面所讨论的假设检验，总是假定所涉及的总体是服从正态分布的，尽管这是实践中最常见的情形，但是我们还是会遇到非正态分布的总体的假设检验问题的，下面的例题就是一个关于非正态总体的均值检验的。

例 7.7　一位市场评论员认为 H 市居民每户每月平均在食品上的支出不低于 600 元。为了验证这个结论的正确性，H 市统计局随机调查了 100 个家庭的月食品支出费用，计算得到样本均值为 628 元，标准差为 20 元。问这些资料能否支持该市场评论员的结论？（取显著性水平 $\alpha = 0.05$）

分析　本题中的总体是 H 市居民每户每月在食品上的支出，记为 X, X 的分布类型未知，若令 $E(X) = \mu, D(X) = \sigma^2$，则问题就是假设检验：

$$H_0: \mu \leqslant 600 \leftrightarrow H_1: \mu > 600$$

因为样本 $X_1, \cdots, X_n$ 满足 $E(X_i) = \mu, D(X_i) = \sigma^2$，并且相互独立，由中心极限定理知，当样本容量 n 较大时，$\sum_{i=1}^{n} x_i$ 近似服从正态分布 $N(n\mu, n\sigma^2)$，等价地，样本均值 $\overline{X}$ 近似服从正态分布 $N\left(\mu, \dfrac{\sigma^2}{n}\right)$，即

$$\frac{\overline{X} - \mu}{\sigma/\sqrt{n}} \sim N(0,1)$$

近似成立。于是用样本标准差 s 来替换分母中的的总体标准差 σ，则有

$$\frac{\overline{X}-\mu}{s/\sqrt{n}}\sim N(0,1)$$

近似成立。根据 7.2 节的讨论，取检验统计量

$$Z=\frac{\overline{X}-\mu_0}{s/\sqrt{n}}$$

得到检验的近似拒绝域为

$$z\geqslant z_\alpha$$

解 样本容量 $n=100$，可以使用中心极限定理。因为 $z_{0.05}=1.645$，所以拒绝域为

$$z\geqslant 1.645$$

计算 $z=\dfrac{628-600}{20/\sqrt{100}}=14$，由于 $14>1.645$，所以拒绝原假设，即该市场评论员的结论是可以接受的。

注 7.6 一般地，当样本容量比较大时，根据中心极限定理，我们有非正态分布总体下的检验统计量

$$Z=\frac{\overline{X}-\mu_0}{\sigma(\hat{\mu})/\sqrt{n}} \tag{7.23}$$

其中 $\hat{\mu}$ 是 μ 的 MLE，该检验统计量在 $\mu=\mu_0$ 的条件下近似服从 $N(0,1)$。

练习题 7.4

1. 有一批子弹，出厂时子弹的初速率（单位：m/s）服从正态分布 $N(950,100)$，由于储存了较长时间，所以怀疑初速率会降低，现在从中取出 100 发测试，得初速率为的样本均值为 938，样本标准差为 538，试用大样本方法检验储存后的子弹的初速率有没有显著降低（取 $\alpha=0.05$）。

2. 一种新药说明书注明，该药对至少 90% 的头痛在 10 分钟内有明显缓解作用，现在随机选取 200 位头痛患者服用该药，结果有 170 人在 10 分钟内头痛明显缓解，试根据试验结果来检验说明书是否正确（取 $\alpha=0.05$）。

§7.5 分布拟合检验

正态总体的均值检验和方差检验是实践中最为重要的检验，但是在实际应用中，我们可能会对"设总体服从正态分布 $N(\mu,\sigma^2)$"这样的假定不能肯定，这就需要通过一定的检验，这一类检验问题称为分布拟合检验，它的一般提法：设 $X_1,X_2,\cdots,X_n$ 是随机变量 X 的样本，$F_0(x)$ 是一个已知的分布函数，要利用样本 $X_1,X_2,\cdots,X_n$ 来检验假设：

$$H_0 : X \text{ 的分布为 } F_0(x)$$

其备择假设的内容不需关心。

统计学家关于分布拟合检验的早期提法：如果用分布 $F_0(x)$ 去拟合样本 $X_1, X_2, \cdots,$ X_n，则拟合的优良程度如何？所以分布拟合检验也称为拟合优度检验。$F_0(x)$ 称为理论分布。

分布拟合检验的基本思想：设法找出一个度量样本 $X_1, X_2, \cdots, X_n$ 与理论分布 $F_0(x)$ 偏离程度的指标 D, D_0 是当前样本计算出来的 D 值，然后在 H_0 成立的条件下计算检验的 p 值：

$$p = P(D \geqslant D_0 \mid H_0)$$

此概率值被认为是在选定的偏离指标 D 下，样本与理论分布 $F_0(x)$ 的拟合优度，p 值越大，表明样本与理论分布 $F_0(x)$ 的拟合越好。如果检验的显著性水平为 α，则检验法则：若 p 值 $\leqslant \alpha$，则拒绝原假设 H_0；若 p 值 $> \alpha$，则接受原假设 H_0。

下面我们介绍两个著名的分布拟合检验：χ^2 拟合优度检验、柯尔莫哥洛夫检验。

7.5.1　分类数据的 χ^2 拟合优度检验

我们结合遗传学中一个有名的例子来说明 χ^2 拟合优度检验的思想方法。

例 7.8　在 19 世纪，奥地利生物学家孟德尔（现代遗传学之父）在关于遗传问题的研究中，用豌豆做试验。豌豆有黄、绿两种颜色，在对它们进行两代杂交之后，发现一部分杂交豌豆呈黄色，另一部分呈绿色，其比例大致为 3：1，孟德尔把他的试验重复了多次，都能够得到类似结果。这只是表面上的统计规律，但是它启发孟德尔去发展一种理论，以解释这种现象。孟德尔大胆地假定存在一种实体，即现在我们称为基因的东西，决定了豌豆的颜色，这基因有黄和绿两个状态，共有 4 种组合：（黄，黄），（黄，绿），（绿，黄），（绿，绿）。孟德尔认为，前 3 种组合使豌豆呈现黄色，第 4 种组合使豌豆呈现绿色，这就解释了黄绿豌豆比例为什么总是接近 3：1 这个观察结果。

为做验证，孟德尔在一次豌豆试验中收获了 36 颗豌豆，其中黄色豌豆为 25 颗，绿色豌豆为 11 颗，问该数据是否与孟德尔提出的比例吻合？

分析　这是分类数据的检验问题，其一般提法：根据某项指标，总体被分为 k 类，$A_1, \cdots, A_k$，要检验的假设是

$$H_0 : A_i \text{ 所占的比例是 } p_{i0} \quad (i = 1, \cdots, k)$$

其中 p_{i0} 已知，且 $\sum_{i=1}^{k} p_{i0} = 1$。

现设样本数据为 $x_1, \cdots, x_n$，其中属于类 A_i 的个数为 n_i，由于在原假设成立时，从总体中任意抽出容量为 n 的样本，其中属于类 A_i 的个数理论上为 np_{i0}，直观上，如果原假设正确，则属于类 A_i 的理论个数 np_{i0} 与属于类 A_i 的实际个数 n_i 相差不大，因此皮尔逊提出使用统计量：

$$\chi^2 = \sum_{i=1}^{k} \frac{(n_i - np_{i0})^2}{np_{i0}} \qquad (7.24)$$

来度量原假设 H_0 与观察数据的拟合程度，当统计量(7.24)过分大时，说明原假设 H_0 与当前观察数据的拟合程度差，从而拒绝原假设 H_0，所以检验的拒绝域为

$$\chi^2 > c$$

为了确定临界值 c，就需要知道统计量(7.24)的分布，但是到目前为止，我们只知道统计量(7.24)的极限分布，这个著名的结果是由皮尔逊于 1900 年提出的，是数理统计学中最重要的基础性结果之一。

定理 7.7 当原假设 H_0 成立时，统计量(7.24)当 $n \to \infty$ 时有极限分布 $\chi^2(k-1)$。

根据定理 7.7，我们不难得到检验的显著性水平为 α 的拒绝域为

$$\chi^2 > \chi_\alpha^2(k-1) \qquad (7.25)$$

这个检验方法通常被称为 χ^2 拟合优度检验。下面我们应用 χ^2 拟合优度检验来解决例 7.8。

解 原假设为

$$H_0 : p_{10} = \frac{3}{4}, \ p_{20} = \frac{1}{4}$$

不妨取显著性水平 $\alpha = 0.05$，$k = 2$，查表得 $\chi_{0.05}^2(1) = 3.8415$，所以检验的拒绝域为 $\chi^2 > 3.8415$。

现计算检验统计量的值：

$$\chi^2 = \frac{\left(25 - 36 \times \frac{3}{4}\right)^2}{36 \times \frac{3}{4}} + \frac{\left(11 - 36 \times \frac{1}{4}\right)^2}{36 \times \frac{1}{4}} = 0.5926$$

因为 $0.5926 < 3.8415$，故接受原假设，即认为黄绿豌豆比例是 $3:1$。

或者利用检验的 p 值：因为

$$p = P(\chi^2(1) \geqslant 0.5926) = 0.4414 > 0.05$$

所以接受原假设。

7.5.2 柯尔莫哥洛夫检验

柯尔莫哥洛夫检验适用于连续型总体的分布拟合检验。

设 $x_1, \cdots, x_n$ 为来自连续型总体的样本，样本的经验分布函数 $F_n(x)$ 与总体的分布函数 $F(x)$ 之间满足格里纹科定理：

$$P\left(\lim_{n \to \infty} \sup_{-\infty < x < \infty} |F_n(x) - F(x)| = 0\right) = 1$$

因此经验分布函数 $F_n(x)$ 可以作为总体的分布函数 $F(x)$ 的估计量,于是我们选择一个反映经验分布函数 $F_n(x)$ 与理论分布 $F_0(x)$ 之间的偏离的量作为指标 D,柯尔莫哥洛夫选择的是一致距离:

$$D = \sup\{|F_n(x) - F_0(x)|, -\infty < x < +\infty\}$$

它被称为 $F_n(x)$ 与 $F_0(x)$ 之间的柯尔莫哥洛夫距离。柯尔莫哥洛夫证明了下面的定理。

定理 7.8 设 $F_0(x)$ 处处连续,则有

$$\lim_{n \to \infty} P\left[\sqrt{n} \sup_{-\infty < x < +\infty}\{|F_n(x) - F_0(x)|\} \leqslant \lambda\right]$$

$$= \begin{cases} 1 - 2\sum_{i=1}^{+\infty}(-1)^{i-1}e^{-2i^2\lambda^2} & \lambda > 0 \\ 0 & \lambda \leqslant 0 \end{cases} \tag{7.26}$$

利用定理 7.8,我们就可以计算检验的 p 值,并且与显著性水平 α 做比较,得到拒绝或者接受原假设 H_0 的决定。

定理 7.8 中,式(7.26)右边(记为 $K(\lambda)$)的计算是比较复杂的,为应用方便,我们把它的一些数值列于表 7.4 中。

表 7.4 $K(\lambda)$ 的值

λ	0.30	0.35	0.40	0.45	0.50	0.55	0.60	0.65	0.70	0.75	0.80	0.85
$K(\lambda)$	0.000 0	0.000 3	0.002 8	0.012 6	0.036 1	0.077 2	0.135 7	0.208 0	0.088 8	0.372 8	0.455 9	0.534 7
λ	0.90	0.95	1.00	1.05	1.10	1.15	1.20	1.25	1.30	1.35	1.40	1.45
$K(\lambda)$	0.607 3	0.672 5	0.730 0	0.779 8	0.822 3	0.858 0	0.887 8	0.912 1	0.931 9	0.947 8	0.960 3	0.970 2
λ	1.50	1.60	1.70	1.80	1.90	2.00	2.10	2.20	2.30	2.40	2.50	
$K(\lambda)$	0.977 8	0.988 0	0.993 8	0.996 9	0.998 5	0.999 3	0.999 7	0.999 9	0.999 9	1.000 0	1.000 0	

例 7.9 某工厂生产一种滚珠,现在从中随机抽取 50 件产品,测量其直径为(单位 mm)

```
15.0  15.8  15.2  15.1  15.9  14.7  14.8  15.5  15.6  15.3
15.0  15.6  15.7  15.8  14.5  15.1  15.3  14.9  14.9  15.2
15.9  15.0  15.3  15.6  15.1  14.9  14.2  14.6  15.8  15.2
15.2  15.0  14.9  14.8  15.1  15.5  15.5  15.1  15.1  15.0
15.3  14.7  14.5  15.5  15.0  14.7  14.6  14.2  14.2  14.5
```

问滚珠直径是否服从正态分布?(显著性水平为 0.05)

解 由于正态总体的均值和方差的 MLE 是样本均值和二阶中心矩,故有

$$\hat{\mu} = \frac{\sum_{i=1}^{50} x_i}{50} = 15.1, \quad \hat{\sigma}^2 = \frac{\sum_{i=1}^{50}(x_i - 15.1)^2}{50} = 0.432\,5^2$$

于是检验的原假设是 $H_0: F_0(x)$ 是 $N(15.1, 0.432\,5^2)$ 的分布函数。

表 7.5 各 x_i 下分布函数的值

x_i	<14.2	14.2	14.5	14.6	14.7	14.8	14.9	15.0
$F_n(x)$	0	0.06	0.12	0.16	0.22	0.26	0.34	0.46
$F_0(x_i)$	不能确定	0.018 7	0.082 7	0.123 8	0.177 5	0.244 0	0.321 9	0.408 6
$\sup\lvert F_n(x)-F_0(x)\rvert$	0.018 7	0.041 3	0.037 3	0.036 2	0.042 5	0.061 8	0.068 6	0.051 4
x_i	15.1	15.2	15.3	15.5	15.6	15.7	15.8	15.9
$F_n(x)$	0.58	0.66	0.74	0.82	0.88	0.90	0.96	1.0
$F_0(x_i)$	0.50	0.591 4	0.678 1	0.822 5	0.876 2	0.917 3	0.941 7	0.967 8
$\sup\lvert F_n(x)-F_0(x)\rvert$	0.08	0.068 6	0.082 5	0.056 2	0.037 3	0.041 7	0.018 3	0.032 2

表格中的数据计算方法:对应于 $x_i=15.3$ 这一列,0.74 的含义是当 $15.3 \leqslant x < 15.5$ 时,$F_n(x)=0.74$,0.678 1 表示的是 $F_0(15.3)$,按照 $F_0(15.3)=\Phi\left(\dfrac{15.3-15.1}{0.432\ 5}\right)$ 计算得到的,特别要注意的是 0.082 5 的计算,它代表的是 $\sup\{\lvert F_n(x)-F_0(x)\rvert, 15.3 \leqslant x < 15.5\}=0.082\ 5$,因为在 $15.3 \leqslant x < 15.5$ 的范围中,$F_n(x)$ 始终等于 0.74,而 $F_0(x)$ 从 0.678 1 增大到 0.822 5,所以

$$\sup\{\lvert F_n(x)-F_0(x)\rvert, 15.3 \leqslant x < 15.5\}$$
$$=\max\{\lvert 0.74-0.678\ 1\rvert, \lvert 0.74-0.822\ 5\rvert\}=0.082\ 5$$

另外,第一列 x_i 只有范围,没有定下具体的数值,所以对应的 $F_0(x_i)$ 不能确定。

根据上表,我们得到 $\sup\{\lvert F_n(x)-F_0(x)\rvert, -\infty < x < +\infty\}=0.082\ 5$,又有 $\sqrt{n} \times 0.082\ 5=\sqrt{50} \times 0.082\ 5=0.583\ 7$,根据定理 7.8,得到

$$P\left[\sqrt{n}\sup_{-\infty<x<+\infty}\{\lvert F_n(x)-F_0(x)\rvert\} \leqslant 0.583\ 7\right]$$

介于 0.077 2 与 0.135 7 之间,于是检验的 p 值大于 0.864 3,远远大于检验的显著性水平,所以应该接受原假设,即认为滚珠直径服从正态分布。

练习题 7.5

1. 掷一粒骰子 60 次,结果如下

点数	1	2	3	4	5	6
次数	11	13	12	7	9	8

试在检验水平 0.05 下检验这粒骰子是否均匀。

2. 下表是上海市 1875 到 1955 年的 81 年间,根据其中 63 年观察到的一年中(5 月到 9 月)下暴雨次数的整理资料:

次数	0	1	2	3	4	5	6	7	8	$\geqslant 9$
年数	4	8	14	19	10	4	2	1	1	0

试在检验水平 0.05 下检验一年中的暴雨次数是否服从泊松分布。

§7.6 方差分析

数理统计学有一个重要的应用分支,叫作**试验设计**,它是费歇尔于 20 世纪 20 年代在英国的罗瑟姆斯特农业试验站工作期间所开创的,在那里,费歇尔因为农业试验上的需要,发展了一整套试验设计的思想,包括随机化、区组、重复、混杂和多因素试验等,奠定了试验设计的基础,特别地,他发明了方差分析方法,为分析试验设计中的实验数据提供了工具。

方差分析主要用来检验因子在试验中作用的显著性问题,下面我们结合一个实例来说明方差分析的思想方法。

例 7.10 在饲料养鸡增肥的研究中,研究所提出三种饲料配方:A_1 是以鱼粉为主的饲料,A_2 是以槐米粉为主的饲料,A_3 是以苜蓿为主的饲料。为比较三种饲料的效果,选取 24 只相似的雏鸡随机平均分为三组,每组各喂一种饲料,60 天后观察它们的重量,试验结果如下:

$$A_1: 1\ 073 \quad 1\ 009 \quad 1\ 060 \quad 1\ 001 \quad 1\ 002 \quad 1\ 012 \quad 1\ 009 \quad 1\ 028$$
$$A_2: 1\ 107 \quad 1\ 092 \quad 990 \quad 1\ 109 \quad 1\ 090 \quad 1\ 074 \quad 1\ 122 \quad 1\ 001$$
$$A_3: 1\ 093 \quad 1\ 029 \quad 1\ 080 \quad 1\ 021 \quad 1\ 022 \quad 1\ 032 \quad 1\ 029 \quad 1\ 048$$

问三种饲料的增肥效果有无差异?

分析 问题中的饲料称为试验的因子,记为 A,它有三个选择:以鱼粉为主的饲料 A_1,以槐米粉为主的饲料 A_2,以苜蓿为主的饲料 A_3。A_1,A_2 和 A_3 称为饲料这个因子的三个水平。试验的目的是为了检验饲料因子对养鸡增肥的作用是否显著:如果检验结果是三种饲料的增肥效果没有显著差异,则可以认为饲料因子对养鸡增肥没有作用,我们可以选择低成本的饲料;反之,如果检验结果是三种饲料的增肥效果有显著差异,则可以认为饲料因子对养鸡增肥的作用是有效的,我们就可以通过对饲料进行改进来提高增肥效果。

这样的问题在实践应用中广泛存在,比如:有四种水稻种子,检验它们的亩产量有无差异;比较几种感冒药的效果有无差异⋯⋯

这一类实验数据的一般情形如表 7.6 所示。

表 7.6 试验设计记录表

水平	观测值				总和	平均值
A_1	y_{11}	y_{12}	$\cdots$	y_{1n_1}	$y_1\cdot$	$\overline{y}_1\cdot$
A_2	y_{21}	y_{22}	$\cdots$	y_{2n_2}	$y_2\cdot$	$\overline{y}_2\cdot$
$\vdots$	$\vdots$	$\vdots$		$\vdots$	$\vdots$	$\vdots$
A_r	y_{r1}	y_{r2}	$\cdots$	y_{rn_i}	$y_r\cdot$	$\overline{y}_r\cdot$

其中 $y_{i\cdot} = \sum\limits_{j=1}^{ni} y_{ij}, y_{\cdot\cdot} = \sum\limits_{i=1}^{r}\sum\limits_{j=1}^{ni} y_{ij}, \overline{y}_{i\cdot} = \dfrac{y_{i\cdot}}{n_i}, \overline{y} = \dfrac{y_{\cdot\cdot}}{n}, n = \sum\limits_{i=1}^{r} n_i$ 是总实验次数。

问题可以化为假设检验问题:

$$H_0 : \mu_1 = \mu_2 = \cdots = \mu_r, H_1 : \mu_1, \mu_2, \cdots, \mu_r \text{ 不全相等}$$

其中 μ_i 为水平 A_i 的总体均值。如果接受原假设 H_0，则称因子 A 对于试验的目标无效应，如果接受 H_1，则称因子 A 对试验的目标有效应。

方差分析的思想方法如下。

1. 数据结构

令 $\varepsilon_{ij} = y_{ij} - \mu_i$，则 $E(\varepsilon_{ij}) = 0, D(\varepsilon_{ij}) = \sigma^2$，所以 $\varepsilon_{ij} \sim N(0, \sigma^2)$，$\varepsilon_{ij}$ 称为白噪声，于是

$$y_{ij} = \mu_i + \varepsilon_{ij}, \varepsilon_{ij} \sim N(0, \sigma^2) \text{ 并且相互独立} \tag{7.27}$$

模型(7.27)称为单因子方差分析模型，它刻画了试验数据的结构，即第 i 个水平的观测值 $y_{ij}, j = 1, \cdots, n_i$ 可以表示成第 i 个水平的总体均值 μ_i（这是一个常量）与白噪声（这是一个随机变量）之和。

2. 偏差平方和

$$y_{ij} - \overline{y} = (y_{ij} - \overline{y}_{i.}) + (\overline{y}_{i.} - \overline{y})$$

称 $y_{ij} - \overline{y}_{i.}$ 为组内偏差，全体组内偏差的平方和称为组内偏差平方和，记为 S_e，即

$$S_e = \sum_{i=1}^{r} \sum_{j=1}^{n_i} (y_{ij} - \overline{y}_{i.})^2$$

称 $\overline{y}_{i.} - \overline{y}$ 为组间偏差，全体组间偏差的平方和称为组间偏差平方和或效应平方和，记为 S_A，即

$$S_A = \sum_{i=1}^{r} \sum_{j=1}^{n_i} (\overline{y}_{i.} - \overline{y})^2 = \sum_{i=1}^{r} n_i (\overline{y}_{i.} - \overline{y})^2$$

称 $S_T = \sum_{i=1}^{r} \sum_{j=1}^{n_i} (y_{ij} - \overline{y})^2$ 为总偏差平方和。

我们有下面的总偏差平方和的正交分解公式：

$$S_T = S_A + S_e$$

为了说明组内偏差平方和与效应平方和的统计意义，需要对偏差平方和进行均方，均方的目的是度量偏差平方和平均到一个自由度上的大小，是对偏差平方和的一种标准化处理。

组内偏差平方和的自由度 $f_e = n - r$，所以组内偏差平方和的均方是

$$MS_e = \frac{S_e}{f_e} = \frac{S_e}{n - r}$$

效应平方和的自由度 $f_A = r - 1$，所以效应平方和的均方是

$$MS_A = \frac{S_A}{r - 1}$$

可以证明，$E(MS_e) = \sigma^2, E(MS_A) = \sigma^2 + \dfrac{\sum\limits_{i=1}^{r} n_i (\mu_i - \mu)^2}{r - 1}$。这个结果揭示了组内偏差

平方和和效应平方和的统计意义:组内偏差平方和的均方是方差 σ^2 的无偏估计量,因此组内偏差平方和也称为误差平方和。当因子 A 没有效应时,此时 $H_0:\mu_1=\mu_2=\cdots=\mu_r$ 成立,这样 $\sum\limits_{i=1}^{r}(\mu_i-\mu)^2=0$,于是 MS_A 是方差 σ^2 的无偏估计量;当因子 A 存在效应时,此时 $\sum\limits_{i=1}^{r}(\mu_i-\mu)^2>0$,于是 $E(MS_A)>\sigma^2$,这是 S_A 被称为效应平方和的道理所在。

组内偏差平方和和效应平方和的统计意义启发了我们,取 $F=\dfrac{MS_A}{MS_e}$ 作为检验统计量是一个合理的选择,当 $F=\dfrac{MS_A}{MS_e}$ 过分大时,我们就拒绝 H_0。

为了确定拒绝域的临界值,需要知道检验统计量 $F=\dfrac{MS_A}{MS_e}$ 在原假设 $H_0:\mu_1=\mu_2=\cdots=\mu_r$ 情形下的概率分布,这个工作需要借助下面的引理。

引理 7.1 对于单因子方差分析模型(7.27),有

(1) $\dfrac{(n-r)MS_e}{\sigma^2}\sim\chi^2(n-r)$;

(2) 在 $\mu_1=\mu_2=\cdots=\mu_r$ 情形下,$\dfrac{(r-1)MS_A}{\sigma^2}\sim\chi^2(r-1)$;

(3) MS_e 与 MS_A 独立。

根据引理,在原假设 $H_0:\mu_1=\mu_2=\cdots=\mu_r$ 成立时,有

$$F=\frac{MS_A}{MS_e}=\frac{\dfrac{(n-r)MS_e}{\sigma^2}/(n-r)}{\dfrac{(r-1)MS_A}{\sigma^2}/(r-1)}\sim F(n-r,r-1)$$

所以检验的显著性水平为 α 的拒绝域为

$$F=\frac{MS_A}{MS_e}>F_\alpha(r-1,n-r)$$

通常,我们把方差分析的主要步骤置于表 7.7 的单因子方差分析表中。

表 7.7 单因子方差分析表

来源	平方和	自由度	均方	F 比	p 值
因子	S_A	$f_A=r-1$	MS_A	$F=\dfrac{MS_A}{MS_e}$	p
误差	S_e	$f_e=n-r$	MS_e		
总和	S_T	$f_T=n-1$			

现在我们使用方差分析方法来解决例 7.10 的问题,实际上就是假设检验问题:

$$H_0:\mu_1=\mu_2=\mu_3,\ H_1:\mu_1,\mu_2,\mu_3\ 不全相等$$

它的方差分析表如表 7.8 所示。

表 7.8　例 7.10 的单因子方差分析表

来源	平方和	自由度	均方	F 比	p 值
S_A	9 660.08	2	4 830.04	3.59	0.045 6
S_e	28 215.88	21	1 343.61		
S_T	37 875.96	23			

因为检验的 p 值＝0.045 6,所以若取检验水平为 0.05,则拒绝 H_0,即认为饲料对增肥效果是有显著效果的。

在实际应用中,我们常常取检验水平为 0.05 或者 0.01,并且常常认为:若检验的 p 值<0.01,则称因子 A 的效应是高度显著的;若检验的 p 值在 0.01 到 0.05 之间,则称因子 A 的效应是显著的;若检验的 p 值>0.05,则称因子 A 的效应是不显著的。

若检验的结论是不显著的,则一般就不做进一步的分析了;若检验的结论是显著的,则可以进一步分析哪些水平之间是有差异的,哪些水平之间是没有差异的,水平均差值的置信区间可以帮助我们来分析这些情况。

由于水平 A_i 的总体均值 μ_i 的无偏估计 $\mu_i = \overline{y}_{i\cdot}$,总体方差 σ^2 的无偏估计量是

$$MS_e = \frac{\sum\limits_{i=1}^{r}\sum\limits_{j=1}^{n_i}(y_{ij}-\overline{y}_{i\cdot})^2}{n-r}(想一想:E(MS_e)=\sigma^2),而\ \overline{y}_{i\cdot} \sim N\left(\mu_i,\frac{\sigma^2}{n_i}\right),于是$$

$$\overline{y}_{i\cdot}-\overline{y}_{\cdot j} \sim N\left(\mu_i-\mu_j,\left(\frac{1}{n_i}+\frac{1}{n_j}\right)\sigma^2\right)$$

根据引理 7.1 的结论,我们有

$$\frac{\dfrac{\overline{y}_{i\cdot}-\overline{y}_{\cdot j}-(\mu_i-\mu_j)}{\sigma\sqrt{\dfrac{1}{n_i}+\dfrac{1}{n_j}}}}{\sqrt{\dfrac{(n-r)MS_e}{\sigma^2(n-r)}}} \sim t(n-r)$$

整理得到

$$\frac{\overline{y}_{i\cdot}-\overline{y}_{\cdot j}-(\mu_i-\mu_j)}{\sqrt{MS_e}\sqrt{\dfrac{1}{n_i}+\dfrac{1}{n_j}}} \sim t(n-r)$$

于是 $\mu_i-\mu_j$ 的置信水平 $1-\alpha$ 的置信区间:

$$\left[\overline{y}_{i\cdot}-\overline{y}_{\cdot j} \pm t_{\alpha/2}(n-r)\sqrt{MS_e}\sqrt{\frac{1}{n_i}+\frac{1}{n_j}}\right]$$

意义

(1) 当置信区间包含 0 点,不能认为 μ_i 与 μ_j 有显著差异;

（2）当置信区间下限＞0 时，认为 $\mu_i > \mu_j$；

（3）当置信区间上限＜0 时，认为 $\mu_i < \mu_j$。

现在回到例 7.10 中：$\overline{y}_1. = 1\,024.25, \overline{y}_2. = 1\,073.13, \overline{y}_3. = 1\,044.25, t_{0.025}(21) = 2.08$，于是 $\mu_1 - \mu_2$ 的置信水平 0.95 的置信区间为

$$\left[1\,024.25 - 1\,073.13 \pm t_{0.025}(21) \times \sqrt{1\,341.61} \times \sqrt{\frac{1}{8} + \frac{1}{8}} \right] = (-86.99, -10.77)$$

同理可得，$\mu_1 - \mu_3$ 的置信水平 0.95 的置信区间是 $(-58.11, 18.11)$，$\mu_2 - \mu_3$ 的置信水平 0.95 的置信区间是 $(-9.23, 64.99)$。

据此我们认为：μ_2 显著大于 μ_1，μ_1 与 μ_3 没有显著差异，μ_2 与 μ_3 没有显著差异。

注 7.7　自由度

自由度是数理统计中一个奇妙的概念，是费歇尔首先提出的。他与哥色特通信讨论了关于样本方差是误差平方和 $\sum\limits_{i=1}^{n} (x_i - \overline{x})^2$ 除以 n 还是 $n-1$ 的问题，哥色特认为除数是用 n，费歇尔认为是 $n-1$，他给出的理由是，样本 $x_1, \cdots, x_n$ 是 n 个自由变量，$\sum\limits_{i=1}^{n} (x_i - \overline{x}) = 0$ 给了 $x_1, \cdots, x_n$ 的一个约束条件，于是 $(x_i - \overline{x}), \cdots, (x_i - \overline{x})$ 的自由度是 $n-1$，这样误差平方和 $\sum\limits_{i=1}^{n} (x_i - \overline{x})^2$ 分配到每个自由度上的量就是 $S^2 = \dfrac{1}{n-1} \sum\limits_{i=1}^{n} (x_i - \overline{x})^2$，用它作为样本方差是合理的。费歇尔关于自由度的想法主要是直观上的，缺乏数学上的严格证明，但是令人惊讶的是，这个概念的合理性在统计应用中得到了大量的印证，最著名的就是样本方差，在很长的一段时期，样本方差定义为 $\dfrac{1}{n} \sum\limits_{i=1}^{n} (x_i - \overline{x})^2$，后来才修正为 $\dfrac{1}{n-1} \sum\limits_{i=1}^{n} (x_i - \overline{x})^2$，修正后的好处是，它是总体方差 σ^2 的无偏估计量。

自由度的概念给方差分析提供了很大的方便，比如对于组内偏差平方和

$$S_e = \sum_{i=1}^{r} \sum_{j=1}^{m} (y_{ij} - \overline{y}_i.)^2$$

它的自由度 $n-r$ 是这样定出的：共有 $m \cdot r = n$ 个独立观测值 y_{ij}，每个水平上有一个约束条件

$$\sum_{j=1}^{m} (y_{ij} - \overline{y}_i.) = 0$$

一共就有 r 个约束条件，于是组内偏差平方和的自由度就是 $n-r$。

练习题 7.6

1. 在单因子方差分析中，因子 A 有 3 个水平，每个水平各做 4 次重复试验，请完成下列方差分析表。

来源	平方和	自由度	均方	F 比	p 值
因子	3 588.05				
误差	1 686.62				
总和	5 274.67				

2. 抗生素注入人体会产生抗生素与血浆蛋白质结合的现象,导致药效减少。下表列出了 5 种常用的抗生素注入牛的体内时,抗生素与血浆蛋白质结合的百分比,假设这 5 种抗生素与血浆蛋白质结合的百分比数据服从正态分布并且方差相同,试检验抗生素对于结合的百分比有无显著影响?($\alpha = 0.05$)

青霉素	四环素	链霉素	红霉素	氯霉素
29.6	27.3	5.8	21.6	29.2
24.3	32.6	6.2	17.4	32.8
28.5	30.8	11.0	18.3	25.0
32.0	34.8	8.3	19.0	24.2

公式解析与例题分析

一、公式解析

1. $g(\theta) = P_\theta\big((X_1, X_2, \cdots, X_n) \in W\big)$ (1)

解析 这是假设检验中的功效函数(也称为势函数)的表达式,在公式的右边,X_1,$X_2, \cdots, X_n$ 是用来进行假设检验的样本,W 是检验的拒绝域,θ 是原假设中的参数,通常也是总体分布的未知参数,θ 的变动意味着总体分布的不同,而概率 $P\big((X_1, X_2, \cdots, X_n) \in W\big)$ 会由于总体分布的不同而发生变化,所以它是 θ 的函数,功效函数 $g(\theta)$ 刻画了样本落在拒绝域的概率 $P_\theta\big((X_1, X_2, \cdots, X_n) \in W\big)$ 对应于 θ 的变化规律。

比如说,假设总体 $X \sim N(\mu, \sigma_0^2)$,其中 μ 未知而 σ_0^2 已知,此时总体的分布就是分布族 $\left\{ f(x; \mu) = \dfrac{1}{\sqrt{2\pi}\sigma_0} e^{-\frac{(x-\mu)^2}{2\sigma_0^2}}, -\infty < \mu < +\infty \right\}$ 中的一个,而功效函数 $g(\mu)$ 就给出了从每一个这样的正态分布的总体中抽取样本,样本落在拒绝域的概率,比如 $g(1)$ 表示从概率密度为 $f(x) = \dfrac{1}{\sqrt{2\pi}\sigma_0} e^{-\frac{(x-1)^2}{2\sigma_0^2}}$ 的总体中抽取样本,样本落在拒绝域的概率,$g(2)$ 表示从概率密度为 $f(x) = \dfrac{1}{\sqrt{2\pi}\sigma_0} e^{-\frac{(x-2)^2}{2\sigma_0^2}}$ 的总体中抽取样本,样本落在拒绝域的概率。

计算功效函数和确定拒绝域是假设检验关键的两个步骤,一般而言,我们先要对拒绝域进行预设,比如对于假设 $H_0:\theta\leqslant\theta_0\leftrightarrow H_1:\theta>\theta_0$,如果 θ 是总体均值,由于样本均值 $\overline{X}$ 是总体均值的无偏估计量,所以取拒绝域 $W=\{\overline{X}-\theta_0\geqslant c\}$,如果 θ 是总体方差,由于样本方差 S^2 是总体方差的无偏估计量,所以取拒绝域 $W=\left\{\dfrac{S^2}{\theta_0}\geqslant c\right\}$,而对于拒绝域中的 c(称为临界值)的确定,则依赖于功效函数了。

如果检验的显著性水平为 α,这意味着要求该检验犯第一类错误的概率不超过 α,等价于功效函数增加一个约束条件:$\max\limits_{\theta\in\Omega_0}\{g(\theta)\}=\alpha$,其中 Ω_0 为原假设中 θ 的取值范围,根据这个约束条件,我们就可以确定预设拒绝域中的临界值了,从而完全确定了拒绝域。

2. $Z=\dfrac{\overline{X}-\mu_0}{\sigma/\sqrt{n}}$ (2)

解析 这是 Z 检验法的检验统计量。Z 检验法是关于正态总体均值检验的一个方法,并且只能在总体方差已知的情形下才能应用,公式中的 μ_0 是原假设中的那个已知数。

具体而言,对于正态总体均值 μ 的假设 $H_0:\mu=\mu_0\leftrightarrow H_1:\mu\neq\mu_0$,其拒绝域是检验统计量(2)的一个取值范围:$|Z|\geqslant z_{\frac{\alpha}{2}}$,注意拒绝域实际上包含两个区间:$Z\geqslant z_{\frac{\alpha}{2}}$ 和 $Z\leqslant -z_{\frac{\alpha}{2}}$;

若假设是 $H_0:\mu\leqslant\mu_0\leftrightarrow H_1:\mu>\mu_0$,其拒绝域为 $Z\geqslant z_\alpha$;若假设是 $H_0:\mu\geqslant\mu_0\leftrightarrow H_1:\mu<\mu_0$,其拒绝域为 $Z\leqslant -z_\alpha$。

对于拒绝域 $|Z|\geqslant z_{\frac{\alpha}{2}}$,也可以写为 $|\overline{X}-\mu_0|\geqslant z_{\frac{\alpha}{2}}\dfrac{\sigma}{\sqrt{n}}$,不过它显然没有 $|Z|\geqslant z_{\frac{\alpha}{2}}$ 简洁漂亮。

由公式(2),会想到抽样分布基本定理 $\dfrac{\overline{X}-\mu}{\sigma/\sqrt{n}}\sim N(0,1)$,但请注意,公式(2)中的 μ_0 并非总体的真实均值,所以 $\dfrac{\overline{X}-\mu_0}{\sigma/\sqrt{n}}\sim N(0,1)$ 并不成立。

3. $t=\dfrac{\overline{X}-\mu_0}{S/\sqrt{n}}$ (3)

解析 这是 t 检验法的检验统计量。t 检验法是关于正态总体均值检验的又一个方法,当总体方差未知的时候,需要使用 t 检验法。

具体而言,对于正态总体均值 μ 的假设 $H_0:\mu=\mu_0\leftrightarrow H_1:\mu\neq\mu_0$,其拒绝域是检验统计量(3)的一个取值范围:$|t|\geqslant t_{\frac{\alpha}{2}}(n-1)$,注意拒绝域实际上包含两个区间:$t\geqslant t_{\frac{\alpha}{2}}(n-1)$ 和 $t\leqslant -t_{\frac{\alpha}{2}}(n-1)$;若假设是 $H_0:\mu\leqslant\mu_0\leftrightarrow H_1:\mu>\mu_0$,其拒绝域为 $t\geqslant t_\alpha(n-1)$;若假设是 $H_0:\mu\geqslant\mu_0\leftrightarrow H_1:\mu<\mu_0$,其拒绝域为 $t\leqslant -t_\alpha(n-1)$。

$t_\alpha(n-1)$ 是自由度为 $n-1$ 的 t 分布的上 α 分位数,α 是检验的显著性水平,n 是样本容量,

$t_\alpha(n-1)$ 可以从附表3直接查得,更详细的值可以从 Excel 或 MATLAB 等软件中得到。

尽管在总体方差已知的情形下,t 检验法仍然适用,但是理论研究已经表明,t 检验法的检验功效不及 Z 检验法,故此时你应该用 Z 检验法而不要用 t 检验法。

4. $\chi^2 = \dfrac{(n-1)S^2}{\sigma_0^2}$ \hfill (4)

解析 这是 χ^2 检验法的检验统计量。χ^2 检验法是关于正态总体方差检验的一个方法，公式中的 σ_0^2 是原假设中的那个已知数。

具体而言，对于关于正态总体方差 σ^2 的假设 $H_0:\sigma^2 = \sigma_0^2 \leftrightarrow H_1:\sigma^2 \neq \sigma_0^2$，其拒绝域是检验统计量 (4) 的两个取值范围：$\chi^2 \geqslant \chi_{\frac{\alpha}{2}}^2(n-1)$ 和 $\chi^2 \leqslant \chi_{1-\frac{\alpha}{2}}^2(n-1)$；若假设是 $H_0:\sigma^2 \leqslant \sigma_0^2 \leftrightarrow H_1:\sigma^2 > \sigma_0^2$，其拒绝域为 $\chi^2 \geqslant \chi_\alpha^2(n-1)$；若假设是 $H_0:\mu \geqslant \mu_0 \leftrightarrow H_1:\mu < \mu_0$，其拒绝域为 $\chi^2 \leqslant \chi_{1-\alpha}^2(n-1)$。

5. $Z = \dfrac{\overline{X} - \overline{Y}}{\sqrt{\dfrac{\sigma_1^2}{m} + \dfrac{\sigma_2^2}{n}}}$ \hfill (5)

解析 这是两样本 Z 检验法的检验统计量。两样本 Z 检验法是关于两个正态总体均值比较检验的一个方法，并且只能在两个总体方差已知的情形下才能应用。

具体而言，如果检验的假设为 $H_0:\mu_1 = \mu_2 \leftrightarrow H_1:\mu_1 \neq \mu_2$，则其拒绝域是检验统计量 (5) 的一个取值范围：$|Z| \geqslant z_{\frac{\alpha}{2}}$；若检验的假设是 $H_0:\mu_1 \leqslant \mu_2 \leftrightarrow H_1:\mu_1 > \mu_2$，则其拒绝域为 $Z \geqslant z_\alpha$；若检验的假设是 $H_0:\mu_1 \geqslant \mu_2 \leftrightarrow H_1:\mu_1 < \mu_2$，其拒绝域为 $Z \leqslant -z_\alpha$。

由公式 (5)，会想到抽样分布基本定理 $\dfrac{\overline{X} - \overline{Y} - (\mu_1 - \mu_2)}{\sqrt{\dfrac{\sigma_1^2}{m} + \dfrac{\sigma_2^2}{n}}} \sim N(0,1)$，这有助于理解两样本 Z 检验法。

6. $t = \dfrac{\overline{X} - \overline{Y}}{S_W \sqrt{\dfrac{1}{m} + \dfrac{1}{n}}}$ \hfill (6)

解析 如果两个正态总体的方差未知，则两样本 Z 检验法不能使用，在这种情形下，关于两个正态总体均值的比较检验是十分复杂的，有些问题还没有解决。人们已经解决了两个总体方差有一定比例关系（即 $\dfrac{\sigma_1^2}{\sigma_2^2} = c$）情形下的问题。特别的，当两个总体方差相等（即 $\dfrac{\sigma_1^2}{\sigma_2^2} = 1$）时，对应的检验方法称为两样本 t 检验法，公式 (6) 正是两样本 t 检验法的检验统计量。

具体而言，如果检验的假设为 $H_0:\mu_1 = \mu_2 \leftrightarrow H_1:\mu_1 \neq \mu_2$，则其拒绝域是检验统计量 (6) 的一个取值范围：$|t| \geqslant t_{\frac{\alpha}{2}}(m+n-2)$；若检验的假设是 $H_0:\mu_1 \leqslant \mu_2 \leftrightarrow H_1:\mu_1 > \mu_2$，则其拒绝域为 $t \geqslant t_\alpha(m+n-2)$；若检验的假设是 $H_0:\mu_1 \geqslant \mu_2 \leftrightarrow H_1:\mu_1 < \mu_2$，其拒绝域为 $t \leqslant -t_\alpha(m+n-2)$。

7. $F = \dfrac{S_1^2}{S_2^2}$ \hfill (7)

解析 这是两样本 F 检验法的检验统计量，两样本 F 检验法是关于两个正态总体方差比较检验的方法，公式中的 S_1^2 和 S_2^2 分别是取自两个正态总体的样本方差。

具体而言,如果检验的假设为 $H_0:\sigma_1^2=\sigma_2^2\leftrightarrow H_1:\sigma_1^2\neq\sigma_2^2$,则其拒绝域是检验统计量 (7)的两个取值范围:$F\geqslant F_{\frac{\alpha}{2}}(m-1,n-1)$ 和 $F\leqslant F_{1-\frac{\alpha}{2}}(m-1,n-1)$;若检验的假设是 $H_0:\sigma_1^2\leqslant\sigma_2^2\leftrightarrow H_1:\sigma_1^2>\sigma_2^2$,则其拒绝域为 $F\geqslant F_\alpha(m-1,n-1)$;若检验的假设是 $H_0:\sigma_1^2\geqslant\sigma_2^2\leftrightarrow H_1:\sigma_1^2<\sigma_2^2$,其拒绝域为 $F\leqslant F_{1-\alpha}(m-1,n-1)$。

二、例题分析

例 7.11　设 $X_1,X_2,\cdots,X_{n_1}$ 和 $Y_1,Y_2,\cdots,Y_{n_2}$ 分别是来自正态分布总体 $X\sim N(\mu_1,\sigma^2)$ 和 $Y\sim N(\mu_2,\sigma^2)$ 的样本,μ_1,μ_2,σ^2 都未知,试构造 $H_0:\mu_1=c\mu_2\leftrightarrow H_1:\mu_1\neq c\mu_2$ 的一个水平为 α 的检验,其中 $c\neq0$ 为已知常数。

解　因为 $\overline{X}\sim N(\mu_1,\sigma^2/n_1)$,$\overline{Y}\sim N(\mu_2,\sigma^2/n_2)$,并且 $\overline{X}$ 与 $\overline{Y}$ 相互独立,所以

$$\overline{X}-c\,\overline{Y}\sim N\left(\mu_1-c\mu_2,\left(\frac{1}{n_1}+\frac{c^2}{n_2}\right)\sigma^2\right)$$

即

$$\frac{\overline{X}-c\,\overline{Y}-(\mu_1-c\mu_2)}{\sigma\sqrt{\dfrac{1}{n_1}+\dfrac{c^2}{n_2}}}\sim N(0,1)$$

由于

$$\frac{(n_1-1)S_1^2+(n_2-1)S_2^2}{\sigma^2}\sim\chi^2(n_1+n_2-2)$$

根据 t 分布的构造原理,得

$$\frac{\dfrac{\overline{X}-c\,\overline{Y}-(\mu_1-c\mu_2)}{\sigma\sqrt{\dfrac{1}{n_1}+\dfrac{c^2}{n_2}}}}{\sqrt{\dfrac{[(n_1-1)S_1^2+(n_2-1)S_2^2]/\sigma^2}{n_1+n_2-2}}}\sim t(n_1+n_2-2)$$

整理得

$$\frac{\overline{X}-c\,\overline{Y}-(\mu_1-c\mu_2)}{S_W\sqrt{\dfrac{1}{n_1}+\dfrac{c^2}{n_2}}}\sim t(n_1+n_2-2)$$

取检验的拒绝域为 $|\overline{X}-c\,\overline{Y}|>d$,则检验的势函数

$$g(\mu_1,\mu_2)=P(|\overline{X}-c\,\overline{Y}|>d)=1-P(-d\leqslant\overline{X}-c\,\overline{Y}\leqslant d)$$
$$=1-P\left(\frac{-d-(\mu_1-c\mu_2)}{S_W\sqrt{\dfrac{1}{n_1}+\dfrac{c^2}{n_2}}}\leqslant\frac{(\overline{X}-c\,\overline{Y})-(\mu_1-c\mu_2)}{S_W\sqrt{\dfrac{1}{n_1}+\dfrac{c^2}{n_2}}}\leqslant\right.$$

$$\frac{d-(\mu_1-c\mu_2)}{S_W\sqrt{\frac{1}{n_1}+\frac{c^2}{n_2}}})$$

$$=1-F\Big(\frac{d-(\mu_1-c\mu_2)}{S_W\sqrt{\frac{1}{n_1}+\frac{c^2}{n_2}}}\Big)+F\Big(\frac{-d-(\mu_1-c\mu_2)}{S_W\sqrt{\frac{1}{n_1}+\frac{c^2}{n_2}}}\Big)$$

其中 $F(\cdot)$ 为 $t(n_1+n_2-2)$ 的分布函数。于是在原假设成立时，$\mu_1-c\mu_2=0$，此时势函数为

$$g(\mu_1,\mu_2)=1-F\Big(\frac{d}{s_W\sqrt{\frac{1}{n_1}+\frac{c^2}{n_2}}}\Big)+F\Big(\frac{-d}{s_W\sqrt{\frac{1}{n_1}+\frac{c^2}{n_2}}}\Big)=2\Big[1-F\Big(\frac{d}{s_W\sqrt{\frac{1}{n_1}+\frac{c^2}{n_2}}}\Big)\Big]$$

要使检验的水平为 α，只要

$$2\Big[1-F\Big(\frac{d}{s_W\sqrt{\frac{1}{n_1}+\frac{c^2}{n_2}}}\Big)\Big]=\alpha$$

由此得到

$$\frac{d}{s_W\sqrt{\frac{1}{n_1}+\frac{c^2}{n_2}}}=t_{\frac{\alpha}{2}}(n_1+n_2-2)$$

所以检验的拒绝域为

$$|\overline{X}-c\,\overline{Y}|>t_{\frac{\alpha}{2}}(n_1+n_2-2)s_W\sqrt{\frac{1}{n_1}+\frac{c^2}{n_2}}$$

若令

$$T_c=\frac{\overline{X}-c\,\overline{Y}}{s_W\sqrt{\frac{1}{n_1}+\frac{c^2}{n_2}}}$$

则该拒绝域有一个简洁的表示：

$$|T_c|>t_{\frac{\alpha}{2}}(n_1+n_2-2)$$

注 7.8　基于本题的讨论，不难得到另外两个假设的检验：

(1) $H_0:\mu_1\leqslant c\mu_2\leftrightarrow H_1:\mu_1>c\mu_2$ 的一个水平为 α 的检验拒绝域是 $T_c>t_\alpha(n_1+n_2-2)$；

(2) $H_0:\mu_1\geqslant c\mu_2\leftrightarrow H_1:\mu_1<c\mu_2$ 的一个水平为 α 的检验拒绝域是 $T_c<-t_\alpha(n_1+n_2-2)$。

例 7.12　一药厂生产一种新的止痛片，厂方希望验证服用新药片后至开始起作用的时间间隔较原有止痛片至少缩短一半，因此厂方提出检验假设

$$H_0:\mu_1 \leqslant 2\mu_2 \leftrightarrow H_1:\mu_1 > 2\mu_2$$

此处 μ_1,μ_2 分别是服用原有止痛片和服用新止痛片后至开始起作用的时间间隔的总体的均值。现在收集了 20 人服用原有止痛片后至开始起作用的时间间隔,计算得样本均值为 5.1 分钟,样本方差为 3.26,同时收集了 18 人服用新止痛片后至开始起作用的时间间隔,计算得样本均值为 2.4 分钟,样本方差为 2.22,假设两总体都服从正态分布,试在检验水平 $\alpha = 0.05$ 下对于厂方提出的假设给予检验。

分析　首先要进行两总体的方差齐性检验,若检验能够通过,则可以利用例 7.11 中的注(1)的结果。

解　令 X 表示服用原有止痛片后至开始起作用的时间间隔的总体,则 $X \sim N(\mu_1, \sigma_1^2)$,样本均值和样本方差分别是 $\bar{x} = 5.1, s_1^2 = 3.26$;

令 Y 表示服用新止痛片后至开始起作用的时间间隔的总体,则 $Y \sim N(\mu_2, \sigma_2^2)$,样本均值和样本方差分别是 $\bar{y} = 2.4, s_2^2 = 2.22$。

第一步,利用 F 检验法做方差齐性检验,即在检验水平 $\alpha = 0.05$ 下检验

$$H_{01}:\sigma_1^2 = \sigma_2^2 \leftrightarrow H_{11}:\sigma_1^2 \neq \sigma_2^2$$

查表得 $F_{1-0.025}(19,17) = \dfrac{1}{F_{0.025}(17,19)} = 0.39, F_{0.025}(19,17) = 2.63$,于是拒绝域为

$$F < 0.39 \text{ 或 } F > 2.63$$

检验统计量的值 $F = \dfrac{3.26}{2.22} = 1.47$,不满足拒绝域,所以接受原假设,即认为两总体方差相等。

第二步,在检验水平 $\alpha = 0.05$ 下检验

$$H_0:\mu_1 \leqslant 2\mu_2 \leftrightarrow H_1:\mu_1 > 2\mu_2$$

利用例 7.11 中的注 7.8,检验统计量为

$$T = \frac{\overline{X} - 2\overline{Y}}{s_W \sqrt{\dfrac{1}{n_1} + \dfrac{2^2}{n_2}}}$$

查表得 $t_\alpha(n_1 + n_2 - 2) = t_{0.05}(36) = 1.662$,所以拒绝域为 $T > 1.662$。

计算检验统计量的值为 $t = \dfrac{5.1 - 2 \times 2.4}{\sqrt{\dfrac{19 \times 3.26 + 17 \times 2.22}{36}} \sqrt{\dfrac{1}{20} + \dfrac{2^2}{18}}} = 0.340\,4$,不满足拒绝域的条件,所以接受原假设,不能接受厂方的结论。

例 7.13　设 $X_1, X_2, \cdots, X_{n_1}$ 和 $Y_1, Y_2, \cdots, Y_{n_2}$ 分别是来自正态分布总体 $X \sim N(\mu_1, \sigma_1^2)$ 和 $Y \sim N(\mu_2, \sigma_2^2)$ 的样本,$\mu_1, \mu_2, \sigma_1^2, \sigma_2^2$ 都未知,但是已知 $\sigma_1^2 / \sigma_2^2 = c$,其中 $c > 0$ 为已知常数,试构造 $H_0:\mu_1 = \mu_2 \leftrightarrow H_1:\mu_1 \neq \mu_2$ 的一个水平为 α 的检验。

解 不妨设 $\sigma_2^2 = \sigma^2$，则 $\sigma_1^2 = c\sigma^2$，于是有

$$\frac{\overline{X} - \overline{Y} - (\mu_1 - \mu_2)}{\sigma\sqrt{\dfrac{c}{n_1} + \dfrac{1}{n_2}}} \sim N(0,1)$$

由于

$$\frac{(n_1-1)S_1^2 + c(n_2-1)S_2^2}{c\sigma^2} = \frac{(n_1-1)S_1^2}{\sigma_1^2} + \frac{(n_2-1)S_2^2}{\sigma_2^2} \sim \chi^2(n_1 + n_2 - 2)$$

根据 t 分布的构造原理，可得

$$\frac{\overline{X} - \overline{Y} - (\mu_1 - \mu_2)}{S_W\sqrt{\dfrac{c}{n_1} + \dfrac{1}{n_2}}} \sim t(n_1 + n_2 - 2)$$

其中，

$$S_W^2 = \frac{(n_1-1)S_1^2 + c(n_2-1)S_2^2}{c(n_1 + n_2 - 2)}$$

取检验统计量为

$$T = \frac{\overline{X} - \overline{Y}}{S_W\sqrt{\dfrac{c}{n_1} + \dfrac{1}{n_2}}}$$

则检验拒绝域为 $|T| > t_{\frac{\alpha}{2}}(n_1 + n_2 - 2)$。

例 7.14 设总体 $X \sim N(\mu_1, \sigma_1^2)$，总体 $Y \sim N(\mu_2, \sigma_2^2)$，从总体 X 和总体 Y 各取容量分别为 7 和 5 的样本，具体如下：

X	81	165	97	134	92	87	14
Y	102	86	98	109	92		

设 $\sigma_1^2/\sigma_2^2 = 10$，试检验假设 $H_0: \mu_1 = \mu_2 \leftrightarrow H_1: \mu_1 \neq \mu_2$（取检验水平 $\alpha = 0.05$）。

解 利用例 7.13 的结论，因为 $t_{\frac{\alpha}{2}}(n_1 + n_2 - 2) = t_{0.025}(10) = 2.2281$，所以拒绝域为 $|T| > 2.2281$，根据题目中的样本观测值，计算得 $\bar{x} = 95.7, s_1^2 = 2208.57, \bar{y} = 97.4, s_2^2 = 78.801$，于是检验统计量的值

$$t = \frac{95.7 - 97.4}{\sqrt{\dfrac{6 \times 2208.57 + 10 \times 4 \times 78.801}{10 \times 10}}\sqrt{\dfrac{10}{7} + \dfrac{1}{5}}} = -0.104$$

因为 $|t| = 0.104$，不满足拒绝域，所以接受原假设。

例 7.15 设 $X_1, X_2, \cdots, X_m$ 是取自参数为 λ_1 的指数分布的样本，$Y_1, Y_2, \cdots, Y_n$ 是取自参数为 λ_2 的指数分布的样本，试构造 $H_0: \lambda_1 \leqslant \lambda_2 \leftrightarrow H_1: \lambda_1 > \lambda_2$ 的一个水平为 α 的检验。

解 因为 $\overline{X}, \overline{Y}$ 分别是 $\lambda_1^{-1}, \lambda_2^{-1}$ 的无偏估计量，而原假设等价于 $\dfrac{\lambda_2^{-1}}{\lambda_1^{-1}} \leqslant 1$，所以可以取

拒绝域为 $\dfrac{\overline{Y}}{\overline{X}} > c$，其中 $c > 0$ 待定。

由于 $2m\lambda_1\overline{X} \sim \chi^2(2m)$，$2n\lambda_2\overline{Y} \sim \chi^2(2n)$，于是有

$$\frac{\lambda_2}{\lambda_1}\frac{\overline{Y}}{\overline{X}} \sim F(2n,2m)$$

而势函数

$$g(\lambda_1,\lambda_2) = P\Big(\frac{\overline{Y}}{\overline{X}} > c\Big) = P\Big(\frac{\lambda_2}{\lambda_1}\frac{\overline{Y}}{\overline{X}} > c\frac{\lambda_2}{\lambda_1}\Big) = 1 - F\Big(c\frac{\lambda_2}{\lambda_1}\Big)$$

其中 $F(\cdot)$ 表示 $F(2n,2m)$ 的分布函数，上式表明，势函数关于 $\dfrac{\lambda_1}{\lambda_2}$ 是单调增加的，所以有

$$g(\lambda_1,\lambda_2)\mid_{H_0} = g(\lambda_1,\lambda_2)\mid_{\frac{\lambda_1}{\lambda_2}\leqslant 1} \leqslant g(\lambda_1,\lambda_2)\mid_{\frac{\lambda_1}{\lambda_2}=1}$$

因此，只要满足 $g(\lambda_1,\lambda_2)\mid_{\frac{\lambda_1}{\lambda_2}=1} = \alpha$，就能保证检验水平等于 α，而

$$g(\lambda_1,\lambda_2)\mid_{\frac{\lambda_1}{\lambda_2}=1} = 1 - F(c) = \alpha \Leftrightarrow c = F_\alpha(2n,2m)$$

所以检验的拒绝域为

$$\frac{\overline{Y}}{\overline{X}} > F_\alpha(2n,2m)。$$

【阅读材料】

现代统计学家奈曼

奈曼(Jerzy Neyman，1894—1981，波兰)，1912 年进入哈尔科夫大学学习数学和物理，大学期间听了当时著名的概率论学者伯恩斯坦的讲课，形成了对纯数学的强烈兴趣和很高的修养，这对他日后研究数量统计学的风格留下了印记。

1925 年，奈曼得到政府资助到伦敦大学学院参加卡尔·皮尔逊主持的研究生班学习统计学，并与担任辅导的爱根·皮尔逊成为好朋友，1926 年秋得到洛克菲勒基金的资助，到巴黎进修了一年，听了勒维、勒贝格和波莱尔等数学大师的讲课，对他影响很大。此后直到 1934 年，他绝大部分时间在波兰工作，1934 年到伦敦大学学院任教，1938 年 4 月应美国加州伯克利大学数学系之聘去该系任教授，这一事件对于美国统计学的发展来说是一个标志性事件。

奈曼不负众望，很快把加州伯克利大学建设成为美国的一个主要的统计中心。他大力抓人才队伍建设，据说有一个时期，统计实验室的研究生数目占到加州伯克利大学全部研究生数目的近一半，在他周围集结了一批新秀，其中，勒康、莱曼、斯坦因、布莱克威尔和歇菲等后来成为美国统计界重量级的人物。自 1945 年开始，他主持了多届伯克利国际概

率统计讨论会,对于推动国际上统计学的研究和交流起了重大的作用,加州伯克利大学的统计实验室逐步取代了伦敦大学学院统计系,成为国际统计学的主要中心。

奈曼对统计学的贡献主要有两个:一是与爱根·皮尔逊合作建立了系统的假设检验理论,又被称为 N-P 理论;二是独立创立了置信区间理论。

N-P 理论产生于奈曼和爱根·皮尔逊长达八年的合作研究,而提出这个问题的最初想法是爱根·皮尔逊。在卡尔·皮乐逊的分布拟合检验和费歇尔显著性检验理论下,我们对同一个问题的检验会有很多个不同的拒绝域,爱根·皮尔逊因此思考这样的问题:可不可以制定某些原则以指导这种选择。1926 年底,爱根·皮尔逊把他的想法写信告诉奈曼,这是两人合作的第一篇论文的大纲,其中包括两类错误、控制第一类错误的原则、备择假设和似然比检验,文章于 1928 年发表在统计学的国际权威杂志《生物计量》上。但是作为 N-P 理论的核心内容则出现在合作研究的第二阶段(1930—1934),是奈曼担任的主角,奈曼不像爱根·皮尔逊那样把似然比检验看成终极的结果,而是持保留态度,他提出了这样的问题:或者证明似然比检验在某种意义上是最优的,或者设法找到最优检验。正是对这个问题的探索使他发现了著名的"N-P基本引理"和一致最优势检验(UMP)等中心内容。

【摘自陈希孺院士的《数理统计学简史》】

习 题 A

1. 假设检验依据的基本原则是_____原理。

2. 第一类错误也称为_____错误;第二类错误也称为_____错误。

3. 处理两类错误 α 与 β 的一般原则是_____。

4. 假设检验的一般步骤为_____、_____、_____、_____、_____。

5. 统计中习惯上称 α 为_____水平。

6. 设总体 $X \sim N(\mu, \sigma^2)$,其中 σ^2 已知,待检验假设为 $H_0 : \mu = \mu_0 \leftrightarrow H_1 : \mu \neq \mu_0$,则在显著性水平 α 之下,H_0 的拒绝域为_____。

   A. $\frac{\overline{X} - \mu_0}{\sigma/\sqrt{n}} > z_\alpha$ B. $\frac{\overline{X} - \mu_0}{\sigma/\sqrt{n}} > z_{\alpha/2}$ C. $\left| \frac{\overline{X} - \mu_0}{\sigma/\sqrt{n}} \right| > z_\alpha$ D. $\left| \frac{\overline{X} - \mu_0}{\sigma/\sqrt{n}} \right| > z_{\alpha/2}$

7. 设总体 $X \sim N(\mu, \sigma^2)$,其中 μ 与 σ^2 未知,待检验假设为 $H_0 : \mu = \mu_0 \leftrightarrow H_1 : \mu \neq \mu_0$,则在显著性水平 α 之下,H_0 的拒绝域为_____。

   A. $\frac{\overline{X} - \mu_0}{S/\sqrt{n}} < -t_\alpha(n)$ B. $\left| \frac{\overline{X} - \mu_0}{S/\sqrt{n}} \right| > t_{\alpha/2}(n)$

   C. $\frac{\overline{X} - \mu_0}{S/\sqrt{n}} > t_\alpha(n-1)$ D. $\left| \frac{\overline{X} - \mu_0}{S/\sqrt{n}} \right| > t_{\alpha/2}(n-1)$

8. 设总体 $X \sim N(\mu, \sigma^2)$,如果在显著性水平 0.05 下接受 $H_0 : \mu = \mu_0$,那么在显著水平 0.01 下,下列结论中正确的是_____。

   A. 必接受 H_0 B. 必拒绝 H_0

   C. 可能接受,也可能拒绝 H_0 D. 不接受,也不拒绝 H_0

9. 设总体 $X \sim N(\mu, \sigma^2)$,其中 μ 与 σ^2 未知,待检验假设为 $H_0 : \mu \geq \mu_0 \leftrightarrow H_1 : \mu < \mu_0$,则在

显著性水平 α 之下，H_0 的拒绝域为_____。

A. $\dfrac{\overline{X}-\mu_0}{S/\sqrt{n}}<-t_\alpha(n)$　　　　B. $\dfrac{\overline{X}-\mu_0}{S/\sqrt{n}}<-t_\alpha(n-1)$

C. $\dfrac{\overline{X}-\mu_0}{S/\sqrt{n}}<-t_{\alpha/2}(n)$　　　　D. $\dfrac{\overline{X}-\mu_0}{S/\sqrt{n}}<-t_{\alpha/2}(n-1)$

10. 设总体 $X\sim N(\mu,\sigma^2)$，其中 μ 与 σ^2 未知，待检验假设为 $H_0:\sigma^2=\sigma_0^2\leftrightarrow H_1:\sigma^2\neq\sigma_0^2$，则在显著性水平 α 之下，H_0 的拒绝域为_____。

A. $\dfrac{nS^2}{\sigma_0^2}<x_{1-\alpha}^2(n)$ 或 $\dfrac{nS^2}{\sigma_0^2}>x_\alpha^2(n)$

B. $\dfrac{nS^2}{\sigma_0^2}<x_{1-\alpha/2}^2(n)$ 或 $\dfrac{nS^2}{\sigma_0^2}>x_{\alpha/2}^2(n)$

C. $\dfrac{(n-1)S^2}{\sigma_0^2}<x_{1-\alpha/2}^2(n-1)$ 或 $\dfrac{(n-1)S^2}{\sigma_0^2}>x_{\alpha/2}^2(n-1)$

D. $\dfrac{(n-1)S^2}{\sigma_0^2}<x_{1-\alpha}^2(n-1)$ 或 $\dfrac{(n-1)S^2}{\sigma_0^2}>x_\alpha^2(n-1)$

11. 设总体 $X\sim N(\mu,\sigma^2)$，其中 μ 与 σ^2 未知，待检验假设为 $H_0:\sigma^2\leqslant\sigma_0^2\leftrightarrow H_1:\sigma^2>\sigma_0^2$，则在显著性水平 α 之下，H_0 的拒绝域为_____。

A. $\dfrac{nS^2}{\sigma_0^2}>x_\alpha^2(n)$　　　　B. $\dfrac{nS^2}{\sigma_0^2}>x_{\alpha/2}^2(n)$

C. $\dfrac{(n-1)S^2}{\sigma_0^2}>x_{\alpha/2}^2(n-1)$　　　　D. $\dfrac{(n-1)S^2}{\sigma_0^2}>x_\alpha^2(n-1)$

习　题　B

1. 设某种绳索的拉力服从正态分布 $N((\mu_0,\sigma^2))$，其平均拉力 $\mu_0=15.6$（单位：kg），标准差 $\sigma=2.2$，现从产品中随机抽取 36 根，测得样本均值为 14.5。试问在显著性水平 $\alpha=0.05$ 下绳索的拉力有无显著变化？

2. 经过 11 年的试验，达尔文于 1876 年得到 15 对玉米样品的数据，如下表所示：

授粉方式	1	2	3	4	5	6	7	8
异株授粉的作物高度	23.125	12	20.375	22	19.125	21.5	22.125	20.375
同株授粉的作物高度	27.375	21	20	20	19.375	18.625	18.625	15.25
异株授粉的作物高度	18.25	21.625	23.25	21	22.125	23	12	
同株授粉的作物高度	16.5	18	16.25	18	12.75	25.5	18	

其中每对作物除授粉方式不同外，其他条件都是相同的，假设每对玉米的高度差服从正态分布。试检验不同授粉方式在显著性水平 $\alpha=0.05$ 下对玉米高度是否有显

著影响。（提示：设每对玉米高度差服从 $N(\mu, \sigma^2)$，检验 $H_0: \mu = 0 \longleftrightarrow H_1: \mu \neq 0$。）

3. 某公司宣称由他们生产的某种型号的电池其平均寿命为 21.5 小时，标准差为 2.9 小时。在实验室测试了该公司生产的 6 只电池，得到它们的寿命（单位：小时）为 19，18，20，22，16，25。设电池寿命近似地服从正态分布，问这些结果是否表明这种电池的平均寿命比该公司宣称的平均寿命要短？（取 $\alpha = 0.05$）

4. 某初中校长在报纸上看到这样的报导：这一城市的初中学生平均每周看 8 小时电视。她认为她的学校学生看电视的时间明显小于该数字。为此她向 100 个学生做了调查，得知平均每周看电视的时间 $\bar{x} = 6.5$ 小时，样本标准差为 $s = 2$ 小时。假设学生每周看电视时间服从正态分布 $N(\mu, \sigma^2)$，问是否可以认为这位校长的看法是对的？（取 $\alpha = 0.05$）

5. 如果一个矩形的宽度 ω 与长度 l 的比 $\omega/l = \dfrac{\sqrt{5}-1}{2} \approx 0.618$，这样的矩形称为黄金矩形，这种尺寸的矩形使人们看上去有良好的感觉。现代建筑构件（如窗架）、工艺品（如图片镜框）、司机的执照、商业的信用卡等常常采用黄金矩形。下面列出某工艺品工厂随机取的 20 个矩形的宽度与长度的比值：

  0.693, 0.749, 0.654, 0.670, 0.662, 0.672, 0.615, 0.606, 0.690, 0.628

  0.668, 0.611, 0.606, 0.609, 0.601, 0.553, 0.570, 0.844, 0.576, 0.933

设这一工厂生产的矩形的宽度与长短的比值总体服从正态分布 $N(0.618, \sigma^2)$，试检验假设（取 $\alpha = 0.05$）：$H_0: \sigma^2 = 0.11^2 \longleftrightarrow H_1: \sigma^2 \neq 0.11^2$。

6. 对于某种导线，要求其电阻的标准差不得超过 0.005（单位：Ω）。今在生产的一批导线中取样品 9 根，测得 $s = 0.007$（Ω），设总体为正态分布。问：在水平 $\alpha = 0.05$ 下能否认为这批导线的标准差显著地偏大？

7. 有两批棉纱，为比较其断裂强度，从中各取一个样本，测得如下结果：

批次	样本容量	样本均值	样本标准差
第一批	200	0.532	0.218
第二批	200	0.570	0.176

设两批棉纱的强度总体服从正态分布，它们的方差未知但相等。问：两批棉纱强度均值有无显著差异？（取 $\alpha = 0.05$）

8. 甲、乙两台机床加工同样产品，从这两台机床加工的产品中随机地抽取若干产品，测得产品直径（单位：mm）如下表所示：

甲	20.5	19.8	19.7	20.4	20.1	20.0	19.6	19.9
乙	19.7	20.8	20.5	19.8	19.4	20.6	19.2	

设两台机床加工的产品直径服从正态分布，它们的方差未知但相等。试比较甲、乙两台机床加工的精度有无显著差异？（取 $\alpha = 0.05$）

9. （续第 7 题）为了保证应用两样本 t 检验的合理性，试检验两批棉纱的强度总体方差有没有显著差异。（取 $\alpha = 0.05$）

10. 某工厂生产的产品不合格率 p 长期不超过 10%，在一次例行检查中，随机抽取 80 件产品，发现有 10 件不合格品，试检验：$H_0: p \leqslant 0.1 \longleftrightarrow H_1: p > 0.1$。（取 $\alpha = 0.05$）

1. （**交并检验**）设总体 $X \sim N(\mu, \sigma^2)$，σ^2 已知，$x_1, \cdots, x_n$ 为来自总体的样本，试求

$$H_0: a \leqslant \mu \leqslant b \longleftrightarrow H_1: \mu < a \quad \text{或} \quad \mu > b$$

的显著性水平为 α 的检验拒绝域（$a < b$）。

2. （**并交检验**）设总体 $X \sim N(\mu, \sigma^2)$，σ^2 已知，$x_1, \cdots, x_n$ 为来自总体的样本，试求

$$H_0: \mu < a \quad \text{或} \quad \mu > b \longleftrightarrow H_1: a \leqslant \mu \leqslant b$$

的显著性水平为 α 的检验拒绝域（$a < b$）。

3. 设总体 $X \sim N(\mu, 4)$，$x_1, \cdots, x_{16}$ 为来自总体的样本，考虑检验问题：

$$H_0: \mu = 1 \longleftrightarrow H_1: \mu \neq 1$$

检验的拒绝域形式取 $|\overline{X} - 1| \geqslant c$。

（1）若取 $\alpha = 0.05$，则 c 是多少？

（2）求该检验在 $\mu = 1.5$ 处犯第二类错误的概率。

4. 某工厂分早中晚三班，每班 8 小时，近期发生了一些事故，计早班 6 次，中班 3 次，晚班 6 次，因此怀疑事故发生率与班次有关，试应用 χ^2 分布拟合检验来检验（取 $\alpha = 0.05$）H_0：事故发生率与班次无关。

5. 为检验 3 种安眠药的效果，选择 15 只健康情况相同的兔子，随机地分为 3 组，每组各服一种安眠药，观察得安眠数据为

安眠药	安眠时间
A_1	6.3　6.8　7.1　6.4　6.2
A_2	5.4　5.8　6.2　6.3　5.9
A_3	6.2　6.1　6.0　5.9　6.4

假设 3 种安眠药的安眠时间服从正态分布，并且方差相等，试检验 3 种安眠药的安眠时间有无显著差异。（取 $\alpha = 0.05$）

附表1 标准正态分布函数表

$$\Phi(x) = \frac{1}{\sqrt{2\pi}} \int_{-\infty}^{x} e^{-\frac{t^2}{2}} dt$$

x	0.00	0.01	0.02	0.03	0.04	0.05	0.06	0.07	0.08	0.09
0.0	0.500 0	0.504 0	0.508 0	0.512 0	0.516 0	0.519 9	0.523 9	0.527 9	0.531 9	0.535 9
0.1	0.539 8	0.543 8	0.547 8	0.551 7	0.555 7	0.559 6	0.563 6	0.567 5	0.571 4	0.575 3
0.2	0.579 3	0.583 2	0.587 1	0.591 0	0.594 8	0.598 7	0.602 6	0.606 4	0.610 3	0.614 1
0.3	0.617 9	0.621 7	0.625 5	0.629 3	0.633 1	0.636 8	0.640 6	0.644 3	0.648 0	0.651 7
0.4	0.655 4	0.659 1	0.662 8	0.666 4	0.670 0	0.673 6	0.677 2	0.680 8	0.684 4	0.687 9
0.5	0.691 5	0.695 0	0.698 5	0.701 9	0.705 4	0.708 8	0.712 3	0.715 7	0.719 0	0.722 4
0.6	0.725 7	0.729 1	0.732 4	0.735 7	0.738 9	0.742 2	0.745 4	0.748 6	0.751 7	0.754 9
0.7	0.758 0	0.761 1	0.764 2	0.767 3	0.770 4	0.773 4	0.776 4	0.779 4	0.782 3	0.785 2
0.8	0.788 1	0.791 0	0.793 9	0.796 7	0.799 5	0.802 3	0.805 1	0.807 8	0.810 6	0.813 3
0.9	0.815 9	0.818 6	0.821 2	0.823 8	0.826 4	0.828 9	0.831 5	0.834 0	0.836 5	0.838 9
1.0	0.841 3	0.843 8	0.846 1	0.848 5	0.850 8	0.853 1	0.855 4	0.857 7	0.859 9	0.862 1
1.1	0.864 3	0.866 5	0.868 6	0.870 8	0.872 9	0.874 9	0.877 0	0.879 0	0.881 0	0.883 0
1.2	0.884 9	0.886 9	0.888 8	0.890 7	0.892 5	0.894 4	0.896 2	0.898 0	0.899 7	0.901 5
1.3	0.903 2	0.904 9	0.906 6	0.908 2	0.909 9	0.911 5	0.913 1	0.914 7	0.916 2	0.917 7
1.4	0.919 2	0.920 7	0.922 2	0.923 6	0.925 1	0.926 5	0.927 9	0.929 2	0.930 6	0.931 9

续表

x \ α	0.00	0.01	0.02	0.03	0.04	0.05	0.06	0.07	0.08	0.09
1.5	0.933 2	0.934 5	0.935 7	0.937 0	0.938 2	0.939 4	0.940 6	0.941 8	0.942 9	0.944 1
1.6	0.945 2	0.946 3	0.947 4	0.948 4	0.949 5	0.950 5	0.951 5	0.952 5	0.953 5	0.954 5
1.7	0.955 4	0.956 4	0.957 3	0.958 2	0.959 1	0.959 9	0.960 8	0.961 6	0.962 5	0.963 3
1.8	0.964 1	0.964 9	0.965 6	0.966 4	0.967 1	0.967 8	0.968 6	0.969 3	0.969 9	0.970 6
1.9	0.971 3	0.971 9	0.972 6	0.973 2	0.973 8	0.974 4	0.975 0	0.975 6	0.976 1	0.976 7
2.0	0.977 2	0.977 8	0.978 3	0.978 8	0.979 3	0.979 8	0.980 3	0.980 8	0.981 2	0.981 7
2.1	0.982 1	0.982 6	0.983 0	0.983 4	0.983 8	0.984 2	0.984 6	0.985 0	0.985 4	0.985 7
2.2	0.986 1	0.986 4	0.986 8	0.987 1	0.987 5	0.987 8	0.988 1	0.988 4	0.988 7	0.989 0
2.3	0.989 3	0.989 6	0.989 8	0.990 1	0.990 4	0.990 6	0.990 9	0.991 1	0.991 3	0.991 6
2.4	0.991 8	0.992 0	0.992 2	0.992 5	0.992 7	0.992 9	0.993 1	0.993 2	0.993 4	0.993 6
2.5	0.993 8	0.994 0	0.994 1	0.994 3	0.994 5	0.994 6	0.994 8	0.994 9	0.995 1	0.995 2
2.6	0.995 3	0.995 5	0.995 6	0.995 7	0.995 9	0.996 0	0.996 1	0.996 2	0.996 3	0.996 4
2.7	0.996 5	0.996 6	0.996 7	0.996 8	0.996 9	0.997 0	0.997 1	0.997 2	0.997 3	0.997 4
2.8	0.997 4	0.997 5	0.997 6	0.997 7	0.997 7	0.997 8	0.997 9	0.997 9	0.998 0	0.998 1
2.9	0.998 1	0.998 2	0.998 2	0.998 3	0.998 4	0.998 4	0.998 5	0.998 5	0.998 6	0.998 6
3.0	0.998 7	0.998 7	0.998 7	0.998 8	0.998 8	0.998 9	0.998 9	0.998 9	0.999 0	0.999 0
3.1	0.999 0	0.999 1	0.999 1	0.999 1	0.999 2	0.999 2	0.999 2	0.999 2	0.999 3	0.999 3
3.2	0.999 3	0.999 3	0.999 4	0.999 4	0.999 4	0.999 4	0.999 4	0.999 5	0.999 5	0.999 5
3.3	0.999 5	0.999 5	0.999 5	0.999 6	0.999 6	0.999 6	0.999 6	0.999 6	0.999 6	0.999 7
3.4	0.999 7	0.999 7	0.999 7	0.999 7	0.999 7	0.999 7	0.999 7	0.999 7	0.999 7	0.999 8

续表

x \ α	0.00	0.01	0.02	0.03	0.04	0.05	0.06	0.07	0.08	0.09
3.5	0.999 8	0.999 8	0.999 8	0.999 8	0.999 8	0.999 8	0.999 8	0.999 8	0.999 8	0.999 8
3.6	0.999 8	0.999 8	0.999 9	0.999 9	0.999 9	0.999 9	0.999 9	0.999 9	0.999 9	0.999 9
3.7	0.999 9	0.999 9	0.999 9	0.999 9	0.999 9	0.999 9	0.999 9	0.999 9	0.999 9	0.999 9
3.8	0.999 9	0.999 9	0.999 9	0.999 9	0.999 9	0.999 9	0.999 9	0.999 9	0.999 9	0.999 9
3.9	1.000 0	1.000 0	1.000 0	1.000 0	1.000 0	1.000 0	1.000 0	1.000 0	1.000 0	1.000 0

附表 2　χ² 分布上侧分位数表

$$(P\{\chi^2(n)>\chi^2_\alpha(n)\}=\alpha)$$

α \ n	0.995	0.99	0.975	0.95	0.90	0.75	0.50	0.25	0.10	0.05	0.025	0.01	0.005
1	0.000 04	0.000 16	0.001	0.004	0.016	0.102	0.455	1.323	2.706	3.841	5.024	6.635	7.879
2	0.010	0.020	0.051	0.103	0.211	0.575	1.386	2.773	4.605	5.991	7.378	9.210	10.597
3	0.072	0.115	0.216	0.352	0.584	1.213	2.366	4.108	6.251	7.815	9.348	11.345	12.838
4	0.207	0.297	0.484	0.711	1.064	1.923	3.357	5.385	7.779	9.488	11.143	13.277	14.860
5	0.412	0.554	0.831	1.145	1.610	2.675	4.351	6.626	9.236	11.070	12.833	15.086	16.750
6	0.676	0.872	1.237	1.635	2.204	3.455	5.348	7.841	10.645	12.592	14.449	16.812	18.548
7	0.989	1.239	1.690	2.167	2.833	4.255	6.346	9.037	12.017	14.067	16.013	18.475	20.278
8	1.344	1.646	2.180	2.733	3.490	5.071	7.344	10.219	13.362	15.507	17.535	20.090	21.955
9	1.735	2.088	2.700	3.325	4.168	5.899	8.343	11.389	14.684	16.919	19.023	21.666	23.589
10	2.156	2.558	3.247	3.940	4.865	6.737	9.342	12.549	15.987	18.307	20.483	23.209	25.188
11	2.603	3.053	3.816	4.575	5.578	7.584	10.341	13.701	17.275	19.675	21.920	24.725	26.757
12	3.074	3.571	4.404	5.226	6.304	8.438	11.340	14.845	18.549	21.026	23.337	26.217	28.300
13	3.565	4.107	5.009	5.892	7.042	9.299	12.340	15.984	19.812	22.362	24.736	27.688	29.819
14	4.075	4.660	5.629	6.571	7.790	10.165	13.339	17.117	21.064	23.685	26.119	29.141	31.319
15	4.601	5.229	6.262	7.261	8.547	11.037	14.339	18.245	22.307	24.996	27.488	30.578	32.801
16	5.142	5.812	6.908	7.962	9.312	11.912	15.338	19.369	23.542	26.296	28.845	32.000	34.267
17	5.697	6.408	7.564	8.672	10.085	12.792	16.338	20.489	24.769	27.587	30.191	33.409	35.718
18	6.265	7.015	8.231	9.390	10.865	13.675	17.338	21.605	25.989	28.869	31.526	34.805	37.156
19	6.844	7.633	8.907	10.117	11.651	14.562	18.338	22.718	27.204	30.144	32.852	36.191	38.582
20	7.434	8.260	9.591	10.851	12.443	15.452	19.337	23.828	28.412	31.410	34.170	37.566	39.997

续表

n α	0.995	0.99	0.975	0.95	0.90	0.75	0.50	0.25	0.10	0.05	0.025	0.01	0.005
21	8.034	8.897	10.283	11.591	13.240	16.344	20.337	24.935	29.615	32.671	35.479	38.932	41.401
22	8.643	9.542	10.982	12.338	14.041	17.240	21.337	26.039	30.813	33.924	36.781	40.289	42.796
23	9.260	10.196	11.689	13.091	14.848	18.137	22.337	27.141	32.007	35.172	38.076	41.638	44.181
24	9.886	10.856	12.401	13.848	15.659	19.037	23.337	28.241	33.196	36.415	39.364	42.980	45.559
25	10.520	11.524	13.120	14.611	16.473	19.939	24.337	29.339	34.382	37.652	40.646	44.314	46.928
26	11.160	12.198	13.844	15.379	17.292	20.843	25.336	30.435	35.563	38.885	41.923	45.642	48.290
27	11.808	12.879	14.573	16.151	18.114	21.749	26.336	31.528	36.741	40.113	43.195	46.963	49.645
28	12.461	13.565	15.308	16.928	18.939	22.657	27.336	32.620	37.916	41.337	44.461	48.278	50.993
29	13.121	14.256	16.047	17.708	19.768	23.567	28.336	33.711	39.087	42.557	45.722	49.588	52.336
30	13.787	14.953	16.791	18.493	20.599	24.478	29.336	34.800	40.256	43.773	46.979	50.892	53.672
31	14.458	15.655	17.539	19.281	21.434	25.390	30.336	35.887	41.422	44.985	48.232	52.191	55.003
32	15.134	16.362	18.291	20.072	22.271	26.304	31.336	36.973	42.585	46.194	49.480	53.486	56.328
33	15.815	17.074	19.047	20.867	23.110	27.219	32.336	38.058	43.745	47.400	50.725	54.776	57.648
34	16.501	17.789	19.806	21.664	23.952	28.136	33.336	39.141	44.903	48.602	51.966	56.061	58.964
35	17.192	18.509	20.569	22.465	24.797	29.054	34.336	40.223	46.059	49.802	53.203	57.342	60.275
36	17.887	19.233	21.336	23.269	25.643	29.973	35.336	41.304	47.212	50.998	54.437	58.619	61.581
37	18.586	19.960	22.106	24.075	26.492	30.893	36.336	42.383	48.363	52.192	55.668	59.893	62.883
38	19.289	20.691	22.878	24.884	27.343	31.815	37.335	43.462	49.513	53.384	56.896	61.162	64.181
39	19.996	21.426	23.654	25.695	28.196	32.737	38.335	44.539	50.660	54.572	58.120	62.428	65.476
40	20.707	22.164	24.433	26.509	29.051	33.660	39.335	45.616	51.805	55.758	59.342	63.691	66.766

续表

n \ α	0.995	0.99	0.975	0.95	0.90	0.75	0.50	0.25	0.10	0.05	0.025	0.01	0.005
41	21.421	22.906	25.215	27.326	29.907	34.585	40.335	46.692	52.949	56.942	60.561	64.950	68.053
42	22.138	23.650	25.999	28.144	30.765	35.510	41.335	47.766	54.090	58.124	61.777	66.206	69.336
43	22.859	24.398	26.785	28.965	31.625	36.436	42.335	48.840	55.230	59.304	62.990	67.459	70.616
44	23.584	25.148	27.575	29.787	32.487	37.363	43.335	49.913	56.369	60.481	64.201	68.710	71.893
45	24.311	25.901	28.366	30.612	33.350	38.291	44.335	50.985	57.505	61.656	65.410	69.957	73.166
46	25.041	26.657	29.160	31.439	34.215	39.220	45.335	52.056	58.641	62.830	66.617	71.201	74.437
47	25.775	27.416	29.956	32.268	35.081	40.149	46.335	53.127	59.774	64.001	67.821	72.443	75.704
48	26.511	28.177	30.755	33.098	35.949	41.079	47.335	54.196	60.907	65.171	69.023	73.683	76.969
49	27.249	28.941	31.555	33.930	36.818	42.010	48.335	55.265	62.038	66.339	70.222	74.919	78.231
50	27.991	29.707	32.357	34.764	37.689	42.942	49.335	56.334	63.167	67.505	71.420	76.154	79.490

附表 3 t 分布上侧分位数表 $(P\{t(n)>t_\alpha(n)\}=\alpha)$

α / n	0.20	0.15	0.10	0.05	0.025	0.01	0.005
1	1.376	1.963	3.078	6.314	12.706	31.821	63.656
2	1.061	1.386	1.886	2.92	4.303	6.965	9.925
3	0.978	1.25	1.638	2.353	3.182	4.541	5.841
4	0.941	1.19	1.533	2.132	2.776	3.747	4.604
5	0.92	1.156	1.476	2.015	2.571	3.365	4.032
6	0.906	1.134	1.44	1.943	2.447	3.143	3.707
7	0.896	1.119	1.415	1.895	2.365	2.998	3.499
8	0.889	1.108	1.397	1.86	2.306	2.896	3.355
9	0.883	1.1	1.383	1.833	2.262	2.821	3.25
10	0.879	1.093	1.372	1.812	2.228	2.764	3.169
11	0.876	1.088	1.363	1.796	2.201	2.718	3.106
12	0.873	1.083	1.356	1.782	2.179	2.681	3.055
13	0.87	1.079	1.35	1.771	2.16	2.65	3.012
14	0.868	1.076	1.345	1.761	2.145	2.624	2.977
15	0.866	1.074	1.341	1.753	2.131	2.602	2.947
16	0.865	1.071	1.337	1.746	2.12	2.583	2.921
17	0.863	1.069	1.333	1.74	2.11	2.567	2.898
18	0.862	1.067	1.33	1.734	2.101	2.552	2.878
19	0.861	1.066	1.328	1.729	2.093	2.539	2.861
20	0.86	1.064	1.325	1.725	2.086	2.528	2.845
21	0.859	1.063	1.323	1.721	2.08	2.518	2.831
22	0.858	1.061	1.321	1.717	2.074	2.508	2.819
23	0.858	1.06	1.319	1.714	2.069	2.5	2.807
24	0.857	1.059	1.318	1.711	2.064	2.492	2.797
25	0.856	1.058	1.316	1.708	2.06	2.485	2.787

α n	0.20	0.15	0.10	0.05	0.025	0.01	0.005
26	0.856	1.058	1.315	1.706	2.056	2.479	2.779
27	0.855	1.057	1.314	1.703	2.052	2.473	2.771
28	0.855	1.056	1.313	1.701	2.048	2.467	2.763
29	0.854	1.055	1.311	1.699	2.045	2.462	2.756
30	0.854	1.055	1.31	1.697	2.042	2.457	2.75
31	0.853 5	1.054 1	1.309 5	1.695 5	2.039 5	2.453	2.744 1
32	0.853 1	1.053 6	1.308 6	1.693 9	2.037	2.449	2.738 5
33	0.852 7	1.053 1	1.307 8	1.692 4	2.034 5	2.445	2.733 3
34	0.852 4	1.052 6	1.307	1.690 9	2.032 3	2.441	2.728 4
35	0.852 1	1.052 1	1.306 2	1.689 6	2.030 1	2.438	2.723 9
36	0.851 8	1.051 6	1.305 5	1.688 3	2.028 1	2.434	2.719 5
37	0.851 5	1.051 2	1.304 9	1.687 1	2.026 2	2.431	2.715 5
38	0.851 2	1.050 8	1.304 2	1.686	2.024 4	2.428	2.711 6
39	0.851	1.050 4	1.303 7	1.684 9	2.022 7	2.426	2.707 9
40	0.850 7	1.050 1	1.303	1.684	2.021	2.423	2.704
60	0.847 7	1.045 5	1.296	1.671	2.000	2.390	2.660
120	0.844 6	1.040 9	1.289	1.658	1.98	2.358	2.617
∞	0.841 6	1.036 4	1.282	1.645	1.96	2.326	2.576

附表4 F分布上侧分位数表

$$\alpha=0.10 \qquad (P\{F(n_1,n_2)>F_\alpha(n_1,n_2)\}=\alpha)$$

n_1 \ n_2	1	2	3	4	5	6	7	8	9	10	12	15	20	24	30	40	60	120	∞
1	39.86	49.50	53.59	55.83	57.24	58.20	58.91	59.44	59.86	60.19	60.71	61.22	61.74	62.00	62.26	62.53	62.79	63.06	63.33
2	8.53	9.00	9.16	9.24	9.29	9.33	9.35	9.37	9.38	9.39	9.41	9.42	9.44	9.45	9.46	9.47	9.47	9.48	9.49
3	5.54	5.46	5.39	5.34	5.31	5.28	5.27	5.25	5.24	5.23	5.22	5.20	5.18	5.18	5.17	5.16	5.15	5.14	5.13
4	4.54	4.32	4.19	4.11	4.05	4.01	3.98	3.95	3.94	3.92	3.90	3.87	3.84	3.83	3.82	3.80	3.79	3.78	3.76
5	4.06	3.78	3.62	3.52	3.45	3.40	3.37	3.34	3.32	3.30	3.27	3.24	3.21	3.19	3.17	3.16	3.14	3.12	3.10
6	3.78	3.46	3.29	3.18	3.11	3.05	3.01	2.98	2.96	2.94	2.90	2.87	2.84	2.82	2.80	2.78	2.76	2.74	2.72
7	3.59	3.26	3.07	2.96	2.88	2.83	2.78	2.75	2.72	2.70	2.67	2.63	2.59	2.58	2.56	2.54	2.51	2.49	2.47
8	3.46	3.11	2.92	2.81	2.73	2.67	2.62	2.59	2.56	2.54	2.50	2.46	2.42	2.40	2.38	2.36	2.34	2.32	2.29
9	3.36	3.01	2.81	2.69	2.61	2.55	2.51	2.47	2.44	2.42	2.38	2.34	2.30	2.28	2.25	2.23	2.21	2.18	2.16
10	3.29	2.92	2.73	2.61	2.52	2.46	2.41	2.38	2.35	2.32	2.28	2.24	2.20	2.18	2.16	2.13	2.11	2.08	2.06
11	3.23	2.86	2.66	2.54	2.45	2.39	2.34	2.30	2.27	2.25	2.21	2.17	2.12	2.10	2.08	2.05	2.03	2.00	1.97
12	3.18	2.81	2.61	2.48	2.39	2.33	2.28	2.24	2.21	2.19	2.15	2.10	2.06	2.04	2.01	1.99	1.96	1.93	1.90
13	3.14	2.76	2.56	2.43	2.35	2.28	2.23	2.20	2.16	2.14	2.10	2.05	2.01	1.98	1.96	1.93	1.90	1.88	1.85
14	3.10	2.73	2.52	2.39	2.31	2.24	2.19	2.15	2.12	2.10	2.05	2.01	1.96	1.94	1.91	1.89	1.86	1.83	1.80
15	3.07	2.70	2.49	2.36	2.27	2.21	2.16	2.12	2.09	2.06	2.02	1.97	1.92	1.90	1.87	1.85	1.82	1.79	1.76

续表

n_1 n_2	1	2	3	4	5	6	7	8	9	10	12	15	20	24	30	40	60	120	∞
16	3.05	2.67	2.46	2.33	2.24	2.18	2.13	2.09	2.06	2.03	1.99	1.94	1.89	1.87	1.84	1.81	1.78	1.75	1.72
17	3.03	2.64	2.44	2.31	2.22	2.15	2.10	2.06	2.03	2.00	1.96	1.91	1.86	1.84	1.81	1.78	1.75	1.72	1.69
18	3.01	2.62	2.42	2.29	2.20	2.13	2.08	2.04	2.00	1.98	1.93	1.89	1.84	1.81	1.78	1.75	1.72	1.69	1.66
19	2.99	2.61	2.40	2.27	2.18	2.11	2.06	2.02	1.98	1.96	1.91	1.86	1.81	1.79	1.76	1.73	1.70	1.67	1.63
20	2.97	2.59	2.38	2.25	2.16	2.09	2.04	2.00	1.96	1.94	1.89	1.84	1.79	1.77	1.74	1.71	1.68	1.64	1.61
21	2.96	2.57	2.36	2.23	2.14	2.08	2.02	1.98	1.95	1.92	1.87	1.83	1.78	1.75	1.72	1.69	1.66	1.62	1.59
22	2.95	2.56	2.35	2.22	2.13	2.06	2.01	1.97	1.93	1.90	1.86	1.81	1.76	1.73	1.70	1.67	1.64	1.60	1.57
23	2.94	2.55	2.34	2.21	2.11	2.05	1.99	1.95	1.92	1.89	1.84	1.80	1.74	1.72	1.69	1.66	1.62	1.59	1.55
24	2.93	2.54	2.33	2.19	2.10	2.04	1.98	1.94	1.91	1.88	1.83	1.78	1.73	1.70	1.67	1.64	1.61	1.57	1.53
25	2.92	2.53	2.32	2.18	2.09	2.02	1.97	1.93	1.89	1.87	1.82	1.77	1.72	1.69	1.66	1.63	1.59	1.56	1.52
26	2.91	2.52	2.31	2.17	2.08	2.01	1.96	1.92	1.88	1.86	1.81	1.76	1.71	1.68	1.65	1.61	1.58	1.54	1.50
27	2.90	2.51	2.30	2.17	2.07	2.00	1.95	1.91	1.87	1.85	1.80	1.75	1.70	1.67	1.64	1.60	1.57	1.53	1.49
28	2.89	2.50	2.29	2.16	2.06	2.00	1.94	1.90	1.87	1.84	1.79	1.74	1.69	1.66	1.63	1.59	1.56	1.52	1.48
29	2.89	2.50	2.28	2.15	2.06	1.99	1.93	1.89	1.86	1.83	1.78	1.73	1.68	1.65	1.62	1.58	1.55	1.51	1.47
30	2.88	2.49	2.28	2.14	2.05	1.98	1.93	1.88	1.85	1.82	1.77	1.72	1.67	1.64	1.61	1.57	1.54	1.50	1.46
40	2.84	2.44	2.23	2.09	2.00	1.93	1.87	1.83	1.79	1.76	1.71	1.66	1.61	1.57	1.54	1.51	1.47	1.42	1.38
60	2.79	2.39	2.18	2.04	1.95	1.87	1.82	1.77	1.74	1.71	1.66	1.60	1.54	1.51	1.48	1.44	1.40	1.35	1.29
120	2.75	2.35	2.13	1.99	1.90	1.82	1.77	1.72	1.68	1.65	1.60	1.55	1.48	1.45	1.41	1.37	1.32	1.26	1.19
∞	2.71	2.30	2.08	1.94	1.85	1.77	1.72	1.67	1.63	1.60	1.55	1.49	1.42	1.38	1.34	1.30	1.24	1.17	1.00

$\alpha=0.05$

n_1 \ n_2	1	2	3	4	5	6	7	8	9	10	12	15	20	24	30	40	60	120	∞
1	161.4	199.5	215.7	224.6	230.2	234.0	236.8	238.9	240.5	241.9	243.9	245.9	248.0	249.1	250.1	251.1	252.2	253.3	254.3
2	18.51	19.00	19.16	19.25	19.30	19.33	19.35	19.37	19.38	19.40	19.41	19.43	19.45	19.45	19.46	19.47	19.48	19.49	19.50
3	10.13	9.55	9.28	9.12	9.01	8.94	8.89	8.85	8.81	8.79	8.74	8.70	8.66	8.64	8.62	8.59	8.57	8.55	8.53
4	7.71	6.94	6.59	6.39	6.26	6.16	6.09	6.04	6.00	5.96	5.91	5.86	5.80	5.77	5.75	5.72	5.69	5.66	5.63
5	6.61	5.79	5.41	5.19	5.05	4.95	4.88	4.82	4.77	4.74	4.68	4.62	4.56	4.53	4.50	4.46	4.43	4.40	4.36
6	5.99	5.14	4.76	4.53	4.39	4.28	4.21	4.15	4.10	4.06	4.00	3.94	3.87	3.84	3.81	3.77	3.74	3.70	3.67
7	5.59	4.74	4.35	4.12	3.97	3.87	3.79	3.73	3.68	3.64	3.57	3.51	3.44	3.41	3.38	3.34	3.30	3.27	3.23
8	5.32	4.46	4.07	3.84	3.69	3.58	3.50	3.44	3.39	3.35	3.28	3.22	3.15	3.12	3.08	3.04	3.01	2.97	2.93
9	5.12	4.26	3.86	3.63	3.48	3.37	3.29	3.23	3.18	3.14	3.07	3.01	2.94	2.90	2.86	2.83	2.79	2.75	2.71
10	4.96	4.10	3.71	3.48	3.33	3.22	3.14	3.07	3.02	2.98	2.91	2.85	2.77	2.74	2.70	2.66	2.62	2.58	2.54
11	4.84	3.98	3.59	3.36	3.20	3.09	3.01	2.95	2.90	2.85	2.79	2.72	2.65	2.61	2.57	2.53	2.49	2.45	2.40
12	4.75	3.89	3.49	3.26	3.11	3.00	2.91	2.85	2.80	2.75	2.69	2.62	2.54	2.51	2.47	2.43	2.38	2.34	2.30
13	4.67	3.81	3.41	3.18	3.03	2.92	2.83	2.77	2.71	2.67	2.60	2.53	2.46	2.42	2.38	2.34	2.30	2.25	2.21
14	4.60	3.74	3.34	3.11	2.96	2.85	2.76	2.70	2.65	2.60	2.53	2.46	2.39	2.35	2.31	2.27	2.22	2.18	2.13
15	4.54	3.68	3.29	3.06	2.90	2.79	2.71	2.64	2.59	2.54	2.48	2.40	2.33	2.29	2.25	2.20	2.16	2.11	2.07

续表

n_1 \ n_2	1	2	3	4	5	6	7	8	9	10	12	15	20	24	30	40	60	120	∞
16	4.49	3.63	3.24	3.01	2.85	2.74	2.66	2.59	2.54	2.49	2.42	2.35	2.28	2.24	2.19	2.15	2.11	2.06	2.01
17	4.45	3.59	3.20	2.96	2.81	2.70	2.61	2.55	2.49	2.45	2.38	2.31	2.23	2.19	2.15	2.10	2.06	2.01	1.96
18	4.41	3.55	3.16	2.93	2.77	2.66	2.58	2.51	2.46	2.41	2.34	2.27	2.19	2.15	2.11	2.06	2.02	1.97	1.92
19	4.38	3.52	3.13	2.90	2.74	2.63	2.54	2.48	2.42	2.38	2.31	2.23	2.16	2.11	2.07	2.03	1.98	1.93	1.88
20	4.35	3.49	3.10	2.87	2.71	2.60	2.51	2.45	2.39	2.35	2.28	2.20	2.12	2.08	2.04	1.99	1.95	1.90	1.84
21	4.32	3.47	3.07	2.84	2.68	2.57	2.49	2.42	2.37	2.32	2.25	2.18	2.10	2.05	2.01	1.96	1.92	1.87	1.81
22	4.30	3.44	3.05	2.82	2.66	2.55	2.46	2.40	2.34	2.30	2.23	2.15	2.07	2.03	1.98	1.94	1.89	1.84	1.78
23	4.28	3.42	3.03	2.80	2.64	2.53	2.44	2.37	2.32	2.27	2.20	2.13	2.05	2.01	1.96	1.91	1.86	1.81	1.76
24	4.26	3.40	3.01	2.78	2.62	2.51	2.42	2.36	2.30	2.25	2.18	2.11	2.03	1.98	1.94	1.89	1.84	1.79	1.73
25	4.24	3.39	2.99	2.76	2.60	2.49	2.40	2.34	2.28	2.24	2.16	2.09	2.01	1.96	1.92	1.87	1.82	1.77	1.71
26	4.23	3.37	2.98	2.74	2.59	2.47	2.39	2.32	2.27	2.22	2.15	2.07	1.99	1.95	1.90	1.85	1.80	1.75	1.69
27	4.21	3.35	2.96	2.73	2.57	2.46	2.37	2.31	2.25	2.20	2.13	2.06	1.97	1.93	1.88	1.84	1.79	1.73	1.67
28	4.20	3.34	2.95	2.71	2.56	2.45	2.36	2.29	2.24	2.19	2.12	2.04	1.96	1.91	1.87	1.82	1.77	1.71	1.65
29	4.18	3.33	2.93	2.70	2.55	2.43	2.35	2.28	2.22	2.18	2.10	2.03	1.94	1.90	1.85	1.81	1.75	1.70	1.64
30	4.17	3.32	2.92	2.69	2.53	2.42	2.33	2.27	2.21	2.16	2.09	2.01	1.93	1.89	1.84	1.79	1.74	1.68	1.62
40	4.08	3.23	2.84	2.61	2.45	2.34	2.25	2.18	2.12	2.08	2.00	1.92	1.84	1.79	1.74	1.69	1.64	1.58	1.51
60	4.00	3.15	2.76	2.53	2.37	2.25	2.17	2.10	2.04	1.99	1.92	1.84	1.75	1.70	1.65	1.59	1.53	1.47	1.39
120	3.92	3.07	2.68	2.45	2.29	2.18	2.09	2.02	1.96	1.91	1.83	1.75	1.66	1.61	1.55	1.50	1.43	1.35	1.25
∞	3.84	3.00	2.60	2.37	2.21	2.10	2.01	1.94	1.88	1.83	1.75	1.67	1.57	1.52	1.46	1.39	1.32	1.22	1.00

$\alpha=0.025$

n_2 \ n_1	1	2	3	4	5	6	7	8	9	10	12	15	20	24	30	40	60	120	∞
1	647.8	799.5	864.2	899.6	921.8	937.1	948.2	956.7	963.3	968.6	976.7	984.9	993.1	997.2	1 001	1 006	1 010	1 014	1 018
2	38.51	39.00	39.17	39.25	39.30	39.33	39.36	39.37	39.39	39.40	39.41	39.43	39.45	39.46	39.46	39.47	39.48	39.49	39.50
3	17.44	16.04	15.44	15.10	14.88	14.73	14.62	14.54	14.47	14.42	14.34	14.25	14.17	14.12	14.08	14.04	13.99	13.95	13.90
4	12.22	10.65	9.98	9.60	9.36	9.20	9.07	8.98	8.90	8.84	8.75	8.66	8.56	8.51	8.46	8.41	8.36	8.31	8.26
5	10.01	8.43	7.76	7.39	7.15	6.98	6.85	6.76	6.68	6.62	6.52	6.43	6.33	6.28	6.23	6.18	6.12	6.07	6.02
6	8.81	7.26	6.60	6.23	5.99	5.82	5.70	5.60	5.52	5.46	5.37	5.27	5.17	5.12	5.07	5.01	4.96	4.90	4.85
7	8.07	6.54	5.89	5.52	5.29	5.12	4.99	4.90	4.82	4.76	4.67	4.57	4.47	4.41	4.36	4.31	4.25	4.20	4.14
8	7.57	6.06	5.42	5.05	4.82	4.65	4.53	4.43	4.36	4.30	4.20	4.10	4.00	3.95	3.89	3.84	3.78	3.73	3.67
9	7.21	5.71	5.08	4.72	4.48	4.32	4.20	4.10	4.03	3.96	3.87	3.77	3.67	3.61	3.56	3.51	3.45	3.39	3.33
10	6.94	5.46	4.83	4.47	4.24	4.07	3.95	3.85	3.78	3.72	3.62	3.52	3.42	3.37	3.31	3.26	3.20	3.14	3.08
11	6.72	5.26	4.63	4.28	4.04	3.88	3.76	3.66	3.59	3.53	3.43	3.33	3.23	3.17	3.12	3.06	3.00	2.94	2.88
12	6.55	5.10	4.47	4.12	3.89	3.73	3.61	3.51	3.44	3.37	3.28	3.18	3.07	3.02	2.96	2.91	2.85	2.79	2.72
13	6.41	4.97	4.35	4.00	3.77	3.60	3.48	3.39	3.31	3.25	3.15	3.05	2.95	2.89	2.84	2.78	2.72	2.66	2.60
14	6.30	4.86	4.24	3.89	3.66	3.50	3.38	3.29	3.21	3.15	3.05	2.95	2.84	2.79	2.73	2.67	2.61	2.55	2.49
15	6.20	4.77	4.15	3.80	3.58	3.41	3.29	3.20	3.12	3.06	2.96	2.86	2.76	2.70	2.64	2.59	2.52	2.46	2.40
16	6.12	4.69	4.08	3.73	3.50	3.34	3.22	3.12	3.05	2.99	2.89	2.79	2.68	2.63	2.57	2.51	2.45	2.38	2.32
17	6.04	4.62	4.01	3.66	3.44	3.28	3.16	3.06	2.98	2.92	2.82	2.72	2.62	2.56	2.50	2.44	2.38	2.32	2.25
18	5.98	4.56	3.95	3.61	3.38	3.22	3.10	3.01	2.93	2.87	2.77	2.67	2.56	2.50	2.44	2.38	2.32	2.26	2.19
19	5.92	4.51	3.90	3.56	3.33	3.17	3.05	2.96	2.88	2.82	2.72	2.62	2.51	2.45	2.39	2.33	2.27	2.20	2.13
20	5.87	4.46	3.86	3.51	3.29	3.13	3.01	2.91	2.84	2.77	2.68	2.57	2.46	2.41	2.35	2.29	2.22	2.16	2.09

续表

n_2\\n_1	1	2	3	4	5	6	7	8	9	10	12	15	20	24	30	40	60	120	∞
21	5.83	4.42	3.82	3.48	3.25	3.09	2.97	2.87	2.80	2.73	2.64	2.53	2.42	2.37	2.31	2.25	2.18	2.11	2.04
22	5.79	4.38	3.78	3.44	3.22	3.05	2.93	2.84	2.76	2.70	2.60	2.50	2.39	2.33	2.27	2.21	2.14	2.08	2.00
23	5.75	4.35	3.75	3.41	3.18	3.02	2.90	2.81	2.73	2.67	2.57	2.47	2.36	2.30	2.24	2.18	2.11	2.04	1.97
24	5.72	4.32	3.72	3.38	3.15	2.99	2.87	2.78	2.70	2.64	2.54	2.44	2.33	2.27	2.21	2.15	2.08	2.01	1.94
25	5.69	4.29	3.69	3.35	3.13	2.97	2.85	2.75	2.68	2.61	2.51	2.41	2.30	2.24	2.18	2.12	2.05	1.98	1.91
26	5.66	4.27	3.67	3.33	3.10	2.94	2.82	2.73	2.65	2.59	2.49	2.39	2.28	2.22	2.16	2.09	2.03	1.95	1.88
27	5.63	4.24	3.65	3.31	3.08	2.92	2.80	2.71	2.63	2.57	2.47	2.36	2.25	2.19	2.13	2.07	2.00	1.93	1.85
28	5.61	4.22	3.63	3.29	3.06	2.90	2.78	2.69	2.61	2.55	2.45	2.34	2.23	2.17	2.11	2.05	1.98	1.91	1.83
29	5.59	4.20	3.61	3.27	3.04	2.88	2.76	2.67	2.59	2.53	2.43	2.32	2.21	2.15	2.09	2.03	1.96	1.89	1.81
30	5.57	4.18	3.59	3.25	3.03	2.87	2.75	2.65	2.57	2.51	2.41	2.31	2.20	2.14	2.07	2.01	1.94	1.87	1.79
40	5.42	4.05	3.46	3.13	2.90	2.74	2.62	2.53	2.45	2.39	2.29	2.18	2.07	2.01	1.94	1.88	1.80	1.72	1.64
60	5.29	3.93	3.34	3.01	2.79	2.63	2.51	2.41	2.33	2.27	2.17	2.06	1.94	1.88	1.82	1.74	1.67	1.58	1.48
120	5.15	3.80	3.23	2.89	2.67	2.52	2.39	2.30	2.22	2.16	2.05	1.94	1.82	1.76	1.69	1.61	1.53	1.43	1.31
∞	5.02	3.69	3.12	2.79	2.57	2.41	2.29	2.19	2.11	2.05	1.94	1.83	1.71	1.64	1.57	1.48	1.39	1.27	1.00

$\alpha=0.01$

n_1 / n_2	1	2	3	4	5	6	7	8	9	10	12	15	20	24	30	40	60	120	∞
1	4 052	4 999	5 403	5 625	5 764	5 859	5 928	5 981	6 022	6 056	6 106	6 157	6 209	6 235	6 261	6 287	6 313	6 339	6 366
2	98.50	99.00	99.17	99.25	99.30	99.33	99.36	99.37	99.39	99.40	99.42	99.43	99.45	99.46	99.47	99.47	99.48	99.49	99.50
3	34.12	30.82	29.46	28.71	28.24	27.91	27.67	27.49	27.35	27.23	27.05	26.87	26.69	26.60	26.50	26.41	26.32	26.22	26.13
4	21.20	18.00	16.69	15.98	15.52	15.21	14.98	14.80	14.66	14.55	14.37	14.20	14.02	13.93	13.84	13.75	13.65	13.56	13.46
5	16.26	13.27	12.06	11.39	10.97	10.67	10.46	10.29	10.16	10.05	9.89	9.72	9.55	9.47	9.38	9.29	9.20	9.11	9.02
6	13.75	10.92	9.78	9.15	8.75	8.47	8.26	8.10	7.98	7.87	7.72	7.56	7.40	7.31	7.23	7.14	7.06	6.97	6.88
7	12.25	9.55	8.45	7.85	7.46	7.19	6.99	6.84	6.72	6.62	6.47	6.31	6.16	6.07	5.99	5.91	5.82	5.74	5.65
8	11.26	8.65	7.59	7.01	6.63	6.37	6.18	6.03	5.91	5.81	5.67	5.52	5.36	5.28	5.20	5.12	5.03	4.95	4.86
9	10.56	8.02	6.99	6.42	6.06	5.80	5.61	5.47	5.35	5.26	5.11	4.96	4.81	4.73	4.65	4.57	4.48	4.40	4.31
10	10.04	7.56	6.55	5.99	5.64	5.39	5.20	5.06	4.94	4.85	4.71	4.56	4.41	4.33	4.25	4.17	4.08	4.00	3.91
11	9.65	7.21	6.22	5.67	5.32	5.07	4.89	4.74	4.63	4.54	4.40	4.25	4.10	4.02	3.94	3.86	3.78	3.69	3.60
12	9.33	6.93	5.95	5.41	5.06	4.82	4.64	4.50	4.39	4.30	4.16	4.01	3.86	3.78	3.70	3.62	3.54	3.45	3.36
13	9.07	6.70	5.74	5.21	4.86	4.62	4.44	4.30	4.19	4.10	3.96	3.82	3.66	3.59	3.51	3.43	3.34	3.25	3.17
14	8.86	6.51	5.56	5.04	4.69	4.46	4.28	4.14	4.03	3.94	3.80	3.66	3.51	3.43	3.35	3.27	3.18	3.09	3.00
15	8.68	6.36	5.42	4.89	4.56	4.32	4.14	4.00	3.89	3.80	3.67	3.52	3.37	3.29	3.21	3.13	3.05	2.96	2.87
16	8.53	6.23	5.29	4.77	4.44	4.20	4.03	3.89	3.78	3.69	3.55	3.41	3.26	3.18	3.10	3.02	2.93	2.84	2.75
17	8.40	6.11	5.18	4.67	4.34	4.10	3.93	3.79	3.68	3.59	3.46	3.31	3.16	3.08	3.00	2.92	2.83	2.75	2.65
18	8.29	6.01	5.09	4.58	4.25	4.01	3.84	3.71	3.60	3.51	3.37	3.23	3.08	3.00	2.92	2.84	2.75	2.66	2.57
19	8.18	5.93	5.01	4.50	4.17	3.94	3.77	3.63	3.52	3.43	3.30	3.15	3.00	2.92	2.84	2.76	2.67	2.58	2.49
20	8.10	5.85	4.94	4.43	4.10	3.87	3.70	3.56	3.46	3.37	3.23	3.09	2.94	2.86	2.78	2.69	2.61	2.52	2.42

续表

$n_2 \backslash n_1$	1	2	3	4	5	6	7	8	9	10	12	15	20	24	30	40	60	120	∞
21	8.02	5.78	4.87	4.37	4.04	3.81	3.64	3.51	3.40	3.31	3.17	3.03	2.88	2.80	2.72	2.64	2.55	2.46	2.36
22	7.95	5.72	4.82	4.31	3.99	3.76	3.59	3.45	3.35	3.26	3.12	2.98	2.83	2.75	2.67	2.58	2.50	2.40	2.31
23	7.88	5.66	4.76	4.26	3.94	3.71	3.54	3.41	3.30	3.21	3.07	2.93	2.78	2.70	2.62	2.54	2.45	2.35	2.26
24	7.82	5.61	4.72	4.22	3.90	3.67	3.50	3.36	3.26	3.17	3.03	2.89	2.74	2.66	2.58	2.49	2.40	2.31	2.21
25	7.77	5.57	4.68	4.18	3.85	3.63	3.46	3.32	3.22	3.13	2.99	2.85	2.70	2.62	2.54	2.45	2.36	2.27	2.17
26	7.72	5.53	4.64	4.14	3.82	3.59	3.42	3.29	3.18	3.09	2.96	2.81	2.66	2.58	2.50	2.42	2.33	2.23	2.13
27	7.68	5.49	4.60	4.11	3.78	3.56	3.39	3.26	3.15	3.06	2.93	2.78	2.63	2.55	2.47	2.38	2.29	2.20	2.10
28	7.64	5.45	4.57	4.07	3.75	3.53	3.36	3.23	3.12	3.03	2.90	2.75	2.60	2.52	2.44	2.35	2.26	2.17	2.06
29	7.60	5.42	4.54	4.04	3.73	3.50	3.33	3.20	3.09	3.00	2.87	2.73	2.57	2.49	2.41	2.33	2.23	2.14	2.03
30	7.56	5.39	4.51	4.02	3.70	3.47	3.30	3.17	3.07	2.98	2.84	2.70	2.55	2.47	2.39	2.30	2.21	2.11	2.01
40	7.31	5.18	4.31	3.83	3.51	3.29	3.12	2.99	2.89	2.80	2.66	2.52	2.37	2.29	2.20	2.11	2.02	1.92	1.80
60	7.08	4.98	4.13	3.65	3.34	3.12	2.95	2.82	2.72	2.63	2.50	2.35	2.20	2.12	2.03	1.94	1.84	1.73	1.60
120	6.85	4.79	3.95	3.48	3.17	2.96	2.79	2.66	2.56	2.47	2.34	2.19	2.03	1.95	1.86	1.76	1.66	1.53	1.38
∞	6.63	4.61	3.78	3.32	3.02	2.80	2.64	2.51	2.41	2.32	2.18	2.04	1.88	1.79	1.70	1.59	1.47	1.32	1.00

$\alpha = 0.005$

n_2 \ n_1	1	2	3	4	5	6	7	8	9	10	12	15	20	24	30	40	60	120	∞
1	16 211	20 000	21 615	22 500	23 056	23 437	23 715	23 925	24 091	24 224	24 426	24 630	24 836	24 940	25 044	25 148	25 253	25 359	25 463
2	198.5	199.0	199.2	199.2	199.3	199.3	199.4	199.4	199.4	199.4	199.4	199.4	199.4	199.5	199.5	199.5	199.5	199.5	199.5
3	55.55	49.80	47.47	46.19	45.39	44.84	44.43	44.13	43.88	43.69	43.39	43.08	42.78	42.62	42.47	42.31	42.15	41.99	41.83
4	31.33	26.28	24.26	23.15	22.46	21.97	21.62	21.35	21.14	20.97	20.70	20.44	20.17	20.03	19.89	19.75	19.61	19.47	19.32
5	22.78	18.31	16.53	15.56	14.94	14.51	14.20	13.96	13.77	13.62	13.38	13.15	12.90	12.78	12.66	12.53	12.40	12.27	12.14
6	18.63	14.54	12.92	12.03	11.46	11.07	10.79	10.57	10.39	10.25	10.03	9.81	9.59	9.47	9.36	9.24	9.12	9.00	8.88
7	16.24	12.40	10.88	10.05	9.52	9.16	8.89	8.68	8.51	8.38	8.18	7.97	7.75	7.64	7.53	7.42	7.31	7.19	7.08
8	14.69	11.04	9.60	8.81	8.30	7.95	7.69	7.50	7.34	7.21	7.01	6.81	6.61	6.50	6.40	6.29	6.18	6.06	5.95
9	13.61	10.11	8.72	7.96	7.47	7.13	6.88	6.69	6.54	6.42	6.23	6.03	5.83	5.73	5.62	5.52	5.41	5.30	5.19
10	12.83	9.43	8.08	7.34	6.87	6.54	6.30	6.12	5.97	5.85	5.66	5.47	5.27	5.17	5.07	4.97	4.86	4.75	4.64
11	12.23	8.91	7.60	6.88	6.42	6.10	5.86	5.68	5.54	5.42	5.24	5.05	4.86	4.76	4.65	4.55	4.45	4.34	4.23
12	11.75	8.51	7.23	6.52	6.07	5.76	5.52	5.35	5.20	5.09	4.91	4.72	4.53	4.43	4.33	4.23	4.12	4.01	3.90
13	11.37	8.19	6.93	6.23	5.79	5.48	5.25	5.08	4.94	4.82	4.64	4.46	4.27	4.17	4.07	3.97	3.87	3.76	3.65
14	11.06	7.92	6.68	6.00	5.56	5.26	5.03	4.86	4.72	4.60	4.43	4.25	4.06	3.96	3.86	3.76	3.66	3.55	3.44
15	10.80	7.70	6.48	5.80	5.37	5.07	4.85	4.67	4.54	4.42	4.25	4.07	3.88	3.79	3.69	3.58	3.48	3.37	3.26
16	10.58	7.51	6.30	5.64	5.21	4.91	4.69	4.52	4.38	4.27	4.10	3.92	3.73	3.64	3.54	3.44	3.33	3.22	3.11
17	10.38	7.35	6.16	5.50	5.07	4.78	4.56	4.39	4.25	4.14	3.97	3.79	3.61	3.51	3.41	3.31	3.21	3.10	2.98
18	10.22	7.21	6.03	5.37	4.96	4.66	4.44	4.28	4.14	4.03	3.86	3.68	3.50	3.40	3.30	3.20	3.10	2.99	2.87
19	10.07	7.09	5.92	5.27	4.85	4.56	4.34	4.18	4.04	3.93	3.76	3.59	3.40	3.31	3.21	3.11	3.00	2.89	2.78
20	9.94	6.99	5.82	5.17	4.76	4.47	4.26	4.09	3.96	3.85	3.68	3.50	3.32	3.22	3.12	3.02	2.92	2.81	2.69

续表

n_1 / n_2	1	2	3	4	5	6	7	8	9	10	12	15	20	24	30	40	60	120	∞
21	9.83	6.89	5.73	5.09	4.68	4.39	4.18	4.01	3.88	3.77	3.60	3.43	3.24	3.15	3.05	2.95	2.84	2.73	2.61
22	9.73	6.81	5.65	5.02	4.61	4.32	4.11	3.94	3.81	3.70	3.54	3.36	3.18	3.08	2.98	2.88	2.77	2.66	2.55
23	9.63	6.73	5.58	4.95	4.54	4.26	4.05	3.88	3.75	3.64	3.47	3.30	3.12	3.02	2.92	2.82	2.71	2.60	2.48
24	9.55	6.66	5.52	4.89	4.49	4.20	3.99	3.83	3.69	3.59	3.42	3.25	3.06	2.97	2.87	2.77	2.66	2.55	2.43
25	9.48	6.60	5.46	4.84	4.43	4.15	3.94	3.78	3.64	3.54	3.37	3.20	3.01	2.92	2.82	2.72	2.61	2.50	2.38
26	9.41	6.54	5.41	4.79	4.38	4.10	3.89	3.73	3.60	3.49	3.33	3.15	2.97	2.87	2.77	2.67	2.56	2.45	2.33
27	9.34	6.49	5.36	4.74	4.34	4.06	3.85	3.69	3.56	3.45	3.28	3.11	2.93	2.83	2.73	2.63	2.52	2.41	2.29
28	9.28	6.44	5.32	4.70	4.30	4.02	3.81	3.65	3.52	3.41	3.25	3.07	2.89	2.79	2.69	2.59	2.48	2.37	2.25
29	9.23	6.40	5.28	4.66	4.26	3.98	3.77	3.61	3.48	3.38	3.21	3.04	2.86	2.76	2.66	2.56	2.45	2.33	2.21
30	9.18	6.35	5.24	4.62	4.23	3.95	3.74	3.58	3.45	3.34	3.18	3.01	2.82	2.73	2.63	2.52	2.42	2.30	2.18
40	8.83	6.07	4.98	4.37	3.99	3.71	3.51	3.35	3.22	3.12	2.95	2.78	2.60	2.50	2.40	2.30	2.18	2.06	1.93
60	8.49	5.79	4.73	4.14	3.76	3.49	3.29	3.13	3.01	2.90	2.74	2.57	2.39	2.29	2.19	2.08	1.96	1.83	1.69
120	8.18	5.54	4.50	3.92	3.55	3.28	3.09	2.93	2.81	2.71	2.54	2.37	2.19	2.09	1.98	1.87	1.75	1.61	1.43
∞	7.88	5.30	4.28	3.72	3.35	3.09	2.90	2.74	2.62	2.52	2.36	2.19	2.00	1.90	1.79	1.67	1.53	1.36	1.00

$\alpha = 0.001$

n_1 / n_2	1	2	3	4	5	6	7	8	9	10	12	15	20	24	30	40	60	120	∞
1	405 284	500 000	540 379	562 500	576 405	585 937	592 873	598 144	602 284	605 621	610 668	615 764	620 908	623 497	626 099	628 712	631 337	633 972	636 588
2	998.5	999.0	999.2	999.2	999.3	999.3	999.4	999.4	999.4	999.4	999.4	999.4	999.4	999.5	999.5	999.5	999.5	999.5	999.5
3	167.0	148.5	141.1	137.1	134.6	132.8	131.6	130.6	129.9	129.2	128.3	127.4	126.4	125.9	125.4	125.0	124.5	124.0	123.5
4	74.14	61.25	56.18	53.44	51.71	50.53	49.66	49.00	48.47	48.05	47.41	46.76	46.10	45.77	45.43	45.09	44.75	44.40	44.05
5	47.18	37.12	33.20	31.09	29.75	28.83	28.16	27.65	27.24	26.92	26.42	25.91	25.39	25.13	24.87	24.60	24.33	24.06	23.79
6	35.51	27.00	23.70	21.92	20.80	20.03	19.46	19.03	18.69	18.41	17.99	17.56	17.12	16.90	16.67	16.44	16.21	15.98	15.75
7	29.25	21.69	18.77	17.20	16.21	15.52	15.02	14.63	14.33	14.08	13.71	13.32	12.93	12.73	12.53	12.33	12.12	11.91	11.70
8	25.41	18.49	15.83	14.39	13.48	12.86	12.40	12.05	11.77	11.54	11.19	10.84	10.48	10.30	10.11	9.92	9.73	9.53	9.33
9	22.86	16.39	13.90	12.56	11.71	11.13	10.70	10.37	10.11	9.89	9.57	9.24	8.90	8.72	8.55	8.37	8.19	8.00	7.81
10	21.04	14.91	12.55	11.28	10.48	9.93	9.52	9.20	8.96	8.75	8.45	8.13	7.80	7.64	7.47	7.30	7.12	6.94	6.76
11	19.69	13.81	11.56	10.35	9.58	9.05	8.66	8.35	8.12	7.92	7.63	7.32	7.01	6.85	6.68	6.52	6.35	6.18	6.00
12	18.64	12.97	10.80	9.63	8.89	8.38	8.00	7.71	7.48	7.29	7.00	6.71	6.40	6.25	6.09	5.93	5.76	5.59	5.42
13	17.82	12.31	10.21	9.07	8.35	7.86	7.49	7.21	6.98	6.80	6.52	6.23	5.93	5.78	5.63	5.47	5.30	5.14	4.97
14	17.14	11.78	9.73	8.62	7.92	7.44	7.08	6.80	6.58	6.40	6.13	5.85	5.56	5.41	5.25	5.10	4.94	4.77	4.60
15	16.59	11.34	9.34	8.25	7.57	7.09	6.74	6.47	6.26	6.08	5.81	5.54	5.25	5.10	4.95	4.80	4.64	4.47	4.31
16	16.12	10.97	9.01	7.94	7.27	6.80	6.46	6.19	5.98	5.81	5.55	5.27	4.99	4.85	4.70	4.54	4.39	4.23	4.06
17	15.72	10.66	8.73	7.68	7.02	6.56	6.22	5.96	5.75	5.58	5.32	5.05	4.78	4.63	4.48	4.33	4.18	4.02	3.85
18	15.38	10.39	8.49	7.46	6.81	6.35	6.02	5.76	5.56	5.39	5.13	4.87	4.59	4.45	4.30	4.15	4.00	3.84	3.67
19	15.08	10.16	8.28	7.27	6.62	6.18	5.85	5.59	5.39	5.22	4.97	4.70	4.43	4.29	4.14	3.99	3.84	3.68	3.51
20	14.82	9.95	8.10	7.10	6.46	6.02	5.69	5.44	5.24	5.08	4.82	4.56	4.29	4.15	4.00	3.86	3.70	3.54	3.38

续表

n_1 $\backslash$ n_2	1	2	3	4	5	6	7	8	9	10	12	15	20	24	30	40	60	120	∞
21	14.59	9.77	7.94	6.95	6.32	5.88	5.56	5.31	5.11	4.95	4.70	4.44	4.17	4.03	3.88	3.74	3.58	3.42	3.26
22	14.38	9.61	7.80	6.81	6.19	5.76	5.44	5.19	4.99	4.83	4.58	4.33	4.06	3.92	3.78	3.63	3.48	3.32	3.15
23	14.20	9.47	7.67	6.70	6.08	5.65	5.33	5.09	4.89	4.73	4.48	4.23	3.96	3.82	3.68	3.53	3.38	3.22	3.05
24	14.03	9.34	7.55	6.59	5.98	5.55	5.23	4.99	4.80	4.64	4.39	4.14	3.87	3.74	3.59	3.45	3.29	3.14	2.97
25	13.88	9.22	7.45	6.49	5.89	5.46	5.15	4.91	4.71	4.56	4.31	4.06	3.79	3.66	3.52	3.37	3.22	3.06	2.89
26	13.74	9.12	7.36	6.41	5.80	5.38	5.07	4.83	4.64	4.48	4.24	3.99	3.72	3.59	3.44	3.30	3.15	2.99	2.82
27	13.61	9.02	7.27	6.33	5.73	5.31	5.00	4.76	4.57	4.41	4.17	3.92	3.66	3.52	3.38	3.23	3.08	2.92	2.75
28	13.50	8.93	7.19	6.25	5.66	5.24	4.93	4.69	4.50	4.35	4.11	3.86	3.60	3.46	3.32	3.18	3.02	2.86	2.69
29	13.39	8.85	7.12	6.19	5.59	5.18	4.87	4.64	4.45	4.29	4.05	3.80	3.54	3.41	3.27	3.12	2.97	2.81	2.64
30	13.29	8.77	7.05	6.12	5.53	5.12	4.82	4.58	4.39	4.24	4.00	3.75	3.49	3.36	3.22	3.07	2.92	2.76	2.59
40	12.61	8.25	6.59	5.70	5.13	4.73	4.44	4.21	4.02	3.87	3.64	3.40	3.14	3.01	2.87	2.73	2.57	2.41	2.23
60	11.97	7.77	6.17	5.31	4.76	4.37	4.09	3.86	3.69	3.54	3.32	3.08	2.83	2.69	2.55	2.41	2.25	2.08	1.89
120	11.38	7.32	5.79	4.95	4.42	4.04	3.77	3.55	3.38	3.24	3.02	2.78	2.53	2.40	2.26	2.11	1.95	1.77	1.54
∞	10.83	6.91	5.42	4.62	4.10	3.74	3.47	3.27	3.10	2.96	2.74	2.51	2.27	2.13	1.99	1.84	1.66	1.45	1.00

各章练习题参考答案

第1章　随机事件与概率

练习题1.1

1. (1) $\Omega=\{BW,WB,BR,RB,WR,RW\}$　(2) $A=\{BR,RB\}$　(3) $\bar{A}=\{BW,WB,WR,RW\}$

2. $A-B,A\bigcup B,\overline{AB},\bar{A}\,\bar{B}$

练习题1.2

1. (1) $\dfrac{C_{13}^5}{C_{52}^5}$　(2) $\dfrac{C_{13}^5 C_4^1}{C_{52}^5}$　**2.** $1-\dfrac{C_{98}^2}{C_{100}^2}$　**3.** 0.86　**4.** 0.4

练习题1.3

1. $\dfrac{4}{8}$　**2.** (1) $\dfrac{17}{45}$　(2) $\dfrac{1}{5}$　**3.** $\dfrac{197}{630}$　**4.** $\dfrac{2}{3}$　**5.** $\dfrac{1}{3}$

练习题1.4

1. $P(A)=P(B)=0.5$　**2.** (1) 0.02　(2) 0.28　**3.** (1) $(1-p_1)\cdots(1-p_n)$　(2) $1-(1-p_1)\cdots(1-p_n)$　(3) $(1-p_1)\cdots(1-p_n)\left(1+\sum\limits_{i=1}^{n}\dfrac{p_i}{1-p_i}\right)$

第2章　离散型随机变量

练习题2.1

1. (1) $X=0,1,2,\cdots$　(2) $X=0,1,2,\cdots$　(3) $T=\{t\mid t\geqslant 0\}$　(4) 令 $X=\begin{cases}0 & 男孩\\ 1 & 女孩\end{cases}$，则 $X=0,1$　(5) $T=\{t\mid t\geqslant 0\}$　**2.** (1) (3)

练习题2.2

1. $\dfrac{1}{3}$　**2.** $\begin{pmatrix}3 & 4 & 5\\ 0.1 & 0.3 & 0.6\end{pmatrix}$

练习题2.3

1. (1) 0.4　(2) 0.4　(3) 0.4　(4) 略　**2.** (1) $\lambda=0.5$　(2) 0.5　0　(3) $\dfrac{7}{16}$　(4) $\dfrac{7}{8}$　$\dfrac{3}{4}$

3. (1) 0.5　(2) $\begin{pmatrix}-1 & 3 & 6\\ 0.25 & 0.5 & 0.25\end{pmatrix}$

练习题2.4

1. $\begin{pmatrix}0 & 1\\ \dfrac{5}{9} & \dfrac{4}{9}\end{pmatrix}$　**2.** $P(X=k)=C_{20}^k\times 0.2^k\times 0.8^{20-k},k=0,1,\cdots,20$　**3.** 0.099　≈ 1　**4.** $P(X=$

$k)=C_6^k\times\left(\frac{1}{3}\right)^k\times\left(\frac{2}{3}\right)^{6-k},k=0,1,\cdots,6,P(X\geqslant2)=1-4\times\left(\frac{2}{3}\right)^6$ **5.** $P(X=4)=\frac{5^4}{4!}\mathrm{e}^{-4}$,

$P(X\geqslant2)=1-6\mathrm{e}^{-4}$ **6.** $P(X\geqslant2)=1-2\mathrm{e}^{-1}$ **7.** $P(X=k)=\frac{1}{6}\times\left(\frac{5}{6}\right)^{k-1},k=1,2,\cdots,P(X\geqslant5)$

$=\frac{841}{1\ 296}$

练习题 2.5

1. $\begin{pmatrix}0&1\\0.5&0.5\end{pmatrix}$ **2.** $\begin{pmatrix}\pi&4\pi&9\pi&16\pi&25\pi\\\frac{1}{15}&\frac{1}{5}&\frac{11}{30}&\frac{1}{6}&\frac{1}{5}\end{pmatrix}$

练习题 2.6

1. 4.2 **2.** 0.3 1.9 **3.** -0.2 **4.** 2.4 **5.** 4

练习题 2.7

1. 2 **2.** 8 8 **3.** -0.5 0.75 **4.** 8 **5.** 2 2 **6.** 80 64 **7.** 0.64

练习题 2.8

1.

X \ Y	0	1	2	3	$p_{i\cdot}$
0	0	0	$\frac{21}{120}$	$\frac{35}{120}$	$\frac{56}{120}$
1	0	$\frac{14}{120}$	$\frac{42}{120}$	0	$\frac{56}{120}$
2	$\frac{1}{120}$	$\frac{7}{120}$	0	0	$\frac{8}{120}$
$p_{\cdot j}$	$\frac{1}{120}$	$\frac{21}{120}$	$\frac{63}{120}$	$\frac{35}{120}$	

2. (1) 0.9 (2) $\begin{pmatrix}0&1\\0.3&0.7\end{pmatrix}$ $\begin{pmatrix}0&1\\0.4&0.6\end{pmatrix}$ **3.** (1) 0.3 (2) $\begin{pmatrix}0&1\\0.6&0.4\end{pmatrix}$ $\begin{pmatrix}-1&0&1\\0.5&0.3&0.2\end{pmatrix}$ (3) 不

独立 **4.** (1) $\begin{pmatrix}1&2&3&4&5\\0.04&0.16&0.28&0.24&0.28\end{pmatrix}$ (2) $\begin{pmatrix}0&1&2&3\\0.28&0.3&0.25&0.17\end{pmatrix}$ **5.** $\alpha=\frac{2}{9},\beta=\frac{1}{9}$

6. (1) $\begin{pmatrix}-1&1&2\\0.5&0.25&0.25\end{pmatrix}$ (2) $\begin{pmatrix}0&1\\0.75&0.25\end{pmatrix}$ (3) 0.25

练习题 2.9

1. (1) -0.125 (2) -0.289 **2.** (1) 0.032 5 (2) 0.065 (3) 0.66 **3.** $\mathrm{Cov}(\xi,\eta)=5,\rho_{\xi\eta}=$

$\frac{5\sqrt{13}}{26}$

第 3 章　连续型随机变量

练习题 3.1

1. 能 **2.** (1) 0.5 (2) 0.5 (3) $F(x)=\begin{cases}0&x<-1\\\frac{x+1}{2}&-1\leqslant x<1\\1&x\geqslant1\end{cases}$ **3.** $P(X>a)=$

$\begin{cases} 0 & a \leqslant 0 \\ e^{-\lambda a} & a > 0 \end{cases}$ (2) $f(x) = \begin{cases} \lambda e^{-\lambda x} & x > 0 \\ 0 & x \leqslant 0 \end{cases}$ **4.** 0.129 6 **5.** 0.875 1 **6.** $\frac{255}{256}$

练习题 3.2

1. $2\ln 2, 6\ln 2 + 5$ **2.** $\frac{a+b}{2}$ $\frac{(b-a)^2}{12}$ **3.** 0 $\frac{1}{6}$ **4.** $a = \frac{1}{3}$ $b = 2$ **5.** $2\lambda + 1$

练习题 3.3

1. $f_Y(y) = \frac{1}{2\pi}, (1-\pi < y < 1+\pi)$ **2.** $f_Y(y) = \frac{1}{6} + \frac{(y-1)^2}{4}, (1 < y < 3)$ **3.** $f_Z(z) =$

$\frac{1}{\sqrt{2\pi}} e^{-\frac{z^2}{2}}$ **4.** $f_Y(y) = 1, (0 < y < 1)$

练习题 3.4

1. 0.025 **2.** (1) 0.022 8 (2) 0.682 6 **3.** (1) 0.5 (2) 0 4 **4.** 0.95 **5.** 0.864

练习题 3.5

1. 200 **2.** e^{-1} **3.** (1) $F(X) = 1 - e^{-\frac{x}{2}}, (x > 0)$ (2) $1 - e^{-1}$ **4.** (1) e^{-1} (2) e^{-1}

练习题 3.6

1. 2 **2.** (1) $\frac{25}{144}$ (2) $\frac{5}{12}$ (3) $\frac{7}{18}$ **3.** (1) $f_X(x) = \frac{2}{3}(x+1), (0 < x < 1), f_Y(y) = \frac{2}{3}(y+1), (0 < y < 1)$ (2) 独立 **4.** (1) $f_X(x) = 2e^{-2x}, (x > 0), f_Y(y) = 2e^{-y}(1-e^{-y}), (y > 0)$ (2) 不独立 **5.** (1) $f(x \mid y) = \frac{e^{-x}}{1-e^{-y}}, (y > x > 0), f(y \mid x) = e^{x-y}, (y > x > 0)$ (2) e^{-1} **6.** (1) $f(x, y) = 0.02 e^{-0.1x-0.2y}, (x > 0, y > 0)$ (2) $\frac{1}{3}$

练习题 3.7

1. $f_z(z) = 2e^{-2z}, (z > 0)$ **2.** $f_z(z) = \frac{6z^5}{\theta^6}, (0 < z < \theta)$ **3.** (1) $N(-1, 5)$ (2) 0.5 **4.** 0.841 3$(1 - e^{-1})$。

练习题 3.8

1. 0 **2.** (1) $\frac{7}{6}$ $\frac{7}{6}$ (2) $-\frac{1}{36}$ (3) $-\frac{1}{11}$ **3.** (1) 1 (2) $\frac{1}{4}$ (3) $\frac{1}{36}$ **4.** $\frac{49}{51}$ **5.** (1) -1 (2) 1 **6.** 124 **8.** $\frac{1}{3}$

第6章 参数估计

练习题 6.1

1. $\frac{2}{\overline{X}}$ **2.** $\frac{1-2\overline{X}}{\overline{X}-1}$ **3.** $\frac{1}{\overline{X}}$ **4.** (1) 略 (2) T_2, T_3

练习题 6.2

1. 97 **2.** (432.306 4, 482.693 6) (24.223 9², 64.137 8²) **3.** (1) (−0.093 9, 12.093 9] (2) [−0.206 3, 12.206 3] (3) [0.335 9, 4.097 3]

第7章 假设检验

练习题 7.1

1. 第二类错误,第一类错误 **2.** $g(\mu) = 1 - \Phi[\sqrt{n}(d-\mu)] + \Phi[\sqrt{n}(-d-\mu)]$ **3.** (1) $g(\mu) =$

$$1 - \Phi\left[\sqrt{n}(d-\mu)\right] \quad (2) \quad d = 1 + \frac{1.645}{\sqrt{n}} \quad 4. \quad g(\mu_1, \mu_2) = 1 - \Phi\left[\frac{d-(\mu_1-\mu_2)}{\sqrt{\frac{1.21}{n_1} + \frac{2}{n_2}}}\right] +$$

$$\Phi\left[\frac{-d-(\mu_1-\mu_2)}{\sqrt{\frac{1.21}{n_1} + \frac{2}{n_2}}}\right]$$

练习题 7.2

1. 不正常   2. $\mu \geqslant 950 \leftrightarrow \mu < 950$, 拒绝原假设   3. $\mu \geqslant 35 \leftrightarrow \mu < 35$, 拒绝原假设   4. $\mu \geqslant 52 \leftrightarrow \mu < 52$, 接受原假设   5. $\mu = 15.25 \leftrightarrow \mu \neq 15.25$, 假设原假设   6. $\sigma^2 \geqslant 2\,500 \leftrightarrow \sigma^2 < 2\,500$ 拒绝原假设

练习题 7.3

1. 无显著影响   2. (1) 接受原假设   (2) 接受原假设   3. $\sigma_1^2 \leqslant \sigma_2^2 \leftrightarrow \sigma_1^2 > \sigma_2^2$, 拒绝原假设

练习题 7.4

1. $\mu \geqslant 950 \leftrightarrow \mu < 950$ 接受原假设   2. $p \geqslant 0.9 \leftrightarrow p < 0.9$, 拒绝原假设

练习题 7.5

1. 是   2. 是

练习题 7.6

1. 略   2. 有显著影响

各章习题参考答案

第1章 随机事件与概率

习题A

一、填空题

1. $\overline{B}$ $\varnothing$ A 2. 0.3 3. 0.3 0 4. $p+q-r$ $r-q$ $r-p$ $1-r$ 5. $\dfrac{C_3^2 C_{37}^3}{C_{40}^5}$ 6. $\dfrac{1}{6}$ 7. 3/5

8. 2/3 9. 0.2 10. 1

二、选择题

1. B 2. A 3. C 4. D 5. A 6. B 7. A 8. B 9. A

习题B

1. (1) ［100, 200］(单位:厘米) (2) $\{10,11,12,\cdots\}$ (3) $\{3,4,\cdots,18\}$ 2. (1) $A\overline{B}\,\overline{C}$ (2) $AB\overline{C}$

(3) $A\cup B\cup C$ (4) $\overline{A}\,\overline{B}\,C\cup\overline{A}\,B\,\overline{C}\cup A\,\overline{B}\,\overline{C}$ (5) $\overline{A}\cup\overline{B}\cup\overline{C}$ (6) $AB\overline{C}\cup A\overline{B}C\cup\overline{A}BC$ 3. 略

4. (1) 成立 (2) 不成立 (3) 成立 (4) 不成立 5. (1) $\{1,3,4,5,\cdots,10\}$ (2) $\{5\}$ (3) $\{2,3,4,5\}$

(4) $\{3,4\}$ 6. (1) $\dfrac{1}{6}$ (2) $\dfrac{1}{2}$ (3) $\dfrac{2}{3}$ (4) $\dfrac{5}{6}$ 7. 0.3 8. $\dfrac{48}{13!}$ 9. 0.271 10. $\dfrac{ad+bc}{(a+b)(c+d)}$

11. 0.103 12. 0.011 13. (1) 0.255 (2) 0.509 (3) 0.745 (4) 0.273 14. (1) $\dfrac{1}{9}$ (2) $\dfrac{1}{9}$

(3) $\dfrac{1}{63}$ 15. 0.879 16. 0.952, 0.054 17. $1-p$ 18. 略 19. (1) $P(A\cup B)=0.7,\max P(AB)=0.6$

(2) $P(A\cup B)=1$ 时, $\min P(AB)=0.3$ 20. (1) 0.988 (2) 0.829 21. (1) 0.622 (2) 0.355 5

(3) 0.378 (4) 0.2 22. 0.25 23. 0.4 24. 0.645 25. 0.443 26. 0.7 27. (1) 0.322 (2) 0.328

28. 0.36, 0.41, 0.23 29. 0.95 30. 0.196 31. (1) 0.345 (2) 0.110 (3) 0.659 32. $\dfrac{1}{3}$ 33. 略

34. (1) 0.3 (2) $\dfrac{3}{7}$ 35. $\dfrac{5}{3},\dfrac{4}{3}$ 36. 6

习题C

1. 证明略 2. 证明略 3. $\dfrac{m-2}{m+n-2}$ 4. $\dfrac{1}{11}$ 5. (1) $\dfrac{C_n^{2r}\times 2^{2r}}{C_{2n}^{2r}}$ (2) $\dfrac{C_n^1 C_{n-1}^{2r-2}\times 2^{2r-2}}{C_{2n}^{2r}}$ (3) $\dfrac{C_n^r}{C_{2n}^{2r}}$ 6. $\dfrac{1}{126}$

7. 证明略 8. 当 $n=2$ 时, $p=\dfrac{1}{4}$; 当 $n=3$ 时, $p=\dfrac{1}{8}$; 当 $n\geqslant 4$ 时, $p=\dfrac{2^{n-4}+1}{2^n}$

第2章 离散型随机变量

习题 A

一、填空题

1. -0.5 **2.** $C_{m+n-1}^{n-1} p^n (1-p)^m$ **3.** $\left(\dfrac{4}{7}\right)^{k-1} \times \dfrac{3}{7}$ **4.** $0.5e^{-1}$ **5.** 2 **6.** $1-e^{-3}$ $1-e^{-1}-e^{-2}+e^{-3}$

7. 0.3 0.1 0.4 0.3 **8.** $n=6$ $p=0.4$ **9.** $3\lambda^2+5\lambda-1$ **10.** $\dfrac{1}{3}$ 3

11. $\dfrac{13}{48}$ **12.** 略 **13.** 0.75 **14.** 0.5 **15.** 40

二、选择题

1. A **2.** C **3.** D **4.** C **5.** D

习题 B

1. (1) 能 (2) 不能 (3) 不能 (4) 能 **2.** (1) $\dfrac{3}{15}$ (2) $\dfrac{3}{15}$ (3) $\dfrac{3}{15}$ (4) $F(X)=$

$$
\begin{cases}
0 & X<1 \\
1/15 & 1\leqslant X<2 \\
3/15 & 2\leqslant X<3 \\
2/5 & 3\leqslant X<4 \\
2/3 & 4\leqslant X<5 \\
1 & X\geqslant 5
\end{cases}
$$

3. $P(X=0)=\dfrac{n-m}{n}$, $P(X=k)=\dfrac{P_m^k(n-m)}{P_n^{k+1}}, k=1,2,\cdots,m$

4. $P(X=k)=0.25^{k-1} \cdot 0.75, k=1,2,\cdots$ **5.** $\dfrac{65}{81}$ **6.** $\dfrac{2e^{-2}}{3}$ **7.** 至少要进16件商品

8.

$Y=\dfrac{2}{3}X+2$	2	$\dfrac{\pi}{3}+2$	$\dfrac{2}{3}\pi+2$
p_k	$\dfrac{1}{4}$	$\dfrac{1}{2}$	$\dfrac{1}{4}$

$Y=\cos X$	1	0	-1
p_k	$\dfrac{1}{4}$	$\dfrac{1}{2}$	$\dfrac{1}{4}$

9.

$Y=X^2$	0	1	4	9
p_k	$\dfrac{1}{5}$	$\dfrac{7}{30}$	$\dfrac{1}{5}$	$\dfrac{11}{30}$

10. 联合分布率：

$$
P(X=i,Y=j)=\begin{cases} C_4^i\, 0.8^i\, 0.2^j & i+j=4 \\ 0 & i+j\neq 4 \end{cases} \quad (i,j=0,1,2,3,4)
$$

边缘分布率：

$$
P(X=i)=C_4^i\, 0.8^i\, 0.2^{4-i}, i=0,1,2,3,4
$$
$$
P(Y=j)=C_4^j\, 0.2^j\, 0.8^{4-j}, j=0,1,2,3,4
$$

11.

X \ Y	1	3	$P_{i\cdot}$
0	0	$\frac{1}{8}$	$\frac{1}{8}$
1	$\frac{3}{8}$	0	$\frac{3}{8}$
2	$\frac{3}{8}$	0	$\frac{3}{8}$
3	0	$\frac{1}{8}$	$\frac{1}{8}$
$P_{\cdot j}$	$\frac{3}{4}$	$\frac{1}{4}$	1

12. $p=\frac{1}{2}$

13. (1) 有放回抽取：$P(Y=i|Y=k)=\frac{1}{10},i=0,1,\cdots,9$。 (2) 无放回抽取：① 第二次抽到 k 时,第一次抽到 k 是不可能的,

$$P(X=k|Y=k)=0,k=0,1,\cdots,9;$$

② $P(X=i|Y=k)=\frac{1}{9},i\neq k;i,k=0,1,\cdots,9$。

14. (1)

Y	0	1	2	3
$P(Y=y_j|X=0)$	0	$\frac{1}{3}$	$\frac{1}{3}$	$\frac{1}{3}$

(2)

X	0	1	2	3	4	5
$P(X=x_i|Y=2)$	$\frac{1}{24}$	$\frac{1}{8}$	$\frac{5}{24}$	$\frac{5}{24}$	$\frac{5}{24}$	$\frac{5}{24}$

15.

$Z=X+Y$	0	1	2	3
p_k	$\frac{1}{6}$	$\frac{11}{24}$	$\frac{7}{24}$	$\frac{1}{12}$

16. 证明略 **17.** $E(X)=3,E(X^2)=11,E(X+2)^2=27$ **18.** $E(X)=2,D(X)=2$ **19.** $E(X)=10$

20. $E(X)=\frac{7}{2}n,D(X)=\frac{35}{12}n$ **21.** $E(X)=\frac{n}{m+1}$ **22.** $\text{Cov}(X,Y)=0.02,\rho_{XY}\approx\frac{1}{20}$ **23.** (1) $E(X+Y)=5,E(X-Y)=-1$ (2) $D(X+Y)=61,D(X-Y)=21$ **24.** $E(X+Y)^2=2$ **25.** $E(X)=10\left(1-\left(\frac{9}{10}\right)^{20}\right)=8.784$

26. (1)

V \ U	1	2
1	$\frac{4}{9}$	$\frac{4}{9}$
2	0	$\frac{1}{9}$

(2) $\text{Cov}(U,V)=\dfrac{4}{81}$

27. (1)

Y \ X	1	2
0	$\dfrac{1}{5}$	$\dfrac{1}{5}$
1	$\dfrac{2}{5}$	$\dfrac{2}{15}$
2	$\dfrac{1}{15}$	0

(2) $\text{Cov}(X,Y)=-\dfrac{4}{45}$

28. (1) $P(X=1|Z=0)=\dfrac{4}{9}$　(2)

Y \ X	0	1	2
0	$\dfrac{1}{4}$	$\dfrac{1}{6}$	$\dfrac{1}{36}$
1	$\dfrac{1}{3}$	$\dfrac{1}{9}$	0
2	$\dfrac{1}{9}$	0	0

(3) $\text{Cov}(X,Y)=-\dfrac{1}{9}$　**29.** 0.288 3

30. (1)

X	0	1
p_k	0.95	0.05

(2) $P(Y=k)=C_5^k\,0.5^k\,0.95^{5-k},k=0,1,\cdots,5,P(Y\geqslant1)=1-0.95^5$

31. (1)

X	0	1	2
p_k	2/9	5/9	2/9

(2) $P(X\leqslant1)=7/9$　$32\,F(X)=\begin{cases}0 & X<0\\ 0.25 & 0\leqslant X<\dfrac{\pi}{2}\\ 0.75 & \dfrac{\pi}{2}\leqslant X<\pi\\ 1 & X\geqslant\pi\end{cases}$

33. (1) $E(X)=2.4,D(X)=2.44$　(2) $E(Y)=0,D(Y)=1$

34. (1)

X	0	1	2
p_k	0.35	0.35	0.3

Y	0	1
p_k	0.6	0.4

(2) 不独立　**35.** $\dfrac{12}{32}$　**36.** 0.264 2

37. $P(X=i,Y=j)=\begin{cases}0.24^j\times0.4 & i=j+1,j=0,1,\cdots\\0.24^j\times0.6 & i=j,j=1,2,\cdots\end{cases}$

38.

Z_1	-2	-1	0	1
p_k	0.2	0.25	0.4	0.15

Z_2	0	1	2
p_k	0.2	0.45	0.35

Z_3	0	1
p_k	0.65	0.35

39. $E(X)=\dfrac{2}{3},D(X)=\dfrac{2}{9}$ **40.** $E(\overline{X})=0.5,D(X)=0.0025$

习题 C

1. $P(X=k)=C_{n-1}^{k-1}p^{k-1}(1-p)^{n-k},k=1,2,\cdots,n$ **2.** 当 $(n+1)p$ 不是整数,$k=(n+1)p$;当 $(n+1)p$ 是整数,$k=(n+1)p$ 或 $k=(n+1)p-1$。

3. $P(X=i,Y=j)=\dfrac{C_{n_1}^i\cdot C_{n_2}^j\cdot C_{n-n_1-n_2}^{r-i-j}}{C_n^r},0\leqslant i+j\leqslant r$

$P(X=i)=\dfrac{C_{n_1}^i\cdot C_{n-n_1}^{r-i}}{C_n^r},0\leqslant i\leqslant r$

$P(Y=j)=\dfrac{C_{n_2}^j\cdot C_{n-n_2}^{r-j}}{C_n^r},0\leqslant j\leqslant r$

4. 略 **5.** (1) $E(X)=\dfrac{n+1}{2},D(X)=\dfrac{n^2-1}{2}$ (2) $E(X)=n,D(X)=n^2-2n+2$

6. $N\left(1-q^k+\dfrac{1}{k}\right),\min_k\left(1-q^k+\dfrac{1}{k}\right)$ **7.** 证明略 **8.** 证明略 **9.** 证明略 **10.** 证明略

第 3 章 连续型随机变量

习题 A

一、填空题

1. 3 **2.** $\sqrt[4]{0.5}$ **3.** 0.025 **4.** 0.75 **5.** 0.2 **6.** 1/9 **7.** 0.25 **8.** 3/2 $-5/2$ 15/4

9. $f(x)\begin{cases}1 & 0<x<1\\0 & 其他\end{cases}$ **10.** $f(x,y)=\begin{cases}1 & 0<x<1,0<y<1\\0 & 其他\end{cases}$ **11.** 0.95 **12.** μ

13. $1-e^{-1}$ **14.** e^{-1} **15.** $N(3,6)$

二、选择题

1. A **2.** A **3.** D **4.** A **5.** B **6.** C **7.** A **8.** D **9.** D **10.** C

习题 B

1. (1) $\dfrac{1}{2}$ (2) $\dfrac{1}{2}$ (3) $\dfrac{k^3}{2}$ (4)6 **2.** 0.0272 0.0037 **3.** 0.6 **4.** (1) 0.4821 (2) 0.4718

(3) 0.1105 **5.** (1) 0.9886 (2) 111.84 (3) 57.495 **6.** $\dfrac{8}{27}$ **7.** 0.5248 **8.** $1-(1-e^{-2})^3$

9. (1) $f(y)=\begin{cases}\dfrac{\lambda}{2}e^{-\frac{\lambda}{2}(y+3)} & y>-3\\0 & 其他\end{cases}$ (2) $f(y)=\begin{cases}\dfrac{\lambda}{3}y^{-\frac{2}{3}}e^{-\frac{\lambda}{2}y^{\frac{1}{3}}} & y>0\\0 & 其他\end{cases}$ (3) $f(y)=$

$$\begin{cases} \dfrac{\lambda}{2} y^{-\frac{1}{2}} e^{-\lambda\sqrt{y}} & y>0 \\ 0 & \text{其他} \end{cases}$$
10. (1) $f(y)=\begin{cases} 0.25 & -5<y<-1 \\ 0 & \text{其他} \end{cases}$ (2) $f(y)=\begin{cases} 0.25 & -1<y<3 \\ 0 & \text{其他} \end{cases}$

(3) $f(y)=\begin{cases} \dfrac{1}{6} y^{-\frac{2}{3}} & -1<y<1, y\neq 0 \\ 0 & \text{其他} \end{cases}$ **11.** $f(y)=\begin{cases} \dfrac{1}{2} e^{-\frac{y}{2}} & y>0 \\ 0 & \text{其他} \end{cases}$ **12.** $f(y)=\begin{cases} \sqrt{\dfrac{2}{\pi}} e^{-\frac{y^2}{2}} & y>0 \\ 0 & \text{其他} \end{cases}$

13. $f(y)=\begin{cases} \dfrac{1}{\sqrt{2\pi}y\sigma} e^{-\frac{(\ln y-\mu)^2}{2\sigma^2}} & y>0 \\ 0 & \text{其他} \end{cases}$ **14.** (1) 6 (2) $\dfrac{1}{32}$ (3) $\dfrac{1}{8}$ (4) 0.6 **15.** (1) 12 (2) $(1-$

$e^{-3})(1-e^{-4})$ (3) $1-4e^{-3}+3e^{-4}$ **16.** $f(x,y)=\begin{cases} 6 & (x,y)\in D \\ 0 & \text{其他} \end{cases}$, $f_X(x)=\begin{cases} 6(x-x^2) & 0<x<1 \\ 0 & \text{其他} \end{cases}$,

$f_Y(y)=\begin{cases} 6(\sqrt{y}-y) & 0<y<1 \\ 0 & \text{其他} \end{cases}$ **17.** (1) $f_X(x)=\begin{cases} 2x & 0<x<1 \\ 0 & \text{其他} \end{cases}$, $f_Y(y)=\begin{cases} 2y & 0<y<1 \\ 0 & \text{其他} \end{cases}$ (2) 独立

18. (1) $f_X(x)=\begin{cases} 3e^{-3x} & x>0 \\ 0 & \text{其他} \end{cases}$, $f_Y(y)=\begin{cases} 4e^{-4y} & y>0 \\ 0 & \text{其他} \end{cases}$ (2) 独立 **19.** $f_Y\left(y\left|\dfrac{1}{2}\right.\right)=$

$\begin{cases} 24y(1-2y) & 0<y<\dfrac{1}{2} \\ 0 & \text{其他} \end{cases}$ **20.** $f_Z(z)=\begin{cases} \dfrac{9}{8} z^2 & 0<z<1 \\ \dfrac{3}{2}\left(1-\dfrac{z^2}{4}\right) & 1<z<2 \\ 0 & \text{其他} \end{cases}$ **21.** 0.979 7 0.152 8

22. (1) $f_Z(z)=\lambda e^{-\lambda z}+2\lambda e^{-2\lambda z}-3\lambda e^{-3\lambda z}, z>0$ (2) $f_Z(z)=3\lambda e^{-3\lambda z}, z>0$

23. (1) $f_Z(z)=\begin{cases} 2z & 0<z<1 \\ 0 & \text{其他} \end{cases}$ (2) $f_Z(z)=\begin{cases} 2-2z & 0<z<1 \\ 0 & \text{其他} \end{cases}$ **24.** 110 10 000 **25.** 0 $\dfrac{\pi^2}{12}$

26. 略 **27.** 4.4 $\sqrt{0.05}$ **28.** 0 $\dfrac{1}{2}$ **29.** $\dfrac{5}{12}$ $\dfrac{5}{12}$ $-\dfrac{1}{144}$ $-\dfrac{1}{11}$ **30.** $\dfrac{1}{3}$ 0 0 $\dfrac{5}{9}$ **31.** 略

32. $e^{-0.5}-e^{-2}$ **33.** 0.6 **34.** 0 **35.** $\dfrac{9}{2}$ $\dfrac{301}{12}$ **36.** $\dfrac{245}{81}$

37. 0.5 **38.** $\dfrac{2}{3}$ **39.** -4 **40.** 0.682 4

习题 C

1. $e^{-2.4}$ **2.** $\displaystyle\int_{-\infty}^{\infty}\int_{-\infty}^{\infty} h(x,y)\,dx\,dy=0$ **3.** $f(x|y)=\begin{cases} \dfrac{1}{2\sqrt{1-y^2}} & -\sqrt{1-y^2}\leqslant x\leqslant\sqrt{1-y^2} \\ 0 & \text{其他} \end{cases}$

$f(y|x)=\begin{cases} \dfrac{1}{2\sqrt{1-x^2}} & -\sqrt{1-x^2}\leqslant y\leqslant\sqrt{1-x^2} \\ 0 & \text{其他} \end{cases}$ **4.** 略 **5.** $F(y)=\begin{cases} 0 & y<1 \\ \dfrac{7y^3}{729}+\dfrac{19}{27} & 1\leqslant y<2 \\ \dfrac{7y^3}{729}+\dfrac{20}{27} & 2\leqslant y<3 \\ 1 & y\geqslant 3 \end{cases}$ $P(X\leqslant$

$Y)=\dfrac{1}{27}$ **6.** $f(y|x)=\begin{cases} \dfrac{1}{x} & 0<y\leqslant x \\ 0 & \text{其他} \end{cases}$ $P(X\leqslant 1|Y\leqslant 1)=\dfrac{1-2e^{-1}}{1-e^{-1}}$ **7.** $A=\dfrac{1}{\pi}$ $f(y|x)=\dfrac{1}{\sqrt{\pi}}e^{-(y-x)^2}$

8. $\dfrac{7}{24}$ $f(z)=\begin{cases} z(2-z) & 0<z<1 \\ (2-z)^2 & 1\leqslant z<2 \\ 0 & \text{其他} \end{cases}$ **9.** (1) $\dfrac{1}{2}$ (2) $f(z)=\begin{cases} \dfrac{1}{3} & -1<z<2 \\ 0 & \text{其他} \end{cases}$ **10.** (1) $f(y)=$

$\begin{cases} \dfrac{3}{8\sqrt{y}} & 0<y\leqslant 1 \\ \dfrac{1}{8\sqrt{y}} & 1<y<4 \\ 0 & \text{其他} \end{cases}$ (2) $\dfrac{1}{4}$ **11.** 略 **12.** $\dfrac{1}{18}$ **13.** (1) $f(x)=\dfrac{1}{\sqrt{2\pi}}e^{-\frac{x^2}{2}}, f(y)=\dfrac{1}{\sqrt{2\pi}}e^{-\frac{y^2}{2}}$ (2) 0

(3) 独立　**14.** 3 500 吨

第 4 章　大数定律与中心极限定理

习题

1. $P\{|X-EX|<1.5\}\geqslant 0.73$　**2.** $\dfrac{8}{9}$　**3.** $\dfrac{1}{2}$　**4.** 同分布　**5.** 98 箱　**6.** 0.181 4　**7.** 0.007 1

8. 0.816 4　**9.** (1) 0.924 6　(2) 165　**10.** 250 次　68 次

第 5 章　统计量

习题 A

1. σ^2　**2.** $p(1-p)$　**3.** $1/3\sigma^2$　**4.** 1　**5.** $F(10,5)$　**6.** B　**7.** A　**8.** C　**9.** B　**10.** D

习题 B

1. $\chi^2(n)$　**2.** 0.045 5　**3.** 25　**4.** 5.437 3　**5.** 0.671 4

习题 C

1. $u_{0.023}=1.995\,4,\chi^2_{0.07}(19)=28.751\,2,t_{0.09}(26)=1.377\,8,F_{0.03}(9,27)=2.529\,9$　**2.** 16　**3.** 0.05

4. 16　**5.** 0.181 7

第 6 章　参数估计

习题 A

1. $\hat{\theta}=\sqrt{\dfrac{3}{n}\sum\limits_{i=1}^{n}X_i^2}$　**2.** $\dfrac{\sum\limits_{i=1}^{n}X_i}{mn}$　**3.** $T_1\quad T_3\quad T_3$　**4.** $\dfrac{4\sigma^2 u_{a/2}^2}{l^2}$　**5.** (4.412,5.588)　**6.** A　**7.** C　**8.** B

9. C　**10.** D

习题 B

1. $3\overline{X}$　**2.** $\hat{\theta}_{ME}=\dfrac{\overline{X}}{1-\overline{X}},\hat{\theta}_{MLE}=-\dfrac{n}{\sum\limits_{i=1}^{n}\ln X_i}$　**3.** 1 180,144.067 9　**4.** 4.622 2　**5.** (1) 3　(2) 0.466

6. $1-\mathrm{e}^{\frac{\sum_{i=1}^{n}x_i}{n}}$　**7.** $2\overline{X}-1$　**8.** $\hat{\theta}_{ME}=\left(\dfrac{\overline{X}}{1-\overline{X}}\right)^2,\quad\hat{\theta}_{MLE}=\left[\dfrac{n}{\sum\limits_{i=1}^{n}\ln x_i}\right]^2$

9. $\hat{p}_{ME}=\dfrac{\overline{X}}{10},\hat{p}_{MLE}=\dfrac{\overline{X}}{10}$　**10.** $\dfrac{1}{\overline{X}}$　**11.** $\dfrac{1}{2(n-1)}$　**12.** (1) 略　(2) 最好 T_3,最差 T_1　**13.** 略

14. (1) 0.015 4　(2) (0.014 7,0.016 1)　**15.** (1) (5.56,6.44)　(2) (0.15,1.21)　**16.** 4

17. (1) (1.899 2,2.600 8)　(2) (0.663 6,1.182 4)

18. $(-4.768\,9,-1.631\,1)$　**19.** (0.370 7,6.022 0)　**20.** $y=0.515\,1+0.052\,2x$

习题 C

1. -0.094　**2.** $\dfrac{1}{4},\dfrac{7-\sqrt{13}}{2}$　**3.** (14.754 0,15.146 0),(14.753 7,15.146 3)　**4.** (1) (68.11,

85.089) (2) (190.33,702.01)　**5.** $(-6.04,-5.96)$　**6.** (0.22,3.60)

第 7 章　假设检验

习题 A

1. 小概率事件原理　**2.** 弃真　取伪　**3.** 在保证 α 达到规定的水平下,尽量降低 β

4. 建立原假设与备择假设　选择检验统计量　选择检验的显著性水平　确定拒绝域　做出判断

5. 显著性　**6.** D　**7.** D　**8.** A　**9.** B　**10.** C　**10.** D

习题 B

1. $H_0: \mu = 15.6 \leftrightarrow H_1: \mu \neq 15.6$，结论是否定原假设，即认为绳索拉力有显著变化

2. 无显著影响

3. $H_0: \mu \geqslant 21.5 \leftrightarrow H_1: \mu < 21.5$，结论是接受原假设，即认为这种电池的平均寿命不比该公司宣称的平均寿命短

4. $H_0: \mu \geqslant 8 \leftrightarrow H_1: \mu < 8$ 结论是否定原假设，即认为该校长的看法是对的

5. 接受原假设

6. $H_0: \sigma^2 \leqslant 0.005^2 \leftrightarrow H_1: \sigma^2 > 0.005^2$，结论是否定原假设，即认为这批导线的标准差显著地偏大

7. $H_0: \mu_1 = \mu_2 \leftrightarrow H_1: \mu_1 \neq \mu_2$，结论是接受原假设，即认为强度均值无显著差别

8. $H_0: \sigma_1^2 = \sigma_2^2 \leftrightarrow H_1: \sigma_1^2 \neq \sigma_2^2$，结论是接受原假设，即认为加工精度无显著差别

9. $H_0: \sigma_1^2 = \sigma_2^2 \leftrightarrow H_1: \sigma_1^2 \neq \sigma_2^2$，结论是拒绝原假设，即认为两总体方差有显著差别

10. 接受原假设

习题 C

1. 拒绝域：$\overline{X} < C_1$ 或 $\overline{X} > C_2$，其中 C_1, C_2 满足

$$\begin{cases} \Phi\left(\dfrac{C_2-a}{\sigma/\sqrt{n}}\right) - \Phi\left(\dfrac{C_1-a}{\sigma/\sqrt{n}}\right) = 1-\alpha \\ \Phi\left(\dfrac{C_2-b}{\sigma/\sqrt{n}}\right) - \Phi\left(\dfrac{C_1-b}{\sigma/\sqrt{n}}\right) = 1-\alpha \end{cases}$$

2. 拒绝域：$C_1 < \overline{X} < C_2$，其中 C_1, C_2 满足

$$\begin{cases} \Phi\left(\dfrac{C_2-a}{\sigma/\sqrt{n}}\right) - \Phi\left(\dfrac{C_1-a}{\sigma/\sqrt{n}}\right) = \alpha \\ \Phi\left(\dfrac{C_2-b}{\sigma/\sqrt{n}}\right) - \Phi\left(\dfrac{C_1-b}{\sigma/\sqrt{n}}\right) = \alpha \end{cases}$$

3. (1) $c = 0.98$　(2) 0.83

4. 结论是就接受原假设

5. 无显著差异

单因子方差分析表

来源	平方和	自由度	均方	F 比	P 值
因子	0.214 4	2	0.107 2	1.048	0.023
误差	1.228	12	0.102 3		
总和	1.442 4	14			

参考文献

[1] 陈希孺. 概率论与数理统计[M]. 北京:科学出版社,2003.

[2] 陈希孺. 数量统计学简史[M]. 长沙:湖南教育出版社,2002.

[3] 郭跃华,朱月萍. 概率论与数理统计[M]. 北京:高等教育出版社,2011.

[4] 何书元. 概率论与数理统计[M]. 2 版. 北京:高等教育出版社,2013.

[5] 茆诗松,程依明,濮晓龙. 概率论与数理统计教程[M]. 2 版. 北京:高等教育出版社,2011.

[6] 茆诗松,王静龙,史定华,费鹤良,葛广平. 统计手册[M]. 北京:科学出版社,2006.

[7] 马逢时,周暐,刘传冰. 六西格玛管理统计指南[M]. 北京:中国人民大学出版社,2011.

[8] 盛骤,谢式千,潘承毅. 概率论与数理统计[M]. 4 版. 北京:高等教育出版社,2008.

[9] John A. Rice. 数理统计与数据分析[M]. 田金方,译. 北京:机械工业出版社,2012.

[10] Martin Baxter,Andrew Rennie. 金融数学(衍生产品定价引论)[M]. 叶中行,王桂兰,林建忠,译. 北京:人民邮电出版社,2007.

[11] Samprit Chatterjee, Ali S. Hadi. 例解回归分析[M]. 郑忠国,许静,译. 北京:机械工业出版社,2013.

[12] 威廉·费勒. 概率论及其应用[M]. 3 版. 胡迪鹤,译. 北京:人民邮电出版社,2006.

[13] 威廉·费勒. 概率论及其应用(第 2 卷)[M]. 2 版. 郑元禄,译. 北京:人民邮电出版社,2008.

[14] Robert V. Hogg, Allen T. Craig. Introduction to Mathematical Statistics (Fifth Edition)[M]. Beijing:Higher Education Press,2009.

[15] Shao Jun. Mathematical Statistics:Exercises and Solutions[M]. New York:Springer,2005.

[16] Shao Jun. Mathematical Statistics[M]. New York:Springer,2003.

[17] Georage Casella, Roger L. Berger 著,张忠占、傅莺莺译,Statistical Inference,北京:机械工业出版社,2009.

[18] 苏淳,概率论,北京:科学出版社,2004.